MINGUO JIANZHU GONGCHENG QIKAN HUIBIAN

民國建築工程期刊匯編

64

《民國建築工程期刊匯編》編寫組 編

GUANGXI NORMAL UNIVERSITY PRESS

廣西師範大學出版社

·桂林·

第六十四册目录

中國營造學社彙刊

中國營造學社彙刊

婉湑 圖

中華民國二十年九月

第二卷 第二冊

社 址

北平市東城寶珠子胡同七號

電話東局九五九號

社告一

發表
彙刊第一卷第二冊
有「美國亞東社會月
刊建築中國宮殿之
則例」一文祇有漢譯
現在追加英文版在
下期（第二卷第三冊）

社告二

卷第三冊）發表
文版亦在下期（第二
特重別校正追加法
民誤排頗有訛字茲
法文但因法文爲手
事」一文原有漢譯及
王致誠述圓明園軼
有「乾隆朝西洋畫師
彙刊第二卷第一冊

NOTICES

1. In No. II., Vol. I, of the Bulletin was published the Chinese translation of "The Regulations for Building Chinese Imperial Palaces" from the Journal of the American Oriental Soceity. The original article in English will be published in the Coming issue. (No. III., Vol. II).

NOTICES

2. In No. I., Vol. II. of the Bulletin was published the "Lettres edifiantes at Curienses erites des mission etansgeres (mémaires de la Chine). Vol. 22." of Pere Attiret with its Chinese translation. On account of the many errata in the French, the origina) article will be reprinted in the Coming issue. (No. III. Vol. II.)

仿建之木模型

遺物全形

32127

熱河普陀宗乘寺誦經亭

亭內之一角

藻　井

內營裝修

熱河普陀宗乘寺誦經亭

內簷上部

仿建熱河普陀宗乘寺誦經亭工程圖

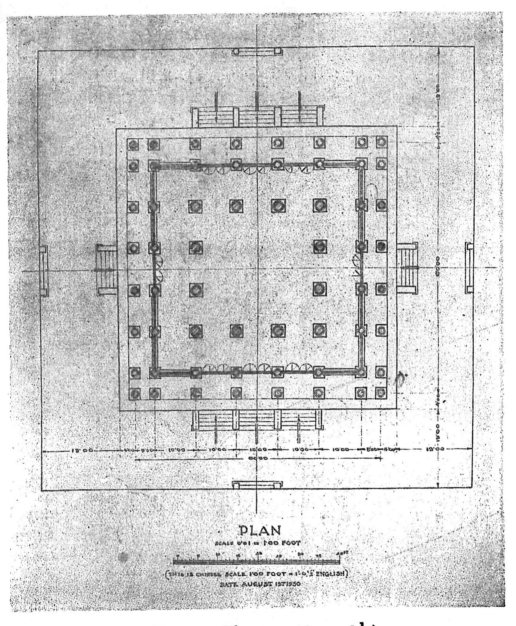

PLAN

SCALE 0·01 = 1·00 FOOT

(THIS IS CHINESE SCALE, 1·00 FOOT = 1'·0"·½ ENGLISH)

DATE AUGUST 1ST 1930

圖　面　平　($\frac{1}{1}$)

仿建熱河普陀宗乘寺誦經亭工程圖

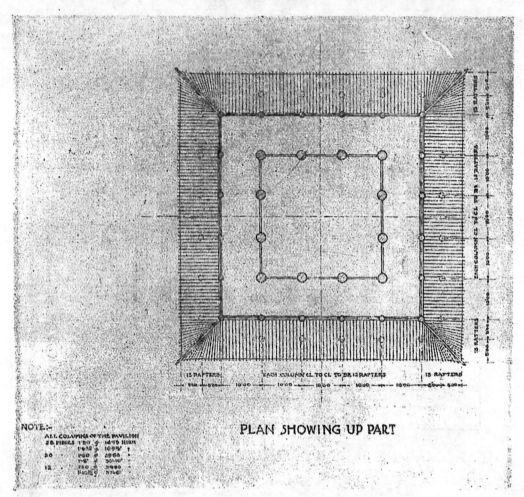

PLAN SHOWING UP PART

上 層 平 面 圖 ($\frac{2}{1}$)

HALF ELEVATION

SCALE 0.02=1.00 FOOT

(THIS IS CHINESE SCALE 1.00 FOOT = 1.0½ ENGLISH)

（2）半面正面圖

32133

圖程工亭經誦寺乘宗陀普河熱建仿

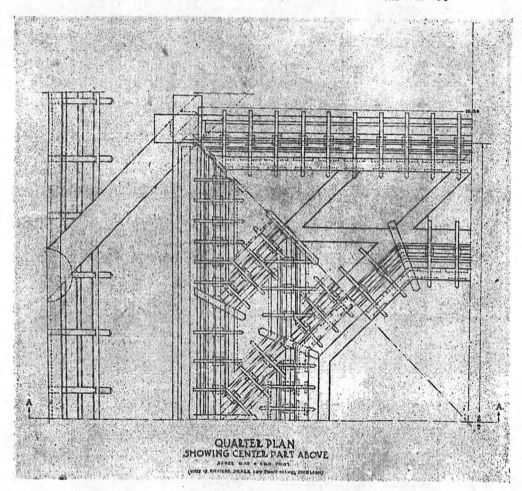

QUARTER PLAN
SHOWING CENTER PART ABOVE

圖面平一之分四架木科斗部高央中（7）

32134

仿建熱河普陀宗乘寺誦經亭記

王世埙

民國十九年六月，瑞典國地質學博士赫定氏，Dr. Sven Hedin 有於美國芝加哥博物院，仿建熱河普陀宗乘寺誦經亭之議，屬梁君衛華承造，衛華，籍南海，早歲畢業於唐山路礦學校，於土木建築，最有心得，曾任漢粵川鐵路湘鄂線工程司，最近監造北平北海國立圖書館，及生物研究所，成績斐然，赫氏偉之，爰有是舉，

赫氏來華甚久，以中國學術團體協會西北科學考查團外國團長，兼中國地質調查所事，往來蒙古伊犂等處者四十年，通蒙藏語，於西北一帶，風土人情尤熟，嗣復遊熱河之避暑山莊，徧閱各寺，歎其雄麗，不減蒙藏所見，而頹廢尤甚，兩年前輒以移建保存之說，質之美商邊狄克，邊氏好奇，雄於賞，慨然許成其志，繼復商諸吾國長官，願出貲修繕北平雍和宮，即以熱河諸寺之一，拆運出洋裝設爲酬贈，業有成議，苦無相當之人承辦，及得梁君，意遂決，赫氏乃偕梁君再赴熱河，

避暑山莊左近寺廟，清代勅建者二十有一，俗稱八大處，其尤著者也，山莊內九剎，永佑寺爲最，行宮附近十二剎，伊犂廟（志作安遠廟）圓塔寺大佛寺布達拉寺（志作普陀宗乘寺）羅漢堂爲最，餘二處，則較小矣，諸寺半附山麓，每所延袤一二里，拆運工程過大，第能選取一部，爲窺豹一斑計，諸寺多有誦經亭，莊嚴璀璨，各極其勝，而在布達

32135

拉寺內者，最完整無傾圮剝落，故赫氏乃獨取於此，

按欽定熱河志，布達拉，本名普陀宗乘寺，以其完全倣西藏布達拉都綱法式創造，故俗仍用藏語稱之，寺在避暑山莊行宮北里許，碑載庚寅高宗六秩慶辰，辛卯母后八旬萬壽，蒙古喀爾喀、青海王公台吉等，暨新附準部回城衆蕃長，均來祝嘏，故營構斯廟，蓋取懷遠示威之意，寺以乾隆三十二年丁亥三月經始，三十六年辛卯八月訖工，詢之喇嘛，謂相傳高宗實生於熱河，卽位後太平無事，歷歲端陽前，來此避暑，輒居此寺，入秋復遠出遊獵，重九登高後始回京師，寺之完整，以臨幸多修繕勤也，高宗後人跡遂罕，並謂建寺本定三年，初成毀於火，再毀於水，乃作功德道場若干日，然後興工迄於落成，業十二年，與碑記年數不符，殆齊東野人之語歟，

赫氏之言曰，中國廟宇雄偉，首推西藏，而在熱河者，堪相伯仲，此外十八行省以及蒙古無有也，此來直趨熱河者以此，抵行宮後、縱觀各寺，最後選定此亭，亭位於寺之後院，四圍均三層高樓，距亭各二丈許，亭單級方形，瓦檐二層，四面走廊，內裝隔扇，檐際懸漢滿回藏四文萬法歸一立額，故俗稱萬法歸一亭，赫氏初意，為僧衆講經之所，顧檐題金碧，雖較他寺經亭爲完整，究以閱時旣久，卽樑朽本擬拆運全亭，赴美移建，遠涉重洋，運費亦且過鉅，乃改爲倣建計畫，與梁君偕蝕，終所不免，拆後恐難再裝，拆

來者，有測繪員及畫工等，窮旬日之力，量度拍照，其天花斗栱各項彩畫佛像，並逐一

寫成稿本，範圍既得，乃遄返北平，商訂承造合同焉，

仿建吾國寺院，既屬創舉，無先例可循，故承造牟屬信託性質，合同所定，極為鬆動，

大意木材顏料及手工等項，約計總數，分批撥欸，小件榮飾，中件雕斲，製安裝箱運出

中件俟運到，始加彩繪，以免磨損，梁柱巨材，不費細工者，到美就地取用，以節轉

運之勞，再由中國帶同彩畫裝配專家及顏料，到美成做，華工師任頭目，其助手粗工等

，在美雇用，承辦人及工師出洋川資，歸赫氏方面擔任，在美成做，按照當地生活程度

，酌給薪水，在華工作，限期三月，到美以落成為度，議既定，遂於八月一日開工，

梁君所延工師，悉為曾修陵殿舊人，開工之前，先仿工部則例程式，編定工程作法，按

項說明，同時並用新法，逐件繪曬藍圖，然後根據做法及藍圖，製成十分一全體雛型，

費七百餘工，拆卸裝配，與原構無異，即以此為仿造之標準，木材，赫氏初主用美松，

嗣以脈理蟲，不任雕鏤，乃改用中國紅松，各項彩畫，純按照片及稿本，用瀝粉和璽點

金摹繪，天花每幅，均有藏文迴旋，如漢瓦當，亦按其筆意鈎勒，亭上原用魚鱗瓦，範

銅鈒金，最能永年，赫氏謂金銅美國所有，不足奇，頗擬改用琉璃，顧舊料堅實，而釉

片每有剝蝕，恐滲漏傷及樑棟，新者又虞窳劣，是以瓦材尚未定也，

工作定限三月，大小工役二百餘人，斧斤藻繪，早夜齊作，卒於十月杪，如期蕆事，旋

卽分類裝箱，先交放洋巨艦，裁運赴美：赫氏闵瑞典博物院，候其行開幕禮，先行返國

，事畢再赴美，與梁君及諸工師會於芝加哥，至芝加哥，本有本城博物院City Musium，

及林肯博物院Lincoln Musium二處，前部院落，均甚寬廣，足容此亭，至將來究建於何

所，須赫氏到時再定，惟院中層樓傑出，亭僅一級，微覺不稱，或將於亭之四周，遍植

松柏，庶於若干時後，有蔚然深秀之概也，

梁君承造講經亭之梗概如此，吾謂晚近以來，國人驚尚新奇，服飾器用無論已，卽建築

物，亦競採用歐美新式，通都大邑之外，卽西子湖莫干山，於飛甍畫棟，清泉瘦石間，

往往雜以彼邦結構，至於牯嶺海濱，爲外人所自經營者，尤復一望無際，純爲海外風景

，此識者所以有湖山減色之嘆也，抑吾國營造，規模宏遠，徒以儒者與工師接觸之機太

少，其道不廣，久且益就湮滅，一二名流，方且鈎沈索隱，以保存國藝，昌明絕學爲已

任，今茲之舉，獨能於國人不甚注意之建築，尺規寸摹，引而置之彼都崇樓傑閣之間，

殆欲化腐朽爲神奇，西人好奇，不下於我，焉知此後，不更有人聞風興起，爲同式或其

他藝術之仿建者，吾道西行，此其嚆矢，此訊一傳，吾國保存國藝昌明絕學諸名流聞之

，其欣幸爲何如，雖然赫氏有言，中國境內名建築，不勝僂指，第因修養久闕，隳廢堪

虞，吾今仿建，亦代中國保存之一術，他日中國考古家藝術家，倘患名蹟無存，或可求
之吾美，噫在赫氏固不妨作此豪語，吾國人士寧不同聲一歎，赫氏又謂芝加哥講經亭告
成後，將再赴蒙熱，選擇名建築，為瑞典本國之點綴，是說也，吾將於梁君赴美之成績
卜之矣，

附錄一　合同　附英文原文

此合同之定訂，為在美國芝加哥建造四方亭一座，其大小式樣，依照熱河布達拉寺內之
萬法歸一殿作法，

立合同人赫定博士，與梁衞華雙方議妥，遵照下列各條件辦理，

梁衞華在中國將四方亭之各細件，並彫刻暨一切費工，及須用華人工藝之件做成，其餘
重大部份，如樑柱地基暨立等工程，當在美國建做，並由梁衞華及其監工，督理進行，
在中國所造之各項細件，須依照熱河布達拉寺內萬法歸一殿之各細件形式大小造法，而
各細件，包括菱花門扇，菱花窗扇，斗科椽，天花，及其他輕小之件，造成之後，須交
赫定博士，或其代表點驗，再由赫定博士出資，購買釘箱材料，歸梁衞華代為裝安，其
一切應用之油畫材料，由赫定博士出資八千元，梁衞華代為購備齊全，
梁衞華並允選擇精於此項藝術之畫工二人，木工三人，同赴美國芝加哥，監理該處工匠

建造，其餘重大部份，若樑柱地基等等，及完全成造該亭子帶去之彩工，同時作各項彩

畫及佛像等，如工程緊急，於必要時，當添用該處油匠，

梁衞華在中國所造之各件，應得貨價三萬五千八百八十元，作為購買材料工資，及一切

開銷，此數分作六批支領，其前五批，每批為五千元，於月之二日十五日支領，其餘之

一萬〇八百八千元，於點驗時，一齊付清，首一批，於八月一日支領，

如因事故障礙工作，須得雙方同意，始可罷工，

梁衞華須選用最合宜之材料，設或美國芝加哥方面，不及等候各細件之完成，須先為建

做地基，及其他重大木工，梁衞華須將圖樣及做法，交給赫定博士，

前赴美國諸人應得之薪金及用費，於起程之前，再為商定，該項薪金用費，當在美國支

領，梁衞華並擔保前去之匠人，須候該建築完全告竣，始得離去，

一九三〇年七月卅一日　訂立合同人 梁衞華 赫定

This Agreement made the 31st July of 1930 between Dr. Sven Hedin and Mr. W. H. Liang is for the purpose of building a square pavilion in chicago.

WITNESSETH that Mr. W. H. Liang in consideration of the agreement herein made agrees with Dr. Sven Hedin as follows:—

Mr. W. H. Liang agrees to undertake the cutting and carving of the different small parts in China that involve much labour and Chinese workmanship. The heavier parts such as columns, beams, foundation and the complete erection of the temple shall be done by the local workmen in America, at Chicago under the supervision of Mr. W. H. Liang and the several Chinese foremen.

The small parts entrusted to Mr. W. H. Liang to be done in China with the Chinese workmen shall be of exactly the same style and measurements as those of the square pavilion in Potala at Jehol; and they are to consist of all the doors and windows, ceilings, brackets, and any other details of light weight. After these have been done they should be good enough to pass the inspection of Dr. Sven Hedin or his representative and to receive his approval. These shall be packed also by Mr. W. H. Liang free of labour charges. The materials required for the packing shall however be paid for by Dr. Sven Hedin. Mr. W. H. Liang shall also gather the painting materials at the expense of Dr. Sven Hedin and pack them in cases so that they can be despatched to Chicago at the same time. The cost of the painting materials shall be according to Mr. W.H. Liang's estimate, eight thousand dollars silver at the highest.

Mr. W.H. Liang agrees further to proceed to Chicago with two painters and three foremen and to supervise the local workmen hired by Dr. Sven Hedin to work out the heavier parts of the structures such as columns, beams, foundations etc. and to completely erect the building. The painters at the same time will accomplish the paintings. If necessary in order to speed up the work, local painters will be taken to assist them.

For the work done in China Mr. W. H. Liang shall receive the sum Mex. Dollars thirty five thousand, eight hundred and eighty (Mex. $35,880.00) for the payment of materials, workmen, salaries and other expenses connected with the cutting up of the small structures and carvings and general woodwork to be done in China. This sum of Mex. $35,880.00 will be made in six payments on the 1st and 15th of each month. The first five payments will be $5,000.00 each. The last payment of $10,880.00 will be paid when the work has been inspected and approved of. The 1st payment will be made on the 1st of August.

In case of any trouble which would hinder the continuation of the work, both parties must come to a mutual agreement before the work may be stopped.

Mr. W. H. Liang is reaponsible, to see that the best materials suitable for the work is used. Mr. W. H. Liang promises further to turn over the drawings and necessary informations which eventually may be requested for preparation work to be done in Chicago before actual building starts.

The salaries and expenses for those going to Chicago in connection with the work shall be decided later before leaving, and further more all such expenses and salaries will be paid for in Chicago. Mr. W. H. Liang guarantees that the Chinese workmen employed to carry out the work in America promise to stay as long as it is necessary for the building of the temple.

Singed. Dr. Sven Hedin
Witnessed by :

K. Georg. Bodulm

Dr. G. Montell

Signed. W. H. Liang
Witnessed by :

Carl J. Anner

K. Chen

附錄二　藍圖目錄

（1）平面圖 Plan （參看圖樣）
上層平面圖 比例一分等於一尺 （營造尺）
每一營造尺合英尺一尺〇半寸 Plan Showing Up Part Scale 0.01＝1.00 Foot

（參看圖樣）

（2）半面正面圖 Half elevation Scale 0.03＝1.00 Foot （參看圖樣） 比例三分等於一尺

（3）半面木架剖面圖 Half Close Section Scale 0,03＝1.00 Foot 比例三分等於一尺

仿建熱河普陀宗乘寺歸經亭記

仿建熱河普陀宗乘寺誦經亭記

32145

附錄二　做法

修造中式大殿一座仿照熱河布達拉廟內萬法歸一大殿之做法完全一樣所有規模形式

一切詳細做法列載於後

　　計　　開

一大殿形模間數及面寬進深廊深各尺寸詳列於下

新建中式大殿一座四面各顯五間各面寬一丈各進深一丈週圍各廊進深五尺共為四十九

間大殿上頂係兩層簷四大披之形式四面小簷帶五採升斗老簷七採升斗

一此做法說明冊以上所有注明之各尺寸均以中國營造尺核算

一大殿坐座木架應用柱木桃樑大小額枋桁條升斗樣子望板飛簷及角樑抹角樑等項共用件

數尺寸詳細列下各尺寸零星小件如不及細載者概以圖上注明之各尺寸為標準

一四面外圍牆柱

　　共用二十八根通高各一丈六尺一寸五分元形徑大一尺五寸

　　共用小額枋二十八件各長一丈各高一尺二寸五分各厚一尺內五尺長者八件

　　共用大額枋二十八件各長一丈各高一尺六寸五分各厚一尺一寸內五尺長者八件

　　共用由額墊板二十八件各長一丈見方四寸內五尺長者八件

共用平板枋二十八件各長一丈各寬七寸各厚四寸內六尺五寸長者八件

共用挑尖樑二十四架各長八尺各高二尺各寬一尺六寸各高二尺

共用隨樑跨空枋二十四件各長七尺五寸各高一尺二寸各厚一尺

共用老角樑四件各高一尺一寸五分各厚七寸長按加舉核算

共用梓角樑四件各高一尺一寸五分各厚七寸長按加舉核算

共用挑簷桁二十八件各長一丈徑大各六寸

共用正心桁二十八件各長一丈徑大各八寸

共用上下金桁五十六件各長一丈徑大各一尺

共用上下金枋五十六件各長一丈各高八寸各厚六寸

共用上下金墊板五十六件各長一丈各高八寸各厚三寸

小簷升斗口份大二寸每間四攢用正身科九十六攢柱頭科各十四攢角科四攢共用一百二十四攢均是單翹單昂螞蚱頭撐頭木槅桁椀隨代瓜拱萬拱廂拱坐斗十八斗三採升等全份

所有正心枋挑簷枋槐枋蓋斗板趄斗板墊拱板枕頭木寶瓶等零星小件不及細載者照例成做

共用雀替拱頭五十六塊各長二尺各高一尺花樣照圖成做

32147

椽子每間十二桶連翼角翹飛椽共用三百四十四桶椽子各長一丈零五寸見元三寸五分飛

檐椽各長五尺四寸見方三寸五分週圍大連檐裏口木一檐押飛尾望板

一金柱共用二十件元形徑大一尺六寸通高二丈八尺八寸

共用大額枋二十件各長一丈各高二尺各厚一尺二寸

共用承椽枋二十件各長一丈各高一尺六寸各厚一尺二寸

共用博脊枋二十件各長一丈各高一尺六寸各厚一尺二寸

共用天花枋二十件各長一丈各高一尺二寸各厚一尺

共用雙步挑尖樑十六架各長一丈四尺各高二尺三寸各厚一尺六寸

共用抹角樑四件各長一丈二尺各高一尺二寸各厚一尺

共用隨樑跨空枋十六件各長一丈二尺各厚一尺

共用上下柁墩瓜柱三十二件

共用交金墩四件

共用老角樑四件長按舉架各高一尺一寸五分各厚六寸

共用梓角樑四件長按舉架各高一尺一寸五分各厚六寸

共用正心桁二十件各長一丈徑大八寸

共用挑檐枋二十件各長一丈徑大六寸

共用平板枋二十件各長一丈各寬六寸各厚四寸

升斗七採口份大二寸每間四攢單翹重昂螞蚱頭撐頭木糙桁椀用正身科八十攢柱頭科十

六攢角科四攢共用一百攢均代瓜拱廂拱坐斗十八斗三採升全份所有正心枋挑檐枋

槾枋井口枋蓋斗板趣斗板墊拱板枕頭木寶瓶等零星小件不及細載照例成做

上花架中花架下花架各椽及腦椽等均照數做齊

五分飛檐椽長五尺六寸見方三寸五分週圍大連檐裏口木一沿檐頭押飛尾望板等全份

椽子飛檐椽每間十二桶連翼角及翹飛椽共用二百九十六桶椽子各長一丈一尺徑大三寸

一內裏鑽金柱共用十二根元形徑大一尺八寸通高三丈三尺二寸四面各看三間

共用大額枋十二件各長一丈各高二尺各厚一尺二寸

共用小額枋十二件各長一丈各高一尺三寸各厚一尺一寸

共用跨空天花枋十二件各長一丈各高一尺三寸各厚一尺一寸

共用油額墊板十二件各長一丈各高八寸各厚四寸

共用平板枋十二件各長一丈各寬七寸各厚四寸

每間升斗四攢口份大二寸七採三翹螞蚱頭撐頭木糙桁椀正心科四十八攢角科四攢共用

五十二　擬均代正心枋井口枋槐枋蓋斗板趄斗板墊拱板瓜拱萬拱厢拱坐斗十八斗空份照

例成做

共用抹角樑四件各長一丈四尺各高一尺六寸各厚一尺三寸

共用抹角隨樑四件各長一丈四尺各高二尺四寸五分各厚一尺二寸

共用抹角天花枋四件各長一丈四尺各高一尺四寸五分各厚一尺二寸

共用雷公柱子一件長七尺五寸徑大一尺五寸

共用上下金抹角樑八件各長一丈二尺各高一尺二寸各厚一尺

四面遊龕共用十六件均各長六尺五寸各高一尺各厚七寸

殿內龍井天花升斗四層頭層七採口份大一寸三翹頭二層及三層均五採口份大一寸雙翹

頭第四層升斗七採口份大一寸三翹頭代螞蚱頭撐頭木坐斗十八斗瓜拱萬拱厢拱井口

枋機枋正心枋全份井口枋枝條及雕刻雲龍等花活均照繪成之圖樣成做

共用帽兒樑四件各長一丈五尺大一尺

計開門窗裝修

一大殿前後面老簷明三間各安六抹棊星捧月菱花格扇各三槽稍間各安菱花檻窗一槽兩旁

面老簷明間各安六抹菱花格扇各一槽次稍間各安菱花檻窗各一槽共核菱花格扇八槽高

一丈一尺三寸各分四扇每扇寬一尺八寸套環及羣板雲盤線路花樣照圖成做大邊框鼓面

起雙線每扇各代銅面頁八塊長一丈九尺外代菱花簾架判一份每槽代

上下檻中枋提裝抱框連檻咯欛檻全份叉共菱花檻窗十二槽每槽各分四扇高與明間菱花

格扇中枋套環以齊每扇寬一尺八寸上下套環及大邊花樣照格扇一樣成做每扇代銅面頁六

塊隨代中枋抱框裝楊板全份每間上下層菱花橫披亮窗六扇共計一百二十扇每間走馬堂

板博脊板及迎風板共用六十槽以上均代上下提裝抱框全份

內裏鑽金柱每間安走馬堂板一槽共計十二槽各代上下提裝抱框全份在跴空天花枋以下

每間各安軟三堂步步錦式倒挂楣子一扇共計十二扇臥蠶愛勢打圍各代草勾花牙一副共

計二十四塊

一天花週圍廊內每間十井共二百十六井內裏每間二十五井共四百井

殿裏龍井內天花共計七十二井

以上天花總共六百八十八井枝條寬三寸五分厚二寸五分

一大殿上頂在椽以上滿舖釘望板之層厚八分釘平成做

一以上凡應用木料均選購上等紅果松木

一大殿止頂茬望平上面苫大廊刀青灰背一層厚六分提漿趕軋光平舖臭油膏二號油毡刷臭

仿避暑山莊普陀宗乘寺輯經亭記

一七

一油膏各二層再苫擱灰泥背一層以備覔瓦

一大殿上頂四大披垂脊四道垂獸四件角獸四件套獸四件正頂銅頂一份四角各代走七獸頭
　下層博脊四道合角吻四件垂脊四道角獸四件套獸四件四角各代走七獸頭各一堂所

一堂下層博脊四道合角吻四件垂脊四道角獸四件套獸四件四角各代走七獸頭各一堂所
　有上下垂脊博脊內裏均襯扶脊木上下披身均覔魚鱗式銅瓦雲頭滴水凡銅瓦銅頂銅
　獸各等樣式均照布達拉廟內萬法歸一大殿座上頂之瓦相同鍍金成做尺寸大小及花樣照

一所繪之圖成做

一全坐地盤基礎現查形式尺寸列後
　　　　計開油飾彩畫簡明做法
四面各長六丈八尺高三尺四面各有押面條石一沿寬三尺四寸厚一尺長短湊安四角各用
　埋頭石一塊高二尺寬二尺內裏用柱頂石共六十個前後面各安垂帶踏跺一座

一全座地盤基礎修築臨時查勘地點情形再爲酌量核定

一全座內外下架柱木枓框上架枋墊桁條並大小額枋及角樑等件除去檐頭椽望及門窗引條
　不披蔴外餘者一律披蔴二道

一全座油飾現查布達拉廟萬法歸一大殿之油飾名目金線瀝粉和細謹擬仿照樣成做

一所有上下架柱枓框枋墊桁條等件地仗做法

一律先汁油漿一道上捉縫灰一道粗細灰膩各一道磨細一道鑽生桐油一道披蔴一道粗細

膩子各一道鑽生桐油一道上押蔴灰一道細膩子一道磨細一道

一油飾下架柱木杴框細光章丹油一道光柿紅一道光硃硪油一道所有杴框線路均貼大赤金

天花格扇坎窗釘帽及套環羣板雲盤線並銅面頁等均貼大赤金成做

一上架大小額枋墊板桁條等件所有分別顏色彩畫枋心緶頭瀝粉金線等一律照布達廟萬法

歸一大殿一樣成做

一上架上下層升斗油飾分藍綠青線等路均貼大赤金成做

一上架檐頭椽望刷膠掃藍碌白色老檐椽頭飛檐椽頭樑頭角樑等所有一切彩畫均仿照布達

拉廟萬法歸一大殿之顏色油飾一樣成做

一所有廊內掏空及內裏上下架之各油飾彩畫顏色及彩畫各種啦嘛佛像等並各天花均照萬

法歸一大殿一樣成做

一內裏龍井各升斗及雕刻雲龍花活膠均瀝粉貼大赤金成做

附錄四　承造人及各作領袖之略歷

梁衞華　廣東南海縣人年四十五歲唐山路礦學校土木工程科畢業漢粵川鐵路湘鄂線工程

司監造國立北平圖書館及生物研究所現住北平酒醋局衞華營造廠

一九

劉弼臣　清代重修朝陽門敵樓充當木科頭目清代南苑皇宮重修充當承修監工員清代重修景陵饗殿充監工員兼木科總頭目曾承修審計院公署及麥加利銀行重修正陽門大樓閣樓監工兼總頭目重修武英殿充總木科頭目

馮澤田　清代重修太廟充當勘估修纂清代修建禁衛軍營房充當監工及兼管工務張宗昌原籍修建家祠住宅充當測估及監修纂

路鑑堂　修建崇陵充當副頭目修建燕京大學輔仁大學充當木科頭目修建北平圖書館充當木科總頭目

董翠寶　清代修建崇陵充當副頭目天津李將軍修祠堂充當木科總頭目

耿仲明　修建北平協合醫院充當繪圖科科長何士工程司繪圖天津昇昌工程司海曼工程司

　繪圖

趙文善　重修雍和宮充當彩畫頭目

姚國典　重修太廟充當彩畫頭目

王喜順　專門雕刻修建頤和園內裏各殿內外裝修之雕刻花卉　完

參觀日本現代常用建築術語辭典編纂委員會紀事 閻 鐸

本年四月二十八日，赴本鄉區駒込西片町十番地，訪伊東博士，談及本社進行事務，以編纂辭彙為最要而最難，日本建築學會，亦有術語編纂委員會之設，每星期五晚開會，可往一觀，或列席旁聽云云，旋於五月一日，應考古學會晚餐會之招，主人側有伊東關野池內三博士，及田邊泰教授等，談及術語編纂會內容，田邊氏卽委員之一，上年田邊氏，偕伊東博士來華，頗悉本社宗旨，今日適值星期五開會之期，席間約定，散席後卽同赴該會參觀，旋以時間稍遲，已經散會，乃參觀該學會各部分，並取閱術語編纂各參考圖籍，乞田邊氏轉託會友，鈔一目錄，俟下次到會來取，旋於五月十三日，應建築學會之歡迎宴，主人中有笠原敏郎，卽術語會委員長，大熊喜邦，佐藤功一，森井健介，及田邊氏，皆係現任委員，又談及術語會事，皆謂可於開會時參觀，旋於本星期五（五月十五日）午后四時三十分，赴會，則委員長及委員，陸續到者，已有六七人，旋卽就席，先進晚餐，餐畢開會，提出油印之日程，（草案）第一行為年月日，第二行以下，第一格為日本片假名，第二格為漢字，第三格為英文，及其解詁，其應補圖者。口以識之，此係從中村所著日本建築辭彙，及英和建築語彙等書中擇出，列為議案，以備會議時提出通過，本日所提出者，爲五月十五日日程，委員長發言，上次日程單內，尚有未完者，應先提出，旋卽檢出五月八日未完之日程內，自第二頁第七行以下，繼續討論，有應通過者，有應補圖者，有應檢書舉證者，與本社辦法，大致從同，所有目的，以「現代常用」四字爲標準，而日本現經法定，有所謂標準規程者，此會所取原料，除中村等辭彙以外，亦間或取裁於此，而於中文書之辭源等書，亦羅列案頭，不時翻檢，其議事程序；亦如通例，取決於委員長，但委員長態度，極爲謙冲，絕無專斷之表示，蓋笠原氏爲斯界泰斗，曾任復興局長，經驗極富，故能領袖羣倫，仍復卑以自牧，會議自下午五時入席，至八時稍進水菓，仍復開議，至十時始停會，而十五日日程兩頁，僅完一頁譯以來賓資格，加入旁聽，有時亦撝言二三，與會衆相互問答，毫無隔閡，散會後，委員長屬書記，檢取本年一月所定編纂方針一分，又參考書類目錄一分，又寄贈本會參考書數種，今附譯於左，

術語編纂委員會

昭和六年一月十六日　午后六時至四十分

出席者

委員長笠原敏郎君　幹事長會謙介君　委員池田讓次君　內藤多仲君　森井健介君

臨時委員河野輝夫君　田邊泰君　金澤庸治君

議事

一、關於今後之術語編纂方針根據幹事之提案加以審議茲決定其結果如左

一、術語編纂方針

甲、以選定建築關係者可以使用之術語為目的

一、以現代常用者為主

二、表示同一意義之術語　務令統一

三、現存之語　認為不適當者　變更之

四、外國語　照原來使用　認為適當者　特定其譯語

五、其他學會及其他重要機關所選定之術語　務宜尊重

六、名筆劃之漢字或別字　務須避去而用略字或假名　再以文部省漢字制限為準據　別字務用假名

七、外國譯語　以英語為主　但主要者　得併記德譯或法譯

八、說明　用適宜圖面或照像　以簡明為主　但因減少圖面及照像之數量起見　得利用同一圖面及照像

乙、著書用如左之形式

一、用左行橫書

二、最初用羅馬字為讀音　其次日語　更於其右附以英譯　德譯法譯並記之

　此種格式，與文部省所決定者為一致

三、術語排列以ＡＢＣ為次第

四、接頭複合名詞　列記於原名詞之下　時加以說明　其單獨排列時，辦法如左

　例如　「蹴込板」　說明　「板參照」　圖　「階段圖」參照

五、出板時版式之大小　照六開本　著書名如左　「現代建築術語集」

六、為便於知英語與日語相當起見　日譯難讀者　附羅馬字　附以英語德語及法語　依ＡＢＣ為次第

二、進行方針

一、以三年半為完了期間　較第一次計畫　延長一年半　較第二次計畫　延長半年

	第一次計畫（二全年）		第二次計畫（三全年）		第三次計畫（三全年半）
第 一 讀 會	月	摘要 實	續月	摘要 實	續月 摘要
三三		三三		三三	

項目			
A　術語選出	四　與第一讀會同　執行第二讀會九個月	九　選出語數十三個月間二、約三、七○○　約二、六○○議寫	九　五月中完了之　預定
B　術語說明之審議	四	一八　約三、七○○	一八　語數約一、五○○　一個月約一、五○○
C　新術語選出及其說明審議	三	七	七　語數約五、○○○　一個月約五、○○○
第二讀會	四	二	五　語數約一、四○○　一個月約一、四○○
第三讀會	○	○	三
計	三三	三六	四二

向來之實蹟　及將來之計畫　如別表

二、第一讀會議了之術語　分類而分配於各委員　一般委員二部　擔任選出新術語之委員該部類之五部

三、圖面　於第二讀會提出

四、第三讀會　應爲出版圖書格式之提案

五、擔任選出新術語委員新術語之提案

六、委員之擔任新術語選出者如左（既決）　以三月末日爲止

建築構造

一、理論的方面　佐野委員　（河野委員）

二、實際的方面　A洋式　森井委員　B日本式　大熊委員

參觀日本現代常用建築術語辭典編纂委員會紀事

五

建築材料　濱田委員

意匠及裝飾（家具在內）　岡田委員（金澤委員）

施工及施工機械（工具在內）　内藤委員

庭園　大江委員

建築設備　池田委員

建築計劃　岸田委員

建築史　佐藤委員（田邊委員）

都市計畫及建築法規　笠原委員

術語編纂委員會名單　昭和三年七月設置

委員長	笠原敏郎	牛込區原町二ノ五六（牛込六〇〇七）
幹事	長倉謙介	牛込區矢來町二六
委員	佐野利器	小石川區駕籠町一六〇（大塚一〇二六）
同	池田讓次	府下品川町南品川淺間臺一四六六（高輪七六四四）
同	大江新太郎	小石川區原町一二
同	大熊喜邦	麴町區下六番町四（九段二〇八）
同	岡田信一郎	牛込區神樂町二ノ二三（牛込三五九二）
同	岸田日出刀	府下大崎町上大崎四七〇
同	佐藤功一	小石川區指ケ谷町七三（小石川一三三六）
同	内藤多仲	牛込區若松町七六（牛込一三七三）
同	濱田稔	本郷區千駄木町五〇
臨時委員	河野輝夫	麴町區下二番町二八（九段九八九）
同	森井健介	本郷區追分町二〇西濃館
同	金澤庸治	本郷區西片町一〇イ一三號
同	田邊泰	府下野方町下沼袋二〇三

32160

現代常用建築術語辭典編纂委員會所用參考書類目錄

書名	著者	定價	送料	發行所
建築工學(袖珍本)	建築學會編	9,50	仝	東京市日本橋區通二丁目 丸善株式會社
英和建築語彙	仝 上	仝	仝	仝 上
日本建築語彙	中村達太郎	2,80	0,18	東京市神田區南神保町九 太陽堂書店
英和建築新辭典		3,30	0,18	東京市日本橋區通二丁目 丸善株式會社
和英建築用語新辭典	須藤真金	2,50	0,18	東京市牛込區早稻田鶴卷町一ノ一 電氣書院出版部
國解市街地建築物取締法令	警視廳建築課編	,80		東京市麴町區有樂町 早稻田大學出版部
電氣工學術語辭典	山際循一編	1,50		東京市麴町區有樂町一ノ一 電氣學會內日本電氣工藝委員會
第三回增補電氣工藝術語集	日本電氣工藝委員會編	,80(送料共)		東京市麴町區有樂町一ノ一 電氣學會內日本電氣工藝委員會
照明並電氣熱術語集	仝 上	.40(送料共)		仝 上
製鐵用語集	日本鐵鋼協會選定			東京市麴町區有樂町一丁目 日本鐵鋼協會
鑄鐵用語集	日本鐵鋼協會編			東京市京橋區補町八 日本鐵鋼協會
工業化學語彙	工業化學會 工業化學協會	2,50		東京市京橋區補町 工業化學會
衞生工業協會選定衞生術語集之部	衞生工業協會			東京市京橋區有樂町 工業化學協會
通信工學術語集案	電信電話學會			東京市麴町區丸內ビルヂング 電信電話學會
英和工學辭典	中島鋭治外七名共著	2,00		東京市日本橋區通二丁目 丸善株式會社

書名	編者	價格			出版處
英和工學辭典	歧屋井工學博士紀念	2,56	全	上	東京市麴町區內幸町六 四 鐵道圖書局
獨和工學辭典	歧屋猶三	2,20	全	上	東京市麴町區內幸町 鐵道圖書局
工藝綜覽辭典	鐵道圖書局編	3,20			麴門區神田區 博文館
工業大辭典 自第一卷至第四卷	大日本百科辭書輯	60,00			東京市神田區表神保町二 工政會
日本建築辭彙 自第一卷至第四卷	前工業品規格統一調查會	1,55			東京市神田區錦町二號 工政會
新度量衡换算表	鐵道省大臣官房研究所	1,00			東京市神田區錦町三號 鐵道廳報局
製品目錄	八幡製鐵所				東京市麴町區丸內有樂町 工政會
農學用語新辭典	川上之郎	3,00			東京市神田區南神保町九 太陽堂書店
Architects' and Builders' Hand Rook	Kidder				John Wiley and Sons Inc.
A Glossary of English Architecture	T. D. Atkinson				Methuen & Co. Ltd. London.
German-English Dictionary of Technical, Scientific and General Terms	Webel				George Routledge & Sons Ltd.
Wasmuths Lexikon Der Bauhuvst I, II					Verlag Ernst Wasmuths Berlin
Technisches Wörterbuch in drei Sprachen. III,					Verlag von Georg Siemens Berlin
Illustrierte Technische Wörterbürcher 8, 13,					Druck and Verlag von R Oldenbourg
Webster's International Dictionary	Wabster				G. & C. Merriam Co.

土作做法

目錄

凡算前後檐刨墻，按面闊加兩山，外番尺寸，定長以柱中往外加番三尺，往裏加番二尺，並之定寬，如有廊子在內，加廊深，兩山長，按進深，除去有墻裏番尺寸定長，以柱中往外加番二尺，或二尺五寸，往裏加番一尺五寸，或二尺量式並之定寬，

其式因地而施，

又法其山裏番尺寸，按磉墩見方半分加整數，外番尺寸，按山出尺寸，加整數即是，前後檐裏番尺寸，按磉墩見方半分加整數，外番尺寸，按下檐出尺寸加整數，即是深，按埋深若干加灰土灰每步實厚五寸，黃土每步，實厚七寸，招當厚五寸即是，

招當，即打頭，

凡算墻內，如碓下柏木地丁，按墻長寬折見方丈，用丁旱墻一百四十四根，水墻一百九十六根，其長短徑尺寸，臨時酌定，

32163

水墻七寸分當，橫竪各四十路，自乘一百九十六根，

旱墻八寸分當，橫竪各十二路，自乘一百四十四根，

凡算丁上築打大夯碣灰土黃土，按墻長寬折見方丈，其步數，按墻之虛實深淺酌定，

凡算灰土一步渣虛一尺得實厚五寸，黃土一步渣，虛一尺，得實七寸，丁上或砌虎皮石，或碎甎掐砌丁當，丁上築打大夯碣，按墻長寬深五寸，折見方丈，內除丁頭分位核算，其餘均徑七寸，扣之方除，

凡算內裏塡廂，按面闊加兩山磉墩，見方各半分除去兩山檐攔土，寬各一分定長，如週圍廊按面闊除去兩山金攔土之寬，各半分定長，寬按進深加磉墩，見方各半分，除去前後檐攔土之寬各一分定，寬如前後廊寬，按進深，除去前後金攔土之寬各半分定寬，如前廊後不廊，寬按進深加簷磉墩見方半分，除檐攔土寬一分金欄土寬半分定寬，內除檐磉墩頭，按磉墩見方一分，除檐攔土寬一分，卽是金邊之寬，如前廊後不廊，按磉墩見方半分，除金欄土寬半分，卽是，前廊金邊寬，後檐按檐磉墩，見方一分，除檐欄土寬一分，定後檐金邊寬，

凡算踏𨂻地脚刨墻，長按下基石長加整數寬，按進深加整數深，按下基石厚灰土厚，加整數卽是，

凡算散水地脚墻，按通面闊，加山出二分丁砌，每山再加長一尺五寸五分，其瓴長寬各一分，牙子厚一分，三共一尺五寸五分，係沙滾瓴，有踏跺，加進深二分，兩山長按進深：加下出二分加倍，即是，

凡算刨墻，厚一尺見方丈，按墻長寬深折見方丈，大夯碴灰土見方丈，按墻長寬折見方丈，此係一步，有幾步用幾步，因之即是，

凡算刨墻四尺土方，按墻長寬深，折見方丈，用四歸分之，即是方土，

發　劵　做　法

營造算例之一

一

凡算發劵平水墻之高

假如面闊一丈五尺中高二丈，將面闊折半，得七尺五寸，又加十分之一分，得七寸五分，併之，得八尺二寸五分，將中高二丈內，除八尺二寸五分，得平水墻高一丈一尺七寸五分，平水墻以上，俱係發劵口，係元矢，以劵口面闊尺寸，三三加之折半，定長．以所用甋塊厚尺寸歸之，得頭劵數目

瓦作做法

目　錄

單磉墩，以台通除柱頂淨厚定高，以柱頂加四寸定見方，

連二礤墩，以台通除柱頂淨厚定高，以廊深尺寸加金礤墩半箇檐礤墩半箇定長，以金柱頂加四寸定寬，

連四礤墩，以台通除柱頂淨厚定高，見方，按連二礤墩長定見方，

檐攔土，以通面闊進深，各除礤墩定長，按礤墩半分柱徑半分再加三寸定寬，高同礤墩，

金攔土，以通面闊除礤墩定長，以檐攔土寬除礤墩半分加倍定寬，高同檐攔土，

包砌台幫，以通面闊加兩山出定長，寬按下檐出除半礤墩定寬，高按台通高，除階條厚定高，兩山以通進深加礤墩見方一分定長，寬按山出除半礤墩定寬，有押面高同前，

如無押面高，按台通高定高，

前後檐，如無階條，用押面甎，長按面闊加兩山出定長，寬按下檐出除柱頂見方半分定寬，兩山長按進深加柱頂見方一分定長，寬按山出除柱頂半分定寬，

牆下襯腳，以面闊進深各除柱頂定長，按半柱半頂各一分，加八字定寬，按柱頂厚除鼓鏡高掐當厚定厚，有牆用此，

檻牆下襯腳，長同前，寬按本身厚定寬，如有押墻厚同前，

掐砌柱頂當，以面闊進深廊深各除柱頂定長，寬按柱頂定寬，厚除地面甎定厚，

山墻外皮，以進深定長，如有廊子，加廊深定長，如封護檐墻，長按進深加柱徑半分定長，高按埠頭定高，下肩按柱高十分之三分定高，厚按山出除柱徑半分金邊一分定厚，裏皮以進深除柱徑一分定長，高按柱高，如前後廊高，金柱高，除隨梁寬一分定高，厚按柱徑一分加八字定厚，

如有護牆板，厚按柱徑一分，除板厚一分定厚，此內應除榻板倒肩頂椿籠稀分位甄塊，

廊牆，以廊深尺寸，除檐金柱徑各半分定長，高按柱高，除檐枋穿插寬各一分定高，下肩高同山墻，下肩厚，按柱徑一分加八字定厚，上身減五分，

如上身立柱圈枋，中心斗砌方甄，立柱按上身高寬分箇數，城甄砍細五寸線枋，按上身除週圍圈枋寬分箇數，細停滾甄中心斗砌方甄，以方高尺寸一四斜分箇數，背餡，按上身厚，除陡板厚一分定厚，

穿插，當長按廊深除檐金柱徑各半分定長，高按檐枋，寬定高只甄一進，

廊象眼，長按廊深，除桁徑定長，高按廊深用五舉高若干加檐平水桁徑椽枋各一分，除抱頭梁寬一分，俱二箇折一箇，只甄一進，

埠頭，高按檐柱高，加古鏡平水桁徑椽枋連檐望板俱各一分，如有飛檐椽，再加飛檐二

分，得通高，內除上出五舉一分盤頭厚二分，裊檐斜高一分，裊混厚二分，荷葉墩厚

一分，定高，外皮長按下檐出除小台一分，裏長按外長，除柱徑半分，厚按山出加咬

中一寸，除金邊定厚，除裊檐斜高，按直高，用一四歸除，即是，或用七因亦可，

稍子裊檐裊混用整瓴，荷葉墩盤頭，用半箇瓴，

高直高一分再加上出五舉折半高一分即高，

凡算稍子象眼，長按上平出，除簪柱徑半分連檐雀台裊檐斜厚各一分定長，高按裊檐

埠頭象眼，長按上出除桁徑半分，連檐金邊寬裊檐厚各一分定長，高按柱高，加古鏡平

水桁徑椽枋各一分，得通高，除去埠頭之高，其餘尺寸，均用七扣，只瓴一進，

又法，每柱高一丈，核瓴二十箇，

續尾，長按進深加下出二分，前後各除按方瓴，如細尺二方瓴，按一尺一

寸除，裊混荷葉墩，均出四寸，前後各剩七寸，除之即是，厚按山墻外皮，上身定厚

荷出一寸五，混出二寸裊，出二寸五，按三均除之，

如封護檐墻，長按進深，加柱徑半分，下出一分，除小台一分一頭除裊混，長同前，

山尖，二箇折一箇，長按進深，加下出二分定長，高按山柱高，加古鏡桁徑椽枋望板背

各一分，得通高，除山墻外皮高拔檐博縫續尾桁椀得淨高，厚按山墻外皮上身定厚，

又法高按步架加舉加桁徑椽枋望板背各一分，如拆砌山牆一堵，山尖折半卽是，

如封護檐牆上截，二箇折一箇，長按進深定長，高按前法，高除下截高定半一段

，長按進深加下出柱徑各半分定長，高按檐牆外皮高，除山牆外皮續尾各一分高，

定高，

點砌山花，二縫折一縫，長按進深，如五檁除四檁徑定長，高按金脊瓜柱加桁徑椽枋各

一分，除瓜柱榫桁椀各一分，定高，厚按柱徑半分加咬中一寸定厚，今算除瓜柱三分係五檁

又法，高按步架加舉加桁徑檐平水椽方各一分，除三架五架梁寬各一分，定高，

二山拔檐，二層內上一層，按前後坡椽子湊長，除博縫寬一分，本身厚一分，鐵檐厚連

檐雀兒台各二分定長，下一層，除本身厚一分二層共湊均折長，背餡，除本身厚一分

，盤長厚二分：厚按山牆外皮下肩厚，除細甋寬一分定厚，

博縫，按椽子湊長定長，背餡除本身寬一分，鐵檐厚連檐雀兒台各二分定長，厚按山出

除博縫厚一分定厚，高按博縫寬定高，如散裝做，按鐵檐高分層數得若干，除一層卽

是，應除柱徑半分定厚，
應除椽子高二寸定高，

披水，按前後坡椽子，湊長定長，無背餡，

排山勾滴調脊，以勾頭作中，按勾頭寬分件數，成單滴水抽一件，板瓦同滴水，

五

捲棚，如歇山，按金桁中至中，按滴水寬，分件數成單勾頭抽一件，板瓦同滴水，頭，其勾

俱應比滴水多一件，

後檐墻，按通面闊，除咬中二寸定外皮長，高按柱高，除檐枋拔檐堆頂各一件，定高，

下肩同山墻，厚按柱徑一分，上身減五分，拔檐堆頂，按外皮長定長，堆頂，高按檐

枋寬定高，寬按墻厚定寬，折半定厚，裏皮以面闊除柱徑定長，高按柱高，除檐枋寬

定高，厚按柱徑一分加八字定厚，如有護墻板，同山墻法，後封護檐墻外皮，以通面加山出二分，

除金邊寬二分，定長，高按柱高加古鏡平水桁徑方望板各一分，除拔檐三層，其餘

俱同前，

枕墻，長按糧板長，高按柱高十分之三分，如安支摘窗，按柱高四分之一分，厚按糧板

寬定厚，

隔斷墻，長按進深，除柱徑，定長，高按柱高，厚按柱徑一分加八字二分定厚，

山花，二縫折一縫，長高同點砌山花，厚定例應厚二寸，只專一進．

苫背歇山，按面闊，除收山二分定長寬，

按坡身，除連檐雀兒台各二分，兩厦富並四角，長按進深加廊深二二斜，上出各二分

按收山二二斜上出各一分，除連檐雀兒台各一分定

除連檐雀兒台各二分加倍，寬按收山

寬，

硬山，按面闊加山出二分，除博縫厚二分定長，寬按坡身，除連檐雀兒台各二分，

清水脊，長按面闊，加山出二分，除金邊二分定長，混磚二層，瓦條二層，加脊筒瓦一層，俱按長分筒數，外加扒頭圭角勾頭各二件，

羅頭脊，長按檐桁外皮定長，混磚一層按長搯頭一件分筒數，扣脊筒瓦一層，按長分筒數，得若干，除羅鍋三件，勾頭二件，（係歇山做法，應有瓦條二層，）

如硬山，按椽子湊長，每頭除一筒瓦，直長加一筒一四斜長，

角脊，長按收山五舉一三斜，上檐出各一分，用一四斜定長，混瓶一層，按長除搯頭半分分筒數，瓦條二層，按長除圭角半分分筒數，扣脊筒瓦，按長分筒數，外加勾頭一件，

花素，頭扒，每件細尺四方一筒，素圭角，每件細停滾瓶半筒，

博脊，長按進深，除收山二分，角脊厚一分定長，混瓶一層，瓦條二層，扣脊筒瓦一層，俱按長分筒數，無搯頭圭角，

墊囊，按通進深，查例得路數，按正隴底瓦，每隴計一件，

歇山宪瓦，正隴蓋瓦，按面闊，除收山二分，分隴成雙，按椽子湊長分件數，除羅鍋三

件，勾頭二件，底瓦抽一隴，得件數若干，除折腰五件，滴水二件，兩厦當正隴蓋瓦

，按博脊長分籠成雙二山加倍，寬按收山二二斜山出各一分分件數，深勾頭一件，底

數同，蓋瓦除滴水二件，四角外，加勾頭四件，滴水八件，此係重檐之下檐分隴，

八角斜隴折四角，按檐步一二斜上出起翹各一分分隴，件數同前，除勾頭二件，底瓦隴

瓦抽一隴，除滴水一件，

硬山，按面闊加山出二分，除披水寬一分，如有排山，除勾頭長二分，分隴成雙，按椽

子湊長，分件數，除羅鍋三件，勾頭二件，底瓦抽一隴，分件數，除折腰五件，滴水

二件，板蓋瓦，除板羅鍋五件，花邊二件，底瓦，除折腰五件，花邊二件，

墻地，按通面闊，除柱徑一分，八字二分，分路數成單，按進深，除柱徑半分，八字一

分，枕牆厚半分，分箇數，

點砌椽當，按椽子根數，抽一根，每空沙滾甎半箇

每柱高一丈，得

上檐出三尺，下檐出二尺四寸，八扣　照上出　山出按柱徑二分，小台六寸，金邊二寸，

倒肩二寸，八字二寸，柱門按柱徑四分之一分，台明高每柱高一尺得一寸五分，

後封護檐同山出，

踏跺背底，長按下基石長，寬按踏跺進深，至下基石外皮即寬，如有如意石再加如意石

即是寬沙，滾甎高二層，

背後，隨下基石長，除去平頭土襯寬二分，即是長，寬按踏跺進深，至下基石外皮，

除去下基石寬一分，即是寬，高按下基石，厚隨中基石長，按踏跺面闊，除垂帶寬二

分，即是長，其餘同前，惟催級石無背後，

垂帶下象眼，長按踏跺進深，除垂帶厚一分，即是長，高按台明，除階條厚一分定高，

寬按垂帶寬定寬，每二箇折一箇算，　如有象眼石，除去象眼石厚定寬，

順山高炕，長按進深，除檐墻並枕墻裏皮尺寸定長，俱寬五尺五寸，高一尺五寸，

凡炕幫，按炕長定長，高除炕沿厚一分，得淨高尺寸

凡三面金剛墻，按炕長一分，寬二分，除隔角四分，得淨長尺寸，按滾甎一進，高

二層，

凡做袖，按炕寬，除滾三進定長，調火道，按炕長，除滾甎六進定長，戧火，按炕寬

折半，除滾甎二進半定長，共湊尺寸，按滾甎一進，高二層，

凡棚火，按調火道，並戧火尺寸，

凡打碼子，按炕面路數箇數，各減一分核算，每碼子一箇，核沙滾甎一箇，

32175

凡炕面，按炕長、路數；按寬分箇數，

高爐，按爐坑，往外加滾甎二進定長，寬按炕高定寬．爐台露明，按炕高三分之一分定

高；爐腿，按爐炕深定高，共得淨高尺寸，凡除爐堂灶門爐口，徑六寸，自乘七五，

扣深八寸，嗽眼長八寸，寬按爐台寬，高按通高，除爐口深，計分位沙滾甎二十七箇，

爐坑，見方大小深淺，酌定核算，

凡搭高炕內，　炕幫按炕長．高寬炕高，除炕沿厚一分，加埋深甎一層，　三面金剛

牆，按長一分，寬二分，除甎四進，圈袖按長一分，寬二分，除甎八進，再除火道湊

寬一尺二寸，調火道按淨長一丈，棚火尺二方甎一箇，沙滾甎高十八箇，　間火

眼板瓦七件，如方專只三個，打碼子，按炕面路數，箇數各減一路，炕面按炕長分路，寬

分箇數；　應除炕沿寬

又法，三面金剛牆，並圈袖，火道折湊長，按炕長二分寬四分，再加三尺四寸即是，

沙滾甎計一進高二層，

瓦作做法校記
六面八行　炊髓　枕應作檻　下同
七面二行　按坡身云云　不應提行　應接在前行「定長寬」隔一字之下
八面二行　頭扒山一行　應低一字
九面一行　深勾頭成雙　深應作籠應作罱
八行　次髓枕應作檻　下同
木條內各甚石皆同
深甚應作級

大式瓦作做法

目錄

爐坑

瓦作內用營津加斜法　附各歌訣

碼單磉墩　見方，以柱頂每邊加二寸定見方，以台通，除柱頂淨厚定高，其柱頂淨厚除

古鏡高，按柱徑四分之一分

碼連二磉墩　長按廊深，加檐金柱頂各半分，再加四寸定長，高寬，同單磉墩，

碼連四磉墩　見方按連二磉墩長，高同前，

掐砌攔土　長按面闊進深，除磉墩得淨長寬按檐柱中，外加磉墩半分，裏加柱徑半分，

再加三寸，定寬，高同磉墩

金攔土　長按通面闊二分，如周圍廊，再加進深，除廊深二分，共厚內除磉墩得淨長，

寬按檐攔土，收二寸定寬，高同前，其中坐在柱頂中

包砌台基埋頭前後檐　長按通面闊，加山出二分，加倍定長，寬按下檐出，除磉墩半分

定寬，高按埋深定高，其埋深高按石作做法有折半之說，兩山長按進深，加磉墩見方一分，加倍定長，

如有埋頭石，埋深內除所佔值磚若干，餘即是，埋深磚塊數，

皮至外皮，寬按山出，除磉墩半分，定寬高同前，

如有石陡板，土襯者，自土襯以下作為土襯背底，其前後檐長，按面闊加山出二分，係磉墩外

再加土襯金邊寬二分，加倍定長，寬按下出，除磉墩半分，再加土襯金邊寬一分定

寬：

兩山之長同前兩山長法，係磉墩外皮，至外皮，寬按山出，除磉墩半分，再加土襯金邊寬一分定寬

、高俱按埋深尺寸，除土襯厚定高，惟有踏跺後口，無土襯，前後簷內除去此無土襯

之尺寸，算接砌踏跺後口，其寬不須加土襯金邊之寬，其高不准除土襯之厚，與前埋

深尺寸同，其長按踏跺面闊，內除平頭土襯淨寬二分，係按平頭土襯之寬，除去金邊

即是淨寬，其房身土襯之長與平頭土襯裏口平，如無平頭土襯，除象眼細磚寬二分，

土襯背後，前後簷，長按面闊，加山出，再除土襯金邊寬二分，係至土襯外皮，內除去土襯寬

二分，以此尺寸加倍，即前後簷共得長，內除踏跺後口分位尺寸，即是淨長，寬按下

簷出，加土襯金邊一分，裏除磉墩半分，外除土襯之寬，即是淨寬，

兩山共得長，按進深加磉墩見方一分，係磉墩外皮，至外皮，加倍即是長，寬按山出，加土襯金邊

寬一分，裏除磉墩半分，外除土襯之寬，高按土襯之厚內除陡板往下落墁

深五分，餘即淨高，

包砌台基露明，前後簷外皮之長，按面闊加山出二分，加倍即是，

如有埋頭石者，除埋頭石所佔分位，背餡按前外皮通長，安簷除山內露明磚寬二分，

前後共四分，即是淨長，

凡算下檐出，按上檐平出八扣，

高同前，以上無陡板及滿不露明者，埋深台明相連算，並高寬同前埋深法，

兩山之長，按進深加一礤墩，係礤墩外皮，至外皮，加倍即是通長，按前埋深之寬，除陡板厚即寬

後口，其長，寬同前埋深法，高按台明除堵條厚一分，即是，

明除堵條厚，下加落墊深五分定高，惟踏跺後口之寬，不除陡板厚，其外應另算踏跺

如有埋頭石，除埋頭石厚二分，加倍即通長，按前埋頭之寬，除去陡板厚即寬，按台

內陡板石厚二分，

如有陡板石，應算陡板背後，前後檐之長，按面闊加山出，除踏跺後口尺寸，再除山

高按露明除去押細磚厚，即高，寬同前埋頭之寬，再除細磚寬，即是，

埋頭石者，除前後細磚寬二分，背餡按進深，加礤墩見方一分，至外皮，加倍即長，

兩山長按進深，加前後檐下出二分，內除埋頭石尺寸，同前法，加倍即是共長，如無

背餡寬，除露明細磚寬一分，即是，

前，前埋頭內所除尺寸，高按台內，除堵條厚定高，寬同前埋頭寬，露明磚只一進，

如有混沌埋頭石者，安檐除混沌埋頭，見方二分，其長，內除前後檐踏跺後口，法同

如有廂埋頭石者，安檐除廂埋頭石厚二分，

如歇山週圍下檐出，按上檐平出七五扣，如後封護檐者，後檐出，多同山出一樣，

凡山出，按柱徑二分，

凡台明高，按柱高每尺得一寸五分，即是，

如房式大者，按柱徑方九扣尺寸，加倍即是，其理深按石作做法有露明高折半之觀，

後檐押面，如小式，或封護封者，後檐無墻條，用丁砌城磚，以通面闊，加山出二分

前後墻條，或押面裏口以城磚尺寸分之，即是，只磚一進無背餡，

二山押面，長按通進深，加柱頂見方一分，保柱頂外皮，至外皮，

凡小台，按柱徑一分八扣，

凡柱門，按柱徑四分之一分，

以城磚之寬分之即是，

墻下襯脚，長如山檐廊墻下者，按面闊進深長，內除柱頂所跕，幾個尺寸，淨若干

即是，如枕墻下者，長按枕墻在何處砌，即按何處面闊，內除柱頂見方一分，即長，

寬如山檐廊墻下者，以柱分中，往外加半柱頂，往裏加半柱徑，再加柱門一分，厚即

寬，如枕墻下者，按枕墻厚即是，高俱按柱頂厚除古鏡即淨高，

踏砌柱頂當　長按面闊進深，或安隔扇，屏門隔斷板凡無墻者，俱用此，各按柱中至中

、除柱頂一分即長，

如有廊者，連二礤墩上擱砌，除去兩山廊牆下襯腳，其餘俱係柱頂當分位，長按廊深

，除簷金柱頂各半分，

寬如簷內者，以柱頂中，有幾道共得即是，

外按柱頂見方半分，裏至欄土裏皮尺寸，如比柱頂寬者，即

按柱頂半分即是，

如金內者，按金欄土之寬即是，

如廊內者，按簷柱頂，見方即是，

高按柱頂厚，除去古鏡高，再除地面磚厚即是，

山牆裏皮，長按進深，除簷柱徑一分，如有廊者，除金柱徑一分，如排山者，再除山

柱徑一分，即是，高按簷柱高，如有廊者，按金柱高，如有隨梁除寬一分，其高俱加

古鏡，共得即是通高，內下肩高按通高三分之一分，厚按簷柱徑一分，如有廊者，按

金柱徑一分，俱外加枋門一分，即是，上身厚除五分，如有護牆板，按柱徑不加枋門

保護牆板外皮，下柱子外皮平

，再除板厚即厚，

山牆外皮，長按進深即是，如後封護簷者，按進深外加後簷柱徑半分，如後封護簷有

面磚按後簷柱外皮尺寸，再加後簷牆外皮厚，除去簷牆露明磚寬一分，即是外皮，細

六

32182

磚長，背餡仍長至後簷柱外皮

即是，

如五出五入牆心，長按進深通長，均除埠頭自柱中往裏，磚兩邊，各長四分之一分，高按埠頭高

即是均折長，如前廊後不廊者，應算前廊外皮，山牆前面只大至金柱中，高按埠頭高

如前廊後不廊者，應按後埠頭之高即是，厚按山出，除簷柱徑半分，外金邊寬一分，

埠頭高按簷柱高，加古鏡平水寬，桁徑，簷椽，飛簷椽，斜見方，並連簷，斜高尺寸

各一分，得通高，內除上平出簷用五埠均高若干，係簷頭至戧簷磚上皮，再除戧簷直

高均按細磚見方，外再除一寸核高，並盤頭二層鼻混荷葉墩各高一分，外皮

長按下簷出，除小台即是，裏皮長按外皮長，除去簷柱徑半分，厚按山出，除金邊寬

一分，加咬中一寸，即是，

如細磚按裏外皮長厚尺寸共厚，除去橫頭細磚寬二分，外再分個數，

背餡，按埠頭厚，除去裏外細磚寬二分，核進數，按裏皮長，除去橫頭細磚寬一分，

核箇數，共得個數若干，再加外皮柱中，往外至柱子外皮，係半個柱徑即是長，以山

出除柱徑半分，金邊一分，外皮細磚寬一分，是寬，以此長寬核計磚個數若干，湊入

前所約之磚個數之內，即是每層背餡磚個數，

如有角柱，下肩裏皮算角柱當，按堰頭裏皮長，除去角柱厚一分即是長，按下肩高除壓磚厚一分即是高。外皮算下肩，按外皮長，除去角柱厚一分，即是長，高同前，背餡同前，上身同前算法，

如五出，五入，為外皮，自柱中，如出者，加甌半箇，入者，只到柱中，與前同，均外皮出按柱中出磚，長四分之一分即是，其出入按通高，分層數，得數若干，然後以五層分之，係五層出甌，五層入磚，其餘不足五層，不盡之數，俱均餘上面之層數，

稍子鋄檐　如方磚者，內鋄檐磚一個，梟混各磚一個，盤頭二層，每層磚半個，荷葉墩磚半個，共磚四個半，以山出除金邊加過中一寸，如一尺二三寸即是尺四方磚，如一尺四五寸即用尺七方磚，如小式者，用沙滾磚，共高六層，計磚十個半，亦有用磚九個者，不可拘泥，俱按大小酌量核計，

象眼　長按上平出檐，除桁徑半分，連檐寬一分，檐椽頭金邊寬一分，即是，高按檐柱並古鏡之高，加墊板，桁條，並椽子斜尺寸各一分，內除去堰頭之高，其餘尺寸，均用七扣即是淨折平尺寸，再以尺寸分之，無須細推，只磚一進，

二山稍子後續尾　長按進深，加前後下檐出，除去小台，係至堰頭外皮，外加每層荷葉墩，梟混各出，下一層並上壹層均折出尺寸計二分，內將方磚之尺寸二分，與此長內

，除之即是折長，上下層折出尺寸，內荷葉墩出一寸五分，混磚出二寸，梟兒出二寸

五分，上一層自墀頭出六寸，下一層自墀頭外皮出一寸五分，共合一處折半，即每頭

均長三寸七分五厘；即按進深零算，均折出四寸加之即是，如小式者長按進深，加至

墀頭外皮即後尾淨折長，如前廊者，每山其後尾之長，即二截算，內前廊一截，按前

廊深外加至墀頭外皮，及加梟混之均出，除方磚，俱同前法即是，後一截長按進深，

除去前廊深尺寸，後面加至墀頭外皮，並加梟混之均出，除方磚俱同前法即是如後封

護檐牆者，後面尺寸，與山牆後面長尺寸，係與山牆後口齊，如有挑檐石者，兩頭各

加至挑檐石外皮，除去挑檐石通長二分，即是淨長高之三層，厚同山牆厚，

山尖　長按進深，加前後平出檐，內每頭除連檐寬一分，戧檐連斜折厚一分半，檐椽頭

金邊一分即是淨尺寸，如後封護檐者，前面之長同前法，後面之長與山牆後面之長同

，係與山牆後口齊，如小式之長，按進深，兩頭各加下檐出一分，共湊即是淨長，高

按檐柱加古鏡高一分，檐平水高一分，再加舉高至脊桁下皮，再加脊桁徑一分，椽子

見方，並苫背高二寸斜尺寸一分，由除下墀頭之高一分，稍子後續尾高一分，上博縫

並板檐，湊計尺寸，斜高一分，其餘即是淨山尖，中高尺寸，俱二個折一個算，其椽

子並苫背斜湊高尺寸，如椽子見方二寸五分，再加苫背高二寸，共四寸五分，看脊內

係幾舉，如七舉，即按七舉加斜之法因之即是，

口博縫板檐，湊計斜高尺寸，如細尺四方磚高一尺三寸，再加板檐二層，每層高二寸

，共高一尺七寸，用七舉加斜之法因之即是，厚同山墻厚，

如前廊房者，求通高之法，同前，其長當分做二截算，內下一截前一頭至金柱中，其

高按金柱通高，加古鏡，高一分，金平水高一分，桁條徑一分，檐椽見方並苫背高二

寸，共湊加斜，係五舉之處，用一二三斜一分，內除博縫連板檐共厚高尺寸應用一一

二斜一分，再除後墀頭高一分，稍子後續尾高一分，除淨是下截之高，下截下口，長

邊尺寸，俱同前，加除法，即是下截下口之長，下截上口，長按通進深，除去前廊深

尺寸，前係至金柱中，後至後檐柱中，即是下截上口之長，在以上下口尺寸，共湊折

半，即是下截上下口之均長，上截之高，按山尖高，除下截之高，即是上截下口，長

按下截上口之長，即是上口，係圭形無長，應按上截高尺寸折半，即是圭形之折高，

或不折高，折去長一半，亦可，各以磚尺寸分之，其厚同前，

如前廊後不廊，應算前廊墻外皮長，按廊深即是長，高按前墀頭之高，即是高，廊墻

外皮上面，係前稍後續尾高三層，往上廊墻應算外皮象眼一個，長按廊深加平出檐一

分，內除連襜寬一分，戧襜磚連斜折厚一分半，襜椽頭金邊寬一分，同山尖一樣加除

法，高按山尖下截前高，加後面稍後續尾高一分，山牆外皮高一分，共湊尺寸，內除

前墀頭連至前稍後續尾上皮高尺寸，餘即是象眼一頭淨高，此乃勾股形，應將此高折

半方是折高，厚按山牆外皮厚，此廊牆外皮，並象眼之法，因前廊房，前低後高，不

如此截段而算，不能盡其牆，須隨在山牆之後算，方不紊亂，

山牆算裏皮點砌山花，長按進深，均除桁條所佔之尺寸，即是，如五檁除檁徑四分，

太檁，除檁徑五分，即是淨長，高按平水上皮至平水上皮通舉高若干，在加襜平水高

一分，脊桁條徑一分，椽子見方斜尺寸一分，共湊內除所磚之柁，共湊寬尺寸，即是

高，俱二分折一分算，

二山板襜線混　長按椽子共湊長若干，今擬博縫，比椽子上皮高二寸，係與苫背平，其

苫背係在連襜後口襯平，應加博縫脊內馬蹄斜長，今平高二寸，看脊內幾舉，如七舉

以每尺加七寸因之，今高二寸得每坡馬蹄斜長一寸四分，兩坡共加二寸八分，此是博

縫上皮之長，內除博縫每坡馬蹄之長各一分，方是板襜上皮之長，應按博縫寬，每尺

以七寸因之，如細尺二方磚寬一尺一寸，得馬蹄斜長七寸七分，兩坡共除一尺五寸四

分，即是上皮之長，再按此長，除連襜寬二分，盤頭磚連斜折厚三分，加前戧襜斜厚

二一

32187

尺寸，在除檐椽頭金邊二分，本身係合角做法，上一層，不除馬蹄長，下一層應除上

一層馬蹄，兩坡各長一寸四分，共應除二寸八分，今均長共除一寸四分即是均長，高

只二層，厚同山牆外皮厚，外加此二層，均出金邊，以山內金邊之寬，收三分分之，

每分應得若干，此係連博縫金邊，板椽應得二分，如每分寬七分，係上一層，出一寸

四分，下一層出七分，共湊折半均出，除零應各出一寸，共湊即是厚，按此厚，除去

外面細磚寬一分，即是背餡之厚，如後封護檐牆外皮細磚，其長外加後檐牆外皮厚，

除去露明磚寬一分，背餡只到後檐椽外皮即是，

博縫　長按椽子湊長共若干，今擬博縫比椽子高二寸，往上每坡加馬蹄斜長，如七舉，

加長一寸四分，兩坡共加二寸八分，即是上皮之長，再按此長，每坡除本身馬蹄，如

細尺二方磚，見方一尺一寸，以每尺加七寸因之，得馬蹄斜長七寸七分，兩坡共除一

尺五寸四分，即是下皮之長，將此上下長並於一處，折半即是均長，再以方磚尺寸

分之，如捲棚做法，得磚個數外再另加列囊方磚一個即是，寬隨方磚尺寸，

如散裝做者，寬按戧檐磚之高，分數層得數，內除頂上一層，與苫背取平，只一進，

其餘進深，按山出除檐柱徑半分，再以磚寬分之，其長中內除兩頭，每頭方磚，砍做

博縫頭一件，除其方磚兩頭，每頭，只折做方磚半個尺寸即是，

一三

背後金剛墻　長按椽子湊長，不加脊，內馬蹄之長，係與椽子上皮平，內除連椽，截椽

，椽頭金邊，俱同前拔椽，所除之尺寸，各二分除淨即是上皮之長，再按此長，除脊

內每坡本身高蹄之長，如七舉，以本身寬每尺七寸因之，如細尺二方磚見方一尺一寸

，博縫之寬，即係一尺一寸，除博縫上皮，與苫背上皮平，高二寸，此背後應寬九寸

，並於一處，折半即是長，兩坡共除一尺二寸六分，即是下皮之長，將此上下

以七舉因之得馬蹄長六寸三分，除博縫上皮，高厚按通厚，除去

外皮博縫厚二寸，即是厚，如後封椽者，其長後面至後椽檁外皮，

披水　長隨椽子通湊長若干，外加博縫比椽子高二寸，脊上馬蹄，照博縫上皮長即是，

高只一層，外隨喫水勾頭一件，如捲棚者，無此勾頭，如排山勾滴者，無披水，

如封護椽者，其長自後椽檁外皮，加至後椽墻外皮，上一層板椽，所出尺寸即是，

挑山五花山墻外皮　長按進深，每頭加過中一寸，如七檁高至七架檁下皮，內除簽尖

尺寸，按椽枋寬一分，再除板椽磚一層，即是淨高，厚同山墻外皮法，

往上五花山尖計二截，內下一截，長按金柱至金柱，中四步架尺寸，內除內白磚厚二

分，即是長，　高按七架檁下皮，至五架檁下皮尺寸，下加山墻簽尖，拔椽之高各一

分，上除簽尖，板椽之高各一分，同前尺寸，厚隨山墻外皮厚，兩邊隨立白二道，各

按本身通高，內加除籤尖拔檐之法，同前，淨即是高，其定何磚按外皮核之，上一截

長按金桁中至金桁中，二步架尺寸，內除立白磚厚二分即是長，高按五架樑下皮，

至三架樑下皮尺寸，其刨除籤尖板檐，並分立白之法，俱同前，裏皮俱應滿點砌山花

，皆同前點砌山花法，厚同瓜柱之厚，往裏收磚只一進，外皮籤尖板檐之湊長，按山

牆通長尺寸，以磚分之，板檐厚，按山牆外皮加金邊一寸，其籤尖，按高尺寸分層得

數，折去一半即是淨折層數，進數按山牆外皮厚，

廊牆　長按廊深，除檐金柱徑各半分即是，其露明細磚兩頭撲在柱子上往外，每邊照前

尺寸再應加長，按柱徑四分之一分，共湊即是，高按檐柱高，除去穿插寬一分，穿插

當一分，即是淨高，其下肩高，同山牆下肩，其穿當同穿插寬即是，厚按柱徑加柱

門一分即是，　上身厚，除下肩寬五分，如上身算，立柱圈枋，按上身之高二分，各

除去上面堆頂，係放抹滾磚一層，高二寸即是淨高，再按上身長，除去立柱寬二分，

淨長二分，共湊長尺寸一處，以細城磚長分之，線枋以立柱圈枋裏皮長，高尺寸各二

分，以墁滾磚長尺寸分之，係合角做法即是，中心棋盤心，斜砌磚方以廊牆上身長，

除去圈枋線枋之寬各二分，高以立柱通高，亦除去圈枋線枋之寬各二分，其餘乃淨長

，淨高，尺寸，以方磚尺寸減一寸分之，即得，如細尺四方磚本身方一尺三寸，此款

係裁塊細砍，仍應砍一寸，以見方一尺二寸分之，即是，餘仿此，其背餡後口長按廊

深，除檐金柱徑各半分即是，高同前上身高，係連堆頂灰抹滾磚一層，高二寸在內，

厚按柱徑尺寸，除中心方磚厚尺寸一分，係圈枋線枋後口與中心方磚後口齊，其圈枋

城磚，線枋停滾磚，長尺寸俱同細磚尺寸，惟寬，圈枋核寬五寸，線枋核寬二寸，方

為確的，此係細砍起線，並砍八字轉頭，難依定製尺寸核算，其圈枋上滾擺堆頂灰抹

磚一層，不須另算，應歸背餡層進之內，

廊子象眼　長按廊深，除桁條徑一分，高按廊深，平水上皮至平水上平，用五舉高若干

，加檐平水高一分，金桁徑一分，椽子斜見方一分，內除抱頭梁寬一分，即是高，俱

二個折一個算，椽子斜見方按見方一一二斜，即是，厚只一進瓴，

穿插當　長按廊深，除檐金柱徑各半分，高同穿插之寬，厚係斗砌方磚一進，俱係方磚

開條做，如尺寸大者，其上每付鑿做雙如意雲頭，如糙砌抹灰，只算滾瓴一進，

檐墻裏皮　長按每間面闊，除柱徑一分，共計若干堵湊之即是，高按檐柱高，加古鏡高

一分，除檐枋寬一分，淨即是高，如核磚共得若干層，除去上簸尖分位，均折去一層

，即是淨層數，厚按檐柱徑一分，外加柱門一分，即是厚，上身厚按此厚，除去下肩

寬五分，即是上身之厚，如有護墻板者，同山墻裏皮，除護墻板法，其下肩高，同山

墻下肩之高，即是，

檐墻外皮　長按外皮通面闊共若干，內除兩邊墀頭過中各一寸即是長，高按檐柱高，除

檐枋寬一分，簽尖板檐各高一寸，即是淨高，下肩高同前，厚按柱子外皮兩進磚共湊

尺寸即是厚，其板檐如細磚高只一層，按外皮墻長即是長，按外皮墻厚，加出金邊一

寸即是厚，簽尖，按板檐長即是長，按檐枋寬一分即是高，按外皮墻厚即是厚，滿算

高分磚若干層，折去一半即是簽尖淨折高，

封護檐墻　裏皮長，高、厚、尺寸法俱同前，外皮長，按通面闊加山出除去山內金邊二

分即是長，高按柱高，加檐平水桁條尺寸，再加椽子望板斜，內除順水高一寸，板檐

三層之高，即是淨高，厚按磚二進即是厚，如背餡長尺寸，按前長尺寸，除山內露明

磚寬二分即是長，不露明即不必除，

如虎皮石外皮者，應按面闊通長尺寸，除去磚腿子二個尺寸，每個係五出五入，每頭

自柱中均除去磚長四分之一分，淨即是折長，高同前板檐三層之高，內上下線磚二層

，斜砌菱角磚一層，其長各按墻外皮長即是，背餡按厚，如二進沙滾磚寬九寸，以下

線出一寸，斜砌菱角磚出三寸，上面線磚共出四寸，加本身九寸

共厚一尺三寸，以下線出一寸，加本身九寸，共厚一尺，將此二欵，厚於一處，折半

係均厚一尺一寸五分，如沙滾磚上下線磚各寬四寸五分，斜砌菱角磚寬一尺，共湊尺寸一處，用三歸均之，每層均得六寸三分，進零算應除六寸五分，其餘五寸，即是背餡之寬，其外皮線磚二層，各按前長，以沙滾磚尺寸分之，其斜菱角之長，按前長，除去兩頭丁砌磚二個正寬尺寸，再按磚寬四寸五分一四斜，得斜寬六寸三分，即以此尺寸歸除前除去丁磚所餘尺寸，得數若干，再加入兩頭丁磚二個，共湊個數方是此一層個數，其背餡之長，如方磚博縫不除，應按通長即是，如沙滾磚博縫內下二層有山內板檐所佔分位，應均連博縫每頭，按通長除去二寸即是，

後封簷外皮虎皮石磚腿子二個　按每個係五出五入簷，內長按中柱加山出除去金邊，如出磚，自柱中加磚長半分，入磚，只到柱中，均自柱中往裏，按磚長四分之一，山內長按柱中，加至後檐牆外皮厚，再以柱中往裏，亦係五出五入，加按磚長四分之一分．除去檐內露明磚寬一分，用磚長尺寸分之，即是露明之磚數目，如背餡檐，內長同前，除去山內磚寬一分即是長，厚按後簷牆厚，除去露明磚寬一分即是厚，山內長，只按柱中至柱子外皮，一邊自柱中往裏，加按磚長四分之一分，厚．按山牆外皮厚，除去露明磚寬一分，即是厚，共核磚共若干，即是背餡磚數目，

金內扇面牆　長按面闊，除金柱徑一分，高按金柱通高，加古鏡，除金枋寬一分，外皮

32193

應除簽尖板簷之高同前法，

如有帶子板，再除帶子板通高，淨即是高，下肩同山墻，如無帶子板做法，至金枋下

皮，裏皮有簽尖，上身按通高除去下肩，其餘以甎厚分之，得數，均折去一層，方是

裏皮上身之高層數，如二面棋盤心，立柱圈枋做法，同廊墻一樣算，厚按金柱徑，加

裏外柱門共湊即是厚，

枕墻。　長按榻板之長，即是長，寬按榻板之寬，高如隨支摘者，按柱高加古鏡之高，四

分之一分，內除榻板之厚即是淨高，如隨枕窗者，按明間抱柱之高，加下枕共湊高，

內除格心抹頭繼環分縫，如五抹者，除格心高一分上中抹頭三根之看面尺寸，中繼環

高一分，上下分縫寬二分，共湊除去，再除風枕高一分，榻板厚一分，餘方是枕墻淨

高，係隔扇中繼環，與枕窗下繼環齊，如六抹者，再除上繼環寬一分，上中抹頭一根

之看面尺寸，即是，其分縫每道寬不過三分，

隔斷墻。　長按進深，除柱徑一分，高按柱高，加古鏡之高，如有隨梁，再除隨梁之高即

是，厚按柱徑，加裏外柱門各一分，其下肩上身，俱同山墻法，點砌山花，亦如山墻

法，

苫背。　面闊長按通面闊，兩頭加山出一分，如挑山各加挑至博縫外皮一分，內除博縫之

厚二分即是，如硬山磚博縫，每邊不過除二寸即是，其背之上皮，與博縫上皮平，坡

身湊寬，按椽子湊長若干，除連檐並檐椽頭，金邊各寬二分，即是，

如歇山房正身面闊，按面闊除收山二分即是，其坡身寬，同前做法，兩廂當，各連前

後檐二角折長，按進深加前後出檐，除連檐並檐椽頭金邊各寬二分即是長，寬按斜出

檐，再加收山尺寸，用一二二斜一分共湊，內除連檐並檐椽頭金邊寬一分即是寬，

排山勾滴　如硬山長按椽子通湊長尺寸，以勾滴尺寸分之，如捲棚者，滴水坐中，滴水

要單，應比勾頭少一件，勾頭連列角成雙，有脊者，勾頭坐中，連列角仍應比滴水多

一件，滴水成雙，其滴水後面，俱隨壓邊板瓦一件，得勾頭數外，前後檐四角再加拐

角滴水四件，即是，

如歇山每山按排山瓦口之長，以勾滴尺寸分之，有脊者，勾頭坐中，勾頭應多一件，

捲棚滴水坐中，滴水應多一件，其滴水後，各隨押邊板瓦一件，無前後檐滴水四件，

墊囊　路數按例，件數同底瓦壠數，

正脊　按面闊，加山出，除博縫厚二分，即是吻外皮至吻外皮，內下襯灰砌城磚一進，

高一層，按面闊加山出，每邊除排山勾頭長一分，即是長，隨瓦條五層，今多有做四

層者，混磚二層，係用細滾磚砍做，其長俱按通長，兩頭各除吻獸長，湊計一分，係

均至吻獸中，臥陡板一層，按脊通長，除去兩頭之長二分，鑲混磚厚二分，以尺寸分

之，加倍即二面件數，係用方磚砍做開條，吻獸下隨天盤一件，梓盤一件，係用方磚

砍做，圭角一件，鼻盤一件，係用滾磚砍做。

垂脊　如歇山，長按脊桁中，至檐桁中，外加半個桁條徑，上口不加斜，下口不除脊厚

，均按此長即是，隨五條二分，如脊瓦一層，各按通長，除去垂獸尺寸一分即是長，

混磚二層，按前淨長尺寸，以尺寸分之得數，再加一頭鑲混磚折計半個，共湊即是每

層個數，臥斗板一層，按前淨長，再除鑲混磚厚一分，以尺寸分之，或方磚滾磚不等

，俱看大小臨時酌定，隨垂獸一支，獸座一件，用方磚砍做。

如硬山，挑山，長按每坡樣子湊長即是長，其獸前，應按獅馬幾件，總以五件為率，

如柱高坡身大者，以柱高核之，每二尺，得存一件要單，其獸後之長，按通長除去垂

獸尺寸一分，並獸前之長，即是淨長，隨五條二層，下一層長按前長，外加至獸座外

皮，上一層，長再加在垂獸座後口，每層應均長，按前獸後之長，如垂獸之長一半，

以尺寸分之，即是均每層瓦條之數，混磚二層，各按獸後長，以尺寸分之得數，外加

一頭立鑲混磚折計半個，共湊即是每層之數，臥斗板一層，以前淨長尺寸，加除立鑲

混磚厚一分，以尺寸分之，扣脊瓦一層，按獸後淨長尺寸分之即是，獸前長，按獅馬

二一〇

共湊長，每件卽按筒瓦之長一分，外再加獅馬後扣脊筒瓦一件，共湊卽是長，隨瓦條

一層，長按獸前之長，以尺寸分之卽是，混磚一層，長按前通長，除去搪扒頭，甌長

一分，其餘以尺寸分之卽是，扣脊瓦一件，並獅馬若干件外，搪扒頭一件，係用方磚

砍做，圭角一件，係用滾磚砍做，其搪扒頭圭角之尺寸，砍做起線有花與尋常細磚不

同，均按細磚尺寸，再減一寸，方堪平允，

鈲脊　長按斜出檐若干，再加收山至博縫外皮尺寸，以一一二斜之，再加勾頭長半分，

共湊此尺寸用一四斜之得數，再加後口斜按筒瓦寬半分，共湊卽是通長尺寸，內分獸

前獸後之法，同硬山垂脊之法，惟此脊，每道搪扒頭圭角，下應再加勾頭一件，其收

山至博縫外皮尺寸，按收山尺寸，除博縫之厚卽是，

博脊　長按進深，除去至博縫外皮收山二分，再除鈲脊斜厚一分，按筒瓦口寬一四斜之

淨卽是長，混磚一層，瓦條二層，扣脊瓦一層，卽以尺寸分之卽是，

箍頭脊　長按樣子通湊長卽是長，其餘分獸前獸後，俱同前硬山垂脊法，其扣脊瓦，內

應有鑼鍋三件，

如歇山兩頭，各長至檐桁外皮，如小式做法，只混磚一層，瓦條二層，扣脊瓦一層，

無斗板垂獸，獸座應用搪扒頭圭角，每頭各一件卽是，

清水脊　長按面闊加淨山出二分，其淨山出，按面闊除去金邊寬即是，混磚一層，瓦條

二層，各按通長，每頭除去勾頭之長半分，以尺寸分之即是，扣脊瓦一層，按通長除

去勾頭之長二分，以筒瓦尺寸分之即是，襯脊灰砌沙滾磚一進，高二層，內下一層，

按通面闊，加通山出二分，內除隨披水勾頭長二分，上一層，按前分瓦條長尺寸，再

除去鼻盤尺寸二分，方是二層之長，今應均折長，即按前分瓦條尺寸分之，即是均折

長，其襯脊磚，有用瓦代者，偶一爲之，不可爲法，兩頭勾頭各一件，鼻子一件，用

滾磚半個砍做，盤子用整滾磚砍做，

皮條皮　即按清水脊之長，條瓦條二層，扣脊瓦一層，兩頭勾頭各一件，俱按前法分

之，

鞍子脊　係蓋瓦，每隴上加板瓦一件，或有底瓦，亦用板瓦一件，此不須拘泥，

歇山正身，按面闊除博縫以外收山，係至博縫外皮，再除排山勾頭長二分，以蓋

瓦尺寸分之，要雙隴，以椽子通湊長，用筒瓦尺寸分之，要雙件得數，內除勾頭二件

，即是筒瓦之數，底瓦按蓋瓦收一隴即是，以筒瓦通數外加勾頭二件，共得數若干，

每件如頭號筒瓦隨板五三件，二號三號俱隨二件半，十號瓦隨二件，得數亦要雙件，

內除滴水二件，即是淨板瓦之數，

如捲棚，蓋瓦內應再除鑼鍋三件，底瓦內應再除折腰五件，如捲棚板蓋瓦者，蓋五件數，同底瓦件數，除去花邊二件，板鑼鍋五件，底瓦係兩頭亦用花邊應除花邊二件，不除滴水，折腰五件同前，其所隨鑼鍋勾頭花邊等項，俱隨隴數算，兩厦當蓋瓦，按進深加檐平出，以蓋瓦隴數分之得數要雙隴，內除斜隴蓋瓦隴數，即是厦當蓋瓦隴數，件數以斜出檐，加收山用一二二斜尺寸共湊，以筒瓦長尺寸分之，內除去勾頭一件，即是筒瓦件數，隨勾頭一件，底瓦照此隴數應抽一隴，件數按前法分之，每隴隨滴水一件，四角斜隴蓋瓦，以平出檐並收山尺寸一分，共湊以蓋瓦寬尺寸分之，得數，內除一頭列角一隴，只用勾頭一件，其餘隴數折半，四角共以八因之得數，即是滿折勾頭二件，即是底瓦，四角每面（俱隨接斜隴蓋瓦隴數）數，外加一隴，除列角滴水一件，八面共湊件，勾頭一件，即將厦當筒瓦件數湊此，筒瓦一件即是每隴折湊筒瓦件數，每隴外隨之隴數，每隴湊件數，按厦當蓋瓦若干件，再加邊隴列角勾頭，往裏一隴，係筒瓦一隴數若干，折半以前所得角，折湊數目，照幾號瓦，隴隨幾件之法因之得數（隴蓋瓦達隴　勾頭安隴）若干，內除每隴滴水二件，其餘即是淨，每隴板瓦折湊之數，每隴應隨二件滴水，外再加八勾頭滴水各八件，方是周圍底蓋瓦之通隴數，外戧脊下四角，列角勾頭，（四件應隨　角列角）戧脊不在此內，硬山按面闊加山出除排山勾頭長二分，分隴數，如無排山，隨披水兩邊各除披水寬半分，分隴數要雙隴，如底蓋瓦板瓦，內除押稍筒瓦二隴，其餘方是蓋板瓦瓦隴數，底瓦俱應按蓋瓦隴數收一隴方是，其分件數法，俱同前，如後封護檐牆者加自後檐檁外皮加至後檐牆外皮再加水盤沿外出即是，

內裏墁地　面闊分路數，以通面闊，每邊除山牆厚，自柱中往裏至山牆裏皮尺寸各一分，以磚寬尺寸分之要單數，進深分個數，以進深除後面，除檐牆厚自柱中往裏至檐牆裏皮尺寸一分，前面如有砍牆者，不除前面尺寸係至枕中，如枕牆磚者，除枕牆厚半分

丁口柱頂者除柱頂見方一分，以此淨尺寸，以磚長尺寸分之，即是每路之個數，如路數或逢雙數，應去一路即成單路數，得此一路，改做條子磚列餘兩頭用，折做一路磚之數目，

廊內墁地　按面闊，每邊除柱中至廊牆裏皮尺寸二分，分路數，以廊深，外加檐柱頂半分，後面至柱中分個數，如掐柱頂當者，按廊深除檐金柱頂各半分尺寸，分個數，如後面有枕牆磚者，除枕牆厚半分，如路數不足整路者，除去正路，外兩邊打條子墁，如墁條後口至柱頂有空當者，應算押槽條子磚，俱於臨時擬之，

踏跺背底　按下基石通長即是長，按踏跺進深至下基石外皮，即是寬，如有如意石再加如意石即是寬，　算沙滾磚高二層，

踏跺背後　按下基石，按通長除去平頭土襯之寬二分，即是長，按踏跺進深至下基石外

皮，除去下基石通寬一分，即是寬，高按下基石厚，除中基石下落墻深五分，其餘即

是高，隨中基石，按踏跺面闊，除垂帶寬二分即是長，每層即按每層至基石外皮進深

尺寸，除去基石通寬一分，即是寬，按基石厚，除去上面基石往下落墻深五分，即是

高，以上中基石，共湊寬一處，分進深，惟催基石無背後，高層數，俱同前分層數，

垂帶下象眼　長按踏跺進深，除去垂帶斜厚一分，即是長，按台基石明高除去墍條厚一

分，即是高，厚按垂帶寬，即是厚，如細磚內除露明磚寬一分，其餘是背餡之厚，

如用象眼石，再除象眼石厚一分，應二個折一個算，其垂帶斜厚，按台明尺寸歸除，

垂帶之長，應每尺加斜若干，以此為法，再用現在垂帶直厚用前法因之，即是垂帶斜

厚，

炕　如稍間面闊搭，除山墻自柱中至裏皮尺寸，再除隔斷墻厚半分，將稍間面闊若干

，除去前二項尺寸，即是長，如順山炕，按進深除枕墻厚半分，後除檐墻自柱中至

裏皮尺寸，即是長，高不過一尺四五寸，寬五尺五寸，不須膠柱鼓瑟，一面炕幫，長

按通長分個數，按高除炕沿高分層數，下外加埋頭甎高一層，只甎一進，三面金剛墻

，按炕長一分，再按炕寬，除磚寬二分，加倍共厚即長，只磚一進，高二層，三面圈袖

按炕長，除金剛墻磚寬二分，火道二道，湊寬六寸，卽是面闊之長，按炕寬，除去磚

寬三分，火道寬三寸，加倍卽是進深之長，以上共湊只磚一進高二層，丁字火道進深

二道，各按棚火尺二方磚二個尺寸計二尺四寸，加倍卽進深二道之長，面闊二道，內

外一道按尺二方磚長計三分，計三尺六寸，裏一道亦長三尺六寸，由除火道寬三寸，

淨長三尺三寸，共得一處，火道應長一丈一尺七寸，內除火眼分位五個，均湊長一

尺七寸，淨長一丈，只磚一進高二層，外棚火尺二方磚五個，間火眼板瓦七件，如方

磚只三個，兩頭應添棚火沙滾磚，兩邊各長一尺二寸，計磚三個，加倍共六個，炕面

以炕通長分路數，以炕寬除炕沿，寬一分，分個數，打碼子，以面闊磚路數，除一路

進深磚個長數，除去一路，其餘相乘，共得多少，卽是碼子磚數目，係兩半個高二層，

惟炕調火道做法不一，有蜈蚣火道，珍珠倒捲簾火道等名，恐妨礙不敢另綴，只依前

爲法，始堪畫一，

高爐子　長不過二尺，寬一尺二寸，明高按炕高折半，埋深核計一尺，分磚個數，內除

爐堂嗽眼之磚，以現在形勢除之，

爐坑　三面湊長，按爐坑板二面尺寸三分，外加磚寬二分，卽是長，高同爐子埋深，卽

是高，只磚一進，

瓦作內用營津加斜法　附各歌訣

五舉一一二　　六舉一一七　　七舉一二二

八舉一二八　　九舉一三五　　十舉一四一

以上何舉加斜之法，營津大木中，已注釋明白，但今樣子加斜，俱遵古用方五斜七之術，置其法而不用，其行已久，悉聽其便，其瓦作，內有除加出入躲閃之處，非勾股不能盡其情，考營津加斜，乃勾股中所得，毫忽無差，今復錄於此，瓦作內用之，庶免商除布算之繁，

細新樣城磚，每個長一尺四寸，寬七寸，厚三寸三分，

灰舊樣城磚，每個長一尺五寸，寬七寸五分，厚四寸，

細停滾磚，每個長八寸五分，寬四寸，厚二寸，

灰沙滾磚，每個長九寸，寬四寸五分，厚二寸一分，

頭號筒瓦，分隴數，長九寸，寬八寸，

二號筒瓦，分隴數，長七寸，寬七寸，

勾股求弦法，置勾自乘股自乘，二數相併，以開平方法，除之得弦長，

勾弦求股法，置弦自乘，內減勾自乘，餘以開方法除之，得股長數，

營造算例　大式瓦作做法

二七

32203

股弦求勾法，置弦自乘，內減股自乘，餘以開方法除之，得勾闊數，

踏跺一座面闊，淨進深四尺，台明高三尺，內堦條厚五寸，間垂帶長若干，依上法，用

勾股求弦，得長五尺，

若求垂帶直厚若干，以股歸弦長得弦長一尺二寸五分為法，後口高五尺為實，歸除得

直厚四寸，即直寬如求後口高，用一尺二寸五分因之，還原得五寸，

若求馬蹄斜長，以通勾三尺，歸股長四尺，即每勾一尺，得古長一尺三寸三分三厘，

再用勾五寸因之，得馬蹄長六寸六分六厘，

又法以股四尺，歸弦長，得一尺二寸五分為實，再以後口高五寸為法因之，得六寸二

分五厘為弦，以後口五寸為勾，用勾弦求股長法，得馬蹄長六寸六分六厘，

勾三尺

上小股五尺

直厚四寸　股四尺

馬山寸

斜弦五尺

中冬水十二週圍

離徑五步

十四尺四寸二

矢闊五步

弧矢求積歌

弧矢求積弧矢形　丈量之法註分明　弧矢弦長併矢步　半之又用矢相乘

積求弧弦歌

弧矢之積求弧弦　倍積以矢除為先　除來之數減去矢　餘存此即是弧弦

積求矢闊歌

積求矢闊倍積實　弦為縱方莫教運　商於左位右併縱〔也即矢〕　前後呼除矢得宜

弦矢求圓徑併離徑歌

弦矢求圓徑可推　半弦自成矢除之　再加矢闊為圓徑　半之減矢離無疑

徑弦求離徑矢闊

圓徑及離徑求矢闊歌

圓徑弧弦各折半　各自成減餘開方〔徑得離〕　離徑圓徑弧矢辨

另以圓徑內減離徑餘為矢

圓徑及矢闊求弧弦歌

圓徑矢闊減餘存　復以矢闊乘為實　開方倍之得弧弦

弧弦求離徑求圓徑歌

弧弦離徑求圓徑

弧弦折半自相成〔弧即離徑〕　離徑自成併為實　開方倍數為圓徑

圓徑及離徑求弧弦歌

圓徑離徑求弧弦　圓徑折半自相乘　離徑自成減於實　開方倍得弧弦成

大式瓦作做法校記

一面一三行　皮條皮　下皮字應作脊

五面九行　封護封　下皮字應作檻

三面三行　枕腦下　枕應作欄　下同

二面二行　郎腦　枕應作楣　下檐作廊

　　本身　高蹄　郎應作馬

　　炒心　格心　高應作樓

二三面二行　格心　下皮條　本條內各枕窗下枕風枕皆同

一六面六行　格心　下皮條　應作脊

三面八行　皮條皮　二層　條瓦條應作脊

二四面一四行　甚石　甚均應作級
二五頁一五行

32206

石作做法

目錄

柱頂按柱徑二分定見方，折半定厚，古鏡，按柱頂厚十分之二分，

土襯，按通面闊加山出金邊各二分定長，兩山長，按進深加下簷出金邊各二分，除本身寬二分定長，寬按陡板厚一分，加金邊二分，金邊，按台明高十分之一分，厚同階條，

單埋頭，高按台通除階條厚一分定高，寬厚同階條，

廂埋頭，高按台通除階條厚一分定高，兩山寬按階條除本身厚一分俱外加榫長一寸，厚

32207

同階條，

混沌埋頭，如有土襯，按台明高除階條厚二分定高，見方按階條寬，

陡板，按面闊加山出二分定長，兩山按進深加下出二分，除本身厚二分定長，寬按台明

高除階條，厚一分，外加落土襯墻深五分，上榫長五分，定寬，厚同階條，

階條，按面闊加山出二分定長，寬按下檐出，除柱頂見方半分定寬，厚按寬三分之一分

定厚。

其好頭，按次稍間面闊加山出一分十分之三分定好頭，

兩山條石，長按進深加下出二分，除前後階條寬二分定長，寬按山出除柱頂見方半分定

寬，厚同階條，

角柱，高按下肩高，除押韄板厚一分定高，寬按山出除金邊一分加咬中一寸定，寬高同

階條，

龜背角柱，高按下肩高，除押韄板厚一分定高，厚按柱外皮至牆外皮即厚，寬按厚二分

之三分定寬，

押韄板，長按廊深，加下出一分，除小台一分，定長，寬厚同角柱，

挑檐石，長按廊深加下出一分定長，寬同押韄板寬，厚同押韄板厚一分半定厚，

腰線石，長按進深，加下出二分，除押板長小台寬各二分定長，寬按山牆外皮下肩厚定

寬，厚同押甋板，

廊門桶，枕墊外一塊，長按廊深，加下出一分，金柱頂見方半分，除階條寬一分定長，

裏一塊，長按廊深，除檐金柱頂各半分定長，寬按廊門桶深折半定，寬厚同階條，

又外一塊，寬按山出除柱頂半分，裏一塊，寬按廊門桶深，加金邊，除外一塊寬，定

寬，通寬，按山出加柱頂半分，

踏跺，按面闊，加垂帶寬一分定面闊，按台基石明寬定進深，按台明高定高

下基石，長按踏跺面闊，加金邊二分定長，

上基石長同面闊除垂帶寬二分定長，

中基石長同上基石俱按明寬一尺厚四寸定寬厚

垂帶長按踏跺進深爲股，台明高爲勾，用勾股求弦，定長寬厚同階條，

平頭土襯，長按踏跺進深，除房身金邊下基石寬各一分定長，寬按垂帶厚一分，金邊二

分，厚同下基石，

象眼，長按踏跺進深，除垂帶厚一分，高按台明高，除階條厚一分，厚按寬三分之一分
或同階條亦可

橫頭鼓，高按下枋寬十分之十四分定高，寬按十分之七分，厚按高十分之五分，

栓架，高按栓見方三分半，寬按栓見方三分，厚按栓見方一分半，

栓眼，見方按栓見方三分之八分，厚按栓見方折半，

獨蹉石，長按格扇寬二分定長，如無格扇，按門口寬二分定長，寬按階條寬八扣，厚按

台明高除階條厚一分定厚，

石作做法校記

一面三行　廁趣頭　廁臽作簼
　　六行　下上中墁石　墁均應作級
　　七行
三面三行　枕墊外　枕應作檻
四面三行　獨埮石　獨應作踏
四面四行　枕應作檻　三面八至一二行同

石作分法

目錄

台基月台合當處垂頭地伏下象眼

　台基上垂頭地伏　　垂帶上垂頭地伏

　垂帶上地伏

長身地伏

　長身柱子　　垂帶上柱子

　長身欄板　　垂帶上抱鼓

垂帶上欄板

　月台與房身台基合當處欄板

門枕鼓裏代門枕

　滾墩石　　踏跺前如意石

　　衝心石

甬路牙子石

　爐炕廂條　　溝漏石

　　水溝門

欄火石

　水簸箕滴水石

　　宇牆角柱代拔簷扣脊瓦

石棚欄門

　碑亭劵石洞　　劵臉石

　　劵石

脫落中栿代下栿枕墊

　脫落栿兩頭代下栿門枕墊

台基、　月台

龍蝠碑分法

石作做糙做細分法

台基，挑山歇山面闊進深，按柱中面闊進深，外加台基，以柱中往外寬尺寸，按上平出檐，十分之內除二分，算回水八分，得台基寬若干，加倍即是，如有斗科，按平出檐尺寸，十分之內除二分半，是回水七分半，即得台基寬尺寸，硬山山出，按山柱徑，十分之十八分即是，挑山山出按前後檐台基，以柱中往外寬若干，十分之九分即

是，

台基露明，高按柱高，十分之二分，如歇山並有斗科房，須彌座做，自地面算至要頭下

皮高若干，十分之二分半，至要頭下皮十分之二分，如方亭，並有斗

科者，自地面至柱下皮高若干，十分之一分半即是露明高，埋頭深，按露明高折半

正座月台，面闊如三間有槅扇者，按明間面闊一分，再加次間面闊各半分，共湊

即是面闊，係至次間中，如五間只有三間槅扇者，按中三間面闊，外加一墻條寬，即

是面闊，係墻條中，對次間柱子中，進深，按面闊折半，露明高，按房身下台基露明

高，除一踢高五寸餘即是，埋頭同房身，

如宮門大門用，包台基月台面闊，按門台基面闊若干，兩邊外加寬，各按門台基露明

高一分，共湊即是，中進深，按面闊折半，兩山進深，至墻即是，高按門台基露明高

折半，再地勢疊落，臨時酌定，埋頭，隨房身埋頭下皮平，

踏跺，面闊如合間安，按柱中面闊，加垂帶寬一分即是，如合門口安，按門口寬一分，

框寬二分，垂帶寬二分即是，

如殿宇前，有月台，正面安踏跺，按前大門後檐，明間踏跺面闊同，如前有大門，後

檐用連三踏跺，中間踏跺面闊若干，即是後殿月台踏跺，如意長，除去兩頭金邊即是

三

32213

面闊，有合甬路寬者，

如殿宇前月台，用垂手踏跺，面闊按月台通面闊，除去正面踏跺面闊，餘若干，用四

分之一分即得面闊，

抄手踏跺，面闊同垂手，如無垂手，按月台進深三分之一分即是，如台基安欄板柱子

，裏外空當，按月台進深，除去踏跺面闊，餘若干折半即是，

如正殿前，大門用連三踏跺通面闊，按三間面闊，加垂帶寬一分即是，按門隨柱子仍

用垂帶，門前月台如用單踏跺，面闊，按門明間面闊，加垂帶寬一分即是，如用連三

蹉蹉面闊，按門三間面闊，加垂帶寬一分即是，中無垂帶，如抄手踏跺，按月台中進

深，三分之一分即是，

凡踏跺進深，按台基石寬，

凡安御路口踏跺進深，按月台明高，十分之二十七分，

凡蹉蹉進深，按月台明高，十分之三十分，

柱頂，見方按柱徑加倍，厚同柱徑，古鏡按柱頂厚，十分之二分，

墥條，長按台基面闊，如歇山房四面，按台基面闊進深，除去橫頭分位即長，寬按台基

寬若干，除去柱頂見方半分，餘即是寬，厚按寬十分之四分，厚至四寸止，塊數，合

柱中，要單塊數，

兩山條石，長按進深除前後堦條寬二分，餘即長，寬按兩山出台基寬，除柱頂見方半分

，即是寬，厚同堦條厚，如挑山圭背墀頭用條石，兩頭長按柱頂見方二分，寬按前法

寬，外加按柱徑，十分之二分，其餘同上，

埋頭長，按台基露明高，埋頭深，共若干，除去堦條厚一分，即是長，寬厚同堦條，

隨陡板用土襯，長按台基面闊進深，加金邊，除橫寬，踏跺至平頭土襯裏口合角，除淨

即是，寬按陡板厚一分，外加金邊寬二分，如磚包砌，按細磚寬二分，厚按寬，十分

之四分，金邊寬，按台基露明高，十分之一分，自二尺往外，俱用金邊寬二分，自五

尺往上，每高一尺，遞加金邊五分，

混沌台基角柱，長同陡板高，寬按堦條寬，厚按寬，三分之一分，係要不合縫，外加上

下榫各長，按高十分之一分，徑按長加倍，

陡板，長按面闊進深，除角柱寬厚，踏跺面闊加象眼石裏口合角，除淨即是長，寬按台

基露明高，除去堦條厚一分，淨若干，加落土襯墀，按本身厚十分之一分，共湊即是

高，厚按高三分之一分，自高一尺二寸往下，俱用厚四寸，

圭背角柱，高按下肩，除押磚板厚，淨即高，厚按柱外皮，至墻外皮厚，即厚，寬厚按

32215

二分之三分，

後簷混沌硬角角柱，高同前法，見方，同圭背角柱厚，

隨圭背角柱押磚板，長按一步架，外加一分八字爲長，寬按角柱厚，厚按寬折半，

隨硬山房，有墀頭角柱，高按下肩高，除押磚板厚，淨卽高，寬按墀頭寬，厚按柱徑折

半，自柱徑八寸往下，俱用厚四寸，

隨硬山房，後硬拐角角柱，高同前，見方，按墀頭角柱寬，

隨硬山押磚板，長按挑簷石後口齊，無挑簷石，長按一步架，並墀頭以柱中往外長，共

卽長，寬按墀頭寬，厚同角柱厚，

腰線石，長按墻角柱，面闊進深，除押磚板長寬卽長，厚同押磚板厚，寬按厚一分半，

隨硬山挑簷石，長按墀頭上身長，加簷步架，如有金柱，外加金柱半個柱徑，再加出梟

混，按本身十分之七分，湊是長，同押磚板後口齊，寬按墀頭寬，厚按寬十分之四

分，

殿宇明間過門石，長按簷柱中，至台基外皮寬若干，除去墁條寬一分，餘若干，加簷步

架一分，金柱頂見方一分，共卽長，寬按長三分之一分，厚按寬十分之三分，

次間過門石，長按簷柱中，至台基外皮寬，除去墁條寬一分，餘若干，加簷步架一分，

金柱頂見方半分，共湊卽長，寬厚同明間，

如宮門中縫用過門石，長按中柱頂見方一分，兩頭再加各按寬一分，共卽長，寬按柱頂見方，十分之十一分，厚按寬十分之三分，如兩接做，長寬法同前，厚同上，次間長，寬厚同明間，

合間通枕墊，長按面闊，除柱頂見方一分，餘卽長，寬按柱頂見方，厚按寬十分之三分，

挏當枕墊，長按通枕墊法，再除去過門寬，餘若干，折半卽是長，寬厚同上，

門枕枕墊上安，長按枕墊寬，寬按長七分之三分，厚按寬折半，再加落槽，按厚四分之一分，

月台上安滴水石，長合間，其兩次間，長至月台墀條裏口，寬按上平出檐若干，除去下台基寬若干，餘用二分之三分卽寬，厚按寬三分之一分，

栓架，高按栓見方三分半，寬按栓見方三分，厚按栓見方一分半，

門鼓，高徑按下枕寬，若幞頭鼓做，高按下枕高十分之十四分，寬按高十分之七分，厚

欛眼，見方按栓見方，三分之八分，厚按栓見方折半，

須彌座各層，高低按台基明高，五十一分歸除，得每分若干，內圭角十分，下枋八分，

下梟六分，代皮條線一分共高七分，束腰八分，代皮條線上下二分，共十分，上梟六

分，代皮條線一分，共高七分，上枋九分，

以上除上枋，其餘寬俱按圭角厚二分半九扣，上枋寬，按圭角寬十分之十一分，再核

台基寬窄，如不隨房身台基安，寬卽同圭角寬，如梟兒枋子薄者，二層做亦可，土襯

，寬厚同圭角，土襯，比枋子，出金邊，同上金邊法，

圭角，比枋子，出唇子，按土襯金邊折半，束腰比枋子束腰若干，按梟兒連線高七分

之五分

隨須彌座土襯，長按台基面闊進深，加金邊，除本身橫頭，凡至踏跺土襯裏口核角算，

卽是長，厚寬按上法，上落墻，除金邊寬，往後滿落墻，深同皮條線寬算，

圭角，長按台基面闊進深，加屑子寬，除本身橫頭，凡有入角用間柱，加間柱見方卽長

寬厚同上，外加上採陽梗，高同皮條線寬，下加滿落下，土襯墻法，

下枋下梟兒上梟，各長按台基面闊進深，加間柱見方，除角柱見方，如無角柱，卽除本

身橫頭寬，卽是長，寬厚同上法，外如上採陽梗，下落陰槽同上，

束腰，長按台基面闊進深，除角柱，加間柱見方，如無角柱，除束腰進深若干，再除本

八

身橫頭寬，即是長，寬厚同上法，外加上採陽棖，下落陰墻同上，

上枋子，長按台基面闊進深，如安龍頭，除四角龍頭，每角按龍頭寬用一四斜，如無龍

頭，除本身橫頭寬，即得長，寬厚俱同上法，下落陰墻同上，

如不隨房身，整做須彌座，分層數，按通高，五十分歸除，得每分若干，內圭角十分

，下梟兒六分，下枋八分，代線一分，共高七分，束腰八分，上下線二分，共高十分

，上梟兒同下梟兒，共高七分，上枋八分，

龍頭下角柱下落在圭角上，上頂上枋下皮，長按下枋淨高一分，下梟兒淨高一分，束腰

淨高一分，上梟兒淨高一分，共湊即是長，見方，按龍頭寬用一四斜，即得見方，外

加上下榫，各按見方，十分之一分，徑按長加倍，即是徑，

隨須彌座凡有入角用間柱，長同龍頭角柱法，上下榫，長徑俱同前法，見方，按梟兒厚

加倍，即得見方，

龍頭，長按台基明高，加倍即是長，高按台明折半，寬按高六分之七分，下面兩肋龍頭

明長，按通長折半，下面中明長，按兩邊明長，除寬半分即是，

踏跺垂帶，長按台明高，除靴頭直高分位，按本身厚，每一尺得高一寸二分，餘若干為

勾，基石湊進深若干，除垂帶前金邊，按本身厚，靴頭直高三分，只除二分，餘若干

爲股，用勾股求弦得若干，即是長，如安垂帶頭長，即按通長，除去垂帶頭垂帶長尺

寸，餘若干，淨即長，寬按台基石明寬四分之五分，

如比堦條寬者，即隨房身堦條寬，厚按垂帶淨進深歸除，垂帶長，得每尺加斜若干，

將堦條厚，用每尺加斜，連本身除之，即得垂帶直厚，垂帶斜厚，同堦條厚，

礓礤垂帶，長按台基明高，加進深垂溜若干，共湊高爲勾，無靴頭進深爲股，用勾股求

弦得若干是長，寬按厚加倍，同前法，如比堦條寬者，即是堦條寬即是，

中基石，長按踏跺面闊，除去垂帶寬二分餘即是長，明寬一尺一寸，再加繚絆一寸，上

基石無繚絆厚五寸，外加落繚絆一寸，圍圍用明寬一尺，厚四寸，繚絆同上，塊數按

台明用厚除之，再均合厚薄，

下基石，長按踏跺面闊，外加兩頭金邊，同垂帶前通金邊，共湊即是長，明寬，同中級

石明寬，再加落繚絆同上，要核足垂帶下馬蹄使，垂帶馬蹄寬，按台明淨高歸除，垂

帶長，按每尺加斜若干，即按垂帶厚，除去垂帶厚，靴頭斜厚，按前直厚，十分之

一分，餘用前法因之，即得馬蹄寬，如前法足用，按前法，如不足馬蹄用，即按馬蹄

寬，加垂帶前通金邊，共湊是寬，厚同中級石明厚，

礓礤石，長按面闊，除去垂帶寬二分即長，寬按本身厚加倍即得寬，再將寬歸除垂帶長

，即得路數，再核均寬，厚同垂帶，

平頭土襯，長按踏跺下基石，外皮進深若干，除房身土襯金邊寬一分，下基石寬一分，

餘即是長，如隨須彌座，前除垂帶頭通長金邊，同基石頭金邊一樣，寬厚同房身土襯

，如房身須彌座做法，寬仍隨象眼石厚一分，加金邊寬二分即寬，

象眼，長按垂帶進深若干，除去垂帶下馬蹄寬，即是長，高按台基高，除去堆條厚，餘

即高，厚按寬三分之一分，如隨陡板安，高厚即同陡板，

御路，長按垂帶法，下基石不留金邊，寬按長七分之三分，厚按寬十分之三分，

御路兩邊中級石，長按踏跺面闊，除去垂帶寬二分，御路寬一分，餘若干，折半即是長

，明寬同前法，厚按明寬歸除御路進深，得級數若干，除下一級，加台面一級，共若

干歸除台明高，即得級石明高，再加落繡絆一寸，上級無繡絆，下基石長，按中級石

長，加垂帶寬一分，加金邊寬，共湊即是長，如安垂帶頭，長同中級石長，寬厚同中

級石，前安如意石，寬厚同前法，垂帶前面無金邊，露明寬，同中級石，

如台基月台踏跺，安欄板柱子，踏跺用垂帶頭代基石頭象眼石，垂帶地伏長，按垂帶

馬蹄長，外加象眼長，按垂帶厚折半，前加垂帶前金邊若干，後加象眼外金邊，同前

垂帶前金邊，共即長，如隨御路垂帶頭，前面無金邊不加寬，按垂帶寬一分，裏口

齊，外加金邊寬，同平頭土襯金邊寬，高按垂帶象眼長若干爲股，依股得勾法高若干，再以垂帶直厚若干，地伏直厚若干，二共湊若干爲弦，以弦得股法得高若干，加前象眼若干高，再加下基石厚，三共湊長若干，內除地伏頭至垂帶金邊長若干爲股，以弦得勾法，得若干卽除若干，淨若干，卽是垂帶頭通高垂帶長，按代象眼長若干爲股，依股得弦長若干，再加垂帶厚，除靴頭高分位淨若干勾，依勾得股若干，二共湊卽是垂帶長，如隨御路卽無靴頭，代地伏長，按代垂帶長，下除金邊按地伏厚二分，上除金邊按地伏厚折半，餘若干，卽是代地伏長，以股得勾法，按代垂帶長，下除金邊按地伏厚二分，明高卽得，每股長一尺，得勾高尺寸，以弦爲股，按垂帶通長歸除，垂帶進深卽得，每弦長一尺得股尺寸，以弦長得勾高法，按垂帶長歸除，台明高卽得，每尺得勾高尺寸，

隨踏跺垂帶頭地伏，長按正寬二分半，正寬按欄板厚二分，厚按欄板厚，外加厚，按下皮垂頭若干爲弦，以弦得勾高若干卽是，外加厚，按垂帶上地伏直厚爲股，以股得勾若干，加下垂帶頭長，二共長若干爲上垂帶長，爲弦，以弦得股若干，卽是垂帶直長，再加地伏外至面枋金邊寬，二共卽是，外加寬，再湊正寬，二共卽是通寬，地伏外金邊，按地伏厚折半卽是，垂帶上地伏直厚，同算垂帶厚法一樣，垂帶地伏

下皮垂頭長，按地伏厚六分之四分，即是下皮垂長，

台基月台合當處，垂頭地伏下，象眼，長按地伏抄手踏跺裏空當若干，除踏跺上，垂頭

地伏至垂帶外皮長尺寸，餘即是長，寬同地伏寬，厚按房身台基明高，除去月台明高

，餘若干即是厚，垂帶地伏，至垂帶外皮長，按垂帶地伏長，除去本身正寬一分，再

除垂帶上金邊寬一分，餘若干，即是垂頭地伏至垂帶外皮尺寸，

台基上垂頭地伏，長寬厚並外加寬厚，算法俱同踏跺上垂頭地伏法，同台基勾高即是，

象眼地伏厚股長，即是象眼地伏長，再以勾股求弦，

垂帶上地伏，長按垂帶通長，下除垂帶頭代地伏長，並地伏前金邊寬，上除垂帶地伏，

下除尺寸淨若干是長，寬按欄板厚二分是寬，厚同垂帶厚法，按月台上地伏厚核算，

長身地伏，長按空當並面闊進深，除垂帶地伏，除龍頭法，同面枋除去淨湊核長，寬按

欄板厚二分，厚同攔板厚，

長身柱子，明高按台基明高，二十分之十九分即是明高，下榫長，按見方十分之三分，

見方，按明高十一分之二分，柱頭長，按見方二分即是長，如殿宇台基月台安做，高

按墰條上皮至平板枋上皮高若干，四分之一分即是，其餘同上，

垂帶上柱子，按長身柱子明長，外加下斜勾長，按柱子見方為股，以股得勾高若干，二

共湊長若干，內除面枋至柱子金邊勾高若干，餘若干即是淨長，金邊爲股，以股得勾

，其法俱隨垂帶形核法，柱頭高，同正柱頭高法，

長身欄板，長按柱明高十分之十一分爲明長，外加兩頭各榫長，按本身高十分之半分卽

是榫長，明高，按柱子明高，九分之五分爲明高，下面加榫同兩頭，厚按明高二十五

分之六分卽是厚，後檐欄板坐中，其長，再按塊數空當均核長，

垂帶上欄板，長按垂帶通長若干，上加垂帶上，地伏直厚爲股，得勾長若干，再加柱子

至面枋金邊寬爲股，得弦長若干，三共通湊長若干，內除地伏下至垂帶金邊寬，又除

抱鼓至地伏金邊寬，按地伏厚三分，除柱子斜見方一分，餘若干折半卽得明長，外加

榫長，按本身直寬若干爲股，得勾長卽是外加斜長，寬不加斜榫共湊卽是通長，寬按

長身攔板明寬爲弦，得鼓若干卽是寬，連代金邊，象眼金邊勾寬在內，厚同長身欄板

，如寬除象眼欄板正寬，按長身欄板寬，除代象眼勾高餘若干爲弦，依弦得股若干，

卽是代象眼正寬，

月台與房身台基合當處欄板，長寬厚，法俱同上，

垂帶上抱鼓，直長按垂帶上欄板法一樣，寬按長身欄板寬，除去柱子外皮至面枋金邊寬

爲股，得除勾高若干，餘若干爲弦，得股寬若干卽是，寬卽同欄板正寬，厚同欄板厚

，長不加身榫，寬加榫，同長身欄板，如垂帶上二塊做，下一塊，寬同抱鼓，加榫

同抱鼓，其餘同上一塊，

門枕鼓裏代門枕，長按二分之一分，外按下枕高三分之五分，共即是，厚按下枕厚二分，高按下枕高三分，

滾墩石，長按影壁高十分之六分，高按長二十五分之十一分半，厚按高十分之六分，

踏跺前如意石，長同下基石長，寬按基石明寬加倍，厚按寬十分之四分，

街心石，長隨甬路長，寬按甬路寬十分之一分，厚按寬十分之四分，又隨磚層數，如魚

脊背，高按寬一百分之二分，

甬路牙子石，長隨甬路長，寬按街心石寬折半，厚同街心石厚，除魚脊背，

爐炕廂條，長按坑長，寬按坑裏口寬，四分之一分，厚按寬十分之四分，厚至四寸止，

溝漏石，見方按溝裏口見方五分之七分，厚按見方三分之一分，

水溝門，長按裏口寬五分之八分，高按裏口五分之八分，厚按高三分之一分，

棚火石，長按籠火門寬加倍，即得長，寬按籠牆厚為寬，厚按寬十分之四分，厚至四

寸止，

水簸箕滴水石，長按散水寬，除牙子磚餘即為長，寬按長三分之二分，厚按寬三分之一

分，

字牆角柱代板檐扣脊瓦，高按牆至板檐高，外加板檐碑厚尺寸，再以寬折半，用八舉得

高若干，連扣脊在內，三共湊即通高，外加下樺同角柱法，寬按牆厚，外加板檐金邊

，每邊一寸五分，共湊為寬，厚按字牆厚定之，

如安柵欄角柱長，同上，寬同上法寬，除去一邊板檐金邊寬，餘若干，外加代楗子寬

，按柵欄厚加倍即是楗子寬，二共湊，厚按寬三分之四分，

石柵欄門，高按角柱明高，外加本身厚半分，共湊即是連簽頭轉軸高，內下轉身長，按

加角柱厚，五分之二分，共湊為寬，厚按寬六分之一分，

本身厚折半，上轉身長，按本身厚八扣，簽頭上皮，與轉身齊，寬按門口寬折半，外

碑亭劵石洞，面闊按見方，柱中四分之一分為面闊，平水高，按面闊六扣，

劵臉石，高按面闊自一丈往下，每面闊一尺高一寸八分，用一八因，自高一丈往上，每

加一尺遞加高一寸，長按高十分之十一分，以長合路數若干，只要單路，再以路數均

背長進深，厚按高八扣，如牆薄者，即隨牆厚，如香草邊外加高，除挨平水二塊不加

外，其餘外加高，按本身高十二分之一分，

劵石，按劵背法，得每塊長若干，再收分背長，如龍門劵背長，一百分之收分二分，即

得弦長，龍門券，外加矢高，按弦長一百分之四分，

脫落中栿代下栿枕墊，長按門口寬即是，寬按長折半，厚按寬十分之四分，連下栿在

內，

脫落枕兩頭代下栿門枕枕墊，長按中栿寬，十分之九分，寬厚同中栿，

台基，高六尺，內圭角一尺一寸五分，下梟兒八寸，束腰一尺一寸五分，上梟兒八寸，

上枋一尺一寸，下枋一尺，

月台，高五尺五寸，內圭角高一尺〇五分，下枋九寸，下梟兒七寸五分，束腰一尺〇五

分，上梟兒七寸五分，上枋一尺，

龍蝠碑分法

頭品碑高一丈一尺五寸，鳳頭高，按碑高三分之一分，寬同高，厚按碑身折半，碑身

淨高，按通高，除鳳頭即是，寬按鳳頭寬，每寬一尺每邊金邊四分，共除金邊，其餘

即是寬，厚同寬一樣，收金邊淨即是厚，下榫長，按碑身高十分之一分，寬按碑身寬

，三分之一分，厚按寬折半，

龍蝠長，按碑攔厚五分半，臺頭高，按碑攔加倍，埋頭按碑攔十分之一分，

龍蝠頂長，按碑蝠通長，十分之四分，餘六分即是龍蝠頂長，碑攔高，按台頭高十分

之一分半，餘即是高，寬厚同鳳頭

其碑擋所鼓之處，按龍蝠處頂長長尺寸，除碑擋厚一分，餘若干，擋前四分，擋後六分

即是

水盤面闊，按碑擋寬加倍，進深按龜蝠通長，除頂長尺寸淨若干，前後各加碑擋一

分，共湊即是，其水盤石，前後左右分做四塊，內前後二塊，長按面闊，寬按水盤通

進深三分之一分，左右二塊，長按水盤進深，厚按寬三分之一分，除去前後二塊寬二

分，淨即是長，按面闊除碑擋寬定寬，其餘折半得若干，再加龜蝠圓形收淨象眼尺寸

爲半弦，再加以碑擋寬折半爲矢寬，按弦求通法得若干折半爲弦，另以碑擋後至水

盤石後一塊裏口若干爲勾，用勾股求弦法，得弦長若干，餘半徑之內除股長尺寸即是

，加象眼尺寸，共湊定長，左右二塊，寬厚同前後一樣，

石作做緣做細分法

柱頂，上面並四圍縫燃堦條厚做細，　埋頭，一頭兩肋隨包砌磚寬並二迎面做細，

堦條，頭縫後口，並底面隨包砌磚寬，上面好頭做細，虎皮石寬七寸，

陡板，圍縫並迎面做細，連榫底面灌漿

壓面，頭縫後口上迎面，並下面隨磚寬做細，

角柱，兩頭並背面隨磚寬二進三迎面做細，

押磚板，兩頭一肋，並上下面隨磚一進做細，

腰線，頭縫一肋，並上下面隨磚一進做細，

枕墊，四圍縫並上面做細，　踏跥下基石，

中基石，頭縫上迎面並底面隨墻做細，　催級石，頭縫一肋並迎面，底面隨墻寬做細，

垂帶兩頭並迎面，底面隨象眼寬做細，

挑檐石，兩頭兩肋，並上下面做細，不准落槽，

頭縫一肋並下面做細，不准落槽，

須彌座，四圍縫並迎面做細，

以上青白石

柱頂，四圍縫做糙，隨墻條上面做細，

埋頭，一頭二肋，隨包砌做糙，二迎面做細，底面灌漿，

堪條，頭縫後口並底面寬隨包砌做糙，二迎面並好頭做細，虎皮石寬七寸，

押面頭縫後口，並上下面隨磚一進除金邊做糙，一迎面並金邊做細，

角柱，兩頭並背面隨磚寬二進做糙，三迎面做細，

押磚板，一頭並背面隨磚寬二進出頭三面做糙，三迎面做細，

腰線石，頭縫並上下面，隨磚一進做糙，一迎面做細，

挑檐，二頭一肋，並上下面外皮磚一進做糙，三迎面做細，

枕墊，四圍縫做糙，上迎面做細，

踏跺，下基石頭縫一肋做糙，上面金邊做糙，往裏做糙，不算落墈，

土襯，頭縫一肋做糙，上迎面做細，不算落墈，

中級石，頭縫並底面隨墈做糙，上面迎面做細，不算落墈，

催級石，頭縫後口，並底面隨落墈做糙，上迎面做細，

垂帶頭縫並底面隨象眼磚寬一進做糙，三迎面做細，

須彌座，圍縫做糙，迎大面做細，撞券，四面做糙，迎面做細，

券頭石，兩頭並背面做糙，一頭底面做細，隨形鏨打，

仰天，頭縫後口並底面做糙，上面做細，不算墈，加採梟兒、

地伏，頭縫並底面做糙，三迎面做細，外算落墈，

欄板，兩肋底面做糙，二大面一小面做細，

柱子，底面做糙，五面做細，橋面，圍縫做糙，上面做細，

夾杆，背面做糙，一頭並三迎面露明做細，往下做糙，瓦隴算鏨打，

套頂，六面做糙，唇口，圍縫做糙，上面做細，

以上青砂紅砂等石

石作分法校記

標題應改爲「大式石作做法」

一面五行　圭背　圭膲應作礎
　　　　下同

八行　枕墊　枕應作枖、
　　　下同　頭地伏　伏應作栿

四行
　　　下同

八面二行　代皮條棱　代應作帒

六面七行　籤頭　籤應作籤
八行

法人 P. Demiéville 德密那維爾 評宋李明仲營造法式

唐在復譯

德氏此文，載一九二五年，越南遠東學院叢刊，第一第二卷，第二二三至二六四頁，并注明所據法式係一九二〇年石印之本，然仿宋重刊本，亦即與該叢刊同年出版，德氏此文，似脫稿在是年以前，故未及就仿宋重刊本，加以評論，誠爲憾事，編者識。

中國各種藝術，惟營造人不甚知，Fergusson 福開森 氏巴雷渥羅 Paléologue 氏布謝爾 Bushell 氏孟斯脫海爾 Münsterberg 氏所著書，論及營造，僅舉大綱，其說儘多可採，但非由精研中文紀載及各種詳圖而得者，一八九〇年時愛特欽 Edkkins 氏試草一營造小史，亦未有成也 康保士 Cambaz 氏之刊著，其可觀處則僅在攝影圖片豐沙基夫 Foussagrives 氏所編明陵清陵圖說，以及特氏所著壇廟考，亦皆不重建築，至於蒲色孟 Boerschmann 之佳著，及曾登入本刊之普意雅 Bouillard 氏佛台斯格爾氏近作 Vaudescal，又皆詳於攷古歷史宗教，而營造法則鮮研究也，余所知者，獨有歇爾特伯郎特 Hildebrand 氏之北京郊外大覺寺佛殿考一種，爲研究工程專書，惜未列舉中文名稱，能如巴爾則 Baltzer 氏對於日本宮室寺廟建築法所著之書，令我建築師及漢學家得知中國大匠習用之法式名稱而可引用者，未之有也，又舒埃齊 Choisy 君在其營造史內，關於中國部分，僅引及十八世紀英工程師伯會斯爾 Chambers 所繪

二

之圖片彙刊，及一中文書籍，名工程做法者，是書據余所知，尚未有西方之漢學家研究及之，日本則因其在本國建築上過去所受及現今仍可能受之勢力，而在歷史與實用方面成為直接相關之問題，故遂先我而致力於此，其所刊行之北京宮殿各書，足資取證，一

九二二年渥魯蘇 Auvousseau 氏遊歷日本時，曾為遠東學院圖書館購置焉。

學子之未經注意，蓋有數因，古建築之不存在，為其一，古籍中缺少專門紀載，為其二也，又因致古學語文學家之搜討，在建築上無所取材，遂不為人屬意歟。

中國無古建築存在，其說非誣，試觀長城及祠祭石室與佛塔數處外，元代以前之建築，有存在者乎，即或有之，亦皆頹變太甚，故欲追研古物，祗能乞靈於石刻，繪畫，土偶，暨日本之倣漢舊宇，以及流傳之紀載而已。

研究中國美術史家，有謂依據繪刻之圖本，足以致見古代建築，及其時服飾與其禮器，查漢之末年，確有博古名人，繪刻三代宮室，用以表現當時之禮法，但流傳之本，殘損覺易已甚，求之漢時建築遺意，並有不足取證之憾，試將其圖如何流傳至今之歷史繹述之，似非無益也。

有三禮圖者，其最初繪圖本，為注經名儒鄭玄，及其同時人阮諶之作，晉人於三國志注內，獲知阮諶曾著有三禮圖三卷，有梁正者，在某時期將其併作二卷，禮經之繪圖，成為

官中著錄，自隋時起，或隋以前即有之，隋書經籍志卷三十二第八頁後幅錄此一則云，

「三禮圖九卷鄭玄及後漢侍中阮諶（注一）等撰」實則是書乃本鄭阮二書合纂而成，圖各附

跋，或屬鄭玄，或屬梁正，隋代開國之君，以此付諸典禮之官，其圖則命夏侯伏郎或稱

夏侯郎者，繪刻而成，至於唐代史志所錄，將其書徑屬夏侯伏郎，而此外復載三禮圖九

卷之本，由張鎰管領下編輯而成，當即為隋代原書，而重加編訂者也，降及宋世，上列

各書俱已無存，其代興者，則有聶崇義所編巨帙，蓋西歷九五六年，周世宗意欲釐正國

家祀典與內所用禮器，曾命聶氏考訂諸家疏證，各種圖本，重繪新圖，至次年而書成，於

是按圖重製新器，可見當時禮書上官定圖樣，皆以實用為依歸也，聶崇義又在寶儀管領

下，為進一步研究：搜集古本禮圖，得有六種，加以審訂，復繪新圖，圖各附以詳解，

書成時，宋已代興，乃以其所著三禮圖二十卷，於西歷九六二年上奏宋太祖，卷首有寶

儀序文，卷末有著者自跋，有古圖舛誤，猥自加以釐正之語，太祖恩賜優厚，以其圖較

舊圖精勝，故令刊印而頒行之，又詔國學描繪於其殿壁焉。

聶氏所據舊圖六種維何，寶氏序中則言，作者偏蒐三禮舊圖，共得六本，各本大體相同

，詳略互異云云，玫之郡齋讀書志，_{卷二第八 頁前幅} 此六本者，為鄭玄阮諶及某某等六家異本

；而四庫總目_{卷 十二}則舉梁正本，隋代職官本，夏侯伏郎本，張鎰本，以實之，但夏侯本

似即為隋代職官本之三禮圖，是一非二，而云聶氏得有六家異本，事屬可疑，況聶氏本人在其圖說內僅言得有古圖十卷，而宋史經籍志（卷二百〇二亦祗列有鄭氏三禮圖十二卷一種，又北宋所編圖書總目，（崇文總目四部書目）則單列梁氏本三禮圖九卷，又近時博古家馬國翰陳萃二人（注二），曾將唐以前三禮圖舊本原文散見於各書中者，（以在聶書中為多）必有據舊圖云云，或阮圖鄭圖云云，或梁正本阮本云云，或阮本梁本某本云云之處，或梁阮二氏本云云，或梁正張鎰修阮氏等圖云云，嚴其源而疏出之，由是知聶書內引用舊集，由是可知聶氏之得以窺見漢三禮圖一斑者，亦僅憑藉隋唐輯錄諸書，當時或得有校刊本或手鈔本六部耳，聶氏以已意新創之說，不在少數，頗引起當時舊學家之駁議，爭辯既極劇烈，亦多淹通之論，此等反響，於聶崇義列傳中所錄張昭等數人之奏疏內已見之，亦復有人援據出土古物以糾正聶說者，（指沈括夢溪筆談內三禮圖亦未可為據一語）要之三禮圖有一六七六年滿清貴胄納蘭成德本載入通志堂經解內者可讀，確是叙錄古代遺制惟一要書，至於宋代晉代續出之書，亦各具專別之處，其圖像則用以解釋經義，其書之價值，則隨作者學識之短長而判等差焉。

聶書以第四卷卷首部分，專論建築，僅具斗栱圖數篇，作者著手時以禮制為立場，蓋即中

國學者研究建築時之共同立場也，中國封建時代，天子諸侯宮室之方向，之結搆，之尺

度，皆有嚴密之規則，應合禮文之需要，一有不合，即足以變亂天則，而使典禮不克合

度完成，其法度猶有爲最近帝制時代所奉行者，此所以必須深加研究，其名稱之含混者

，須疏解以明之，俾令古代儀文得以重現於世，其錯亂處，另編配之，其細微處，復表

出之，（此即近代語文學家所有事者也）即如宋李如圭於其所著儀禮釋宮一書序文內云，讀禮者，不先明

夫宮室之制度，則即無以考其登降之節進退之序……於是本之於經，稽之於注釋，取

名制宮室之可考者，彙而次之，曰釋宮，云又如清代任啓運，於其所著宮室考一書序文

內亦處於同一立場，其言曰，「學禮而不知古人宮室之制，則其位次，與夫升降出入，

皆不可得而明，故夫宮室不可不考也」，乾隆朝目錄學家（注三）對於儀禮釋宮一書之提

要，尤爲顯著，其言曰，古者宮室皆有定制，歷代屢更，漸非其舊，如序楹楣阿箱夾廡

戶當榮當碑之屬，讀儀禮者，尚不能備知其處，則於陳設之地，進退之位，俱不能知，

或以後世之規模，臆測前王之度數，殊失其眞云云，上引各條，僅間接論及建築之法，

蓋在推行典禮上附及之而已，其後代朝儀會典等書所錄，其意義亦相同也

宋以前都城志書，附有甚古之圖本如三輔黃圖者，亦有數種，惟其圖不傳，又有漢代創

行之韻文一種名賦者，雖其行文法特異，遣詞恒有不易眞確之憾，但包羅古代遺蹟之佚

聞萬富，應連類及之也

然則中國營造法，非若繪圖法之有專書乎，則又不然，宋代初年，有喻皓或作預浩者，曾著木經三卷，叙述建屋之法，惟其書已亡，聞係私家著作，若傳說非虛，則余雖未加深考，而敢斷爲中華私家著作內惟一建築書也

但自來中國民眾建築，皆由公家規定，設有專官，董理其事，可知官府文書內，必有專籍，足備行政時考查之用，尚書堯典舜典內已有共工一職，漢代注疏，釋爲堯時爲水官，舜時方爲工官，周代有司空所屬之匠人，掌建城宇，關河道，所傳有考工記一書，但未知固屬周代之書否耳，其書除核定方向與地平線法之技術數端外，餘儀論及城郭宮室之規畫方位，與材木之尺度而已，秦代則設將作少府，管理營造事務，其後將作之名稱及其職務，歷數世而未改，歷前一一四年，前漢景帝設將作大匠，後漢因之，「掌修作宗廟路寢宮室陵園木土之工，并樹桐梓之類，列於道側」魏晉襲用其名　梁代則簡稱大匠或爲常任之官　或則臨時設置　至六〇〇年隋代時　則有將作監之設　宋時亦沿用之

宋以前建築法度，無流傳之本，但宋代初年必尙有之，緣營造法式一書，正所以代官府舊籍而備將作監員役習用者，宋史職官志著錄是書之由來，其文曰『舊制制監事一人，元豐官制行，始正職掌，置監少監各一人，丞主簿各二人，監掌宮室城郭橋梁舟車營繕

之事，少監為之貳，丞參領之，凡土木工匠版築造作之政令總焉，其材幹器物之所須，乘時儲積，以待給用，庀其工徒，而授以法式，寒暑蚤暮，均其勞逸作止之節，凡營造，有計帳，則委官覆視，定其名數，驗實以給之，歲以二月，治溝渠，通壅塞，乘輿行幸，則預戒有司潔除，均布黃道，凡出納籍帳，歲受而會之，上於工部，熙寧初以嘉慶院為監，其官屬職事，稽用舊典，已而盡追復之，元祐七年，詔頒將作監修成營造法式」宋史卷一百六十五職官志第二十一頁前幅

時之共屬一官矣

元代營造未設專官，僅由工部職員兼理，元時之將作院，則專製女子飾物及織品焉，明清兩代，有營繕清吏司，為工部四司之一，掌管建壇廟宮殿府藏城堡倉衛署營壘，見皇朝文獻通考卷八十一第十八頁後幅　工部之職掌，嗣又漸歸各專署分任，即如清代造船之與橋路，已非若宋時之共屬一官矣

元代營造法度，有一部分編入小冊，清乾隆時目錄學家名之曰『元內府宮殿制作』所記元代門廊宮殿制作甚詳，而其詞鄙俚冗贅，不類文人之所為，疑當時營繕曹司私相傳授之本也，明代亦有相類秘籍，其書較前者加詳，滿清時，則在一七三四年編成巨籍七十四卷，名『曰欽定工部工程做法』其一大部分盡關營造，巴黎國家圖書館內有其書也，是書所言之營造，自無營造法式一書之重要，僅以年代論之，已此不如彼，蓋營造法式

成於北宋，不徒詳載中國營造之術，且具營造掌故之資料，足供考古家引用者也，考古

家在中國，每有特殊情形，非因紀載之缺乏，蓋各地志書專本，原爲世界獨有之文書庫

藏也，但仍多未能愜心之處，或則錄及建置之年，而不錄重修之年，或間亦及之而爲詞

過簡，令人不能估計興修之程度，　同一修字可作　故欲鑑定建築工程之爲何時代物，則此類
　　　　　　　　　　　　　　　　　修建修補二解

確定方式之存在爲可珍也

記載之不能準確，乃因在華看法不同，中國於物質本身之久暫不重，而於其制度形象，

則善於保守，讀宋史而知開封宮殿乃奉太祖旨特倣唐代宮殿而建設者，其文曰，　宋史卷
　　　　　　　　　　　　　　　　　　　　　　　　　　　　　　　　　　　　　八十五

第四頁

後幅　「東京汴之開封也……建隆三年，廣城東北隅，命有司畫洛陽宮殿，按圖修之，

皇居始壯麗矣」

由是而言營造法式之建築術，卽足以上合唐代乎，未也，營造法式爲技術專書，由作者

親赴工場所集合之資料也，技術規則，由唐及宋，必已因時演進，固可想見，而建造洛

陽宮殿者，對於唐制，當亦僅乎取用其規範與夫大體上尺度而已，又況營造法式一書，

原用以代舊法之不適用者，可知成書時之技術，亦早已因時演進矣，

作者李誡字明仲，其身世人不盡知，宋史及普通人物志上皆無其傳，籍隸管城，在宋代

都城左近，　爲清代河南開封府之鄭州見　西歷一○八五年，充太廟齋郞，一一○○年，蓉升
　　　　　　商務印書館所刊人名大辭典

32238

至六等四級之通道郎 <small>宋史卷一六九 第十五頁前幅</small> 充任營造職時，曾為皇弟修蓋外第，又任營房與修事

務，越三年，任將作少監，修築宮外饔舍，嗣又游升至五等一級之中散大夫，其官階止

於此，似終其任於少監 (注四) 因監正之官階列在四等或四等之上也，時稱李之超遷，由

於都城官宇如太廟辟雍龍德九成尚書省京兆廨等，皆其所建，似屬過甚之詞，但因其所

司，而於建築得有事實上經驗，則無可疑也，況李氏學甚淵博，據十四世紀史志所錄，

則知李氏著書品類實繁，其最鉅者為續山海經十卷，古篆說文十卷，關于姓氏者，有續

同姓名錄二卷，關於晉樂者有琵琶錄三卷，言馬者有馬經三卷，言博具者有六博經二卷

，書皆不傳，宋史及宋代以來書目，均未著錄，但 <small>宋史 卷二〇七藝文志 第十一頁後幅</small> 則稱李氏著有新集

木書一卷，其人不徒精辨古篆，亦長於作篆擋書，又善六法，且為圖書收藏家，藏書

數千部，又手自鈔數十部云，卒於一一一〇年

李氏生時，其書已刊行矣，初刊當在一一〇三年一一〇六年之間，書板及其大部分所刊

書之散失，當在其歿後未久之變亂中，蓋一一二六年，開封遭女真之劫，宋人南竄蘇浙

，至一一四一年而始言和，和議成後四年 <small>一一四五年</small> 平江府 <small>州 今蘇</small> 有司獲一古本，重加翻刊，

而上於朝

十七世紀中，錢氏謙益常熟之絳雲樓，有是書二部，一為宋刊，與絳雲樓而俱焚，一為

手鈔之內閣一一四五年本，一六四九年時，爲錢族人又爲彼弟子者常熟述古堂主人錢曾所得，繼入蘇州書賈陶氏手，陶售於昭文愛日精廬主人張金吾(字愼旃號月霄)，張有同族少年名蓉鏡字伯元號芙川者，因其大父久求其書未得，乃體念先人遺志，特假是書，於一八二一年手自鈔錄，並託高氏繪圖(注五)，高氏爲畫家畢仲愷弟子也，見二張⋯⋯等跋語繼歸宣城安徽李之郇號白雨者之鼉硯石室，後入錢塘丁氏藏書樓名嘉惠堂者，亦稱八千卷樓，一九一〇年端方督兩江時，盡購丁氏書歸金陵圖書館，一九一九年朱君啓鈐號桂莘者爲議利總代表見二八序文，乃商定印行故此現行之本，係照一八二二年手鈔本重印者，手鈔者爲一年僅二十之少年，錄自一較古之刊印本，而此古本則在原著書人歿後十餘年所刊行者也，似此由來之書，欲求其無疵可指，自不可能，其書訛字甚多，有脫落全句如卷一目錄內第一頁後幅下方金段　卷十三第十三頁後幅三行　漏列卷三十三卷三十四內用　十頁前幅二行全節一頁後幅之處，卷三第以顯色各線勾畫未全其圖亦不完善，夫以此書稀見之字難解之語之多，如欲取譯，須先校正原文，查營造法式異本，至少尚存其三，一在奉天四庫全書內，其書如南京本，亦由一宋代古本之重刊本錄出，故非全書，惟聞其圖較南京本爲優，一爲十九世紀中葉山西楊氏所刊叢書內本見四庫簡明目錄標註卷八第十六頁一爲常熟瞿氏藏書內手鈔本，是本可備參考，若更就錄人說郛及續錄助內之一鱗半爪觀之，已可得異文不可少矣(注六)

是書首列劄文，崇寧二年正月十九日李誡奉敕所撰，李稱熙寧中，敕令將作監編修營造

法式，元祐六年成書，紹聖四年十一月二日，以該書祇是料狀，別無變造用材制度，亦

無勘驗工料專術，有旨命李重編，李參考經史羣籍，又令匠人逐一講說，編成海行營造

法式，元符三年竣事，進呈欽定，頒發在京官司，惟因其書便於實用，詔用小字鏤板，

專敕頒行，於正月十八日奉旨依奏，

次列李氏進書表序，序爲詞章家著作，以婉約之詞，糾官司之失，有董役之官，才非兼

技，不知以材而定分，乃或倍斗而取長，弊積因循，法疏檢察之語

復次十四頁，爲總引，名之曰看詳，首十頁分爲七節，所論爲（一）方圓平直，（二）取

徑圍，（三）定功，（四）取正，（五）定平，（六）築牆規則，（七）屋面之舉折，每節首「引

古書」或爲李氏前人之書，次「按語」，比附諸說及現行法而求其會通，末則彙取各書意

義而立一通則，名之曰「條」，引書各節，大都在卷二內重出，其通則則又編入總釋

與他卷內爲

劄內送所屬云云一語，不甚明晰，但可推知李氏進呈之前，曾送所司審查，而認爲別無

未盡未便之處，是看詳一篇，應視若略例，或總則，專備在官之人所查閱者，因此李氏

之於古書，遂有必要之推尊，但由我視之，此推尊處可云膚淺，因其所定之通則極切實

32241

用，而與列於其前之所引書有何關屬，固相去尚遠也，

七節之後，繼以一專稱異名簡表　諸作異名　將名稱之散見於專篇者，彙錄於此，並將其所屬部分註明

看詳之末節，為「總諸作看詳」作者詳述其書之緣起，及其格局與方法，並稱「舊文祇是一定之法，及其營造位置，盡皆不同，臨時不可考據，徒為空文，難以行用，先次更不施行」，此新編之書，共有三十六卷　實祗三十四卷　三百五十七篇，三千五百五十五條，其四十九篇二百八十三條，則引用羣書，是為「總釋」，即上文　第十頁後幅　所稱為四十九篇一百八十三條者，實為四十九篇二百八十三條也，其他三百〇八篇，「係自來工作相傳並是經久可以行用之法，與諸作諳會經歷造作工匠詳悉講究規矩，比較諸作利害，隨物大小，有增減之法」，故此篇中所詳制度以及功限料例，皆為李氏新創，又有用以解釋諸法之圖樣，則別立成篇，由是觀之，李氏之成是書，憑藉直接經驗為多，在中國誠所罕見，至其引用舊籍部分，則僅居七分之一而已，

卷一卷二為總釋，作者自謂見看詳第十一頁前幅　「屋室等名件其數實繁，書傳所載各有異同，或一物多名，或方俗語滯，其間亦有訛謬相傳音同字近者，遂轉而不改，習以成俗，今僅按羣書及以其曹所語，參詳去取，修立總釋」云云，李氏此言不無誇大之病，因其總釋實

僅取他書而纂錄之也，引用書約五十種，各時代皆有之，羣經諸子周史漢史列朝史詩賦及宋以前類典等類　將所引之

條，略按年代先後，分列於建築專名五十八項之下，附有短注數條，何者爲李氏自注，

顧難分辨，因引用書之原注，與李氏自注不分清也，所引周禮有附注之條，翻閱原書，

始知爲鄭玄原注，又所引爾雅，則附有晉郭璞注焉，

另有數條，當屬李氏自注，即如漢劉熙釋名一書，清代以前似未有人注過，而李書所引

有注一條，又所引前漢書附有注一長節，而查乾隆朝所刊原書，則無此注也，見第一卷第九頁後幅

總釋及看詳內，又有所引舊文，爲現存原書所無者，即如看詳內所引周髀算經前段一長

節，內有四十九字，自萬物周始　起至末一字皆爲現存各本所無，又李氏引用義訓一書，內釋名甚多，

引用時列在他書之末，而於所引條下每加附註『今謂』云云，或『今俗謂』云云，李書又喜

採取其名詞以爲己用，是義訓一書，當爲李氏同時或近代人所著錄，其即宋史經籍志小

學類內所錄之寶儼義訓十卷乎

卷二末二頁爲總例，總例內涵三項：（一）論幾何用器，（二）論幾何定率，（三）論計功之

法，

卷三至卷十五爲本書重要部分，內詳建造彩畫細作各法，以及所用物品度數稱量之定則

，有下列各部分

（一）壕寨制度

首列二端關係較大，其文曰，

取正之制至　則四方正（連註譯錄原書全文今略）　定平之制至　地面自平（連註譯錄原書全文今略）．

上列取正定平之法，大都傳自古人，立表取影以定經度，遠古早知其術，望筒之用，未

見於周官考工，惟在周髀算經之後段詳之，其書當為後漢時所出也，用水定平，考工周

髀咸著其法，鄭玄註考工記，其說已甚詳明，惟定平時兼用水平與表，其法巧妙，似古

時未之知也，

繼其後者為「立基」「築基」「城」「墻」「築臨水基」等篇，

（二）石作制度

造石作次序之制至　分布用之（譯錄原文今略）

柱礎　圖見卷二十九第四頁後幅至六頁

角石　四角柱上端用石，圖見同卷第六頁後幅至第七頁

角柱　殿階傍面折角處石柱，圖見同卷第七頁及第八頁前幅

殿階基

壓闌石　譯作壓在闌上之石，以意為之，闌作本條內無此說也，圖見同卷第八頁後幅

大殿螭首，螭之為物，解作無角之龍者，不僅一書，本書之螭，則具二角，角彎而長

圖見卷二十第九頁後幅　螭首本為屋飾習見之物，李氏謂「施之於殿階對柱及四角」，隨階微斜向上

，所謂「階」者，其指平台歟，參看沙畹氏孔廟大成殿台階上螭首寫眞片

殿內鬥八，此係殿內地面藻飾心石，與殿心上方之木質鬥八藻井相對，見卷八 石身正方，內

涵一八等邊形，納以小方形八，以其一角立於每邊之適中處，其中心則爲一環圓帶板

之花，

查總釋藻井條下所引 見卷二第八頁後幅 知井字具有象形之意，乃指承塵上每方楣之四小交木而

言，東漢時卽以藻草爲飾，或刻或繪彩繪，說皆勝於雕刻，或云 用以『厭火』，風俗通義 漢末時出

云，『藻井』亦稱『天井』，以二十八宿內天井得名，天井各星，固分布如井字也，又稱

『方井』『綺井』或又稱爲圓泉，亦稱圓淵 當因其頂作穹形或因初時飾有水草之花狀而來

鬥八之稱特佳，沈括夢溪筆談 稗海本卷十九第七頁前幅 釋之爲『屋頂之托橑』，宋以前未有此稱，

蓋向無是物也，沈括李誠 參閱看詳第十六頁後幅及第八卷第二頁 皆用以爲藻井之今名，然李氏又用以稱八部

分鬥合之花式，卽如卷三十二 廿三頁後幅及圖內 圖內之鬥十二，鬥十八，鬥二十四，皆非十

二十八二十四等邊形之物，而爲十二十八二十四方體鬥合之物也，因此殿內地面心石

所鑲鬥八者，非指外廓八等邊形，而指內列八個正方形也，

若據第八卷第二頁前幅所舉木鬥八藻井而論，其物應包舉三部，下曰『方井』，中曰

『八角井』，上曰『鬥八』，又有『頂心』，下施垂蓮，或雕雲華，若舉上項所云，，與

Boerschmann
蒲色

孟氏所著中國美術宗教學一書　首卷七十二頁七十三頁，圖　比而觀之，其真象益顯

蒲氏書中載有普陀法雨寺正殿頂心之攝影片一，平面圖一，及剖面圖數幅，頂心分作三部，首爲一長方正角形之梁木巨架，次爲四木對立作正方形，又四木作對角線，立於角內所成之正方內八等邊形（即方），三爲八木布成斜疊之兩正方形，其斜疊時使之成（即角井）八正角外出八正角收進之形象者（即闓），其上爲穹頂（注七）。頂最高處圓穹內刻有一龍，口內吐絲，絲端繫一圓球，自下望之，直與營造法式所載石闓八無二，由是而知闓八之刻在地心石上者，完全與殿頂各層之式樣應合。此種齊一制度，固爲中國所特重者也，闓八二字，既用以稱兩正方形，而令其周具有八正角外出八正角收進之圖象，則第九卷內關于木闓八晦澀之文字，可引二十九卷之圖以釋明之，僅觀三十二卷內闓八各圖，猶不足以明其意也，北京宮殿中，如太和交泰養心等殿，在其寶座上方之穹頂，亦如法雨寺之頂，有木架布成八等邊形者，又有其所謂闓八者，咸照一定格局布出，其頂圓花之中央，則刻一蟠龍（參閱小川一真之攝影第三十九七十五八十三等片　奧山恒五郎所著書第九節），第四十九至五十二圖片上，亦印有各殿殿頂方木架內圖樣，其頂心咸有蟠龍。獨西苑萬佛樓頂心則飾以八板蓮，每一花板，各有梵文或藏文之字一，鈎闌，有重臺者，有單鈎闌，兩種，

望柱，柱身作六面形，柱較梯闌扶手略高，柱頭有小獅，坐蓮花上 圖見同卷第十二頁，

石礩子，殿階殿闌上用之，

門砧限，砧即石砝，見鄭珍之說文新附考，其形長方，上有一小方穴，一小槽，地砝第十三頁，此節原書脫去二行 （注八） 查地砝上方用以稱接於闌底之石，此則用以稱門圖見同卷

限，或城垣下長方石，鑿有口道，及兩小方孔，

流盃渠 圖見同卷第十四頁石方一丈五尺，纓刻工細，就石鑿渠爲鳳字或國字形，廣一尺，深九寸，

引水流其中，以泛酒觴，觴停之處，座客取飲其酒，其鳳甚古 見晉書卷五十第十一頁，隋煬帝有

流盃殿，宋宮內亦有之，南詔曾仿其制，於河流上行之 見歲時廣記 今京西靜宜園及蘇省園內，有此遺蹟焉，

壇，爲土質祭壇上建築用石，

卷輂水窗，字書謂輂爲車，亦爲載土之車，卷亦作捲，有收取堆積之義，是項石作，謂

係長三尺，廣二尺，隨河渠之廣而穿有單眼或雙眼者，當係水閘，

水槽子，馬臺 有階二層 長方平臺，井口石

山棚鋜脚石，鋜爲足練，當非本條鋜字之義，緣是項石作所用，爲方二尺厚七寸鑿毀方一尺二寸之石，用以立棚架者，棚字用作草棚布棚木棚均可，山棚可作獵戶或遊賊之

法人德密那桅滴評宋李明仲營造法式

一七

32247

便巢，但編竹穿籬所成，用以演藝習舞者，亦曰山棚見佩文韻府第二十三卷

幡竿類，石之用以植旗旛之竿者

贔屭熬坐碑，張姓敎士所著梁代陵墓攷內稱，贔屭爲贔碑之龜，並據康熙字典引用本草綱目之說，而以蚖蝮及贔碑獸當之，中國碑刻，藝術精美，惜乎尚少研究，欲知贔屭之與蚖蝮有何關屬，贔屭之在裝修藝術上處何地位，尚屬甚煩複問題也，李氏書中以贔屭爲龍，位於碑首，不在碑足，明李東陽亦爲此說見沈德符萬曆野獲篇與張姓敎士及中國現今通行之說適相反也，

笏頭碣　凡職官品秩卑下，不能用墓碑者，則用墓碣，其狀如笏，

就法式本卷觀之　可知宋代用石，尚遠不及明清兩代，蓋現所習見之高石欄，門窗之石框，石庭柱，石地磚等，李氏絕未道及一字也，用磚處亦極鮮少，李氏法式之不成全書，可更於其未及塔幢見之，蓋宋代石作磚作之塔與幢，固無量數也，書中小木作制度部內，叙及佛道帳之制極詳，故不能稱其書爲官署方面或孔敎方面建築專一之書，要之宋代之無全石全磚建築，可於其書見之，固與博古家之說應合也，

中國全石建築　僅有山東孝堂山之泰山娘娘廟，成立于一六三五年，其庭柱皆爲整石，狀甚奇特，

全磚建築雖不多見，然已不若石屋之特異矣，中國名此磚屋曰無梁殿，鄙人所見最古最

鉅者，爲南京靈谷寺之大殿，在明太祖陵之東二三公里，鍾山之東南麓，建於明初者也

，其次爲蘇城西南隅之開元寺，亦建於明，其殿雙層，西南上下各有六柱，上承橫梁，

檐下錯出假椽鱗次，無異眞椽，下層穿圓門窟三，上層穿圓門窟五，中窟安窗，左右四

窟則修成佛龕矣，北京及其近郊，亦有此種建築，但遠不如上二區，北海之西天梵境大

殿，上下兩層，向各五窗，南萬壽山頂之智慧海，上下二層皆琉璃磚瓦所砌成者，又玉泉山北麓下之

玉宸寶殿，亦爲其一，皆清代建築也，羅番氏 Laufer 曾見山西鄉間多純磚建築，乃謂

其法出自印度，余未敢信，但無梁殿明以前當已有之，而李氏法式未載，他書亦未著錄

，則仿行此制時代當不甚古，或僅隨喇嘛東來者乎，

卷四卷五所論大木作，指梁柱大料而言，爲本書最要部分，其文字雖不易解，如有工師

相助，並取詳圖參閱之，見卷三十一亦尚可以明瞭也，第一條所論曰『材』，以『材』爲構屋
　　　　　　　　　　　　　　卷
　　　　　　　　　　　　　　三
　　　　　　　　　　　　　　十
　　　　　　　　　　　　　　一

之『祖』，廣厚分作八等，隨所建屋判等差，如殿身九間至十一間，則材廣九寸，厚六寸

，廣與厚永爲十五與十之比也，又厚度十分之一，作爲核計大木作他料通率，名之曰『

分』，譬如上述之六寸厚度，應以六分爲一分也，木材應用何等質料，未嘗明定，八等、

二〇

之內，首七等用於殿宇廳堂亭榭，依房屋大小定之，楹柱梁枋，應皆在內，其第八等則僅用於藻井及鋪作焉，

末一節論舉折　其全文並錄入看詳卷內，如鄙人所見非誤，其所論者，一方面當為屋頂之高度，屋脊與屋檐廳高若干之比例　一方面當為屋面之斜度，余閱本書圖上、十一，見當時屋面之斜度不甚和緩，當屬技術上關係，若取營造法式本節而研究之，或可明其理歟，

（四）小木作制度

卷六至卷十一所論有門窗，屏障，籬，檐，水槽，格子，障日板，胡梯，檼簾竿，

有平棋　平棋為殿心頂上方樞內底板，『制度』及『總例』所引書內及 _{卷二第七頁後幅 感示 第八頁前幅}

此意，而尤以山海經一則及附註云云 _{為李誡之語 附註兼長，} 當為較明顯，平棋之花文十三品，第見 _{卷第十至第十四頁之圖 八卷第一頁後幅及三十二} 第二品曰鬭八，第九品曰鬭八，

有拒馬叉子　亦名行馬，立官署前，以拒馬入， _{見總例卷二 第八第九頁}

有叉子，鉤闌，井亭子，牌， _{圖見卷 第二十八頁 二十三}

有佛道帳　佛道帳為細功雕木建築，用以供神佛像者，其最精式樣， _{圖見卷三十二 第十九頁後幅 高二} 尺九寸，深一尺二寸，寬五尺五寸，（注九）（約合十五公尺），乃一逼真殿宇，下層為底座，綴以種種縷花板片，安以鉤闌，中層有殿五間，三正間前各開一戶，顯露殿內

塑像，左右兩正間前設有二梯，旁有扶手，名曰道圍橋子，殿柱之上爲鋪作，承托前

檐，檐上屋面，其狀如瓦，尤其上再爲鋪作，上列長闌，及雙層小亭九座，亭與亭間

有一室接通之，亭名「天宮樓閣」，亦稱「九脊殿」，若得見其全部，觀者必甚動容，宋

代小木作，已達精美程度，可於此見之，其式樣說明，占及書之全卷，（卷九）另有二帳，

上無天宮樓閣，則於第十卷內論之，（圖見同卷第二十頁前幅第二十一頁前幅）

有轉輪經藏　有軸承之，藏有盛經匣十六，

有壁藏　壁藏與轉輪經藏之上，皆有天宮樓閣，（說見卷十一，圖見卷三十二第二十一頁第二十二頁）

卷六說門，（第二頁前幅第三頁後幅）其內有所謂烏頭門者，（圖見卷三十二第二頁）其制高八尺至二丈二尺，廣亦

相若，或稍損減，雙扇皆分二層，隔以華版，版各起線，是名爲腰，下層爲障水版，飾

以護焉，門有木架挾之，名曰立頰，其上橫木曰額，立頰之外護以挾門柱，柱爲方木

如立柵焉，形如牙頭，或作如意頭，上層爲欞子，欞厚一分，寬約門高十八分之一，貫穿

，厚同額，高越額身，柱上端爲烏頭，烏頭下節形如圓筒，其圓圓較柱身略寬，稍上起

邊一道，最上結頂，形如傘蓋，名曰搶柱，橫額上靠近兩柱處，內方有二物作圓形，又

外方兩頭，亦有二物，作上挑尖角形，書中名之曰日月板云，門之各部分以木爲之，惟

論柱礎與門窻之砧時，方言及石也，

李氏之看詳及第六卷內，言與烏頭門同義者有二，一曰表楬，表字用於旌獎或紀念建築物，如得勝坊之類，又表著死者功德之刻石，亦曰表，有稱爲華表柱者，其柱有座有盤有頂，其柱身上端，附有日月牌，作火燄之狀，今日之糱星門，當即爲二華表柱，加一橫額配成者也，楬字見於周禮，釋爲道死者墓上之木，

二曰閥閱，閥閱爲立於勳臣或世襲顯官家門外之雙柱，或即以閥閱稱門，查看詳內頁後幅
卷二第六
所引二書，唐時所稱之烏頭門，乃係門之挾有雙表柱者，惟六等及六等以上官方得用之，應屬一種榮典，朝廷所特賜者也，冊府元龜十二頁前幅
卷一四九第二
則稱五代時之閥閱，有高十二尺之木柱二，柱之距離十尺，套以圜圓瓦桶，其色烏黑，名曰烏頭，由是而閥閱遂有烏頭門烏頭正門等異名，又元時尚用烏頭閥閱之名，以稱貴顯者之家門，此於正字通閥字下見之，

李氏又謂此門令俗稱糱星門　按近時皇陵墓道之前，及孔廟正門，皆稱糱星門，石造磚造者多，其木製門扇，已大半廢棄矣，但亦有存留者，例如曲阜太原兩處糱星門上木門、扇，皆有上下二截，下截平實，上截則糱子也，
見蒲色孟氏營造法式所詳釋之各要部分
審圖五十一，皆可以此證明之，其柱之一端，則超出額上，額之兩頭，則超越柱外，柱頭有飾，其工蟲細不一，其端每銳出，並有作火燄狀之日月牌附於額之上方，近靠柱身，爲此門者，大都用此通式，惟其大小精蟲不一律也，門下石座，或單或複，門額隨之加高，門闕

逐不限於一道，通常至少三關，亦有將全部分隔而爲三門或五門者，

特黑羅脫（人名）見上謂北京諸祭壇前，咸有此門，其式樣相同，無可否認，即如天壇四面之三

連門雙重，與宋制最相符合，查大清會典圖（卷二第十頁前幅）內稱，其門扇硃色，有櫺，云云，

現門扇皆不設矣。

特黑羅脫氏爲句讀所誤，致稱天壇之門爲櫺門，實則無此專稱也，顧其說亦尚可通，蓋

「通俗文」內，本有櫺爲疏門之說，余因之擬進一解，竊謂櫺星門之稱，當肇自宋代，初時

用極普徧，至明代而始限於專項建築，其性質遂成尊嚴無上矣，用此門時，不徒名稱保

存，其制度亦大致不改，至於用以旌表之普通建築，不特制度變更，其名稱亦隨之而異

如所稱「牌坊」者是也，「牌坊」宋時已有此俗稱，當與「閥閱」「表揭」「烏頭門」等義同諸名

目等量齊觀，無須尋求其出處耳，烏頭門既因柱首之特異部分得名，則櫺星門之名，謂

爲得自另一特異部分未爲不可，營造法式之櫺子，其另一特異部分得名也，星字應有「疏落」

「分列」「散布」諸義，如在習用之星羅零星等名詞內者，櫺星門，應爲門之有櫺疏落成行

者，通透如柵闌者，有櫺排列如星之在天者，與書內上節所言之「版門」，其面平實者，

爲對詞也，元人陶安所著太平府徽（安）孔廟賦云，（見歷代彙賦卷七十六第八頁後幅）

流紅光於晨曦　　颺翠氣於晴昊　　啓櫺星於黃道　　樓列宿於朱閣

32253

此言櫨星，乃倒轉之形容詞，謂星之布列如櫨也　此以櫨形容星，上以星形容櫨，後人謂櫨即靈，或作

零，而釋爲星名，以對偶言『櫨』與『列』應爲相等之形容詞，於此可見櫨星之不合爲星名

耳，

（五）彫作制度

此類作品，按其裝飾之性質，分成四種，一曰混作，混作共有八品，圖見卷三十二第　圖見卷三十三第　三十三頁前幅上方

（甲）神仙，眞人，女眞，或作貞，　金童玉女爲道家人物，與觀音龕之善財龍女有別，　金童，玉女之類，

（乙）飛仙，彩畫作制度內之女像無翼而飾項圈手鐲蒙有飛舞長羅而掩蓋其脛之一部者

，亦曰飛仙，其手執之花，莖在指間，或承花以盤　圖見卷三十三第九頁前後幅上方，

嬪伽，爲迦陵頻伽之簡稱，即彩畫作圖樣內上體像人而有翼有爪有尾如孔雀，下

體著羽，兩臂繞有飛舞長羅者，　圖見同卷同頁中方　與飛仙嬪伽平列

共命鳥，即彩畫作圖樣內附翼之像，其狀略如嬪伽，惟具二首　圖見同卷同頁下方

（丙）化生，以上三類，（甲）（乙）（丙）並手執樂器，或芝草花果餅盤器物之屬，

（丁）拂菻，拂菻　西域　蒜　東夷，夷　人手內牽拽走獸，或執旌旗矛戟之屬，

（戊）鳳皇，孔雀仙鶴鸚鵡鵝山鷄錦鷄鵁鴨之類同，

（己）師子，子　麒麟天馬海馬羚羊山羊鹿熊象犀之類同，

以上六品，或臥或立於蓮花座，而施於鈎闌柱頭，或牌帶四周等處

（庚）角神，寶藏神，角神施於大角梁下屋角，

（辛）纏龍柱，盤龍坐龍牙魚〔未詳〕之類、施於帳及經藏柱之上，或寶山之四周，或盤於藻

井之內，

凡混作彫刻本類及下列諸華，彫刻時，令其四周皆備，

二曰彫插寫生華〔寫生言圖畫之無鈎畫者，見彼得羅 Petrucci 所著中國畫志四一七頁〕有牡丹芙蓉蓮荷等華之餘本花葉〔見圖三十〕

〔二第二十三頁後幅〕施之於栱眼壁之內，

三曰起突卷葉華，有石榴玫瑰等華，施之於梁額格子門腰版牌帶鈎闌版之類，

四曰剔地窪葉草，有石榴牡丹蓮荷萬歲籐（注十）蕙草之類，施之於雲栱之首及栱腰栱足

上平板等處，〔圖見同卷第二十四頁，前幅第二十五頁後幅〕

宋代鏤刻工作之重要及其精美，如余上章所云，讀本章而益可信，當時建築上之文飾繁

富極矣，李氏所錄圖樣，有爲近今所已遺棄者，試取奧山恒五郎之北京宮殿裝飾圖樣單

閱之，所可訝者，在闕少人像〔僅見琉璃屋脊上怪獸兩行 盡頭處二肖像具有人形〕雖因宮殿裝飾以龍爲上，佔奪他

物地位，然仍不足以解釋此缺憾也，設余言而非過甚，則中國近代建築上屏去人物，直

可謂之具有普徧性矣，〔中國明清二代建築之裝飾以日本藤平時代（第八世紀）建築（仿唐制）較之，確甚簡陋，見伊東氏報告第六十二頁〕最足

翼者，越南北圻鄉廟中，(曾見彫鏤木版，有女身像及不附翼之舞女，加花冠之著翼半身女像，嬰孩像，四足怪獸等類，此彫版所詳，或即爲鄉土故事，亦未可知，越南美術中純屬本土性者極鮮，此豈其一歟，

閱混作制内第二品各像，令我有數種意見發表，

（一）飛仙之稱，雖非佛門語，而其來源必屬諸釋氏，緣不附翼之女像，若爲微風所託而兩脛股融合於飛舞長羅之摺疊螺旋中者，在遠東佛門美術中，原屬習見之品，日本之繪像家名之曰天人，佛書中以天人稱男女湼槃後升欲界六天，欲心未泯，而猶存男女之判別者，其女亦稱天女，小本不紀年梵書上著錄之條，頗與營造法式之圖像相合，其詞曰

「首先繪者爲摩醯首羅大自在天王，頭三臂六，其貌奇異，美而可畏，生一天女，妙麗無匹，諸天之人，悉無能及，天衣爲服，珍寶纏身，兩肘著釧，左手上出，持天花一，右手下向，如掣其衣」，由是而知輕薄如雲之長羅，即爲天衣也 提伽含 le Dirghagama 書中，示我以升天愈高其衣愈輕之說，在勝福世界中 le monde d'uttaravati 長十四肘寬七肘者重一兩，在三十三重天中，長二 yojana 寬一 yojana 者重僅四分兩之一，在他化界中，長三十二 yojana 寬十六 yojana 者重四十八分兩之一云，　是像又於高麗墓壁精美之畫幅上見之、同具人體，而不附翼，其二脛股亦隱藏於纏繞之長羅内，手中亦托有盤盆，又

他像之見於高麗墓壁者，盡取材於中國神仙古傳，大約中國之沿用女仙，尚在佛像輸入以前，此營造法式之所以稱之爲飛仙歟，

（二）迦陵頻伽，「迦陵頻伽」漢譯爲「美音，妙聲，異聲」佛書中於臚舉飛鳥或讚美得道人之聲如鳥鳴之柔和時用之，摩訶般若波羅密多續藏經 le mahaprajna paramitaçastra 內云，菩薩摩訶薩，即在未獲智慧時，其預言所發之音，較之聽眾 dea pratycka buddha 及外道等之音爲高超，猶之未出卵之迦陵頻伽，其聲自然美妙也。故此迦陵頻伽，不爲黃雀，而爲歌鳥之一種，西歷八一五年訶陵國（即今爪哇）貢鸚鵡於唐憲宗，即其類也，但遠東諸國佛門繪像家，於物之人首或半人身着鳥翼與趾與尾者，統名之曰迦陵頻伽；波羅普度刻版上之緊那羅，以及後之緬甸，十一十三世紀巴剛 Pagan 之磚印度，十五世紀都爾 chittore 暹羅，亦皆有之，中國日本國之書冊與繪畫上，從未將緊那羅作半鳥狀，或作附有二翼之物，而有兩種傳說，

爲第一說者惠林約在西歷八百年其言曰，眞陀羅，舊稱緊那羅，樂神也，其聲柔妙，能歌善舞，神之女者貌美能舞，位列天女之次，爲達羅波之婦者居多數云，眞陀羅之馬首者，婆羅門文字內及印度美術內皆有之，余在遠東美術內發現者，僅有一處，據阿摩伽伽羅 Amoghavajra 第八世紀所譯之梵書，應在法華曼荼羅內，於第二院西門之南面及其北面，一方安設樂音

二七

32257

乾闥婆王，一方安設妙法緊那羅王，在日本國，此緊那羅王，咸用鏧鹿馬頭面，而於兩手執樂具焉見小野玄妙之佛教美術瓣話　　　為第二說者僧肇，鳩摩羅什，四一七年彼述師之言曰，「緊那羅為「疑神」，形似人而首戴一角，故稱之曰「人非人」，天帝律法內之樂章，其神奏之，神居十寶之山若瞥見異象則升於天而奏樂焉」

上所云角，却未見諸神像之上，日本之緊那羅，則常有髮髻或僅挽髮而加花冠，此等表象，皆不足以顯其專特之處，又因其同具完善人形，若無所執樂器，竟難辨認其為樂神，而與其同屬樂官或又謂為其夫之乾闥婆，則尤不易判別也，

日本之佛像圖彙，十六頁卷三第四　　則以服物分男女，持樂器者為乾闥婆，持箭圓形小鼓者則為緊那羅，又西京妙法院觀世音之二十八侍者，乾闥婆服貴人裝，緊那羅則服貴婦裝，而持有箭圓小鼓也，亦有不確定其為男女者，則竟無從為之判別

迦陵頻伽之是否樂神，姑置弗論，而以鳥為身，則專屬迦陵頻伽無疑，本書之迦陵頻伽，持草一盤，九頁前幅卷三十三第　　或執一花一葉，葉作如意形，在日本者，有時不具識別之物，

人」，蓋似人而首戴一角，見者必以是人或非人稱度之，故名之曰「人非人」，為天神之習樂者，而較乾闥婆為卑小」云，又智顗五九八至五九三年之言曰，緊那羅為「疑神」，形似人而

惟佛像圖彙一五二九〇年重刊本 一之迦陵頻伽，（卷二 末頁 第）則兩手各執一箸，而以箭形小鼓懸於胸

前，又有多種古樂器及得自高麗之古鐘，皆刻有是像，又在阿藏陀 Ajanta 亦有此類人首鳥身之

像，唱歌按鈸，或奏六弦琴者，印度載集中，未用迦陵頻伽以名是物，當在次等美術名

詞內用之，所謂次等美術者，如神舞之類是也，樂舞之名林邑舞樂者 Rinyo bugaka 大

約來自印度，而在第八世紀中傳至日本，即屬迦陵頻伽舞也

（一二）共命鳥 jivamjiva 或 jivamjivaka 漢言「共命，命命，生生」此物兩見於 拉里他維斯都拉 le Lalita vistura

（審名）之鳥部中，玄奘遊記言尼泊爾國有之，蒲得林格 Bohtlink 氏謂為錦鷄之屬，但雜寶藏經與

維那亞台摩拉薩浮斯底浮登 Vinaya des Mulasarvastivadin 律內，其名用以稱二首怪鳥，譬喻經內所稱，一首獲一佳果

食之，一首則忿而服毒者，即此鳥也

（九）瓦作制度

第十三卷之首章，為瓦作制度

第十二卷之末，為旋作制度（六）鋸作制度（七）竹作制度（八）

是篇備詳瓴瓦瓪瓦如何結瓦之法，以及隨屋之種類大小如何用瓦之法，正脊垂脊如何壘

瓦之法，又列舉脊梁上裝配之獸類九種，曰行龍，飛龍（注十）行獅，天馬，海馬，飛魚

牙魚，狻猊，獬豸，又詳鴟尾用法，鴟鳥其式不一，有似海猪，其尾上挑，位在屋脊兩

端，有時列在成行之人物怪獸之後，參閱本書看詳篇內 卷二第九所引漢紀當保東漢荀悅之漢紀一語，知漢時即已行用，蓋若藻草之用於頂飾，初皆用以辟火災也，漢紀云「柏梁殿灾後越巫言海中有魚，虬尾似鴟，激浪即降雨，遂作其象於屋，以厭火祥，時人或謂之鴟吻，非也」查鴟吻之稱，實際上反被沿用，緣伊東忠太報告第四頁曾謂，此圖像近今或稱正吻，或稱旁吻，隨其在正脊或垂脊而異云，是篇復詳及走獸與他種圖像用於頂脊屋角之法，各像內未見全身人像但有嬪伽及壁焰火珠

（十）泥作制度

首詳墼牆時應用尺度 與看詳篇內第七第八頁前幅又與卷三第四頁後幅第五頁前幅所列土牆之尺度不同 次詳用泥之法 各項泥灰有色無色之配合法 如何施用之法並分別其如何適用　末詳造畫壁與竈及烟突直拔之制

（十一）彩畫作制度

是篇四卷十重要，有其詳之圖片釋明之，三十四 各圖及主線之旁，有字註明其應用色采 各種圖樣，有線畫類 一曰華文，有種種名式分作九品，三曰墨文，有二品，二曰 有空中飛行人身像與半人身像類嬪伽等 有飛仙 有飛禽與跨禽人物類，有走獸與跨獸搰獸人物類，各具專名，其判別之處，可憑三十三卷各圖片以確定之，至於三十四卷各圖片則專詳梁椽料栱之采飾焉

（十二）塓作制度

是篇詳用塼之制隨建築之等級規定，塼之尺寸大小以及壘堦基，鋪地面，踏道，慢道，須彌坐柱者用於小牆，水道，井等建築之制

（十三）窯作制度

是篇首二節詳瓦與塼之製法，及其形體大小方圓各種尺寸之分配法，第三四節詳琉璃瓦與青掍瓦之製法，末二節詳燒變次序及造窯之法

第九節內錄有琉璃瓦之釉質配合之法，本書第二十七卷內叙及所用物料，又加詳焉，雖中國工人素守秘密頗嚴，但十七世紀曾有著作家宣述之（注二十）十八世紀之天主教士曾求其法，而終未能得書參閱 Memoire concernant les chitois 華人紀事第十三卷第三九六頁又第九卷第三二七頁最近某華員躬親調查，亦未獲結果也，（見石雅第十八第十九頁，著者於一九一八年赴平西琉璃渠調查，僅獲彼處所製十種顏色單一紙，有淺藍，深藍，淺紅，深紅，深黃，正黃，淺黃，深綠與白色等

今營造法式內，則有此語焉「凡造琉璃瓦等之制，藥以黃丹，洛河石，和銅末，用水調勻」云云，「凡合琉璃藥所用黃丹闕（注十三）炒造之制，以黑錫盆硝等入鑊，煎一日為粗觚，出候冷，擣羅作末，次日再炒，塼蓋羅，第三日炒成」云云 卷七十五第九頁前幅（注十四）造琉璃藥料「每黃丹三兩，洛河石末一斤」云云，「其錫以黃丹十分加一分，每黑錫一斤，用蜜陀僧二分九厘，硫黃八分八厘，盆硝二錢五分八厘，柴二斤十一

法人儒蓮密那維爾評宋李明仲營造法式

兩「卷二十七第十一頁

後幅第十二頁前幅 越南礦務局之化驗室曾照此法配合試驗，余承其將成績錄示，其

所得者僅屬微綠色釉一層而已，查瓦頭圓片著釉者，似推漢瓦第一，有數種作深瑩色，

若瓦之全身著釉，當從唐代起方有之，彼時似尚綠色，杜甫爲綿州一樓[越王樓第七世紀建築] 所賦

詩，曾有碧瓦朱甍照城郭之語（注十五）宋時金人仿照開封舊時程式所建宮殿，亦用青綠色

瓦，孟斯脫薄爾氏見謂在宋以後，華人方知製用他色琉璃瓦，（注十六）其說似可信也，李

誠書中所述，僅屬此類上釉之瓦，至於青棍瓦一種，似非上釉者，其所用顏料，乃混合

在壙之本質內也（注十七）現今北平故宮大殿之瓦，皆作橘黃色，其他六種采色之瓦則僅用

於寢殿樓閣等處，以及禁城之外諸殿，[天壇一殿之屋 瓦爲深青色]

本書所詳之製琉璃瓦配料法，可與孫延銓七世紀[人 琉璃誌內所詳各節參合觀之]（注十八）其

文曰「琉璃者，石以爲質，硝以和之，礁以鍛之，銅鐵丹鉛以變之，非石不成，非硝不

行，非銅鐵丹鉛則不精，三合然後生，白如霜，廉削而四方，馬牙石也，紫如英，札札

星星，紫石也，棱而多角，其形似璞，淩子石也，白者以爲幹也，紫者以爲頓也，淩子

者以爲瑩也，是故白以爲幹，則剛，紫以爲頓，則斥之爲薄而易張，淩子以爲瑩，則

鏡物有光，硝，柔火也，以和內，礁，猛火也，以攻外，其始也，石氣濁，硝氣未澄，

必剝而爭，故其火煙漲而黑，徐惡盡矣，性未和也，火得紅，徐性和矣，精未融也，

火得青，徐精融矣。合同而化矣，火得白，故相火齊者，以白為候，其辨色也，白五之

紫一之，淩子倍紫得水晶，進其紫，退其淩子，得正白，白三之，紫一之，

淩子如紫，加少銅及鐵屑焉，得梅蕚紅，白三之，紫一之，去其淩子，去其鐵

，得藍，法如白焉，鉤以銅礦，得秋黃，法如水晶，鉤以豐碗石，得映青，法如白加鉛焉

，多多益善，得牙白，法如牙白加鐵焉，得正黑，法如水晶加銅焉，得綠，法如綠退其

銅加少礦焉，得鵝黃，凡皆以鹻硝之數為之程」見昭代叢書別集，美術叢書第九集，又沈（字房仲一七四九年時人）怪石錄引用

（此首段，惟字句略有異同（昭代

文藏書別集卷五十二第一第二頁）

（十四）功限卷十六至卷二十五

孫氏復歷舉琉璃所製器物，若青簾，華燈，屏風，瓔珞，念珠，碁子，風鈴，簪珥，魚

瓶，葫蘆，硯滴，佛眼，火珠等，而未及琉璃瓦，當係無心之失（注九）（注十）著者又謂，最

珍美者，為水晶及回青二質混合之物，嵌於郊壇清廟所用屏障之朱櫺者，此種顏料，於

破釉最盛，而亦於琉璃見之，是可異也，

工作不以時計，而以功計，故乾土六十斤為一擔，搬運一擔重物，往復三十里以上者，

為一功，搬運六十擔重物，在一百二十步以上地段內，往復積至一里，亦作一功。柱礎

造作，每方一尺為一功二分，彫木像伽高五寸者，每座作一功八分，結瓦方一丈為一功

華表柱，並裝染柱頭，鶴子，日月版，烏頭綽楔門，（十

（注二）牙頭護縫雞子壓，染靑綠楔子抹綠，每一百尺

爲一功，此數章篇幅甚長，賴以解釋各章制度內文字者甚鮮，惟料例一章則反是，

（十五）料例（卷二十六至二十八

料例內，詳列各種顏色之配合分劑，又研究諸作所用之材料，如石，木，竹，瓦，灰，

彩畫作，塼作，窰作之類，而殿以用釘用膠料例，

（十六）諸作等第（卷二十八第十頁至末頁

諸作分上中下三等，例如窰作內製備各種飾物，如鴟獸行龍火珠角珠等類爲上等，作瓦

坯，造琉璃瓦，燒變塼瓦爲中等，作塼坯，裝窰，爲下等，爲便於核計功作起見，故立

此分等之制，內有斷端，以幾分功定作幾等，

又本書第二十九卷以下，至三十四卷，爲圖，

譯者附註

（注一）隋書經籍志原文爲「後漢侍中阮諶」不稱某某院某官

（注二）據作者自註，一名馮國翰，其書二十七章，前有序，入玉函山房輯佚書，一名

陳萃，其書十八章，前有考甚詳，入漢魏遺書，

（注三）指四庫全書總目，下傚此，

〔注四〕明仲之由將作少監轉任將作監，在崇寧二年之後，見墓誌銘及闕氏補傳，李明仲墓誌銘，傳沖益撰，載入程俱北山小集，參閱中國營造學社彙刊第一卷第一冊，

〔注五〕繪圖者爲王君某，誤作高氏者，以原文有高弟二字也，

〔注六〕關於諸本異同，及正誤，補闕，參閱十四年重刊本附錄之陶氏法式識語，

〔注七〕穹頂穹字待酌，下言穹字做此，

〔注八〕脫去二行，係石印本，仿宋重刊本，現於其處，已補「地栿」二字之標題，柎，應作袱，

〔注九〕應作高二丈九尺，深一丈二尺，寬五丈五尺，

〔注十〕剔地窪葉草，草字應作華，萬歲窟，窟字應作藤，

〔注十一〕飛龍，應作飛鳳，

〔注十二〕指孫廷銓琉璃誌，

〔注十三〕黃丹闕云云，言若偶缺黃丹，則用黑錫盈硝等物代也，闕字不誤，

〔注十四〕卷七十五之七字衍，

〔注十五〕齊書東昏侯紀，世祖興光樓上施青漆，世謂之青樓，帝曰，武帝不巧，何不純用琉璃，云云，按之東昏語氣，似齊時尚未知用琉璃飾瓦，齊在唐以前二百

32265

餘年，至唐而始行用琉璃，固屬可能之事，惟杜詩之碧瓦是否卽是琉璃，抑仍

（注十六）北史大月氏傳，有魏太武時，月氏人商販京師，自云自能鑄石爲五色琉璃，屬施漆之瓦，尚待證實耳，

於是采礦石於山中，卽京師鑄之，既成，光澤乃美於西方來者，自是琉璃遂賤，

，云云按北魏都大同此卽五色琉璃北魏時已有之證，惟是否製瓦，則尚無考

（注十七）青掍瓦，誠非上釉，但亦非以顏料混合在磚質之內，李書明言，用瓦磨去乾

坯上布文，用濕布拭乾，次以洛河石粗礫，次摻滑石末令勻，蓋用鬆滑粉質，

摻在磨平之坯面，以免燒變時黏著，致有磨損，并非混合在造坯以前，原文誤

解，

（注十八）孫廷銓，原文譯音作延銓，誤

（注十九）孫氏琉璃誌所錄，似卽舊時代之玻璃器，與琉璃瓦之琉璃不同，其歷舉之琉

璃器物內不及琉璃瓦，職是故歟，恃考，

（注二〇）烏頭綽楔門，楔字應作榠，

Chine.

Che-yin Song Li Ming-tchong Ying tsao fa che 石印宋李明仲營造法式 « Edition photolithographique de la *Méthode d'architecture* de Li Ming-tchong des Song. » 8 fascicules, 1920.

Aucun des arts chinois n'est si mal connu que l'architecture. Si l'on ouvre les manuels de Fergusson et de Paléologue, voire ceux de Bushell et de Münsterberg, aux chapitres consacrés à ce sujet, on n'y trouve guère que des généralités, parfois fort intéressantes, mais ne reposant ni sur une étude approfondie des textes chinois, ni sur des descriptions détaillées de monuments. Dans une timide tentative d'esquisse historique, en 1890 [1], Edkins n'a pas mieux réussi, au contraire. Les publications de G. Combaz [2] n'offrent d'intérêt que par les photographies qui les illustrent. Ni les descriptions des tombeaux impériaux des Ming et des Ts'ing données par Fonssagrives et De Groot [3], ni les notes de ce dernier auteur sur les sites et les édifices consacrés aux cultes officiels [4], ne sont conçues du point de vue architectural. Quant à l'excellent ouvrage de E. Boerschmann [5] et au récent travail de MM. Bouillard et Vaudescal, paru ici même [6], les digressions d'ordre archéologique, historique ou religieux y occupent une place considérable, aux dépens de l'étude des procédés architecturaux. Le seul travail strictement technique qui me soit connu est la monographie de H. Hildebrand sur le temple bouddhique de Ta-kio sseu 大覺寺, proche de Pékin [7] ; mais aucun terme chinois n'y est relevé. Il se trouve ainsi que nous ne disposons d'aucun ouvrage spécial, analogue, par exemple, à ceux de F. Baltzer sur l'architecture civile et religieuse du Japon [8], où architectes et sinologues puissent se documenter sur la technique et la terminologie propres aux constructeurs chinois ; et nous voyons M. Auguste Choisy, dans son *Histoire de l'Architecture* [9], se référer uniquement, pour ce qui concerne la Chine, à un recueil de planches dessinées au XVIIIe siècle par un architecte anglais, Chambers [10], et à un ouvrage chinois intitulé *Kong tch'eng tso fa* 工程作法 [11], dont je ne sache pas qu'aucun sinologue se soit occupé jusqu'ici. Nous avons été devancés dans ce domaine par les Japonais, que la question intéresse directement, aux points de vue historique et pratique, en raison de l'influence qu'exerça et que peut encore exercer sur leur propre architecture celle de la Chine ; il suffira de mentionner leurs publications sur le palais de Pékin, publications que M. Aurousseau a pu acquérir pour la bibliothèque de l'Ecole française d'Extrême-Orient au cours de son voyage au Japon en 1922 [12].

---

[1] *Chinese architecture. J. C. B. R. A. S.*, N. S., XXIV, 3, p. 253-288.

[2] *Sépultures impériales de la Chine*, Bruxelles, 1907 ; *Les Palais impériaux de la Chine*, id., 1909.

[3] E. Fonssagrives. *Si ling, étude sur les tombeaux de l'Ouest de la dynastie des Ts'ing*, Paris, 1907. — J. J. M. De Groot, *The Religious System of China*, vol. III, Leyde, 1897.

[4] J. J. M. De Groot, *Universismus* (Berlin, 1918), pp. 141-302. Ces notes ne sont guère qu'une traduction abrégée des chapitres 1 à 4 du *Ta Ts'ing houei tien t'ou*.

[5] E. Boerschmann. *Die Baukunst und religiöse Kultur der Chinesen*, 2 vol., Berlin, 1911-1914.

(⁶) *Les Sépultures impériales des Ming* (Che-san ling). BEFEO, XX, III.

(⁷) *Der Tempel Ta-chüeh-sy*, Berlin, 1897.

(⁸) *Das japanische Haus, eine bautechnische Studie*, Berlin, 1903. *Die Architektur der kultbauten Japans*, id., 1907.

(⁹) Paris, 1899. T. I. p. 179-197.

(¹⁰) Sur ces planches, accompagnées d'un texte de 19 pages, voir Cordier, *Bibl. sin.*, col. 1570.

(¹¹) Sur cet ouvrage, voir *infra*, p. 225.

(¹²) Lors de l'occupation du palais, en 1901, l'Ecole des ingénieurs de l'Université

Cette indifférence s'explique par diverses raisons, dont l'une est sans doute le manque de monuments anciens et l'autre était la pénurie de textes anciens ayant un caractère technique ; l'attention s'est détournée d'un sujet ne se prêtant pas aux investigations archéologiques et philologiques.

La formule courante : il n'y a pas de ruines en Chine, est en effet exacte. Il semble bien qu'en dehors de la Grande Muraille, de quelques chambrettes funéraires et d'un certain nombre de stûpas, aucun édifice antérieur à l'époque des Yuan, pour ne pas dire des Ming, n'ait subsisté ; aucun du moins n'a échappé à de graves altérations ; pour remonter plus haut, on est donc réduit à chercher des documents dans les bas-reliefs, les peintures, les images façonnées en terre, les édifices anciens du Japon, dérivant de l'architecture chinoise contemporaine, et dans les textes.

Selon plusieurs historiens de l'art chinois, nous serions renseignés sur l'architecture — ou encore les costumes, les objets rituels — de l'antiquité par des « reproductions graphiques ». Ce terme est inexact. Il est vrai que dès la fin des Han les érudits élaborèrent des représentations graphiques des édifices des trois Dynasties, destinées à illustrer les rituels. Mais elles nous sont parvenues sous une forme si profondément altérée que même comme témoignage sur les conceptions architecturales

de Tōkyō envoya à Pékin une commission d'architectes, comprenant entre autres MM. Itō Chūta 伊東忠大, Tsuchiya Junichi 土屋純一 et Okuyama Tsunegorō 奧山恒五郎, accompagnés du photographe Ogawa Kazumasa 小川一真. Le rapport de M. Itō parut en 1903 dans les *Rapports scientifiques de l'École des ingénieurs de l'Université impériale de Tōkyō*, 東京帝國大學工科大學學術報告. nᵒ 4. Ce travail, rédigé en japonais et illustré de nombreuses planches dessinées par l'auteur est intitulé : *L'architecture des édifices et des portes de la ville violette interdite de Pékin, Chine* (清國北京紫禁城殿門の建築.... 63 p.) et comprend : 1ᵒ un historique, et 2ᵒ une description de Pékin ; 3ᵒ une description des neuf portes et édifices successifs (九重殿門) du palais ; 4ᵒ un exposé systématique des éléments de construction, intitulé : Caractéristiques générales de l'architecture des Ming et des Ts'ing ; 5ᵒ une étude comparative de l'architecture des Ming et de celle des Ts'ing ; 6ᵒ des études sur les qualités et les défauts de l'architecture des Ming et des Ts'ing ; 7ᵒ sur les rapports historiques de l'architecture japonaise avec l'architecture chinoise des Ming et des Ts'ing ; et 8ᵒ sur les origines de cette dernière. Le rapport de M. Tsuchiya, paru *ib.*, également en japonais, est intitulé : *Rapport sur des recherches relatives à l'architecture de la ville violette interdite de Pékin, Chine* (清國北京紫禁城建築調査報告. 46 p.) ; il est purement descriptif et technique. Les photographies de M. Ogawa furent somptueusement éditées en 1906 aux frais du musée impérial de Tōkyō, avec une brève introduction et des notes explicatives sommaires en japonais, en chinois et en anglais (*Photographs of Palace buildings of Peking compiled by the Imperial Museum of Tôkyô*, un fascicule de texte et 172 planches, en 2 cartables). Enfin le rapport de M. Okuyama parut la même année dans le n° 7 des *Rapports de l'École des ingénieurs* (*Decoration of Palace buildings of Peking*, 1 fascicule de texte et 80 planches dessinées ou peintes par l'auteur en 1 cartaule). Ce dernier ouvrage est ie seul qu'ait connu Münsterberg, *Chinesische Kunstgeschichte*, II, 40-43. Le texte est rédigé en anglais, mais les termes techniques japonais (dont plusieurs sont traduits littéralement du chinois sont constamment cités par l'auteur, et une planche fort commode en illustre la valeur ; les dessins et peintures constituent un recueil documentaire de premier ordre.

des Han elles sont pratiquement négligeables. Il ne sera peut-être pas inutile de retracer l'histoire de leur transmission.

Les premières *Illustrations des trois rituels* (*San li t'ou* 三禮圖) furent l'œuvre de Tcheng Hiuan 鄭玄 (app. K'ang-tch'eng 康成), le célèbre commentateur des classiques (127-200 p. C.), et de son contemporain Yuan Chen 阮諶 (app. Che-sin 士信). On sait par le commentaire du *San kouo tche* [1] que Yuan Chen composa un *San li t'ou* en 3 k. ; à une date indéterminée, un certain Leang Tcheng 梁正 le réduisit à 2 k. [2]. Dès les Souei, sinon plus tôt, les illustrations des rituels prirent un caractère officiel. Le chapitre bibliographique du *Souei chou* contient la mention suivante (k. 32, 8^b) : « *San li t'ou*, par Tcheng Hiuan, Yuan Chen, membre de la Cour des *che lang* sous les Han postérieurs, et autres ; 9 k. ». En réalité, cet ouvrage était une compilation fondée sur celui de Yuan Chen et un autre de Tcheng Hiuan ; chaque planche était suivie d'un colophon l'attribuant soit à Tcheng Hiuan, soit à Leang Tcheng (et donc par delà celui-ci à Yuan Chen) [3] ; elle fut commandée aux fonctionnaires des Rites par le premier souverain des Souei, en 600 p. C. ; les dessins furent exécutés par Hia-heou Fou-lang 夏侯伏郎 (ou Hia-heou Lang 夏侯郎), sous le nom duquel l'ouvrage est porté dans les *Histoires des T'ang* [4]. Celles-ci mentionnent en outre un *San li t'ou* en 9 k., compilé sous la direction de Tchang Yi 張鎰 en 770 [5], et qui n'était peut-être à son tour qu'une révision du *San li t'ou* des Souei. Ces recueils disparurent sous les Song, remplacés par une grande compilation de Nie Tch'ong-yi 聶崇義 [6]. En 956, l'empereur Che-tsong des Tcheou postérieurs désira réformer le matériel rituel employé dans les cultes d'Etat ; Nie Tch'ong-yi fut chargé de compulser les commentaires et les recueils d'illustrations et de dresser les nouvelles planches ; il acheva son travail l'année

---

(1) *Wei tche*, k. 16, 8', 11-12. citant un *Registre généalogique de la famille Yuan*. La seule donnée chronologique fournie par ce texte est qu'un petit-fils de Yuan Chen fut second précepteur du prince héritier sous les Tsin (265-420).

(2) *Song che*, k. 431, 2', 3-4, nous a conservé une notice de Leang Tcheng, où il disait en substance : Yuan Che-sin de Tch'en-lieou 陳留 reçut l'enseignement des rites de K'i Mou-kiun 綦母君 de Ying-tch'ouan 潁川 (Ho-nan) ; d'après ses explications, il fit un *San li t'ou* en 3 k. ; ayant constaté dans cet ouvrage de graves erreurs, Leang Tcheng le corrigea et le réduisit à 2 k. Pour *mou* 母, l'éd. de Chang-hai du *Song che* donne *ts'ö* 冊 ; j'adopte la leçon du *Sseu k'ou tsong mou*, k. 22, 1°, du *King yi k'ao* de Tchou Yi-ts'ouen, k. 163, 1°, et de la préface de Na-lan Tch'eng-tö, mentionnée ci-dessous.

(³) C'est ce qui ressort des indications données dans le *Song che*, k. 431. 2ᵃ, 1-3, sur les exemplaires de cet ouvrage conservés dans la bibliothèque impériale des Song ou portés à son catalogue.

(⁴) *Kieou T'ang chou*, k. 46, 6ᵃ ; *Sin T'ang chou*, k. 57, 4ᵃ : « *San li t'ou*, 12 k., par Hia-heou Fou-lang». Sur cet ouvrage, Tchou yi-ts'ouen (*King yi k'ao*, k. 163, 3ᵇ) cite la notice suivante de Tchang Yen-yuan 張彥遠 des T'ang : « Composé par les autorités, en la 20ᵉ année *k'ai-houang* (600), sur l'ordre de Wen-ti dés Souei ; Hia-heou lang, marquis de Tso-wou, *tche k'i che kouan* (左武侯執旗侍官), dessina ».

(⁵) *Kieou T'ang chou*, k. 135, 1ᵃ ; le *Sin T'ang chou*, k. 57, 4ᵃ, donne *Eul li t'ou* 二禮圖.

(⁶) Voir la biographie, *Song che*, k. 431, 1ᵃ-3ᵃ

suivante. Des ustensiles nouveaux furent fabriqués d'après ses dessins ; on voit que sous les Song, comme de tout temps sans doute, les illustrations officielles des rituels avaient une utilité pratique. Puis, sous la direction de Teou Yen 竇儼, Nie Tch'ong-yi entreprit des recherches plus approfondies ; il se mit en quête d'anciens *li t'ou* et en réunit six ; il les collationna et établit de nouvelles planches, qu'il accompagna d'un commentaire détaillé. Son ouvrage ne fût terminé qu'après l'avénement des Song ; en 962, il présenta à T'ai-tsou un *San li t'ou* (ou *San li t'ou tsi tchou* 三禮圖集註), en 20 k., précédé d'une preface de Teou Yen et suivi (k. 20) d'une notice où Nie Tch'ong-yi déclarait avoir *osé* corriger les anciennes illustrations. T'ai-Tsou le combla de faveurs ; ses planches furent jugées supérieures aux anciennes ; des impressions en furent répandues et des reproductions peintes sur le mur d'un des bâtiments du Collège impérial. Quels étaient les six ouvrages utilisés par Nie Tch'ong-yi ?

Teou Yen, dans sa préface, dit qu'il « rassembla de toutes parts d'anciennes illustra-tions des trois rituels, et en obtint en tout six exemplaires (六本), pareils en gros et différents dans le détail ». D'après le *Kiun tchai tou chou tche* de 1151, k. 2, 8ᵇ, ces exemplaires auraient été les œuvres de six auteurs différents (六家), soit Tcheng Hiuan, Yuan Chen et autres ; le *Sseu k'ou tsong mou*, k. 22, précise les noms des « autres » : Leang Tcheng, les fonctionnaires des Souei, Hia-heou Fou-lang, Tchang Yi. Mais on a vu que le *San li t'ou* attribué à Hia-heou Fou-lang était probablement identique à celui des fonctionnaires des Souei ; il est très douteux que Nie Tch'ong-yi ait eu accès à six éditions indépendantes. Lui-même dans sa notice parle simplement des « anciennes illustrations, en 10 k. ». Le chapitre bibliographique du *Song che*, k. 202, 6ᵃ, ne mentionne qu'un « *San li t'ou*, en 12 k., du sieur Tcheng » (Tcheng Hiuan) ; dans un des catalogues officiels des Song du Nord, le *San li t'ou* en 12 k. était attribué aux fonctionnaires des Souei (¹), tandis qu'un autre relève uniquement un « *San li t'ou*, en 9 k., de Leang Tcheng » (²). Enfin deux érudits modernes ont reconstitué partiellement le texte des *San li t'ou* antérieurs aux T'ang, etc., réunis-sant des citations éparses dans divers ouvrages, surtout dans le commentaire de Nie Tch ong-yi à ses planches (³) : ils ont pris soin d'indiquer la source de chaque citation ; on peut constater ainsi que, dans le texte de Nie Tch'ong-yi, les citations des anciens *San li t'ou* sont introduites par les termes : « Les anciennes illustrations disent... », ou : « Les illustrations de Yuan et de Tcheng.... De Leang Tcheng et du sieur Yuan.... Du sieur Yuan, du sieur Leang et autres... Des deux sieurs Leang et Yuan..., Du sieur Yuan et autres, révisées par Leang Tcheng et Tchang Yi (梁正張鎰修阮氏等圖) », etc (⁴). Il semble donc évident que Nie Tch'ong-Yi n'eut accès aux *San li*

(¹) *Sseu pou chou mou* 四部書目, cité ap. *Song che*, k. 431, 2ᵃ, 1.

(²) *Tch'ong wen tsong mou* 崇文總目, k. 1, 13ᵇ; id; *Yu hai* (XIIIᵉ siècle), k. 39, 24ᵇ.

(³) Le premier est Ma Kouo-han 馬國翰; son édition, comprenant 27 feuillets et précédée d'une préface, est incorporée dans le *Yu hau chan fang tsi yi chou*. Le second est Tch'en P'ing 陳華; son édition, précédée d'une bonne étude bibliographique, occupe 18 feuillets du *Han Wei yi chou*.

(⁴) Nie Tch'ong-yi cite souvent Tchang Yi, mais jamais Hia-heou Fou-lang, ce qui prouve bien que celui-ci fut un simple dessinateur - copiste. Voir la reconstitution du *San li t'ou* de Tchang Yi, par Ma Kouo-han, *loc. cit.*

t'ou des Han qu'à travers des compilations des Souei et des T'ang, dont ses « six exemplaires » devaient être des recensions ou des manuscrits différents. Lui-même se permit des innovations certainement importantes : elles soulevèrent les protestations des conservateurs et donnèrent lieu à des disputes non moins violentes que savantes ; on en trouvera un écho dans le grand rapport de Tchang Tchao 張昭 et autres, dont le texte est inséré dans la biographie de Nie Tch'ong-yi. D'autres auteurs démentirent ses reconstitutions d'objets rituels à la lumière des découvertes archéologiques (¹). Or son *San li t'ou*, accessible dans une édition révisée en 1676 par le prince mandchou Na-lan Tch'eng-tö 納蘭成德 et incorporée au *T'ong-tche t'ang king kiai* 通志堂經解, est le seul ouvrage du genre fondé directement sur les traditions anciennes ; beaucoup d'autres furent publiés sous les Song et plus tard, surtout sous les Ts'ing : ils sont entièrement originaux ; les planches n'y sont que des interprétations graphiques du texte des rituels (²) ; la valeur en est strictement proportionnelle au crédit scientifique que méritent leurs auteurs.

La section consacrée aux édifices occupe le début du k. 4 du *San li t'ou* de Nie Tch'ong-yi : elle ne contient que quelques plans schématiques (³). L'auteur se plaçait au point de vue des rites, et ce point de vue est celui de presque tous les érudits chinois qui s'occupèrent de l'architecture antique (⁴). L'orientation, la disposition relative, les proportions des bâtiments impériaux et seigneuriaux étaient soumis, dans la Chine féodale, à des prescriptions rigoureuses, correspondant à des nécessités rituelles ; y contrevenir, c'eût été troubler l'ordre universel et empêcher l'accomplissement correct des cérémonies. Or certaines de ces prescriptions restèrent en

(¹) Cf. les remarques de Chen Kouo (1029-1093), dont la conclusion est que « les illustrations des rituels ne sauraient faire autorité », 禮圖亦未可為據. *Mong k'i pi t'an*, éd. *Tsin tai pi chou*, XV, k. 19, 1ᵇ-2ᵃ.

(²) Voir par exemple la préface du *Yi li t'ou* 儀禮圖 de Yang Fou 楊復, datée de 1228 ; l'auteur, un disciple de Tchou Hi, y déclare qu'il n'existait pas encore d'illustrations du *Yi li*. Cet ouvrage fait l'objet d'une critique très défavorable dans le *Sseu k'ou tsong mou*, k. 20 2ᵃ ; Yang Fou est incriminé notamment d'avoir négligé la section relative aux édifices ; elle ne comprend en effet qu'une dizaine de plans fort sommaires (éd. *T'ong-tche t'ang king kiai*, 旁通圖, 1-8). On trouvera des plans architecturaux plus détaillés dans la première partie d'un autre *Yi li t'ou*, en 6 k., publié sous les Ts'ing par Tchang Houei-yen 張惠言 (*Houang Ts'ing king kiai siu pien*, k. 313).

(³) Quelques articles du *San li t'ou* de Nie Tch'ong-yi ont été analysés par C. de Harlez dans le *Journal Asiatique* de 1890, I, p. 429-476, avec beaucoup d'erreurs. P.

431, l'auteur confond Hia-heou Fou-lang des Souei avec Hia-heou Cheng 夏侯勝 des Han antérieurs, sur lequel voir *Ts'ien Han chou*, k. 75, 2ʰ, 1-4, k. 88, 6ª, 1-3 et k. 89, 2ʰ, 9-11 ; p. 432, il dit que l'édition de Na-lan-Tch'eng-tö fut publiée en 1686 sans no.n d'éditeur; p. 434, il traduit 營圖 par « Tableau de l'antiquité » ; etc.

(⁴) Il faut faire exception pour des travaux purement philologiques, comme le *K'iun king kong che l'ou* 群經宮室闕 de Tsiao Siun 焦循 des Ts'ing (*Houang Ts'ing king kiai siu pien*, k. 359-360), où l'on trouvera d'intéressants essais d'interprétation figurée des termes architecturaux employés dans les textes classiques, ou encore le *Che kong siao ki* 釋宮小記 de Tch'eng Tcheng-kiun 程徵若 (*Houang Ts'ing king kiai*, k.535), contenant des notes critiques, non illustrées, sur le même sujet.

vigueur dans la Chine impériale ; il était d'autre part nécessaire — et telle fut plutôt la préoccupation des philologues de l'époque moderne — de les connaître à fond et d'en élucider les termes souvent obscurs pour pouvoir reconstituer les cérémonies antiques, les situer dans leur décor, en saisir certains détails. Voici par exemple comment s'exprime Li Jou-kouei 李如圭 des Song dans l'introduction de son *Yi li che kong* 儀禮釋宮 (⁴) : « En lisant les rituels, si l'on n'est pas tout d'abord éclairé sur la réglementation des édifices, on ne peut examiner le rythme ni l'ordonnance des actes de monter et de descendre, d'avancer et de reculer. . . . C'est pourquoi, me fondant sur les livres canoniques et compulsant les commentaires, j'ai réuni et mis en ordre ce qui peut servir à l'étude des règles et des termes relatifs aux édifices ; le titre en est : *Che kong* ». Sous les Ts'ing, Jen K'i-yun 任啟運, dans l'introduction de son *Kong che k'ao* 宮室考 (²), se place au même point de vue : « Si l'on étudie les rites sans connaître les règles relatives aux édifices des anciens, on ne peut se rendre compte de l'ordonnance des places [occupées par les officiants] ni de la manière de circuler, d'avancer et de reculer. C'est pourquoi l'étude des édifices est indispensable ». Les bibliographes de K'ien-long, dans leur notice sur le *Yi li che kong*, sont plus explicites encore : « Dans l'antiquité, il y avait des règles déterminées sur la construction de tous les édifices. Au cours des dynasties successives, il se produisit des changements réitérés, et peu à peu l'antiquité se trouva faussée. . . . En lisant le *Yi li*, si l'on ne peut concevoir parfaitement les lieux, on ne peut connaître ni la disposition [des officiants et des objets] ni l'ordonnance des mouvements ; ou bien, pis encore, on évalue arbitrairement les nombres et les mesures des anciens rois à l'échelle d'époques postérieures, et l'on s'écarte ainsi complètement de la vérité ».

On voit que ces textes ne traitent de l'architecture qu'indirectement, en fonction des rites ; il en est de même de ceux qui figurent dans les rituels et recueils administratifs des différentes dynasties.

Il existe quelques monographies sur les capitales antérieures aux Song, dont certaines étaient illustrées de planches fort anciennes, comme le *San fou houang l'ou*

(¹) *Che kong* est le titre de la section du *Eul ya* consacrée à la terminologie architecturale ; Li Jou-kouei avait adopté dans son ouvrage l'ordre des matières de cette section. Li Jou-kouei fut reçu au doctorat en 1193 (*Sseu k'ou tsong mou*, k. 20, 1ᵇ); il est l'auteur d'un *Yi li tsi che* 儀禮集釋 en 30 k., dont le *Yi li che kong*, en 1 k., forme un appendice. De ce dernier ouvrage, il existe de nombreuses éditions ; je cite l'introduction d'après celle du Wou-ying tien. Un *Che kong* en 1 k. a été incorporé dans les Œuvres complètes de Tchou Hi (*Tchou tseu ts'iuan chou*, k. 40, 12 ^b-32^b) ; le texte en est identique (ou presque) à celui de l'ouvrage de Li Jou-kouei ; mais il n'y a pas d'introduction. Le *Sseu k'ou tsong mou* (loc. cit. et k. 23, 6ª) montre que cette attribution est une erreur due aux compilateurs des œuvres complètes de Tchou Hi. Sous les Ts'ing, le *Yi li che kong* de Li Jou-kouei fut commenté par Kiang Yong 江永 (*Houang Ts'ing king kiai siu pien*, k. 57), et un autre ouvrage du même titre en 9 k. fut composé par Hou K'ouang-ngai 胡匡衷 (*Houang Ts'ing king kiai*, k. 775-783).

(²) Ouvrage en 1 k. sur les édifices des Trois Dynasties ; éd. *Tsiu hio hiuan ts'ong chou* 聚學軒叢書, tsi III, et *Houang Ts'ing king kiai siu pien*, k. 136.

三輔黃圖 (¹) ; mais ces planches ne nous sont pas parvenues. Mentionnons enfin les descriptions poétiques (*fou* 賦), riches en informations archéologiques, malgré les effets de style, nuisibles à la précision, qu'exige ce genre littéraire créé sous les Han.

Est-ce à dire que les Chinois n'aient produit aucun ouvrage technique sur l'art de construire, analogue à leurs traités de peinture ? Dans la première partie de l'époque des Song, un certain Yu Hao 喻皓 (ou 預浩) aurait composé un *Canon du bois* (*Mou king* 木經) (²) c'est-à-dire une « Méthode de construire les maisons » en 3 k. ;

(¹) Le *San fou houang t'ou* est un ouvrage anonyme datant, d'après les uns (Tch'en Tchen-souen, *Tche tchai chou lou kiai t'i*, k. 8, 17ª) de l'époque des Han et des Wei ; d'après d'autres (Tch'ao Kong-wou, *Kiun tchai tou chou tche*, k. 8, 7ª) de la fin des Six Dynasties ou même (Tch'eng Ta-tch'ang, *Yong lou* 雍錄, cité dans le *Sseu k'ou tsong mou*. k. 68, 2 ᵃ·ᵇ, dont les auteurs se rangent à cette opinion) de la seconde moitié des T'ang. Les *san fou* étaient les trois subdivisions administratives constituant le territoire de la capitale (Tch'ang-ngan) sous les Han, dès 104 a. C. (*Ts'ien Han chou*, k. 19 上, 6ª) ; le *San fou houang t'ou* est une description de cette capitale : palais, murailles et portes, parcs, lacs et étangs, temples, bâtiments officiels, enclos pour les animaux, ponts, tombeaux, etc. Il en existe de nombreuses éditions présentant des divergences considérables ; les unes comptent six k. (*Han wei ts'ong chou*), d'autres deux (*P'ou pi ki, King hiun t'ang ts'ong chou*). La meilleure, en 1 k., a été établie par Souen Sing-yen 孫星衍 et Tchouang K'ouei-ki 莊逵吉 à la fin du XVIIIᵉ siècle (*P'ing-tsin kouan ts'ong chou*, tsi V) ; elle est précédée d'une étude critique de Souen Sing-yen, dont les conclusions sont les suivantes : Le *San fou houang t'ou* date, sous sa première forme, de la fin des Han ; il comprenait alors des dessins accompagnés d'un texte explicatif très concis, ce qui subsiste de ce texte est introduit par les mots : 舊圖云 ; l'ouvrage ne fut pas composé, mais augmenté de commentaires, sous les T'ang. Les illustrations étaient certainement perdues dès l'époque des Song, car les auteurs de cette époque ne distinguent plus le texte primitif des commentaires. Par suite de cette perte et du caractère disparate de ses éléments actuels, il est douteux « que ce curieux ouvrage, qui paraît avoir été l'« ancêtre » des monographies locales et l'un des premiers spécimens de livres illustrés, offre beaucoup de renseignements sûrs, susceptibles d'être utilisés pour l'histoire de l'architecture.

(²) Tch'ao Kong-wou, dans son *Kiun tchai tou chou tche* de 1151 (éd. Wang Sien-k'ien, k. 7, 21ª), porte le jugement suivant sur le *Ying tsao fa che* : « On disait dans le monde que l'ouvrage le meilleur et le plus détaillé sur l'art de construire était le *Mou king* de Yu Hao ; or ce livre le surpasse ». Cette opinion est reproduite dans le *Wen hien t'ong k'ao* (k. 229, 10ª), dans le *Sseu k'ou tsong mou* (qui l'attribue par erreur à l'auteur du *Tche tchai chou lou kiai t'i*, Tch'en Tchen-souen, première moitié du XIIIᵉ siècle), dans d'autres catalogu s et dans plusieurs postfaces du *Ying tsao fa che*. D'autre part, on trouve dans le *Chouo feou* (k. 109) des extraits d'un ouvrage intitulé *Mou king* et attribué à « Li Kiai 李誡 des Song » (la table des matières semble porter Li Tch'eng 李誠, mais le second caractère est mal déchiffrable dans l'exemplaire de l'Ecole française). Le texte de ces extraits se retrouve dans le *Ying tsao fa che* : il comprend les « règlements » relatifs : 1° à l'orientation (*Ying tsao fa che, k'an siang*, 4ᵇ-5ᵇ; k. 1, 7ᵇ-8ᵃ et k. 3, 2ᵃ-ᵇ), 2° au nivellement (*ib.*, *k'an siang*, 6ᵃ-ᵇ, et k. 3, 2ᵇ-3ᵇ), 3° à l'élévation et aux brisures (des toitures) (*ib.*, *k'an siang*, 9ᵃ col. 4-10ᵃ col. 2 et 10ᵃ col. 8-10ᵇ col. 6; k. 5, 10ᵇ col. 6-11ᵃ col. 10 et 11ᵇ col. 6-12ᵃ col. 2), 4° à la détermination des tâches, avec une citation du *T'ang lieou lien* (*ib.*, *k'an siang*, ce livre est perdu. Il paraît avoir été une œuvre privée ; si tel est bien le cas, et autant que de rapides recherches me permettent d'en juger, il aurait été unique en son genre dans la littérature chinoise.

Mais nous avons vu que dès l'antiquité l'architecture publique fut réglementée officiellement. Des fonctionnaires furent donc chargés de diriger les constructions, et l'on peut supposer dès l'abord qu'ils eurent à leur disposition certains documents d'archives auxquels ils se référaient dans l'accomplissement de leurs travaux.

3ᵃ col. 4-3ᵇ col. 2 ; la règle seule figure au k. 2, 13ᵇ). Ces extraits sont suivis d'une postface de Chen Kouo 沈括 (1029-1093, docteur en 1063, v. *Song che*, k. 331, 5ᵇ-7ᵃ), où il est dit : « La méthode de construire les maisons est appelée le *Canon du bois* (*Mou king*). Certains disent qu'il fut composé par Yu Hao 喩皓.. ». (Puis Chen Kouo expose comment les bâtiments se divisent en trois parties, dont deux se trouvent respectivement au-dessus et au-dessous des poutres, la troisième étant constituée par le soubassement et les escaliers). « Ce livre est en 3 k. Pendant ces dernières années, le travail de la terre et du bois s'est beaucoup perfectionné ; l'ancien *Mou king* était devenu en grande partie inutilisable ; personne ne l'avait encore refait. Aussi l'auteur du présent ouvrage a-t-il fait là d'excellente besogne ». On verra plus loin que le *Song che* attribue à Li Kiai un *Nouveau livre du bois*, *Sin tsi mou chou* 新集木書, en 1 k. ; ce titre montre qu'il existait précédemment un ouvrage analogue ; peut-être cet ouvrage était-il le *Mou king* de Yu Hao. Quant aux fragments du *Mou king* reproduits dans le *Chouo feou*, ils sont manifestement de Li Kiai, puisque le texte s'en retrouve dans le *Ying tsao fa che*. On serait tenté d'identifier l'ouvrage d'où ils sont tirés au *Sin tsi mou chou*, qui aurait été ainsi composé par Li Kiai à titre privé, avant 1093, date de la mort de Chen Kouo ; puis, lorsqu'il fut officiellement chargé, en 1097, de compiler sa *Méthode d'architecture*, Li Kiai aurait utilisé son ancien ouvrage et en aurait reproduit tels quels des fragments entiers. Mais le problème est plus complexe. Le dernier fragment cité dans le *Chouo feou* comprend en effet, avant le texte du « règlement », une citation du *T'ang lieou lien* et une discussion de cette citation ; elles ne figurent que dans l'« Examen critique » (*k'an siang* du *Ying tsao fa che*) ; or cet « Examen critique » paraît bien avoir été rédigé par Li Kiai spécialement pour compléter sa *Métho-de*, donc après 1097 (voir *infra*) : Chen Kouo, mort en 1093, n'aurait pu connaître ce texte. D'autre part, Ngeou-yang Sieou 歐陽修, dans son *Kouei t'ien lou* 歸田錄, en 2 k., de 1067 (éd. *Pai hai ts'iuan chou*, k. 1, 1ᵃ-ᵇ ;) rapporte que Yu Hao (écrit 預浩) construisit le plus haut et le plus beau stûpa de la capitale des Song, celui du K'ai-pao sseu 開寶寺 ; qu'il fut le plus grand architecte de la dynastie ; que ses œuvres servirent de modèles aux architectes postérieurs ; et que son *Mou king*, répandu dans le monde à l'époque de Ngeou-yang Sieou, comprenait 3 k. Cette dernière donnée concorde avec celle de la notice de Chen Kouo. Or on sait que le *Chouo feou*.

compilé en 100 k., au début des Ming, par T'ao Tsong-yi 陶宗儀, a subi toutes sortes
de remaniements et d'additions ; une première réédition basée sur une copie manuscrite
déjà corrigée et remaniée par Yang Wei-tcheng 楊維禎 vers 1481, en fut donnée
par Yu Wen-po 郁文博 en 1496 (et non en 1530 comme dit Wylie, Notes, p, 170 ;
voir la préface de Yu Wen-po) ; elle comprenait 100 k., les 30 derniers k. étant parti-
culièrement suspects d'avoir été suppléés par Yang Wei-tcheng ou Yu Wei-po ; enfin
l'édition actuelle, en 120 k., a été publiée en 1647 par T'ao Ting 陶珽, et comporte,
d'après les bibliographes de K'ien-long, de multiples erreurs et confusions (*Sseu k'ou
tsong mou*, k. 123, 4ª.) Il est donc hautement probable que la postface de Chen Kouo
se rapportait en réalité au *Mou king* de Yu Hao, et que les fragments du prétendu *Mou*

Dans les Canons de Yao et de Chouen, il est déjà question du Pourvoyeur des
Travaux (*kong-kong* 共工 ; *kong* au *chang cheng*, interprété par 供) ; d'après les
commentateurs des Han, ce titre aurait désigné le fonctionnaire des Eaux à l'époque
de Yao et le fonctionnaire des Travaux à l'époque de Chouen. Sous les Tcheou, les
Artisans (*tsiang jen* 匠人), relevant du Ministère des Travaux (*sseu k'ong* 司空),
construisaient les villes et les bâtiments et établissaient les canaux ; les règlements
auxquels ils devaient se conformer nous sont connus par le *K'ao kong ki*, si ce texte
remonte bien aux Tcheou ; ils ne portent guère, à l'exception de quelques indications techniques relatives aux procédés d'orientation et de nivellement, que sur le
plan des villes et des édifices, la situation relative de ces derniers et les dimensions
des éléments de construction. Les Ts'in créèrent un *tsiang tso chao fou* 將作少府,
préposé à « l'administration des bâtiments » (¹) ; la fonction et le titre de *tsiang tso*
(« dirigeant les ouvrages ». *tsiang* au *k'iu cheng*, comme dans *tsiang kiun* 將軍)
se perpétuèrent sous les dynasties suivantes. En 114 av. J.-C., King-ti des Han
antérieurs établit un *ts.ang tso ta tsiang* 將作大匠 (²), maintenu par les Han
postérieurs ; il était préposé à « la construction du temple ancestral, des bâtiments
privés de l'empereur et des édifices du palais, à l'aménagement des tombeaux et des
jardins, aux ouvrages en bois et en terre ; il faisait également planter sur les bords
des chemins des arbres tels que les éléococcas et les catalpas » (³). Ce titre resta le
même à l'époque des Trois Royaumes et des Tsin ; les Leang le simplifièrent en
ta tsiang 大匠 ; la fonction fut occupée tantôt d'une façon permanente, tantôt, sous

---

king de Li Kiai sont simplement extraits du *Ying tsao fa che* ; le compilateur, ou plutôt les rééditeurs du *Chouo feou*, réunissent ces deux textes en ajoutant le titre du
Mou king en tête des fragments du *Ying tsao fa che*. Bien mieux, nous connaissons la
source d'où ils tirèrent la prétendue « postface » (跋) de Chen Kouo ; c'est le *Mong
k'i pi l'an* 夢溪筆談, recueil de notes publiées par Chen Kouo sous la forme d'une
petite encyclopédie ; la notice sur le *Mou king* y figure dans la section consacrée aux
Arts (éd. *Pai hai ts'iuan chou*, k. 18, 1ᵇ-2ª) : elle est identique à celle du *Chouo feou*,
mais ne porte nullement le titre de « Postface ». Les mots : « Certains l'attribuent à
Yu Hao » signifient par conséquent que le *Mou king* connu de Chen Kouo était un
ouvrage anonyme, attribué par certains à Yu Hao : Chen Kouo ne fait pas la moindre
allusion à Li Kiai. Le texte relatif à l'élévation et aux brisures des toitures est reproduit
dans le *T'ou chou tsi tch'eng* (*k'ao kong tien*, k. 35 section *kong che* 宮室, *houei
k'ao*, 10ª-11ª), qui le présente également comme extrait du *Mou king* de Li Kiai ; mais
cette citation est sûrement empruntée au *Chouo feou*, car les paragraphes sautés et
presque toutes les leçons différentes de celles de l'exemplaire de Nankin, sont les mê--

mes dans le *T'ou chou tsi tch'eng* et dans le *Chou feou*. La même remarque s'applique au texte relatif au nivellement, cité d'après « le *Mou king* », sans nom d'auteur, *ib.*, k. 11, section *kouei kiu tchouen cheng, houei k'ao*, 2ᵃ-ᵇ. Ces emprunts au *Chou feou* sont d'autant plus fâcheux que les compilateurs du *T'ou chou tsi tch'eng* avaient accès au *Ying tsao fa che* : ils citent sous ce titre (*ib.*, k. 7, section *Mou kong, houei k'ao*, 1ᵃ-4ᵃ) six articles de l'« Examen critique », notamment ceux relatifs aux toitures et au nivellement !

(1) *Ts'ien Han chou*, k. 19 上, 5ᵃ.

(2) *Ib.*

(3) *Heou Han chou*, k. 37, 2ᵇ.

certaines dynasties, seulement en cas de besoin. En 600, les Souei instituèrent l'Inspectorat de la Direction des Ouvrages (*tsiang tso kien* 將作監), c'est le titre qu'adoptèrent plus tard les Song (1). Les règlements architecturaux des dynasties antérieures aux Song ne nous sont pas parvenus. Il en existait certainement au début des Song, car le *Ying tsao fa che* était destiné à remplacer, à l'usage des fonctionnaires du *tsiang tso kien*, d'anciens documents d'archives. Voici en effet, d'après le *Traité sur les fonctionnaires* de l'*Histoire des Song*, quelle fut l'origine de cet ouvrage : « L'Inspectorat de la Direction des Ouvrages [relevant du Ministère des Travaux, *king pou*] comportait, selon les anciennes institutions [établies au début de la dynastie], un seul fonctionnaire.... Ce fut seulement quand les institutions de l'ère *yuang-long* (1078-1085) entrèrent en vigueur, que les attributions en furent régularisées. On créa un Inspecteur (*kien* 監), un Sous-Inspecteur (*chao kien* 少監), deux Assistants (*tch'eng* 丞) et deux Secrétaires ou Archivistes (*tchou pou* 主簿). L'Inspecteur avait la direction des affaires se rapportant à la construction des bâtiments, des remparts, des ponts et des navires et à la fabrication des chars ; le Sous-Inspecteur lui servait de second ; les Assistants contribuaient à leurs travaux. La direction générale des travaux en terre et en bois et des ouvrages de construction en planches et en terre battue fut centralisée dans ce bureau. Il devait veiller à tenir constamment en réserve les matériaux de bois et les ustensiles nécessaires, pour pouvoir les fournir en cas de besoin : il préparait les apprentis en leur enseignant les méthodes (*fa che* 法式) ; il répartissait selon les saisons de l'année et les heures du jour les périodes de travail et de repos, d'activité et de chômage [dans les chantiers et les ateliers officiels de l'Empire] ; il déléguait des fonctionnaires pour examiner les comptes des dépenses occasionnées par les constructions, les vérifier et en fixer les termes et les chiffres, afin que les paiements fussent effectués ; chaque année, au deuxième mois, il faisait réparer les fossés et les canaux et déblayer les endroits obstrués ; lorsque l'empereur se déplaçait, il prévenait les autorités de nettoyer les routes et de préparer partout la Voie impériale (黃道) ; il recevait les comptes de dépenses et de recettes, les réunissait et les présentait au Ministère des Travaux. Au commencement de l'ère *hi-ning* (1068-1077), l'Inspectorat fut installé dans le Kia-k'ing yuan 嘉慶院. Les fonctionnaires et leurs subordonnés, dans l'exercice de leurs fonctions, consultaient et utilisaient d'anciens règlements (舊典) ; on y mit fin et on les rénova entièrement ; la 7ᵉ année *yuan-yeou* (1092) (2), un décret ordonna à l'Inspecteur de la Direction des Travaux de composer une *Méthode architecturale* (*Ying tsao fa che*) (3).

A l'époque mongole, le service des constructions cessa d'exister sous un nom indépendant ; il fut assuré par des fonctionnaires du Ministère des Travaux ; le *tsiang tso yuan* 將作院 des Yuan ne fabriquait plus que des bijoux et des tissus (4).

(¹) *Wen hien t'ong k'ao*, k. 57, 8ᵇ-10ᵇ.

(²) Cette date ne concorde avec aucune de celles indiquées par Li Kiai dans son rapport (voir *infra*); l'erreur doit certainement être imputée aux compilateurs de l'*Histoire des Song*. Il faut lire : Pendant l'ère *hi-ning* (1068-1077).

(³) *Song che*, k. 165, 9ᵃ.

(⁴) *Siu wen hien t'ong k'ao*, k. 56, 16ᵇ.

Sous les Ming (¹) et les Ts'ing, le même service forma l'un des quatre bureaux du Ministère des Travaux, le *Ying chen ts'ing li sseu* 營繕清吏司, « chargé de la construction des autels, temples, palais, magasins, murailles, remparts, greniers, trésors, résidences de fonctionnaires, camps et casernes » (²). L'administration des Travaux publics s'était peu à peu répartie entre divers services aux attributions plus restreintes ; la construction des bâtiments ne ressortissait plus sous les Ts'ing comme sous les Song, au même bureau que celle des navires ou que l'aménagement des ponts et chaussées.

Les règlements architecturaux des Yuan furent partiellement rédigés en un petit ouvrage d'un *kiuan* que les bibliographes de K'ien-long décrivent sous le titre de *Réglementation des ouvrages [de construction] des édifices du palais [exemplaire déposé dans le] Magasin impérial des Yuan (Yuan nei fou kong tien tche tso* 元內府宮殿制作); c'était « un mémoire très détaillé sur la construction des portes et des bâtiments latéraux et des grands édifices du palais à l'époque des Yuan... La rédaction en est vulgaire et diffuse ; ce n'est point, semble-t-il, l'œuvre de lettrés. C'est vraisemblablement un ouvrage que les fonctionnaires de l'époque préposés aux constructions se transmettaient de façon privée (³) ». Il est sans doute perdu (⁴). Les Ming, à leur tour, paraissent avoir publié un ouvrage du même genre, un peu plus considérable (⁵). Enfin les Mandchous firent préparer en 1734 une grande

(¹) *Ib.*

(²) *Houang tch'ao wen hien t'ong k'ao*, k. 81, 18ᵇ.

(³) *Sseu k'ou tsong mou*, k. 84, 5ᵇ.

(⁴) Le *Sseu k'ou tsong mou* le décrit d'après le texte incorporé au *Yong-lo ta tien*; il n'a pas été copié dans le *Sseu k'ou ts'iuan chou*.

(⁵) Tsiao Hong 焦竑 (1541-1620), dans son *Kouo che king tsi tche* 國史經籍志 (éd. *Yue ya t'ang ts'ong chou*, k. 3, 33ᵃ) mentionne un *Ying tsao tcheng che* 營造正式 en 6 k. La date ni l'auteur ne sont indiqués. Le *Kouo che king tsi tche*, destiné à prendre place dans l'histoire de la dynastie, ne porte cependant pas seulement sur les ouvrages composés sous les Ming ; à la colonne suivante, Tsiao Hong mentionne le *Ying tsao fa che* de Li Kiai 誡. Toutefois, comme cette mention anonyme figure dans la section du catalogue relative aux livres sur les fonctionnaires, et comme d'autre part le *Ying tsao tcheng che* ne paraît être mentionné dans aucune bibliographie des Song, il est vraisemblable que cet ouvrage était une publication officielle des Ming. Il n'est pas mentionné dans le chapitre bibliographique de l'*Histoire des Ming*, où l'on relève par contre (k. 97, 4ᵇ, 9) un *Kouo tch'ao tche tso* 國朝制作 en 1 k., de de Wang Chou-ming 王叔明; ce titre trop imprécis ne permet pas de déterminer avec certitude la nature de l'ouvrage. Le *Kouo che king tsi tche* mentionne encore

(k. 3, 27ᵇ), également sans date ni nom d'auteur, un *Kou kin tche tou t'ong tsouan* 古今制度通纂 en 20 k. ; un ouvrage du même titre (sans les mots *kou kin*) est cité à plusieurs reprises dans 'a section *kong che* 宮室 du *San ts'ai t'ou houei* (1607, fin des Ming) ; d'après ces citations, il ne paraît pas avoir eu un caractère technique. Je n'ai trouvé mention d'aucun de ces ouvrages, ni dans le *Siu wen hien t'ong k'ao*, ni dans le *Siu t'ong tche*, ni dans le *Sseu k'ou tsong mou*, ni dans les principaux catalogues privés parus sous les Ts'ing ; ils sont donc vraisemblablement perdus. — Le *T'ien yi ko chou mou* (Historiens, 53ᴴ) mentionne un *Hing kong ying kien t'ou che* 興宮營建圖式, c'est-à-dire, explique la notice, un ouvrage illustré sur les travaux de la construction du « palais de la capitale » en l'ère *kia-tsing* des Ming (1522-compilation, en 74 k., intitulée *Règlements des travaux et méthode des ouvrages du Ministère des Travaux* (*K'in ting kong pou kong tch'eng tso fa* 欽定工部工程做法(¹), dont une part considérable doit se rapporter à l'architecture ; un exemplaire en est conservé à la Bibliothèque Nationale de Paris (²).

Il est douteux que ce dernier ouvrage, en ce qui concerne l'architecture, ait l'importance du *Ying tsao fa che*. Il n'en a pas l'ancienneté. Le *Ying tsao fa che* nous reporte à l'époque des Song du Nord. On y trouvera donc, non seulement un exposé des principes et des procédés caractérisant d'une façon générale l'architecture chinoise, mais aussi des matériaux pour son histoire, dont ne manqueront pas de profiter les archéologues. Ceux-ci se trouvent placés en Chine dans des conditions assez particulières. Les textes sont loin de leur faire défaut : les monographies locales constituent une mine de documents unique au monde ; mais, trop souvent, leur information est insuffisante. Tantôt la date de la fondation est bien indiquée, mais non celles des restaurations ; ou bien encore celles-ci sont simplement mentionnées, et l'on n'en peut évaluer la gravité (le même mot *sieou* 修, « arranger », peut signifier « reconstruire » ou « réparer ») ; pour dater l'édifice en son état actuel, il serait précieux de posséder quelques critères architecturaux bien établis.

Cette imprécision des textes est due au principe qui domine les conceptions architecturales des Chinois, celui de l'indifférence à l'égard de la durée matérielle des édifices. A cette indifférence s'oppose ou plutôt correspond, selon la juste observation de Paléologue, une remarquable conservation des types et des formes (³). Ainsi

---

1566) (?). On trouverait peut-être aussi des documents architecturaux dans les *Règlements du Ministère des Travaux* ou dans le *Traité du Ministère des Travaux* des Ming (Ts'eng T'ong-heng 曾同亨, *Kong pou t'iao li* 工部條例, 10 k. ; cf. *Ming che*, k. 97, 6ᵃ, 5-6, et *Kouo che king tsi tche*, k. 3, 33ᵃ ; Lieou Tchen 劉振, *Kong pou tche* 工部志, 139 k., cf. *Ming che*, ib.), s'ils sont conservés ; des compilations analogues ont été publiées sous les Ts'ing (*K'in ting kong pou tsö li* 欽定工部則例, cf. Wylie, *Notes*).

(¹) *Houang tch'ao wen hien t'ong k'ao*, k. 222, 46ᴿ. D'après le *Lu-t'ing tche kien tch'ouan pen chou mou*, k. 6, 9ᵇ, et le *Sseu k'ou kien ming mou lou piao tchou*, k. 8, 16ᵇ, la date de la publication serait 1726 (4ᵉ année *yong-tcheng*). Les travaux de compilation furent dirigés par un des fils de K'ang-hi, Yun-li 允禮, prince de première classe de Kouo 和碩果親王. Le *Sseu k'ou... piao tchou*, ib., mentionne un *Nei t'ing Kong tch'eng tso fa* 內廷工程作法, en 8 k., également publié en 1726. Ces ouvrages sont vraisemblablement les seuls en leur genre qui aient paru sous les Ts'ing ; le *Houang tch'ao siu wen hien t'ong k'ao* de Lieou Kin-tsao 劉錦藻, publié à Changhai en 1905, qui est une suite au *Houang tch'ao wen hien t'ong k'ao*, portant sur la

période comprise entre 1786 et 1904, ne mentionne, à la section des Livres gouverne-
mentaux, subdivision de l'Examen des Travaux (k. 232, 12^b-13^a), que les traductions,
en 13 et 17 k., de deux ouvrages d'un auteur anglais, Matheson (英瑪體生).

(²) Dép. des Mss., n° 375. Cf. Paléologue, *L'Art chinois*, p. 92, note. Paléologue
déclare qu'on peut consulter « aussi » un grand recueil d'architecture officielle publié
par ordre de Yong-tcheng et ne comprenant pas moins de 50 volumes. Le mot « aussi »
résulte de quelque confusion : il s'agit certainement du *Kong tch'eng tso fa*.

(³) « L'architecture chinoise vaut par le plan. . . . Architecture de circonstance, elle
ne recherche pas l'éternel. . . Cela reste un plan idéal. » (G. de Voisins, *Ecrit en
Chine*, Paris, 1924, I, p. 131.)

l'*Histoire des Song* nous apprend que le palais de K'ai-fong, par ordre exprès du
fondateur de la dynastie, fut copié sur celui des T'ang : « La capitale orientale fut
K'ai-fong, sur la rivière Pien.... La 3ᵉ année *k'ien-long* (862, troisième année
des Song), on élargit l'angle Nord-Est de la ville murée impériale. Ordre fut donné
aux autorités de dessiner les édifices du palais de Lo-yang, et de procéder à reconstruire (ou à réparer) en se basant sur les dessins. Alors seulement la demeure impériale fut somptueuse » (¹). On ne saurait naturellement inférer de là que le système
architectural codifié dans le *Ying tsao fa che* vaille pour l'époque des T'ang. C'est
un traité technique, dont l'auteur se documenta sur les chantiers mêmes. Or il est
fort probable que les méthodes techniques avaient évolué des T'ang aux Song, et
que les constructeurs du palais de Lo-yang ne conservèrent des édifices des T'ang
que l'ordonnance et les proportions générales. Elles avaient certainement évolué à
l'époque où fut compilé le *Ying tsao fa che*, puisque ce manuel devait remplacer
des règlements devenus désuets (²).

(¹) *Song che*, k. 85, 2^b ; cf *Yu hai*, k. 158, 10^b ; texte analogue dans le *Song houei
yao* 宋會要, cité par Kou Yen-wou dans son *Li tai ti wang tchö king ki* 歷代帝
王宅京記, éd. *Houai lu ts'ong chou* 槐廬叢書, k. 16, 13^a. Le palais de Lo-yang ne
pouvait être que celui des T'ang ; en effet, des cinq Dynasties, celles des Heou
Leang, des Heou Tsin, des Heou Han et des Heou Tcheou résidèrent à K'ai-fong ;
seuls les Heou T'ang résidèrent à Lo-yang ; il n'est pas vraisemblable que cette
dynastie éphémère (923-936) ait édifié un nouveau palais ; elle se contenta sans
doute de construire l'indispensable temple ancestral (en 924, cf. *Kieou wou tai che*
k. 142, 1^a).

(²) Lorsque les Kin établirent leur « capitale centrale » à Pékin, ils firent à leur tour
copier le palais des Song, à K'ai-fong. Des textes plus nombreux et plus détaillés
nous renseignent sur le degré de fidélité de cette copie et la façon dont elle fut exécutée.
Les suivants sont cités dans le *Kouang-siu Chouen-t'ien fou tche* (k. 3, 2^a-b) : « On
n'avait pas encore édifié de palais. . . . A l'époque de Hi-tsong (1136-1149) seulement,
ordre fut donné à Lu Yen-louen 盧彥倫 de construire le palais de Yen king [Pékin].
(Extrait du *Kin che*, biographie de Lu Yen-louen). Hai-ling 海陵 (1149-1153), s'apprê-
tant à transférer la capitale à Yen, envoya préalablement des dessinateurs relever par
écrit les dimensions (制度) des bâtiments du palais de Pien King [K'ai-fong] ; ils
notèrent exhaustivement tous les chiffres correspondant aux largeurs et aux longueurs.
(Extrait du *Kin lou t'ou king* 金虜圖經 de Tchang Ti 張棣, cité dans le *Pei mong
houei pien* 北盟會編, k. 244.) Les autorités présentèrent les dessins ; alors Leang
Han-tch'en 梁漢臣 fut nommé Préposé principal à la construction du palais de Yen

King, et K'ong Yeu-tcheou 孔彥冊 Préposé adjoint ; on construisit d'après les dessins. Le prix du transport d'une seule pièce de bois coûta jusqu'à 200.000 pièces de monnaie ; le nombre d'hommes nécessaire pour soulever un seul char alla jusqu'à 500. (Extrait du *Siu t'ong kien kang mou* 續通鑑綱目.) Les travaux furent commencés la 1ère année *t'ien-tö* (1149) et terminés la 1re année *tcheng-yuan* (1153)…. Les grands édifices du palais furent tous ornés d'or et de couleurs variées. Quant aux écrans, aux paravents et aux châssis de fenètre, ils furent tous apportés en char lors du sac de K'ai-fong. (Extrait du *Siu tseu tch'e t'ong kien*, k. 131.). » Tcheou Chan, en 1177, note également que le palais des Kin était une copie de celui des Song (Chavannes. *T'oung pao*, 1904. p. 189).

La biographie de l'auteur, Li Kiai 李誡 [1] (app. Ming-tchong 明仲), est assez mal connue ; elle ne figure ni dans l'*Histoire des Song*, ni dans les recueils biographiques courants. Il était originaire de Kouan-tch'eng 官城, dans les environs de la capitale des Song (sous les Ts'ing, Tcheng tcheou 鄭州, préfecture de K'ai-fong, Honan) [2]. En 1085, il remplissait la modeste fonction d'officiant dans les cérémonies accomplies au temple ancestral de la dynastie (*t'ai miao tchai lang* 太廟齋郎) [3]. En 1100 [4], il avait atteint le grade hiérarchique assez élevé de *t'ong-tche-lang*

---

(1) M. Pelliot, en signalant en 1909 les extraits du *Ying tsao fa che* reproduits dans le *Siu t'an tchou*, a montré que quelques textes lisent Li Tch'eng 李誠, cette leçon lui paraissant très probablement fautive (*BEFEO*, IX, 244-245). On trouve Li Tch'eng dans le *Siu t'an tchou*, le *Yen pei tsa tche* et l'édition de 1859 du *Wen hien t'ong k'ao*, (cf. Pelliot, *loc. cit.*), et peut-être Li Che 李試 dans le *Yen hi lou*. Cette dernière forme est manifestement, s'il s'agit bien de l'auteur du *Ying tsao fa che*, une erreur graphique. La leçon du *Wen hien t'ong k'ao* est également à écarter, car elle apparaît dans des citations empruntées au *Kiun tchai tou chou tche* et au *Tche tchai chou lou kiai t'i* ; or toutes les éditions de ces deux ouvrages donnent Li Kiai ; l'erreur doit être due aux éditeurs de 1859, puisque le *Sseu k'ou tsong mou* indique Li Kiai comme la leçon du *Wen hien t'ong k'ao*. Restent le *Siu t'an tchou* et le *Yen pei tsa tche*. On trouve Li Tch'eng dans les deux éditions de ce dernier ouvrage, celle du *P'ou pi ki*, en 2 k., et celle, fragmentaire, du *Chouo feou*. La première a été révisée par Tch'en Ki-jou 陳繼儒 des Ming, mais passe pour fourmiller d'erreurs (*Sseu k'ou tsong mou*, k. 122, 2b) ; quant au *Chouo feou*, l'École française n'en possède que la médiocre réédition de 1647. Le *Siu t'an tchou* nous est accessible dans une édition basée sur une copie manuscrite. Tous les autres textes, le *Song che*, le *Kouo che king tsi tche* des Ming, le *Sseu k'ou tsong mou* et le *T'ie k'iu t'ong kien*… *mou lou* décrivant des exemplaires différents de celui de Nankin, etc., donnent Li Kiai. De plus, la leçon Li Tch'eng n'apparaît qu'une fois dans le *Yen pei tsa tche*, deux fois dans le *Siu t'an tchou* ; Li Kiai apparaît plusieurs dizaines de fois dans le *Ying tsao fa che* ; une faute graphique ne se serait pas répétée ainsi. La forme correcte est donc Li Kiai.

(2) D'après le *Dictionnaire biographique* de la Commercial Press (*Tchong Kouo jen ming ta ts'eu tien* 中國人名大辭典, Chang-hai, 1921), dont la source doit être une monographie locale.

(3) Cf. Lou Siu-yuan 陸心源, *San siu yi nien lou* 三續疑年錄 (in *Ts'ien yuan tsong tsi*), k. 4, 8b, se référant au *Pei chan siao tsi* 北山小集, c'est-à-dire (*Sseu k'ou tsong mou*, k. 156) à la collection littéraire de Tch'eng Kiu 程俱 des Song ; je n'ai pu consulter cet ouvrage. Tch'eng Kiu vécut sous les règnes de Houei-tsong et de Kao-tsong (première moitié du XIIe siècle) ; il fut reçu au doctorat en 1120 ; avant cette date, il avait occupé à plusieurs reprises la fonction d'Assistant de la

direction des Ouvrages (*Song che*, k. 445, 3ᵇ-4ᵇ) ; non seulement il était doné un contemporain, un peu plus jeune, de Li Kiai, mais il l'avait sans doute connu personnellement et s'était trouvé sous ses ordres. Sous les T'ang, les *tchai lang* (ou *l'ai miao tchai lang*) se comptaient par centaines (*Wen hien t'ong k'ao*, k. 55, 4ᵃ) ; ils étaient recrutés parmi les lettrés d'un rang humble (voir la citation de Han Yu dans le *Ts'eu yuan*, s. v. *tchai lang*) ; sous les Song, leur nombre était indéterminé (*Wen hien t'ong k'ao*, ib., 7ᵃ). C'est vraisemblablement par cette fonction, que Li Kiai débuta dans la carrière officielle.

(¹) Voir la préface du *Ying tsao fa che* et les colophons de chaque chapitre : la préface n'est pas datée, mais on sait par le rapport qui la précède que le *Ying tsao fa che* fut achevé et présenté au trône en 1100.

通直郎 (sixième degré, quatrième catégorie) (¹) et exerçait des fonctions d'ordre architectural : il était chargé entre autres « de la construction de la maison extérieure du frère cadet de l'empereur » et « spécialement préposé à la construction et à la répartition des casernes » (²). Trois ans plus tard, nous le retrouvons Sous-inspecteur de la Direction des ouvrages et préposé à la construction des écoles extérieures (³). Il serait parvenu par la suite au grade de *tchong-san-tai-fou* 中散大夫 (cinquième degré, première catégorie) (⁴), qu'il n'aurait pas dépassé (⁵) ; il n'aurait donc jamais occupé le poste d'Inspecteur, réservé à des dignitaires du quatrième degré ou supérieurs (⁶) ; peut-être aussi la tradition exagère-t-elle en prétendant que son avancement fut dû au fait que la plupart des grands édifices publics de la capitale, le temple ancestral de la dynastie (*T'ai miao* 太廟), l'édifice *Pi yong* 辟雍 du Collège impérial, les bâtiments *Long-tö* 龍德 et *Kieou-tch'eng* 九成, les bureaux du *Chang chou cheng* 尚書省, un des trois grands départements administratifs des Song, et de la préfecture métropolitaine (*King tchao kiai* 京兆廨), étaient son œuvre (⁷) ; il n'en est pas moins fort vraisemblable que ses fonctions lui permirent d'acquérir une connaissance pratique de l'architecture. Il paraît avoir possédé d'autre part une culture générale étendue. Un chroniqueur du XIVᵉ siècle (⁸)

(¹) 從六品. Cf. *Song che*, k. 169, 15ᵃ. La hiérarchie des Song, comme celle des Ts'ing comportait neuf degrés, divisé chacun en deux, trois ou quatre catégories.

(²) 管修蓋皇弟外第專一提舉修蓋班直 (pour 置 ?) 諸軍營房等. Traduction approximative.

(³) 將作少監提舉修置外學等. Voir le rapport de Li Kiai, *infra*.

(⁴) 正五上品. Cf. *Song che*, *loc. cit.*

(⁵) Cette information est donnée par Tchou Fong-tch'ouen 褚逢椿 dans une postface de 1828 au *Ying tsao fa che* (verso, col. 5).

(⁶) *Song che*, k. 168, 12ᵇ, 8. Il ne faut donc pas prendre à la lettre l'assertion de Tch'en Louan 陳鸞 (postface de 1830 au *Ying tsao fa che*, recto, col. 6), d'après laquelle Li Kiai aurait « assumé pendant toute sa vie la direction des Ouvrages ».

(⁷) Cette tradition, rapportée, sans indication de source, dans la postface de Tch'en Louan, est inexacte au moins en ce qui concerne le T'ai miao, car ce temple fut édifié, ainsi que le requiert la coutume, dès l'avénement de la dynastie, en 960 (voir à ce sujet le *Song che*, k. 1, 2ᵇ-3ᵃ, et un rapport du 28 février 960, reproduit dans le *Siu tseu tche t'ong kien tch'ang pien*, k. 1, 7ᵃ, et dans le *Wen hien t'ong k'ao*, k. 93, 18ᵇ) ; d'autre part, il fut agrandi à plusieurs reprises, notamment en 1105, et à cette époque Li Kiai devait être encore Sous-inspecteur de la Direction des Ouvrages ; or les travaux ne furent pas dirigés par lui, mais par Wang Ning 王寧, Vice-président du Ministère des Services civils (*Wen hien t'ong k'ao*, k. 94, 19ᵃ) ; il est possible toutefois que Li Kiai les ait exécutés sous le contrôle de ce haut fonctionnaire.

(³) Lou Yeou 陸友 (app. Yeou-jen 友人 et Tchŏ-tche 宅之, cf. *Sseu k'ou tsong mou*, k. 115, 4ᵇ), *Yen pei tsa tche* 研北雜誌 (2ᵃ⁻ᵇ de l'éd. du *Chouo feou*, k. 22; k. 上, 30ᵃ⁻ᵇ de l'éd. du *P'ou pi ki*). Dans le *P'ou pi ki*, cet ouvrage est précédé d'une préface de l'auteur datée de 1334. Lou Yeou écrivit en 1324 une postface au *Tchong louen* 中論 de Siu Han 徐幹 des Han, reproduite dans le *Siao wan kiuan leou ts'ong chou* 小萬卷樓叢書 de Ts'ien P'ei-ming 錢培名, réimprimé en 1878 par le bureau d'édition de Nankin. Enfin, d'après une notice biographique figurant à la suite du seul de ses autres ouvrages qui soit conservé, le *Mŏ che* 墨史 (éd. *Tche pou lou tchai ts'ong chou*, tsi XII), il prit sa retraite à la fin du règne de Wen-tsong (1330-1332) et mourut à 48 ans. C'est donc certainement par erreur que l'éditeur du *Chouo feou* le fait vivre sous les Song (960-1279).

lui attribue une série d'ouvrages des genres les plus divers : les plus considérables étaient une suite au *Chan hai king* (*Siu chan hai king* 續山海經, 10 k.) et une édition ou un commentaire du *Chouo wen* (*Kou tchouan chouo wen* 古篆說文, 10 k.) ; d'autres portaient sur l'onomastique (*Siu t'ong sing ming lou* 續同姓名錄, 2 k.), la musique (*P'i p'a lou* 琵琶錄, 3 k.), les chevaux (*Ma king* 馬經, 3 k.), le jeu des tablettes (*Lieou po king* 六博經, 2 k.) ; tous sont perdus ; on en cherche vainement mention dans l'*Histoire des Song*, dans les ouvrages bibliographiques des Song et dans les catalogues postérieurs (¹). L'*Histoire des Song* (k. 207, 5ᵇ) lui attribue par contre un *Nouveau livre du bois* (*Sin tsi mou chou*) 新集木書, en 1 k. (²). Il aurait été, non seulement paléographe comme le suggère le titre d'un de ses ouvrages, mais calligraphe émérite, spécialisé dans les genres d'écriture *tchouan* 篆, et *tcheou* 籀, peintre et enfin bibliophile ; il aurait acquis plusieurs myriades de volumes et en aurait copié de sa main plusieurs dizaines (³). Il mourut en 1110 (⁴).

Une première impression de son ouvrage fut exécutée de son vivant, entre 1103 et 1106 (⁵). Il est vraisemblable que les planches et la plupart des exemplaires en disparurent pendant la période de troubles qui suivit de peu la mort de Li Kiai. En 1126, K'ai-fong fut pillé par les Jučen ; les Song se réfugièrent dans le Sud, au Kiang-sou, puis au Tchŏ-kiang ; la paix fut conclue en 1141. Quatre ans plus tard (1145), les fonctionnaires de la préfecture de P'ing-kiang (actuellement Sou-tcheou au Kiang-sou) imprimèrent une nouvelle édition du *Ying tsao fa che*, d'après « un ancien exemplaire » qu'ils présentaient comme une trouvaille (⁶).

(¹) Le *Song che* (k. 207, 5ᵇ) mentionne un *Ma king* anonyme en 1 k. et un autre, en 2 k., de Ming T'ang-kieou 明堂炙. Il a existé divers *P'i p'a lou*, notamment celui de Touan Ngan-tsie 段安節 des T'ang (*Song che*, k. 202, 6ᵇ), dont des fragments sont incorporés dans le *Siu t'an tchou* (cf. Pelliot, *BEFEO*, IX, 237) et dans le *Chouo feou*, k. 102.

(²) L'*Histoire des Song* ne mentionne pas le *Ying tsao fa che* de Li Kiai. On y trouve seulement (k. 204, 2ᵇ ; cf. Pelliot, *loc. cit.*) la notice suivante : « *Ying tsao fa che*, 250 liasses (冊) ; [composé] en l'ère *yuan-yeou* (1086-1094). [L'indication du nombre de] chapitres manque (卷亡) » (même texte dans le *Song che sin pien* 宋史新編 de Ko Wei-k'i 柯維騏 des Ming, k. 49, 4ᵇ). Or nous savons par le rapport de Li Kiai (voir *infra*) qu'un premier *Ying tsao fa che*, dont la préparation avait été ordonnée à l'Inspectorat de la Direction des Travaux pendant l'ère *hi-ning* (1068-1077), fut terminé la 6ᵉ année *yuan-yeou* (1091) ; ce fut seulement la 4ᵉ année *chao-ch'eng* (1097) que Li Kiai fut chargé de remanier entièrement l'ouvrage anonyme des fonctionnaires de l'Inspectorat, auquel paraît se référer l'*Histoire des Song*.

(³) D'après le *Dictionnaire biographique* de la Commercial Press.

(⁴) D'après le *San siu yi nien lou* et la postface de Tch'en Louan.

(⁵) Elle fut autorisée en 1103 (voir le rapport de Li Kiai), et en 1106 Tch'ao Tsai-tche l'utilisait pour reproduire des extraits du *Ying tsao fa che* dans son *Siu t'an tchou*.

(⁶) Voir le colophon final de l'exemplaire de Nankin, k. 34, 21ᵃ. Lors de la prise de K'ai-fong, tout ce que contenaient les bibliothèques officielles disparut entièrement. S'étant installé à Hang-tcheou, Kao-tsong (1127-1162) fit construire une nouvelle bibliothèque et rechercher des livres ; il récompensa libéralement ceux qui en apportèrent ; c'est sans doute à cette occasion que fut réédité le *Ying tsao fa che*. Bientôt la bibliothèque ne contint pas moins de 44.486 volumes (*Song che*, k. 202, 2ᵃ, 1-2). On compila

Deux exemplaires en subsistaient au XVIIᵉ siècle dans la même région, à Tch'ang-chou 常熟, dans le Kiang-yun leou 絳雲樓 de Ts'ien K'ien-yi 錢謙益 (1582-1664). L'un était une édition imprimée des Song (¹) ; il fut brûlé avec le Kiang-yun leou en 1650. L'autre était une copie manuscrite reproduisant un exemplaire conservé à la Chancellerie impériale (*Nei ko* 內閣) de l'édition de 1145 ; il fut acquis en 1649 par Ts'ien Ts'eng 錢曾, parent et disciple de Ts'ien K'ien-yi, propriétaire du Chou kou t'ang 述古堂, à Tch'ang-chou (²). De là, il vint en la possession d'un nommé T'ao 陶, libraire à Sou-tcheou, qui le vendit à Tchang Kin-wou 張金吾 (app. Chen-tchan 慎旃, surnom Yue-siao 月霄), propriétaire du Ngai je tsing lu 愛日精廬, à Tchao-wen 昭文 (subdivision administrative du territoire de Tch'ang-chou) (³). Un jeune parent de Tchang Kin-wou, âgé de vingt ans, Tchang Yong-king 張蓉鏡 (app. Po-yuan 伯元, surnom Fou-tch'ouan 芙川), emprunta la copie de Tchang Kin-wou, et, pour rendre hommage à la mémoire de son grand-père qui avait vainement cherché un exemplaire du *Ying tsao fa che*, en copia le texte de sa main (1821) ; la copie des planches fut confiée au sieur Kao 高, disciple du peintre Pi Tchong-k'ai 畢仲愷 (⁴). Cette copie passa dans le Kiu-hing che che 舊硎石室 de Li Tche-siun 李之郇 (app. Po-yu 白雨), à Siuan-tch'eng 宣城 (Ngan-houei), puis dans la bibliothèque de la famille Ting 丁, à Ts'ien-t'ang 錢塘 (Hang-tcheou),

---

un catalogue dans lequel un certain nombre d'ouvrages furent portés avec la mention « manquants », pour faciliter leur recherche ; ce catalogue, sous le titre de *Pi chou cheng siu pien tao sseu k'ou k'iue chou mou* 秘書省續編到四庫闕書目, a été édité en 1903 par Ye Tö-houen 葉德輝 dans son *Kouan-kou t'ang ts'ong k'o* 觀古堂叢刻 ; le *Ying tsao fa che* n'y est pas mentionné, pas plus que dans le *Tch'ong wen tsong mou* 崇文總目, qui est l'un des catalogues des bibliothèques officielles des Song du Nord (rédigé de 1034 à 1041 ; le catalogue précité des Song du Sud en est un remaniement ; cf. la préface de Ye Tö-houen, celle de Ts'ien T'ong 錢侗 à son édition du *Tch'ong wen tsong mou*, dans le XVᵉ tsi du *Yue ya t'ang ts'ong chou*, le *Sseu k'ou tsong mou*, k. 85, 1ᵃ, et le *T'ie k'in t'ong kien mou lou*, k. 12, 16ᵇ). Le silence de ces catalogues officiels sur une publication officielle ne doit pas nous surprendre, car ils nous sont parvenus incomplets. Quant à l'*Histoire des Song*, les auteurs qui la rédigèrent définitivement à l'époque mongole (1343-1345) déclarent avoir, pour la préparation du traité bibliographique, utilisé des documents rédigés par les historiographes des Song à quatre reprises successives, de 960 à 1224 ; leur travail consista à supprimer les répétitions qu'offraient entre eux ces documents (*Song che*, k. 202, 2ᵃ, 6-7). Il est à présumer que les deux recensions du *Ying tsao fa che* avaient été relevées l'une après l'autre dans ces documents ; les compilateurs de l'*Histoire des Song* ne retinrent que la première mention.

(1) *Kiang yun leou chou mou*, cité par Pelliot, *loc. cil.*

(2) Voir le *Chou kou l'ang ts'ang chou mou*, cité par Pelliot, *ib.*, et la postface de Ts'ien Ts'eng au *Ying tsao fa che*, reproduite dans son *Tou chou min k'ieou ki* 讀書敏求記, k. 2, 14ᵃ. Dans le texte autographe de la postface, Ts'ien K'ien-yi (app. Cheou-tche 守之, surnom Mou-tchai 牧齋) est appelé Mou Wong 牧翁 « le vénérable père Mou »; dans le *Tou chou min k'ieou ki* (imprimé en 1726, après la mort de Ts'ien Ts'eng), Yu-chan 玉山, qui doit ètre un autre de ses surnoms.

(3) Voir le *Ngai-je tsing lu ts'ang chou tche*, k. 19, 17ᵇ-19ᵃ.

(4) Voir la postface de Tchang Yong-king, celle de Tchang Kin-wou (1827) et d'autres écrites entre 1820 et 1830 par des patrons, amis et amies de Tchang Yong-king, dite Kia-houei t'ang 嘉恩堂 ou Pa-ts'ien-kiuan leou 八千卷樓 (1). Vers 1910, Touan-fang 端方, vice-roi des deux Kiang, acheta tous les livres de la famille Ting pour la bibliothèque publique de Nankin. C'est là qu'au printemps de 1919 Tchou K'i-k'ien 朱啓鈐 (app. Kouei-sin 桂梓), venu à Nankin comme chef de la délégation du Nord à une conférence de paix et visitant la bibliothèque en compagnie du gouverneur civil de la province, Ts'i Yao-lin 齊耀琳 (app. Tchen-yen 震岩) remarqua l'exemplaire du *Ying tsao fa che*: les deux fonctionnaires s'entendirent pour le publier (2). La présente édition reproduit donc une copie exécutée en 1821 par un jeune homme de vingt ans, d'après une copie plus ancienne, reproduisant elle-même une réédition, postérieure d'une quarantaine d'années à l'époque où vivait l'auteur.

On ne peut s'attendre à ce qu'une telle édition soit irréprochable. Les caractères fautifs sont très nombreux; des passages entiers ont été simplement omis (3). Tout un article a été sauté (4). Les dessins ne sont pas non plus parfaits (5). Avant d'entreprendre une traduction de cet ouvrage où abondent les caractères rares et les termes difficiles, il sera indispensable de procéder à une révision du texte. Il existe au moins trois autres exemplaires du *Ying tsao fa che*. L'un est celui du *Sseu k'ou ts'iuan chou* de Moukden; comme celui de Nankin, c'est une copie d'une copie d'une édition des Song; il n'est pas tout à fait complet, mais les dessins, par ait-il, sont supérieurs à ceux de l'exemplaire de Nankin (6). Le second a été publié vers le

(1) Le premier nom est plus connu; le second paraît dans un sceau apposé au fᵒ 1ᵃ de la préface du *Ying tsao fa che*, et je le trouve employé par Ts'i Yao-lin dans sa préface au catalogue de la bibliothèque provinciale de Nankin (édition révisée de 1918). Ting Ping 丁丙, dans son *Chan pen chou che ts'ang chou tche* 善本書室藏書志 de 1901 (k. 13, 20ᵇ) déclare que son exemplaire du *Ying tsao fa che* provient de la bibliothèque de Li Po-yu 李伯雨. Or on trouve dans cet exemplaire les sceaux suivants: 宜城李氏瞿硎石室圖書印記 (préface, 1ᵃ); 宛陵李之郇藏書印 (table des matières, 1ᵃ; 宛陵 est l'ancien nom de 宜城); 臣之郇印 (k'an siang, 1ᵃ); 之郇 est nécessairement un *ming*, forme humble, seule possible avec le mot « sujet »); 白雨 (ib.). La bibliothèque de Li Tche-siun m'est inconnue par ailleurs.

(2) Voir leurs deux préfaces.

(3) Par exemple toute la partie inférieure du fᵒ 1ᵇ de la table du k. 1; deux colonnes au k. 3, 10ᵃ; trois colonnes au k. 13, 13ᵃ (on en trouvera le texte dans le *Siu t'an tchou*, k. 5, 16ᵃ, 4-6).

(4) Cet article, intitulé 馬臺, devrait figurer, d'après la table des matières, au k. 3, 11ᵇ. On en trouvera le texte dans le *Siu t'an tchou*, k. 5, 10ᵃ, 3-5.

(5) Les lignes indiquant les couleurs, dans la plupart des planches des k. 33 et 34, sont tracées d'une façon insuffisante.

(6) D'après M. Naitō Torajiro, qui possède une copie de l'exemplaire du Wen-cho ko 文 溯 閣 de Moukden, exécutée en 1905 par les soins de M. Itō Chūta. Le *K'an-siang* se réduirait, dans cet exemplaire, à la « récapitulation » qui le termine dans celui de Nankin, c'est-à-dire qu'il y manquerait 12 feuillets. Cf. la revue *Shinagaku* 支 那 學, vol. I, n° 10, juin 1921. L'exemplaire manuscrit copié dans le *Sseu k'ou ts'iuan chou* provenait du T'ien-yi ko de Ning-po; le k. 31, contenant des planches, manquait ; ces planches furent reproduites d'après le *Yong-lo ta tien* ; en effet, cette encyclopédie comprenait une copie complète du *Ying tsao fa che*. Cf. *Sseu k'ou tsong mou*, fin du k. 82. Je ne sais si le *Ying tsao fa che* figure dans les exemplaires du *Sseu k'ou ts'iuan chou* conservés à Hang-tcheou et à Pékin, au Wen-yuan ko et à la Bibliothèque de la capitale ; c'est fort probable quant à ce dernier.

milieu du XIXe siècle dans une collection imprimée par une famille Yang 楊 du Chan-si (1). Le troisième manuscrit peut vraisemblablement être encore consulté dans la bibliothèque de la famille K'iu 瞿, à Tch'ang-chou (2). Les fragments incorporés au *Chouo feou* et au *Siu t'an tchou* 續 談 助 de Tch'ao Tsai-tche 晁 載 之 (3) fournissent déjà une quantité de variantes.

Le *Ying tsao fa che* est précédé du texte d'un mémorial rédigé par Li Kiai conformément à un ordre impérial du 19e jour du 1er mois de la 2e année *tch'ong-ning* (27 février 1103). Li Kiai rappelle que pendant l'ère *hi-ning* (1068-1077) l'Inspecteur de la Direction des Ouvrages reçut l'ordre de composer une *Méthode d'architecture*; elle fut terminée la 6e année *yuan-yeou* (1091). Le 2e jour du 11e mois de la 4e année *chao-cheng* (8 décembre 1097), Li Kiai reçut l'ordre de refaire ce premier ouvrage, « qui ne portait que sur la configuration des matériaux, et n'indiquait point la manière de les transformer et de les utiliser . . . ni les procédés techniques qu'il est nécessaire d'appliquer pour garantir la sécurité des bâtiments ». « Il entreprit des recherches dans les livres canoniques, historiques et autres ; en même temps, il se fit tout expliquer par des ouvriers ; alors il composa une *Méthode d'architecture* dont l'utilisation pût être générale (海 行) ». Elle fut terminée

---

(1) M. Pelliot, *loc. cit.*, signale cette édition, mais en renvoyant au *Pi Song leou ts'ang chou siu tche* de Lou Sin-yuan, k. 3, 16-20, où il n'en est pas question. J'en ai trouvé l'indication dans le *Sseu k'ou kien ming mou lou piao tchou* 四 庫 簡 明 目 錄 標 注 de Chao Yi-tch'en 邵 懿 辰, k. 8, 16^a (copié par le *Lu-t'ing tche kien tch'ouan pen chou mou*, k. 6., 9^a). Chao Yi-tch'en, app. Wei-si 位 西, de Jen-ho 仁 和 (Hang-tcheou), vécut sous Tao-kouang et Hien-fong (1821-1861). Le *Sseu k'ou . . . piao tchou* est une édition, publiée par son petit-fils en 1910, des notes bibliographiques inscrites par lui sur son exemplaire des *Kien ming mou lou*. Des copies manuscrites en circulèrent pendant longtemps ; sur celle qui a été imprimée, une dizaine de lettrés et de bibliographes, parmi lesquels des érudits notoires (comme Souen Yi-jang, Miao Ts'iuan-souen, etc., ont ajouté d'abondantes annotations qui rendent cet ouvrage bien supérieur au *Lu-t'ing . . . chou mou*, le Brunet des libraires chinois. — Chao Yi-tch'en dit du *Yang che ts'ong chou* qu'il était « récemment gravé » à son époque, c'est-à-dire vers 1850. Je n'en ai cependant trouvé mention ni dans le *Houei k'o chou mou*, ni dans le *Ts'ong chou kiu yao*, ni dans la suite (二 篇) au *Houei k'o chou mou*, en 10 k., compilée par Tcheou Yu-pin 周 毓 邠 et publiée en 1919 par la librairie Ts'ien k'ing t'ang 千 頃 堂 de Chang-hai.

(2) Cf. K'iu Yong 瞿 鏞, *T'ie k'in t'ong kien leou ts'ang chou mou lou* 鐵 琴 銅 劍 樓 藏 書 目 錄, k. 12, 16^a-b. Cet exemplaire n'est pas celui de Tch'ang Kin-wou, dont

la bibliothèque était aussi à Tch'ang-chou ; l'exemplaire de Tch'ang Kin-wou portait de nombreuses postfaces, dont l'une due à Ts'ien Ts'eng ; or K'iu Yong ne mentionne aucune postface et ne connaît l'existence d'un exemplaire ayant appartenu à Ts'ien Ts'eng que par le *Tou chou min k'ieou ki*. En 1921, K'iu Yong vivait encore et sa bibliothèque n'était pas dispersée (Cf. les notes de M L. Aurousseau, dans *BEFEO*, XII, IX, 64). Il dit que son exemplaire remonte à une édition des Song, mais par plusieurs copies successives, et que les dessins y sont très clairs et bien ordonnés.

(³) Sur le *Siu t'an tchou*, recueil d'extraits publié en 1106 et réédité par Lou Sin-yuan dans le *Che wan kiuan leou ts'ong chou*, III, cf. Pelliot, *BEFEO*, IX, 236 sq. Les extraits du *Ying tsao fa che* sont empruntés au « glossaire général » et aux k. 3-8, 13 et 15.

pendant la 3ᵉ année *yuan-fou* (1100), présentée au trône et approuvée par décret. Mais seules les administrations métropolitaines en reçurent des copies. Se prévalant de l'importance pratique de son ouvrage, Li Kiai demanda qu'il fût imprimé au moyen de planches gravées en petits caractères et répandu par ordre. Sa requête fut accordée par décret du 18ᵉ jour du 1ᵉʳ mois (sans doute le 26 février 1103, la veille du jour où fut donné à Li Kiai l'ordre de rédiger son mémorial, destiné à être publié en tête de l'édition imprimée).

Ce rapport est suivi d'une « Préface de la nouvelle *Méthode d'architecture*, présentée à l'empereur », pièce d'ordre surtout littéraire ; Li Kiai y critique en termes voilés la science éminente mais trop théorique de ses collègues, les fonctionnaires chargés des constructions, « dont le talent n'est pas doublé de connaissances techniques, et qui déterminent les proportions sans connaître les matériaux, de sorte qu'il leur arrive de doubler les mesures requises ; d'où résulte, à force d'abus et de routine, un relâchement de la surveillance ».

Puis vient une section préliminaire de 14 feuillets intitulée « Examen critique » ou « Révision *k'an siang* 看 詳 » (¹). Le texte des dix premiers feuillets se rapporte : 1° au carré, au cercle, au plan et à la droite ; 2° au calcul du diamètre et de la circonférence ; 3° à la détermination des tâches ; 4° à l'orientation ; 5° au nivellement ; 6° aux formules des rapports à observer dans la construction des murs ; 7° à l'élévation et aux brisures (des toitures). Chacun de ces articles comprend : a) une série de citations d'ouvrages anciens, ou tout au moins antérieurs à l'époque de Li Kiai ; b) un « examen critique », c'est-à-dire une brève discussion où Li Kiai compare ces données livresques aux procédés suivis de son temps ; il montre que l'accord en est parfait ; puis, « se référant respectueusement » aux livres cités, c) il énonce un « article » (條) ou règle didactique. La plupart des citations sont reproduites aux k. 1 et 2, et toutes les règles ont été incorporées, soit au paragraphe intitulé « Instructions générales », soit à d'autres chapitres (²).

D'un passage assez obscur de son mémorial, il semble résulter qu'avant de présenter son ouvrage à l'empereur, Li Kiai « l'envoya aux autorités compétentes pour examen critique, et qu'il fut trouvé parfaitement exhaustif et adéquat » 送 所 屬 看

(¹) Ce terme avait un sens spécial dans le style administratif des Song. Un des articles du *T'ong kien tch'ang pien ki che pen mo*, k. 32, 4ᵃ-6ᵃ, est intitulé 删 定 編 敕 ; la table des matières donne 看 詳 編 敕. Il y est question de la révision du texte des décrets (敕) des empereurs précédents, avant leur publication.

(2) 1º Règle reproduite au k. 2, 13ª.

  2º Règle reproduite *ib.*

  3º Règle reproduite *ib.* 13ʰ.

  4º Citations reproduites au k. 1. 7 -8ª, sans modifications.

  Règle reproduite au k. 3, 2ª⁻ᵇ.

  5º Les quatre premières citations sont reproduites au k. 1. 7 .

  Règle reproduite au k. 3, 2ᵇ⁻3ᵘ.

  6º Citations reproduites au k. 1, 6ª⁻7ª. sans modifications.

  Règle reproduite au k. 3, 4ᵇ⁻5ª.

  7º Citations reproduites au k. 2. 4 ⁻5ª, avec une addition.

  Règle reproduite au k. 5, 10ᵇ⁻12ª.

詳別無未並未便). Le *k'an-siang* aurait donc été une sorte de résumé ou d'introduction générale, spécialement destinée à être lue par des fonctionnaires ; c'est pourquoi Li Kiai y aurait rendu l'obligatoire hommage à l'autorité des livres. Mais, pour notre profit, cet hommage fut assez superficiel. Les règles énoncées sont essentiellement pratiques et n'offrent avec les citations qui les précèdent que d'assez lointains rapports.

Ces sept articles sont suivis d'un petit répertoire de termes techniques synonymes, extraits d'annotations éparses dans les sections relatives aux différents ouvrages (諸作異名, 10ᵇ⁻13ª), la section où figure chaque série de termes étant indiquée.

Le *k'an-siang* se termine par un « Examen critique de l'ensemble de tous les ouvrages » (總諸作看詳, 13ª⁻14ª), où l'auteur expose l'origine, le plan et la méthode de son traité. La première rédaction, dit-il, « ne comportait que des lois absolues ; or les conditions [des différents types ou éléments] de construction sont essentiellement variables ; lorsqu'on s'apprêta [à l'utiliser], on n'y trouva pas sur quoi se fonder ; ce n'était que creuse littérature, difficile à mettre en pratique ; aussi ne fut-elle pas publiée ». La nouvelle rédaction comprend, d'après Li Kiai, 36 k. (en réalité 34 k.) (1) 357 paragraphes (篇) et 3555 articles (條). Seuls 49 paragraphes en 283 articles contiennent des matières extraites de livres ; il s'agit du « Glossaire général », auquel le texte attribue un peu plus haut (10ᵇ) 49 paragraphes en 183 articles ; le chiffre exact est 283. Tous les autres paragraphes (en dehors de l'Examen critique), soit un total de 308, comprennent « des lois, basées sur des traditions anciennes relatives aux ouvrages de construction, qui depuis longtemps se sont montrées susceptibles d'être appliquées ; des règles qui me furent expliquées en détail par des ouvriers bien informés et compétents, ayant l'expérience de la construction ; des lois sur ce qui, dans les différents ouvrages, est respectivement utile ou nuisible, et sur les diminutions des choses (les formules de proportions) ». Ces paragraphes, ainsi que ceux afférents aux tâches et aux matériaux, sont entièrement nouveaux. Enfin des planches destinées à illustrer les règles ont été établies à part. — La *Méthode* de Li Kiai est donc, chose rare en Chine, fondée sur l'expérience directe : les références livresques n'en forment que la septième partie.

Les k. 1 et 2 contiennent un Glossaire général (*tsong che* 總釋), dont l'auteur dit (*k'an-siang*, 11ª) : « Les termes comme *wou* 屋 et *che* 室 [désignant tous deux des maisons d'habitation] abondent en vérité. Dans les livres et les commentaires, ces

<hr>

(1) Les ouvrages bibliographiques des Song, le *Yen pei tsa tche* etc., attribuent tous 34 k. au *Ying tsao fa che*. La différence porte sur la section des « Règlements », qui d'après le *k'an-siang* devait compter 15 k., tandis qu'elle en compte 13 dans les

exemplaires du *Sseu k'ou ts'iuan chou*, du *T'ie k'in t'ong kien leou* et de Nankin. L'hypothèse de la perte de 2 k. est à écarter, car d'une part le texte n'offre aucune solution de continuité, et de l'autre le *Siu t'an tchou* de 1106, décrivant l'édition *princeps*, donne une analyse des chapitres montrant que cette édition était identique a la nôtre. K'iu Yong (*T'ie k'in . . . mou lou, loc. cit.*) cherche à tourner la difficulté de la façon suivante : en comptant 2 k. pour le *k'an-siang* et la table des matières, et 13 k. pour les Règlements, on obtient un total de 36 k. ; le chiffre 15 donné dans le *k'an-siang* est une faute de copie pour 13. Mais comment admettre qu'une même faute ait été commise dans trois copies indépendantes ? Ou bien cette faute remonte à la réédition de 1145, ou bien les imprimeurs de l'édition *princeps* modifièrent légèrement la division en chapitres adoptée par l'auteur.

termes présentent respectivement des différences et des analogies. Ou bien plusieurs termes désignent une seule chose ; ou bien des expressions dialectales se sont fixées dans l'usage ; il y a aussi des erreurs traditionnelles : des mots homonymes ou graphiquement analogues ont fini par être employés les uns pour les autres et, par la force de l'habitude, sont devenus courants. Maintenant, en me référant respectueusement à des livres de toutes sortes, et d'après ce que m'ont dit les gens du métier, j'ai examiné ce qui était à prendre ou à laisser et j'ai établi un Glossaire général. » Li Kiai se flatte ; son glossaire est une simple compilation. Il est formé de citations extraites d'une cinquantaine d'ouvrages de dates diverses (classiques, philosophes et historiens des Tcheou et des Han, histoires dynastiques, poèmes, descriptions poétiques et dictionnaires de toutes les époques jusqu'aux Song, etc.) classées sous 58 termes architecturaux, chaque série de citations étant dressée approximativement dans l'ordre chronologique. Seuls peut-être quelques-uns des brefs commentaires accompagnant ces citations sont dûs à Li Kiai ; je dis peut-être, car il ne semble pas avoir distingué dans ces commentaires ce qu'il ajoutait de ce qu'il empruntait. Ainsi je me suis reporté au texte de plusieurs passages du *Tcheou li*, cités avec un commentaire ; or ce commentaire est celui de Tcheng Hiuan [1]; de même les commentaires aux citations du *Eul ya* sont ceux de Kouo P'ou des Tsin [2].

Mais d'autres annotations paraissent être de Li Kiai, ainsi (k. 1, 9ᵇ) une glose au *Che ming* 釋名 de Lieou Hi 劉熙 des Han, ouvrage qui ne fut pas commenté, à ma connaissance, avant l'époque mandchoue ; une longue glose au *Ts'ien Han chou* ne figure pas dans les commentaires de l'édition de K'ien-long [3].

Ces extraits, ainsi que d'autres cités dans le *k'an-siang* seulement, contiennent quelques textes, perdus d'ailleurs. Ainsi le *k'an-siang* (1ᵉ) reproduit un long passage de la première partie, attribuée au législateur Tcheou Kong, du *Tcheou pei souan king* 周髀算經, le classique de l'astronomie et des mathématiques chinois (traduit par Edouard Biot dans le *Journal asiatique* de 1841) ; quarante-neuf mots (de 萬物周事 à la fin) ne figurent dans aucune des éditions actuelles [4]. Un grand nombre de définitions sont données comme tirées d'un *Yi hiun* 義訓 ; elles sont placées à la fin des séries de citations. Presque toutes sont suivies d'annotations, où sont indiqués des synonymes « actuels » (今謂), ou « actuellement employés dans le langage vulgaire » (今俗謂) ; Li Kiai, dans sa *Méthode*, adopte ces termes de préférence aux autres [5]. Ce dictionnaire devait donc être l'œuvre d'un contemporain de Li

---

[1] K. 1, 6ᵃ, 8-9' *Tcheou li tchou sou*, éd. de 1593, k. 42, 12ᵇ ; *ib.*, 7ᵇ. 2-3 = *ib.*, k. 41, 32ᵃ ; k. 2, 8ᵇ. 10 = *ib.*, k. 6, 9ᵇ, etc.

(²) K. 1, 2-5 = *Eul ya tchou sou*, éd. de 1593, k. 4, 1ᵃ ; k. 2, 9ᵃ, 7 = *ib.*, k. 4, 1ᵃ ; k. 2, 12ᵃ, 7 = *ib.*, k. 4, 8ᵃ) ; dans ces dernières gloses, Kouo P'ou indique les correspondants « contemporains » (今) de certains termes anciens : c'est donc sous les Tsin, au IVᵉ siècle, et non sous les Song, au XIᵉ, que ces termes étaient courants.

(³) *Ts'ien Han chou*, k. 67, 3ᵇ.

(⁴) Éd. Wou-ying tien, k. 1, 2ᵇ ; éd. *Ling-nan yi chou*, IV, 2ᵃ ; éd. *Tsin tai pi chou*, IV, k. 上, 2ᵇ ; éd. *Houai lu ts'ong chou*, k. 上, 2ᵃ.

(⁵) Comparer par exemple la citation du *Yi hiun* sur 平坐, k. 1, 10ᵇ, avec le *k'an-siang*, 11ᵇ, et le k. 4, 11ᵇ. Ou encore le *Yi hiun*, cité k. 2, 6ᵇ, disait d'un certain type de porte : « On l'appelle actuellement Ling sing men » ; Li Kiai reprend cette phrase à son compte dans le *k'an-siang*, 12ᵃ.

Kiai, ou d'un auteur peu antérieur ; il s'agit sans doute du *Yi hiun* en 10 k. de Teou Yen 竇儼, mentionné parmi les ouvrages du genre philologique (小學類) dans la section bibliographique de *l'Histoire des Song* (¹).

Les derniers feuillets du k. 2 (13-14ⁿ) sont occupés par une *Instruction générale* (*tsong li* 總例) sur les matières suivantes :

1° Instruments de géométrie. On obtient le cercle, le carré, la droite, la verticale et l'horizontale au moyen de compas, de l'équerre, des cordeaux et du niveau d'eau.

2° Principes de géométrie. Formules des rapports de la circonférence au diamètre et du côté du triangle rectangle à l'hypoténuse ; formules relatives à l'octogone, à l'hexagone, au carré inscrit dans le cercle et au cercle inscrit dans le carré ou le polygone.

3° Définition de termes, explication de formules et énoncé de règles se rapportant à l'organisation du travail. Réglementation des « tâches » (*kong* 功), dites « longues » du 4ᵉ au 7ᵉ mois, « moyennes » aux 2ᵉ et 3ᵉ, 8ᵉ et 9ᵉ mois, « courtes » du 10ᵉ au 1ᵉʳ mois ; elles sont calculées sur la même base que dans l'armée.

Les k. 3-15, formant la partie principale de l'ouvrage, contiennent les *Règlements* (*tche tou* 制度) sur les procédés de construction, de décoration, de fabrication et surtout (souvent uniquement) les dimensions et les quantités proportionnelles des divers éléments architecturaux (²). Cette partie comprend les sections suivantes :

I. *Règlements sur les fossés et palissades* (*hao tchai tche tou* 壕寨制度) (ouvrages défensifs).

(¹) *Song che*, k. 202, 11ᵇ, 10-11. La biographie de Teou Yen (922-963) se trouve au k. 263, 5ᵃ-6ᵃ. Il laissa inachevé un *Tcheou tcheng yo tch'eng* 周正樂成 en 120 k. ; la collection de ses œuvres en prose occupa 70 k. Son *Yi hiun* paraît avoir été un dictionnaire analogique ; il dut se perdre très tôt, car je n'en ai trouvé mention ni dans les bibliographies des Song ni dans les catalogues postérieurs. Le *Yen hi lou* 演繁露 de Tch'eng Ta-tch'ang 程大昌 (1123-1195, cf. *Song che*, k. 433, 4ᵃ-5ᵃ) cite un passage du *Yi hiun* 義訓 de Li Che 李試 (*Chouo feou*, k. 17, 3ᵃ) ; ce passage se trouve dans le glossaire du *Ying tsao fa che* (k. 2, 4ᵇ). Il est probable que Li Che est une faute pour Li Kiai, et que Tch'eng Ta-tch'ang, ne connaissant déjà plus le *Yi hiun* que par les citations du *Ying tsao fa che*, attribua ce premier ouvrage à l'auteur du second. Une autre citation du *Yi hiun*, figurant également dans le *Ying tsao fa che* (avec une variante peu importante ; k. 2, 6ᵃ), est donnée dans le *San ts'ai t'ou houei*, sans nom d'auteur (section 宮室, k. 2, 19ᵇ). Il a existé un autre *Yi hiun* en 10 k., de Kou Yi 顧夷 des Tsin (165-410), parfois intitulé *Kou tseu Yi hiun* 顧子

裴 韻 (*Sin T'ang chou*, k. 59, 2[b], 4) ou simplement *Kou tseu* (*Souei chou*, k. 34, 1[b], 3-4) ; cet ouvrage perdu dès l'époque des Souei n'était pas un dictionnaire, mais une série de dialogues philosophiques dans le genre du *Louen yu* ou du Mencius, l'auteur se rattachant à l'Ecole des Lettrés (voir les douze articles réunis sous le titre de *Yi hiun* dans le *Yu han chan fang tsi yi chou*).

(²) Le terme *tche tou* pourrait se comprendre au sens de « règlements et mesures » ou de « mesures réglementées ». C'est ainsi que l'interprète, dans le seul passage du *Chou king* où il apparaît, Legge (p. 531) et Couvreur (p. 336), d'après la plupart des commentateurs (*Chou king tchouan chouo houei tsouan*, k. 18, 27[b]-28[a]). Mais dans le *Yi king* (trad. Legge, p. 262), tous les commentateurs (*Tcheou yi tchö tchong*, k. 10, 29[a]-[b]) lui donnent le sens de « règles gouvernementales, lois » Dans un passage du

Les deux premiers de ces règlements offrant un intérêt assez général, j'en donne la traduction.

« *Règlements pour obtenir l'orientation correcte* (*tsiu tcheng* 取正). D'abord on pose au soleil, au centre de l'emplacement des fondations, une planche ronde de 1,36[p] de diamètre. Au milieu [de cette planche], on dresse un signal (*piao* 表, une tige) ayant 0,4[p] de hauteur et 0,01[p] de diamètre ; en dessinant l'extrémité de l'ombre [projetée par le signal], quand le soleil est au milieu de sa course, on marque l'ombre la plus courte. Ensuite on dispose le tuyau d'observation (*wang tong* 望筒) au-dessus [de la ligne de l'ombre la plus courte], et l'on observe le soleil et l'étoile [polaire] (¹), afin de rectifier les quatre directions. Le tuyau d'observation a 1,8[p] de longueur et 0,3[p] de côté ; (on le fabrique en assemblant des planches) ; dans les deux couvercles (²), on ouvre des trous ronds ayant 0,05' de diamètre. Par un axe [perçant] les deux faces latérales du corps du tuyau en son centre, on fixe le tuyau entre deux soutiens verticaux, hauts de 3[p] de l'axe au sol, larges de 0,4[p] et épais de 0,2'. Pour observer de jour, on dirige le tuyau vers le Sud, et on fait en sorte que les rayons du soleil le traversent vers le Nord ; pour observer de nuit, on le dirige vers le Nord ; on observe [en se plaçant] au Sud du tuyau, et l'on fait en sorte de voir juste, à travers les deux ouvertures antérieure et postérieure, l'étoile polaire boréale. Ensuite, on laisse tomber de chaque [extrémité] des cordeaux pendants, et l'on marque les points correspondants aux deux ouvertures du tuyau d'observation, afin de connaître le Sud ; alors les quatre directions sont rectifiées. — Si la configuration du terrain est inégale et désordonnée, et qu'après avoir obtenu les quatre directions correctes avec le signal servant à mesurer l'ombre et le tuyau d'observation, il reste des points douteux, alors on procède encore à un contrôle à l'aide du signal servant à mesurer l'ombre sur le bassin d'eau (*chouei tch'e ying piao* 水池景表). On dresse un signal haut de 8[p], large de 0,8[p], épais de 0,4[p] ; en haut, on l'égalise en le

---

Li ki (trad. Couvreur, I, p. 511), le sens de « mesure prescrite » ne serait pas impossible, et dans un autre (*ib.*, p. 499) il s'agirait, d'après Couvreur et les commentateurs, des « ordonnances et règlements » concernant les édifices, les vêtements, les voitures, etc. Il suffit toutefois d'ouvrir un traité bibliographique à la section consacrée aux ouvrages administratifs (職官書) ou de parcourir les citations données sous les mots *tche tou* dans le *P'ei wen yun fou*, pour constater que ce terme est plus généralement employé au sens de « règles, lois instituées » ; c'est donc cette valeur que je lui attribue. L'ambiguïté porte sur *tou*, signifiant « mesure, mesure prescrite, prescription.

règle ». Quant à *tche*, il ne faudrait pas l'interpréter au sens de « faire, f briquer, construire » ; dans les expressions courantes *tche tsao* 制造, *tche tso* 制作, *tche* signifie « créer, instituer ». comme dans *tche li* 制禮 du *Li ki* (trad. Couvreur, I, p. 130).

(1) Dans le *k'an-siang*, on trouve la leçon 日景, « les rayons (*hing*) ou l'ombre (*ying*) du soleil », qui est fautive, ainsi que le montre la suite du texte. La leçon correcte, 日晷, est donnée dans le texte du k. 3 et dans le *Chouo feou*.

(2) *Leang yen* (ou *wo*) *t'eou* 雨罨頭. Pour 罨, leçon du *Chouo feou*, le *k'an-siang* et le k. 3 du *Ying tsao fa che* donnent 罨, qui ne figure pas dans les dictionnaires. 罨 signifie un filet de pêche, ou ce qui enveloppe ou couvre comme un filet. Il désigne ici les deux planchettes fermant à ses deux extrémités la boîte rectangulaire allongée qui constitue le « tuyau ».

taillant (1) ; (on ménage du côté postérieur une surface oblique mesurant 0,3ᵖ de haut en bas) (2) ; on le fixe sur la planche à bassin. Cette planche est longue de 13ᵖ et large, à l'intérieur [de la ligne circonscrivant intérieurement la voie d'eau], de 1 pied. Dans [les limites de] ce pied, [et séparées par un intervalle] correspondant à la largeur du signal, on grave deux lignes. Hors [des limites] du pied, on ouvre une voie d'eau, large et profonde de 0,08ᵖ, qui entoure [la planche] des quatre côtés. Au moyen de l'eau, on fixe le niveau. On fait en sorte que l'ombre produite par le soleil [à midi] ne dépasse pas des deux côtés les lignes gravées. La direction de la planche à bassin [vers un point donné] et [la ligne reliant ce point avec] le centre du signal dressé, donnent le Sud ; alors les quatre directions sont rectifiées. (En disposant [cet instrument], on place le signal dressé au Sud et la planche à bassin au Nord. Au solstice d'été, l'ombre projetée le long des lignes est longue de 3ᵖ ; au solstice d'hiver, d'1, 2ᵖ (3). On contrôle au moyen de l'équerre la face interne du signal, tournée vers le bassin d'eau, afin que l'angle soit droit).

« *Règlements pour fixer le niveau* (*ting p'ing* 定平). Les quatre directions étant rectifiées, on dresse un poteau à chacun des quatre angles [du terrain à bâtir] ; au centre [du terrain], on dispose un niveau d'eau (*chouei p'ing* 水平). Ce niveau d'eau est long de 2,4ᵖ, large de 0,25ᵖ et haut de 0,2ᵖ. On dresse au-dessous un pieu long de 4ᵖ (la pointe en métal y comprise), et au-dessus on installe horizontalement le niveau d'eau. A chacune des deux extrémités [du niveau d'eau], on ouvre un bassin de 0,17ᵖ de côté et de 0,13ᵖ de profondeur. (Parfois on ouvre un troisième bassin au centre, de mêmes dimensions). Dans le corps [du niveau d'eau], on ouvre un canal, large et profond de 0,05ᵖ, en sorte que l'eau circule entre les deux extrémités. Dans chaque bassin, on place un flotteur (si l'on utilise trois bassins, on emploie aussi trois flotteurs), de 0,15ᵖ de côté et de 0,12ᵖ de hauteur ; on en taille la partie supérieure en forme oblique et amincie, la largeur [de cette partie] étant de 0,01ᵖ. On les fait flotter [dans les bassins] ; on observe leur partie supérieure aux deux extrémités [du niveau d'eau] ; [en visant] de loin, on place le niveau d'eau face à l'endroit où se dresse le signal, et l'on dessine une marque sur le corps du signal. Alors on connaît le haut et le bas du terrain. » (Suit la description d'un procédé permettant d'utiliser le « niveau d'eau » sans eau : on fixe sur le pieu un fil ou une bande noircie à l'encre, *mö sien* 墨線 ; on suspend au haut du pieu un cordeau, et l'on dispose le pieu en sorte que le cordeau soit parallèle au milieu de la bande, l'angle formé par le pieu et la surface inférieure du « niveau d'eau » ayant été rectifié à l'aide de l'équerre. — Enfin, pour établir des bases de colonnes, on emploie le « vrai pied » *tchen tch'e* 真尺, c'est-à-dire une pièce de bois équarrie, de 18ᵖ sur 0,4ᵖ et 0,25ᵖ, posée horizontalement sur le sol et supportant en son centre un poteau perpendiculaire haut de 4 qu'on aligne sur un cordeau). (Voir les planches, k. 29,2 -4[2])

La plupart de ces procédés d'orientation et du nivellement remontent à une plus ou moins haute antiquité. La détermination de la méridienne par le gnomon à tige fut

(1) 齊, lu *tseu*, pour 劑.

(2) Le bord supérieur de la planchette est taillé en biseau.

(3) 1. 3 d'après le texte du *Chouo feou*.

connue des Chinois dès une époque fort reculée. Par contre, le tuyau d'observation n'est mentionné ni dans le *Tcheou li* ni dans le *K'ao kong ki*; il en est question dans la seconde partie du *Tcheou pei souan king*, datant probablement des Han postérieurs (1). Le nivellement par l'eau est indiqué dans le *K'ao kong ki* (2) et le *Tcheou pei souan king* (3), et Tcheng Hiuan, dans son commentaire au *K'ao kong ki*, en donne une description explicite. Seule la correction obtenue par la curieuse combinaison du gnomon et du niveau d'eau, ne paraît pas avoir été connue des anciens.

Les articles suivants sont consacrés à l'*Etablissement des fondations* (*li ki* 立基; dimensions de hauteur), à la *Construction des fondations* (*tchou ki* 築基), aux *Murailles en terre* (*tch'eng* 城, enceintes de villes), aux *Murs* (*ts'iang* 牆; formules de proportions), à la *Construction des fondations dans le voisinage de l'eau* (*tchou lin chouei ki* 築臨水基).

II. *Règlements sur les ouvrages en pierre* (*Che tso tche tou* 石作制度).

Ordre de succession des travaux (*tsao tso ts'eu siu* 造作次序). a) Taille de la pierre, consistant 1° à faire sauter au ciseau les parties saillantes ; 2° à égaliser au ciseau, grossièrement, puis 3° minutieusement ; 4° à équarrir ; 5° à aplanir les surfaces au ciseau et 6° à les polir avec du sable et de l'eau. b) Quatre procédés de sculpture ou de gravure de la pierre (4). c) Onze catégories de motifs ornementaux pouvant être gravés sur pierre (*houa wen* 華文): 1° fleurs de grenadier (海石榴華, *punica nana*), 2° roses (寶相蓮, *rosa semper florens*), 3° pivoines, 4° orchidées, 5° traits en forme de nuage (雲文), 6° vagues, 7° montagnes de joyaux, 8° escaliers de joyaux (ces deux noms sont empruntés à la terminologie bouddhique), 9°-11° trois variétés de fleurs de lotus employées pour la décoration des piédestaux des colonnes. On peut ajouter à ces motifs des dragons, des phénix, des lions, des quadrupèdes et des *houa cheng* 化生 (petits bambins fabuleux) (5) (Cf. les planches, k. 29, 4°, 10[1-b]; k. 32, 23 ; k. 33, 14[a-b]).

Piédestaux de colonnes (*tchou tch'u* 柱礎). (Pl., k. 29, 4[b]-6[a]).

Pierres angulaires (*kio che* 角石, couronnant les colonnes angulaires). (Pl., ib., 6[b]-7[a]).

Colonnes angulaires (*kio tchou* 角柱, pilastres occupant l'angle formé par le murs d'échiffre et le mur perpendiculaire à l'escalier). (Pl. ib., 7 -8[a]).

Soubassements des escaliers de grands édifices (*tien kiai ki* 殿階基).

Pierres pressant sur les balustrades (*ya lan che* 壓, ou 壓, 闌石 ; traduction hypothétique ; il n'en est pas question dans le paragraphe relatif aux balustrades).

(Pl., *ib.*, 8^b).

(1) Trad. Biot, *IA*, 1841, p. 15 du tirage à part.

(2) *Tcheou li*, trad. Biot, II, p. 553. Cf. les planches dans le *K'ao kong ki t'ou* 考工記圖 de Tai Tch'en, *Houang Ts'ing king kiai*, k. 564, 28ª⁻ᵇ.

(3) *Loc. cit.*, p. 35.

(4) Ces procédés sont désignés par des termes techniques difficiles, notamment celui de 壓地隱起, sur lequel cf. Pelliot, *T'oung pao*, 1923, p. 272, n. 5. — Voir les planches au k. 29.

(5) Sur ce terme, cf. Pelliot, *ib.*, p. 270, n. 1.

Têtes de tch'e des escaliers de grands édifices (*ta tien tch'e cheou* 大殿螭首).
Le *tch'e* est défini dans certains textes comme un dragon sans cornes ; la planche du *Ying tsao fa che* (k. 29, 9ᵇ) le représente avec deux longues cornes recourbées. Les têtes de *tch'e* sont un motif courant dans l'ornementation chinoise. D'après Li Kiai, on les appliquait « aux colonnes symétriques et aux quatre angles des escaliers des grands édifices » ; elles se projetaient horizontalement, un peu relevées vers le haut. Il semble que, par « escaliers » (階), il faille entendre « terrasses » ; voir dans Chavannes, *Mission archéologique*, fig. 887, la photographie d'une de ces têtes placées à l'angle de la terrasse du Ta-tch'eng tien, du temple de Confucius, à K'iu-feou ; cf. aussi *BEFEO*, XX, III, pl. XVI, A, et Ogawa, *Photographs...*, pl. C.

[*Figures à*] *huit* [*angles*] *en conflit, à l'intérieur des grands édifices* (*tien nei teou pa* 殿內鬥八).

Il s'agit d'une dalle richement ornementée occupant le centre du sol des grands édifices et correspondant au *teou pa ts'ao tsing* 鬥八藻井 en bois (décrit au k. 8), c'est-à-dire au caisson central ou à la coupole du plafond. Cette dalle affectait la forme d'un carré, dans lequel était inscrit un octogone, comprenant à son tour huit petits carrés aboutissant par un de leurs angles au milieu de chaque côté de l'octogone, et, en son centre, une rosace circulaire (pl., *ib.*, 10ª⁻ᵇ).

Des citations données dans le *Glossaire général* (k. 2, 8ª), il ressort que dans *ts'ao tsing* 藻井 le caractère 井 a une valeur de représentation graphique : il désigne le caisson formé par l'entrecroisement de quatre poutres. Dès les Han postérieurs (les premiers textes cités sont de cette époque ; cf. aussi *P'ei wen yun fou*, k. 53), ce caisson fut orné de plantes aquatiques (藻), soit réelles, soit plutôt, ainsi que l'interprètent les commentateurs, dessinées ou peintes ; on cherchait par là à « réprimer le feu », c'est-à-dire à écarter les incendies. D'après le *Fong sou t'ong yi* (fin des Han), le *ts'ao tsing* était également appelé *t'ien tsing* 天井, « puits céleste », par allusion au nom d'une des 28 constellations, zodiacales, dont les étoiles sont disposées comme les traits du caractère 井 (1). D'autres noms étaient *fang tsing* 方井 « puits carrés », *k'i tsing* 綺井 « puits à passementerie », ou encore (sans doute par allusion à la coupole, ou originellement à la simple rosace, ornée de plantes aquatiques, qui en occupait le fond), *yuan ts'iuan* 圓泉 ou *yuan yuan* 圓淵, « source ronde ».

Quant au terme pittoresque de *teou pa*, Chen Kouo (1029-1093), dans son *Mong k'i pi t'an* (2), le définit : « Les chevrons de la toiture sur une maison » ; il ne paraît pas avoir été usité avant l'époque des Song, peut-être parce que l'objet qu'il désigne n'existait pas : Chen Kouo et Li Kiai (*k'an siang*, 12ᵇ, et k. 8, 2) le donnent comme le nom « actuel » du *ts'ao ts'ing* (3). Mais déjà Li Kiai semble l'employer pour

(¹) Cf. Schlegel, *Uranographie chinoise*, p. 404-405. Ce terme a eu une singulière fortune au Japon : *tenjō* est le mot usuel pour « plafond ». En Chine, *t'ien tsing* désigne actuellement une cour intérieure à ciel ouvert, délimitée par quatre corps de bâtiments qui la rendent analogue au carré central du caractère 井.

(²) Ed. *Pai hai ts'iuan chou*, k. 19, 7ª.

(³) Sous les Ming s'introduisit le nom vulgaire de « planche fleurie du ciel », *t'ien houa pan*. Cf. Yang Chen 楊慎 (1488-1559), *Kong che k'ao* 宮室考, ap. *Cheng-ngan ho tsi* 升菴合集, éd. de Sin-tou 新都, 1882, k. 225, 9ª : 綺井．謂之鬭八。又曰藻井。今俗日天花板

désigner simplement une figure ornementale où des lignes entrecroisées déterminent huit compartiments ; en effet, on trouve au k. 32, 13ᵇ et 15ᵇ, des planches représentant un *teou che eul* 鬭十二, un *teou che pa* 鬭十八 et un *teou eul che sseu* 鬭二十四 ; or ces figures ne sont pas des polygones de 12, 18 et 24 côtés, mais des figures comportant respectivement 12, 18 et 24 compartiments. Ainsi dans la figure gravée sur la dalle centrale des grands édifices, le mot *teou pa* s'appliquerait, non à l'octogone, mais aux huit carrés qu'il contient.

D'après la description du k. 8, 2ª sq., le *teou pa ts'ao tsing* en bois se composait de trois éléments : 1° un élément inférieur appelé « puits carré » (方井), 2° un élément médian appelé « puits octogonal » (八角井), et 3° un élément supérieur, le *teou pa* proprement dit ; de plus, le « cœur du sommet » (頂心) était décoré de lotus ou de nuages. Cette description devient parfaitement claire si l'on se reporte à l'ouvrage de M Bœrschmann, *Die Baukunst und religiöse Kultur der Chinesen*, t. I, p. 72-73, fig. 78 et 79 et pl. XXXI. On y trouvera une photographie, un plan et des coupes de la grande coupole de l'édifice principal du *Fa-yu sseu* 法雨寺, à P'ou-t'o (¹) : cette coupole se compose de trois éléments superposés : 1° un rectangle formé par la charpente du plafonnage (le « puits carré ») ; 2° un octogone compris dans un carré, et formé par huit pièces de bois, dont quatre sont disposées en carré et quatre autres placées diagonalement dans les angles du carré (le « puits octogonal ») ; 3° une figure comportant huit angles rentrants et huit angles saillants, et formée par huit pièces de bois disposées en deux carrés superposés (le *teou-pa*) ; au-dessus s'élève le dôme ; au sommet de l'intrados est sculpté, dans une petite voûte arrondie, un dragon laissant pendre hors de sa gueule un fil au bout duquel est une boule. Le plan de ces divers éléments, tels qu'ils apparaissent vus du bas, est presque exactement identique à la figure du *teou pa* sur pierre du *Ying tsao fa che*. Par conséquent, ce *teou pa* était la *reproduction en plan, gravée ou sculptée sur la dalle centrale, des éléments superposés de la coupole*, à laquelle il faisait face, suivant le principe de symétrie cher aux Chinois ; et le terme *teou pa* désigne proprement

(¹) M. Bœrschmann rapporte qu'au dire des bonzes, ce chef-d'œuvre proviendrait du palais des Ming, à Nankin ; il aurait été donné au temple par K'ang-hi. Cette tradition repose probablement sur une confusion. Tout d'abord, on imagine mal le transport d'une pareille pièce. En second lieu, voici ce qu'on lit à ce sujet dans le *P'ou-t'o chan tche* (éd. de 1739, k. 12ᵉ) : « La 38ᵉ année k'ang-hi (1699), conformément à une requète du supérieur [du Fa-yu sseu], Sing-t'ong 性統, [l'Empereur] fit donner des tuiles vernissées provenant de la ville murée de Kin-ling (Nankin); en même temps, on dispersa les neuf dragons de l'ancien édifice; on reconstruisit le Yuan-t'ong tien 圓通殿; autrefois, en effet, cet édifice était également appelé Edifice des neuf dragons (Kieou long tien 九龍殿)». Des neuf dragons, huit s'enroulent autour de colonnettes suspendues aux huit angles du *teou pa*, et le neuvième est sculpté au sommet de la coupole; l'expression « les neuf dragons » désigne donc la coupole entière : d'après M. Bœrschmann, Kieou long tien est actuellement encore un des noms de l'édifice. Il semble résulter de ce texte un peu obscur que K'ang-hi ne donna que des tuiles, et que, d'autre part, la coupole actuelle est postérieure à 1699 : son identité avec celle décrite par Li-Kiai serait un exemple d'autant plus remarquable de la conservation des formes architecturales.

une figure comportant huit angles saillants et huit angles rentrants égaux, obtenus par l'intersection des côtés de deux carrés. La figure du k. 29 pourra donc servir à illustrer le texte difficile du k. 8 sur les *teou pa* en bois, les planches du k. 32 représentant ces *teou pa* étant tout-à-fait insuffisantes. — Des coupoles presque identiques à celle du Fa-yu sseu, mais où les pièces de bois formant l'octogone et le *teou pa* sont disposées sur un plan unique, se trouvent placées au-dessus du trône impérial dans les principaux édifices du palais de Pékin, le T'ai-ho tien 太和殿, le Kiao-t'ai tien 交泰殿, le Yang-sin tien 養心殿; dans les rosaces terminales sont sculptés des dragons ; cf. Ogawa, *Photographs*, pl. XXXIX, LXXV, LXXXII-LXXXIII)., On trouvera également dans l'ouvrage de M. Okuyama, IX⁰ partie, pl. 49-52, des dessins de caissons rectangulaires du même palais : la rosace centrale y est ornée d'un dragon, sauf dans un édifice bouddhique, le Wan-fo leou 萬佛樓 du Si yuan 西苑, où elle est décorée d'une fleur de lotus à huit feuilles, chaque feuille portant un caractère sanscrit ou tibétain.

Balustrades (keou-lan 鉤闌), à socle simple (單) ou double (重臺) ; *colonnes d'observation* (望柱), à fût hexagonal, légèrement plus hautes que la main-courante et surmontées d'un petit lion assis sur une fleur de lotus. (Pl., *ib.*, 11-12).

Tch'e-tseu *de pierre* (石獅子), utilisés dans la décoration des escaliers et des balu trades.

Pieds de portes et seuils (men tchen hien 門砧限). (Pl., *ib.*, 13a). Sur 砧 au sens de 石柎, proprement « calice de pierre », pied, réceptacle, cf. Tcheng Tchen 鄭珍, *Chouo wen sin fou k'ao* 說文新附考, éd. *Tche-tsin tchai ts'ong chou*, k. 14, 17ᵇ; il s'agit de pièces rectangulaires dans lesquelles sont ménagés un trou carré et une rainure.

Bases (ti fou 地柎). (Pl., *ib.*, 13b). Deux lignes du texte manquent. Les mots *ti fou* désignent plus haut la bande de pierre formant la base continue des balustrades. Ils s'appliquent ici à des pièces rectangulaires comportant une feuillure et deux ouvertures carrées, et utilisées à la base des portes, des murailles de villes.

Canaux à faire flotter des coupes (lieou pei k'iu 流盃渠). (Pl., *ib.*, 14 ᵃ⁻ᵇ.) Dalles carrées, de 15p de côté, richement décorées, dans l'épaisseur desquelles étaient pratiquées des rigoles sinueuses affectant la forme des caractères 風 ou 國, larges d'1ᵖ et profondes de 0ᵖ9 ; on y faisait couler de l'eau et flotter des coupes ; la personne devant laquelle s'arrêtait la coupe devait en boire le contenu. D'après un texte du *Tsin chou* (k. 51, 11ᵃ), cette coutume remonterait à une haute antiquité : « L'Empereur Wou (265-289) interrogea Tche Yu 摯虞 sur le sens [du rite de faire flotter des coupes sur] des cours d'eau sinueux le troisième jour [du troisième mois] (¹). Tche Yu répondit : « A l'époque de Tchang-ti des Han (76-88), Siu

(¹) 三日曲水之義. Le *Siu Ts'i hiai ki* 續齊諧記 de Wou Kiun 吳均 des Leang (469-520 ; cf. *BEFEO*. VII, 360, n. 3), d'où ce texte fut probablement extrait, sous T'ai-tsong des T'ang (627-648), par les auteurs du *Tsin chou*, donne 三月三日 (éd. *Chouo feou*, CXV, 7ᵃ). C'est en effet lors de la fête *chang-sseu* 上巳, le 3 du 3° mois, que s'accomplissait en principe, dans l'antiquité moyenne, le rite de faire flotter des coupes. Voir les nombreux textes cités dans le *King Tch'ou souei che ki* 荊楚歲時記 de Tsong Lin 宗懍 (VI° siècle ; éd. *Kouang pi ki*. 15ᵇ-17ᵃ) et le *Souei che Kouang ki* 歲時廣記 de Tch'en Yuan-tsing 陳元靚 des Song (éd. *Che wan kiuan leou ts'ong chou*, k. 18, 5ᵇ. 7ᵇ, 17³).

Tchao 徐肇, de P'ing-yuan 平原, le premier jour du troisième mois, donna naissance à trois filles ; le troisième jour, toutes trois moururent. Les villageois trouvèrent cela étrange ; ils s'entraînèrent [les uns les autres] au bord de la rivière, se lavèrent et accomplirent des cérémonies conjuratoires. Ensuite ils firent flotter des coupes au courant de la rivière. Telle est l'origine de cette expression». L'empereur dit : « C'est bien ce qu'on raconte ; mais l'explication ne vaut rien. » Chou Si 束晳 s'avança et dit : « Le jeune Tche Yu est trop ignorant pour le savoir : votre sujet demande la parole. Jadis Tcheou Kong 周公, résidant en la ville de Lo-yi (Lo-yang), fit flotter des coupes au courant de l'eau ; c'est pourquoi il est dit dans un poème libre (¹) : Les coupes ailées suivent le cours des flots. » Dès les Souei, on fit flotter des coupes sur des cours d'eau artificiels ; Yang-ti (605-617) construisit un Lieou pei tien 流杯殿. Il existait un même édifice dans un parc du palais des Song, du temps de Li Kiai ou peu avant (²). A la même époque, ce jeu aurait été pratiqué par les Thai sur les rivières du Nan-tchao (³). On peut encore voir de ces canaux en pierre au Tsing-yi yuan 靜宜圖, à l'Ouest de Pékin, dans les jardins de plaisance de Sou-tcheou, etc.

Tertres (t'an 壇). Eléments de pierre entrant dans la construction des tertres cultuels en terre.

Fenêtres d'eau... (kiuan kiu chouei tch'ouang 窓葦水窓). 葦 n'est attesté dans les dictionnaires qu'au sens de « charrette », « charrette à porter la terre ». 窓 (écrit aussi 捲 en ce sens) peut signifier « recueillir, amasser ». Il s'agit de constructions de pierre, dont les dimensions relatives étaient, pour 3ᵖ de longueur, 2ᵖ de largeur et 6 d'épaisseur, occupant la largeur d'une rivière ou d'un canal, et percées d'un ou deux trous — probablement d'écluses.

Bassins (ou *réservoirs*) *à eau* (chouei ts'ao tseu 水槽子).

Plateformes à chevaux (ma t'ai 馬臺) (plateformes rectangulaires auxquelles deux degrés donnaient accès).

Margelles (tsing k'eou che 井口石).

Pieds d'attache de baraques légères (chan p'ong tcho kio che 山棚鋸脚石). 鋸, « chaîne attachée au pied », ne doit pas être pris littéralement ici, car les pierres en question, ayant 0ᵖ7 d'épaisseur pour 2ᵖ de côté, comportaient un trou carré, de 1ᵖ2 de côté, dans lequel venaient évidemment s'engainer les montants des baraques ; 棚 signifie « cabane, baraque, tente » ; 山棚 peut désigner des habitations légères de chasseurs ou de brigands nomades, mais aussi des baraques confectionnées « en tordant et en liant » (en bambou ou en rotin), dans lesquelles ont lieu des exhibitions d'acrobatie ou de danse (voir les textes dans le *P'ei wen yun fou*, k. 23

上) (⁴). Couvreur mentionne pour 棚 le sens : « pont établi sur le flanc escarpé

---

(1) 逸 詩, termes désignant des poésies populaires antérieures aux Han, recueillies d'après la tradition orale. Ce vers est aussi cité dans le commentaire du *Wen siuan* (cf. *Souei che kouang ki, loc cit.*, 17ᵛ).

(²) Tchen-tsong y fit flotter des coupes en 1016. *Yu hai*, k. 160, 3:ᵃ

(³) *BEFEO*, IV, 1113.

(⁴) Sous les Song, lors des fêtes *chang-yuan* 上元, des exhibitions musicales, acrobatiques, etc., avaient lieu devant un pavillon du Palais, dans des *chan p'ong*. *Wen hien t'ong k'ao*, k. 246, 10ᵃ.

d'une montagne » et renvoie à un passage du *Sin T'ang chou* (k. 156, 3 , 11), où figure le terme 戰 棚 : mais, dans le dictionnaire de K'ang-hi, cette référence est classée sous le sens « cabane, pavillon », et d'après le *Tchong houa ta tseu tien* 中 華 大 字 典, 戰 棚 désigne de petits bâtiments de guerre, en bois, démontables.

Montants de hampes de bannières (fan kan kie 幡 竿 頰).

Stèles [à couronnement] de dragon pi-hi *et à base de tortue* ngao (贔 屭 鰲 坐 碑). Dans ses *Tombeaux des Leang*, p. 51, le P. Tchang déclare qu'on appelle *pi-hi* 贔 屭 (屭 est une graphie abrégée de 屭) la tortue porte-stèle, et renvoie au dictionnaire de K'ang-hi, qui cite un passage du *Pen ts'ao kang mou*, dans lequel, en effet, le *pi-hi* est défini comme une tortue et identifié, d'une part au *pa-hia* 蚆 蝮, de l'autre à l'animal porte-stèle. L'art de la stèle, où les Chinois ont produit de si belles œuvres, n'a pas encore été étudié. La question du *pi-hi*, de ses rapports avec le *pa-hia* (¹) et de sa position comme élément décoratif, est fort complexe. Notons que Li Kiai en fait un dragon et non une tortue, et le place au sommet et non à la base de la stèle, conformément à l'opinion de Li Tong-yang 李 東 陽 des Ming (1447-1516) (²) et contrairement à celle du P. Tchang qui est aujourd'hui courante en Chine (³).

Stèles kie *[reposant sur un socle carré et dont]* le sommet *[est arrondi en forme de]* tablette rituelle hou (hou t'eou kie 笏 頭 碣). Les stèles *kie* étaient érigées sur les tombes de fonctionnaires d'un grade inférieur à ceux qui avaient droit aux *pei* ; leur forme est bien celle d'une tablette *hou* (⁴).

D'après ce chapitre du *Ying tsao fa che*, l'utilisation de la pierre aurait été plus réduite encore sous les Song que sous les Ming et les Ts'ing : Li Kiai ne parle ni de portiques, ni d'encadrements de portes ou de fenêtres, ni de colonnes, ni de pavage en pierre. L'emploi de la brique aurait été de même fort restreint. Sans doute sa *Méthode* est incomplète. Il passe sous silence, par exemple, les stûpas et les *tch'ouang* 幢 en pierre ou en briques, dont un bon nombre, élevés sous les Song, sont conservés ; ce n'est point pourtant qu'il traite exclusivement de l'architecture civile ou confucianiste, car, dans la section consacrée aux « petits ouvrages en bois », il donne des prescriptions très détaillées sur la construction des tabernacles bouddhiques et taoïques. Il semble bien, néanmoins, ressortir de son exposé, qu'on ne construisit pas sous les Song des bâtiments entièrement en pierre ou en briques ; et l'archéologie corrobore cette conclusion.

(¹) 蚆 蝮 ou 霸 下 *pa-hia* paraît être un doublet de *pi-hi*, sans en être une prononciation archaïque. Le *Kouang yun* classe *pi* et *hi* sous la rime 至 (p'ing cheng 脂),

qui ne comportait pas *a* final dans la langue archaïque, comme c'était le cas de la rime 支.

(²) Rapportée par Chen Tö-fou 沉德符 dans son *Wan-li* [1573-1619] *ye hou pien* 萬歷野復編, éd. Hang-tcheou, 1827, k. 7, 16ᵃ⁻ᵇ. Sur la biographie de Li Tong-yang, voir *Ming che*. k. 181, 7'-9.

(³) Dans l'*Histoire des Ming* et les rituels et recueils administratifs des Ts'ing, il est question du *p'i-sie* 庠邪 comme décorant le sommet des stèles (De Groot, *Religious System*, II, p. 452, et III, p. 1143 sq.). Ceci doit résulter d'un rapprochement phonétique moderne. La prononciation de *p'i* (ou *pi*), dans cette expression, n'est pas sûre, mais il doit probablement se lire au *jou-cheng*, avec ancienne finale gutturale ; *sie* est à ancienne initiale dentale, tandis que dans 下 et 蝦 l'initiale était gutturale.

(⁴) Cf. De Groot, *op. cit.*, III, p. 1146 sq.

Un des rarissimes bâtiments en pierre signalés en Chine, le temple de la déesse du T'ai chan au Hiao-t'ang chan 孝堂山 (Chan-tong), si curieux avec son péristyle de colonnes monolithes, date de 1635(¹).

Les bâtiments en briques, sans être communs, sont moins exceptionnels ; les Chinois les appellent « édifices sans poutres » (voûtés), *wou leang tien* 無梁殿. Le plus ancien que je connaisse, et le plus remarquable par ses vastes dimensions, constituait l'édifice principal du Ling-kou sseu 靈谷寺, au Sud-Est du Tchong Chan 鍾山, à 2 ou 3 kilomètres à l'Est du tombeau de Hong-wou, près de Nankin ; il fut construit au début des Ming (²). Un autre est tout ce qui subsiste du K'ai-yuan sseu 開元寺, dans l'angle Sud-Ouest de Sou-tcheou (Kiang-sou) ; ce gracieux édifice remonte également à l'époque des Ming (1618) ; il comprend deux étages ; dans le mur de chaque étage, sur la façade Sud, sont encastrées six colonnes surmontées de chapiteaux, et sous chacun des toits court une frise de consoles à encorbellements successifs, imitant les structures analogues en bois (³), trois portes voûtées sont percées à l'étage inférieur, et dans le mur de l'étage supérieur sont ménagées cinq voûtes, la centrale servant de fenêtre et les quatre autres formant des niches (⁴). Il existe à Pékin et dans ses environs un certain nombre de constructions analogues, mais de proportions beaucoup moins élégantes : l'édifice principal du Si t'ien fan king 西天梵境, au Nord-Ouest du Pei hai 北海, à deux étages avec, au Sud, cinq ouvertures cintrées à chaque étage (⁵), le Tche houei hai 智慧海, au sommet du Wan cheou chan 萬壽山, à deux étages aussi (⁶) ; le toit et les murs de ces deux édifices sont entièrement recouverts de tuiles vernissées ; le Yu tch'en pao tien 玉宸寶殿, à un étage, au pied du versant Nord du Yu-ts'iuan chan 玉泉山, etc. ; tous

---

(¹) Chavannes, *Mission archéologique*, fig. 828 ; *T'ai chan*, p. 30, 2, et fig. 8 et 9.

(²) Le Ling-kou sseu se trouvait originellement, sous un autre nom, à l'emplacement du tombeau de Hong-wou ; il fut transféré à son emplacement actuel au début des Ming. Il fut détruit à deux reprises par des incendies, au XVᵉ (Gaillard, *Nankin d'alors et d'aujourd'hui*, p. 298) et au XVIᵉ siècle. sauf le Wou-leang tien, et reconstruit au début des Ts'ing (*K'ang nan t'ong tche* de 1736, k. 43, 1ᵇ-2ᵇ ; *King ning fou tche* de 1811, rééd. de 1880, k. 10, 5). Les bâtiments en bois furent détruits de nouveau par les T'ai-p'ing ; on les a reconstruits récemment. Le Wou-leang tien est actuellement désaffecté ; les murs et une partie de la toiture subsistent ; l'intérieur est envahi par la végétation.

datent de l'époque mandchoue (¹). M. Laufer (²) a observé qu'une des caractéristiques du Chan-si est qu'on y trouve beaucoup de maisons de paysans voûtées, en briques ; d'après lui ce mode de construction serait d'origine hindoue. Cette hypothèse me paraît vraisemblable en ce qui concerne les temples, mais peu probable quant aux maisons de paysans. Le silence du *Ying tsao fa che*, le fait qu'on n'a pas signalé jusqu'ici de *Wou leang tien* sûrement antérieur aux Ming, me porteraient à voir là un emprunt relativement moderne, dû peut-être à l'influence du bouddhisme lamaïque.

Les k. 4 et 5 sont consacrés aux :

III. — *Règlements sur les grands ouvrages en bois* (*ta mou tso tche tou* 大木作制度), c'est-à-dire la charpente. C'est la partie essentielle de l'ouvrage. L'interprétation du texte, avec la collaboration d'un architecte, et grâce aux planches nombreuses et détaillées qui l'illustrent (k. 30 et 31), ne présenterait pas de difficultés insurmontables. Le premier article se rapporte aux « bois », *ts'ai* 材, c'est-à-dire aux pièces fondamentales, aux « ancêtres » (祖) de la charpente. Le texte en distingue huit catégories, de dimensions proportionnelles à celles des bâtiments ou des éléments de construction où ils sont utilisés ; ainsi, pour un édifice de 9 à 11 travées, les « bois » sont larges de 0 .9 et épais de 0 .6, le rapport de leur largeur à leur épaisseur étant toujours égal à celui de 15 à 10. D'autre part, le dixième de leur largeur est pris comme module, servant à déterminer les proportions de tous les « grands ouvrages en bois », cette unité est appelée une « partie » *fèn* 分 (au k'iu cheng) ; par exemple, dans le cas précité, un *fèn* sera égal à 0 .06 (6*fèn*). La nature de ces « bois » n'est pas déterminée ; ceux des sept premières catégories sont définis comme étant utilisés dans des bâtiments de grandeurs diverses, édifice de palais, salles de réception, pavillons, etc. ; il peut donc s'agir de colonnes, de poutres ou de solives ; mais les « bois » de la huitième catégorie n'étaient employés que dans les coupoles et les entablements.

Le dernier article est intitulé : *Kiu tchö* 翠折 ; le texte en est reproduit dans l'« Examen critique ». Il s'agit, si je ne me trompe (cf. les planches, k. 31) : d'une part de l'*élévation* de la toiture, c'est-à-dire de la hauteur du faîte par rapport à gue aux constructions décrites ci-dessus, compris dans l'ensemble du Hien-t'ong sseu 顯通寺, le principal temple du Wou-t'ai chan ; je n'ai pu en déterminer la date. M. Laufer signale au Chan-si deux autres édifices bouddhiques voûtés en briques (*Zur kulturhistorischen Stellung der Provinz Shansi*, Anthropos, V (1910), 1, p. 186-188). Celui du Fang-lin sseu 芳林寺 de T'ai-yuan fou, en son état actuel, date des Ming. Celui du Ta-yun sseu 太雲寺 de P'ing-yang fou serait une simple voûte abritant une grande statue ; le Ta-yun sseu fut fondé sous les T'ang, mais de quand date la voûte en briques ? J'ignore également à quelle époque fut construit l'édifice en briques, à deux étages percés de voûtes, du Chouang-t'a sseu 雙塔寺 de T'ai-yuan fou (Bœrtschmann, op. cit., fig. 82).

(²) *Loc. cit.*

celle des bords du toit, d'autre part des *brisures* successives des pentes du comble Espérons que l'étude de cette partie du *Ying tsao fa tche* permettra de reconnaître si l'incurvation des toits (assez légère à cette époque, d'après les planches) s'explique bien, comme il est probable, par des raisons d'ordre technique.

Les k. 6 à 11 contiennent les

IV. *Règlements sur les petits ouvrages en bois* (siao mou tso tche tou 小木作制度). Portes. — Fenêtres. — Cloisons. — Ecrans. — Paravents. — Clôtures. — Rebords de toits (樁). — Chéneaux (水槽). — Portes, fenêtres et cloisons à claire-voie (格子). — Contrevents (障日版). — Escaliers (胡梯). — Perches servant de cadres aux treillis de bambou pliables (胖簾竿). — Panneaux occupant le fond des caissons du plafond (*p'ing k'i* 平棊), litt. « échiquiers plats » : le sens que j'indique paraît ressortir du texte des « règlements » et des citations données dans le « Glossaire général », k. 2, 7ᵇ-8ᵃ, notamment d'un passage du *Chan hai king*, suivi d'un long commentaire qui est manifestement une addition de Li Kiai ; treize motifs d'ornementation, pouvant être appliqués à ces panneaux, sont énumérés, k. 8, 1ᵇ, et représentés dans les planches, k. 32, 10ᵃ-14ᵃ ; le deuxième est le *teou pa* et le neuvième le *teou eul che sseu*. — *Teou pa ts'ao tsing* (placés dans les caissons, 平棊之內). — « Barrières servant à écarter les chevaux » (*k'iu ma tch'a tseu* 拒馬叉子), ce sont des barrières fermant l'entrée des résidences administratives, appelées aussi *hing ma* 行馬 ; v. le « Glossaire général », k. 2, 8ᵇ-9ᵃ. — Barrières. — Balustrades. — Pavillons construits sur les puits (井亭子). — Ecussons (牌) ; v. les planches, k. 23, 18ᵃ-ᵇ. — Tabernacles bouddhiques et taoïques (*fo tao tchang* 佛道帳, litt. « tentures, baldaquins »), constructions en bois très finement sculpté, destinées à contenir les statues de divinités ; le type le plus élaboré (pl., k. 32, 19ᵃ-ᵇ) mesurait 2ᵐ9 de hauteur, 1ᵐ2 de profondeur et environ 5ᵐ5, soit une quinzaine de mètres, de longueur ; c'était un véritable édifice, comprenant : 1° un soubassement orné de nombreuses moulures et surmonté d'une balustrade ; 2° un corps de cinq travées, dont la façade principale était percée de trois baies permettant de voir les statues à l'intérieur ; 3° deux escaliers à rampes bombées (道圈橋子), avec mains-courantes, aboutissant au haut du soubassement devant les deux baies latérales ; 4° au-dessus des colonnes du corps principal, une frise d'entablements, soutenant un avant-toit puis un toit avec simili-tuiles ; 5° une nouvelle frise d'entablement soutenant un étage supérieur ; celui-ci se composait d'une balustrade et d'une série de neuf pavillons à deux étages, reliés par une sorte de bâtiment courant ; c'étaient les « pavillons à étage du palais céleste » (天宮樓閣), ou encore « l'édifice à neuf faîtes » 九脊殿. L'ensemble devait être d'un effet exquis ; de pareilles œuvres montrent que le travail du bois avait atteint un haut degré de perfection sous les Song. La description de ce type occupe tout un chapitre du texte (k. 9) ; au k. 10 sont décrits deux autres types du même genre, ne comportant pas de « palais céleste », pl., *ib.*, 20ᵃ-21ᵃ). — Bibliothèques tournantes (轉輪經藏), montées sur un axe (軸), et comprenant 16 tiroirs à livres sacrés (經經匣), et armoires murales (壁藏), toutes deux surmontées de « palais célestes » (texte, k. 11 ; pl., k. 32, 21 -22ᵃ).

Une des portes décrites au k. 6 (2ᵃ-3ᵇ) est appelée « porte à têtes noires (ou à têtes de corbeaux) » (*wou t'eou men* 烏頭門). Elle pouvait comporter (pl., k. 32, 2) une embrasure haute de 8ᵖ à 22ᵖ, et d'une largeur identique ou un peu moindre. Chacun des deux vantaux (扇) était divisé en deux parties par un étroit panneau orné (華版), bordé de filets et constituant la « taille » (腰) de la porte. La partie inférieure était formée par un panneau plein (障水版), orné de moulures (地栿) en forme de dentelures (牙頭), la dentelure inférieure étant parfois remplacée par un motif en forme de « tête de sceptre » (如意頭). La partie supérieure était occupée par des barreaux (櫺子)[1], épais de 1/100, larges d'environ 1/18 de la hauteur des vantaux, et formant grillage. Les vantaux étaient maint nu par des montants (立頰) et surmontés d'un linteau (額). Les montants étaient pris à leur tour entre des piédroits (挾門柱) ou piliers carrés, de même épaisseur que le linteau, le dépassant en hauteur et supportant des « têtes noires », c'est-à-dire : 1° un élément apparemment cylindrique, d'un diamètre légèrement supérieur à la largeur du pilier, 2° une corniche circulaire, et 3° un couronnement en forme de dais, appelé « colonnette effilée » (搏柱). Sur le linteau, contre la face intérieure des piliers, reposaient deux éléments figurés sur la planche par des cercles, et, à ses extrémités, deux autres en forme de pointes relevées ; ils sont appelés dans le texte « panneaux du soleil et de la lune » (日月版) [2]. Toutes ces parties devaient être en bois, car la pierre n'est mentionnée qu'à propos des bases (砧) des montants et des piédroits.

Dans l'« Examen critique » et au k. 6, Li Kiai indique les deux synonymes suivants de *wou t'eou men* : 1° *Piao kie* 表楬, « poteaux ; indicateurs ». *Piao* désigne des monuments honorifiques ou commémoratifs, par exemple des arcs de triomphe [3] ; des stèles portant des inscriptions où sont *signalés*, 表, les mérites du défunt [4]. on appelle *houa piao* ou *houa piao tchou* 華表柱 des colonnes avec base, chapiteau et couronnement, dont le fût est flanqué à sa partie supérieure de « panneaux du soleil et de la lune » en forme de flammes [5] ; en fait, le *ling sing men* n'est qu'une paire de telles colonnes, reliées par une traverse. Le *kie* est un poteau commémoratif : d'après le *Tcheou li* [6], on en dressait sur les tombes d'individus morts sur les routes. — 2° *Fa-yue* 閥 (ou 伐) 閱, paires de colonnes, ou portes, dressées devant les maisons des personnages de mérite, ou, par droit héréditaire, des familles illustres. D'après deux textes cités dans le *k'an siang*, k. 2, 6ᵇ, on appelait *wou t'eou men*, sous les T'ang, des portes comportant une paire de poteaux indicateurs (表).

_____

[1] Sur ce terme, cf. les pl. ou k. 32, 17ᵃ⁻ ; les fenêtres grillées des temples bouddhiques japonais sont appelées *renji mado* 櫺子窓, v. Baltzer, *Die Architektur....*, p. 16.

[2] Par là se trouve précisée la nature — ou tout au moins le nom — des ailerons de colonnes ; De Groot y voyait des images (*Religious System*, III, p. 1202 ; cf. *BEFEO*,

XX, III, 27, et *T'oung pao*, 1922. p. 64). J'ai relevé les inscriptions *soleil* et *lune* sur les ailerons de deux colonnes dressées devant une tombe moderne. au bord du chemin pavé conduisant de Hang-tcheou au Ling-yin sseu 靈隱寺. Je les ai retrouvées sur les anses du grand brûle-parfums en bronze de l'époque *wan-li*. placé devant l'édifice principal du Ling-yin sseu ; les caractères sont disposés ainsi anse ouest, côté nord : *soleil*, côté sud : *lune* ; anse est, côté nord : *lune*, côté sud : *soleil*.

(³) De Groot, *Religious System*, II, p. 769 sq.

(⁴) *Ib.* p., 1163 sq.

(⁵) Cf. Itō, *Rapport*, p. 16-17.

(⁶) Trad. Biot. II, p. 378, où pour : *ils préparent son cercueil*, il faut lire : *ils placent des poteaux* (置楬).

et dont « l'usage » était réservé aux fonctionnaires du sixième grade ou supérieurs : elles leur étaient vraisemblablement attribuées à titre de distinction honorifique. Un passage du *Ts'ö fou yuan kouei* de 1013 (k. 145, 22ᵃ) nous apprend que sous les Cinq Dynasties, en 939, le *fa yue* comportait deux piliers, hauts de 12, distants de 10 pieds et surmontés chacun d'un élément cylindrique en terre cuite (瓦桶), teint en noir et appelé pour cette raison « tête noire » (ou « tête de corbeau »), d'où les autres noms du *fa yue* : *wou t'eou men*, *wou t'eou tcheng men* 烏頭正門 (¹). On sait d'autre part par le *Tcheng tseu t'ong* 正字通 (s. v. 闊) qu'à l'époque de Yuan le nom de *wou t'eou fa yue* était encore en usage pour désigner les portes des nobles.

Li Kiai ajoute que de son temps le nom vulgaire de ce genre de portes était *ling sing men* 欞星門. Ce nom se retrouve actuellement sur des portes situées, soit dans l'allée conduisant à des tombeaux impériaux (²), soit à l'entrée principale des temples des sages (³). Presque toutes ces portes sont construites en pierre ou en briques, et, dans la plupart d'entre elles, les vantaux en bois ont disparu : là où ils subsistent toutefois, notamment à K'iu-feou et à T'ai-yuan fou (⁴), ils comportent un panneau inférieur plein et une partie supérieure grillée (⁵). On y reconnaît nettement les parties essentielles décrites dans le *Ying tsao fa che* : les piliers dépassant le linteau, qui les déborde des deux côtés, et surmontés d'un ornement plus ou moins élaboré, se terminant généralement en pointe ; les « panneaux du soleil et de la lune » en forme de flammes, appliquées contre les piliers au-dessus du linteau. Ce type a été plus ou moins développé et compliqué ; dans toutes les portes, des assises, simples ou multiples, sont venues rehausser le linteau ; toutes aussi comprennent, non plus une seule ouverture, mais au moins trois ; parfois encore on a divisé cet ensemble en trois ou cinq portes indépendantes.

De Groot a fait remarquer (⁶) que le même type de portes se retrouve auprès des grands tertres-autels de Pékin. L'identité est indéniable, par exemple en ce qui

---

(¹) Dans certaines portes japonaises en bois appelées *kabuki mon* 冠木門 et dont la structure, ainsi que l'indique leur nom (*kabuki* désigne un linteau dont les extrémités débordent latéralement les deux poteaux de la porte, qui le dépassent en hauteur). est analogue à celle des portes *wou t'eou* ou *ling sing*, le sommet des poteaux porte une couverture métallique appelée « casque » (*kabuto* 兜) et vernie en noir ou en vert foncé. « Ce motif offre généralement avec les parties en bois, d'un ton naturel chaud, un contraste du plus remarquable effet. » F. Baltzer, *Das japanische Haus*, p. 43 et fig. 88.

(²) Tombeaux des Ming. Cf. De Groot, *op. cit.*, III. p. 1205 et pl. xLIII ; *BEFEO*, XX, III 30–32 et pl. XII.

(⁴) Temples de Confucius à K'iu-feou (Chavannes, *Mission*, fig. 927 ; Tschepe, *Heiligtümer des Konfuzianismus*, fig. 3), à Wen-chang 汶上 au Chan-tong (Tschepe, *Konfuzius*, I, p. 121, fig. 6), et dans d'autres villes (Bœrschmann, *op. cit.*, II, p. 236–237, pl. XXI–XXII, fig. 51, 165, 166). Temple de Meneius à Tseou hien au Chan-tong (Chavannes, *Mission*, fig. 900 ; Tschepe, *Konfuzius* II. p. 122–123).

(¹) Bœrschmann, *op. cit.* fig., 51.

(⁵) Il semble même qu'au temple de Confucius de Yi-tch'ang au Hou-pei (Bœrschmann, *op. cit.*, fig. 166) le grillage ait été sculpté à jour à dans l'une des assises de pierre reposant sur le linteau.

(⁶) *Religious System*. III, p. 1205.

concerne les quatre paires de triples portes situées sur les quatre côtés de l'autel du Ciel (¹) : c'est là que le modèle des Song s'est, de beaucoup, le plus fidèlement conservé. D'après le *Ta Ts'ing houei l'ou* (k. 2, 10ª), « leurs battants, peints au vermillon, comportaient des barreaux » actuellement disparus (²).

Par suite d'une erreur de ponctuation, De Groot a cru trouver dans ce texte un nom des portes de l'autel du Ciel : *ling men* 欞門 ; en réalité, elles n'ont point de nom particulier ; mais De Groot se trompait de peu ; en effet, d'après un texte du *T'ong sou wen* 通俗文, cité dans le *Yin yi* de Hiuan-ying des T'ang (TT. XXXIX, 7, 14ᵇ), le terme *ling* 欞 peut désigner une porte à claire-voie (疏門). Ceci m'amène à tenter une explication du nom *ling sing men*. Il paraît certain que, lorsque ce nom entra dans l'usage, vraisemblablement sous les Song, il désignait des portes assez communes (³) ; plus tard seulement, sans doute sous les Ming, il fut réservé à des portes présentant, comme les constructions auxquelles elles donnaient accès, un caractère de suprême sainteté ; en ces cas exceptionnels, la tradition préserva non seulement leur nom, mais, à peu près intacte, leur structure ; celle des portes honorifiques ordinaires, par contre, se modifia en même temps que s'introduisaient pour les désigner de nouveaux noms, tels que *pai fang* 牌坊. Il n'est donc pas nécessaire, semble-t-il, de chercher dans ce nom, employé « vulgairement » à l'époque des Song, une allusion littéraire, pas plus que dans ses synonymes *fa yue*, *piao kie* et *wou l'eou men* (⁴). Ce dernier se rapporte à l'une des caractéristiques du *ling sing, men*, les sommets des piliers ; je serais porté à croire que *ling sing men* se rapporte à l'autre, non moins essentielle, ainsi qu'il ressort du texte du *Ying tsao fa che* : le grillage. *Sing* 星 y aurait le sens « espacé, séparé, épars » (⁵),

_____

(¹) Photographie dans De Groot, *Universismus*, p. 145, et croquis dans Itō, *Rapport*, p. 16. Cet autel date de 1420. Le *ling sing men* des tombeaux des Ming est probablement de quelques années postérieur.

(²) Il existe des portes identiques au Nord et au Sud des autels des Divinités célestes et terrestres (天神地祇). Cf. *Ta Ts'ing houei lien l'ou*, k. 3, 14ᵇ–15¹.

(³) Lors de son voyage à Pékin, en 1169, Fan Tch'eng-ta vit encore à K'ai-fong dans la capitale ruinée des Song septentrionaux, un *ling sing men* qui se dressait entre une galerie et un édifice du palais (*Lan pi lou*, 3). Sous les Yuan, en 1314, le portique extérieur d'un temple de Tch'ang-hing 長興 au Tchō-kiang, consacré à la divinité taoïque du pic de l'Est, portait le même nom (*Leang Tchō kin che tche* 兩浙金石志, k. 15, 9ᵇ et 11ᵇ, et *Wou-hing kin che ki* 吳興金石記 de Lou Sin-yuan, k. 13, 15ᵇ et 17ᵇ).

(⁴) On reconnaît encore dans certains *p'ai fang* de type simple les principaux éléments du *ling sing men* : les colonnes dépassant le linteau, les appliques flammées. Voir p. ex. le *Mariage chinois* du P. Hoang, p. 245, fig. 1, et De Groot, *Religious System*, II, p. 778.

(⁵) De même que *ling sing men* prit peu à peu un caractère noble et officiel ; ainsi Kou Yen wou déclare que sous les Ming le *ling sing men* des Che-san ling était vulgairement appelé *Long fong men* 龍鳳門 ; or le *Ta T'sing houei tien* appelle *long fong men* la porte correspondant au *ling sing men*, dans les tombeaux des souverains mandchous (De Groot, *ib.*, III, p. 1308). Voir dans Fonssagrives, *Si ling*, p. 66, une photographie du *long fong men* du tombeau de Kia-k'ing ; les vantaux des trois ouvertures sont grillés en leur partie supérieure. Cf. aussi Börschmann, *La Chine pittoresque*, fig. 29.

comme dans les expressions courante 星櫺 ou 霝星 ; *ling sing men* signifierait « porte à espacement de barreaux », à claire-voie, à grillage disposé comme les étoiles sur la voûte céleste, par opposition aux portes à panneaux pleins, 版門, qui forment l'objet de l'article précédent du *Ying tsao fa che* Dans une ode sur le temple de Confucius de la préfecture de T'ai-ping 太平 au Ngan-houei, composée à la fin de l'époque mongole (1345) par T'ao Ngan 陶安, l'image est retournée ; *ling sing* signifie « les étoiles disposées comme un grillage » :

流紅光於晨曦
颺翠氣於晴旻.
啟櫺星於黃道.
棲列宿於朱闈.

« Il épand des lueurs rouges dans l'irradiation de l'aube
Et fait tourbillonner des vapeurs bleues dans le firmament serein ;
Il déploie les étoiles disposées en grillage sur le Zodiaque,
Juche les constellations rangées en bon ordre sur les Portes du Ciel » (¹)
Le parallélisme de 櫺 et de 列 interdit de faire du premier un nom d'étoile 櫺 pour 霝 ou 霝), comme on l'a voulu plus tard (²).

V. *Règlements sur les ouvrages sculptés* [en bois] (*tiao tso tche tou* 彫作制度).
Ces ouvrages sont répartis, d'après leur caractère ornemental, en quatre catégories :
1⁰. — *Ouvrages mélangés* (混作), comprenant huit groupes (pl. k. 32, 23 ᵃ) :

a) *Divinités et immortels* (神仙), saints et saintes taoïques (眞人, 女眞 ou 貞), jeune homme d'or et jeune fille de jade (金童玉女, personnages taoïques qui doivent être distingués de 善財童子, Sudhanakumara, et 龍女, la fille du nāgarāja Sāgara, acolytes de Kouan-yin), etc.

b) *Immortels volant dans les airs* (*fei sien* 飛仙 ; ce terme désigne en particulier, dans les « Ouvrages peints », un personnage féminin non ailé, orné de colliers et de bracelets et vêtu de longs voiles flottants qui cachent en partie ses jambes, il tient des fleurs, soit par la tige entre ses doigts, soit disposées dans des plats ; (voir les pl., k. 33, 9 ᵃ⁻ᵇ, registre supérieur), *p'in-k'ia* 嬪伽 (abréviation de *kialing-p'in-k'ia* 迦陵頻伽, kalaviṅka) ; en peinture, êtres ailés à buste humain, à pattes griffues, à queue touffue analogue à celle du paon ; le bas du buste est emplumé ; autour des bras sont passés des voiles flottant en longues volutes (voir *ib.*, registre central) ; oiseaux à [deux] vies communes (*kong ming niao* 共命鳥) ;

jĭvamjĭva (en peinture, êtres ailés analogues aux précédents, mais à deux têtes ; voir *ib.*, registre inférieur), etc.

(¹) 列位布散也. *Che ming* 釋名 de Lieou Hi des Han, éd. *Han wei ts'ong chou*, k. 1, 1ᵇ.

(²) *K'ong miao fou* 孔廟賦, ap. *Li tai houei fou* 歴代彙賦, k. 76, 8ᵇ. T'ao Ngan, app. Tchou-king 主敬, originaire de Tang-t'ou 當塗 (chef-lieu de la préfecture de T'ai-p'ing), mourut en 1368 (*Ming che*, k. 135, 1ᵃ⁻ᵇ). Il composa un *fou* pour commémorer une restauration du temple effectuée par un nouveau préfet de T'ai-p'ing.

c) Bambins fabuleux (化生).

Ces trois groupes ont pour attributs des instruments de musique, des champignons, des herbes, des fleurs, des fruits, des plats ou des ustensiles, qu'ils tiennent dans leurs mains.

d) Barbares (du monde occidental, 佛徐, des régions orientales, 夷人, etc.).

Ils mènent à la corde des quadrupèdes ou tiennent des drapeaux ou des armes.

e) Phénix, paons, grues, perroquets, faisans, faisans dorés, canards, oies et autres oiseaux.

f) Lions, licornes, chevaux ailés (天馬), hippocampes (海馬), agneaux, chèvres, cerfs, ours, éléphants, rhinocéros et autres quadrupèdes naturels ou fabuleux.

Les figures de ces six premiers groupes devaient reposer, assises ou debout, sur des socles en forme de fleurs de lotus, et se plaçaient sur les colonnettes séparant les travées de; balustrades, sur les cadres d'écriteaux, etc.

g) Divinités des angles (角神) et des armoires ou bibliothèques précieuses (寶藏神), placées « aux angles des maisons, au-dessous de la grande poutre d'angle [dans l'angle du comble, au-dessous de la poutre faîtière], dans la bande pourtournante centrale du soubassement des tabernacles », etc.

h) Dragons enroulés autour de colonnes (盤柱龍), dragons enroulés sur eux-mêmes, dragons assis, poissons à dents (? 牙魚), placés sur les colonnettes des tabernacles, des bibliothèques de livres sacrés, autour des « montagnes précieuses », à l'intérieur des caissons de plafonds (Pl., k. 32, 25ᵇ.).

Les figures de cette catégorie, comme celles de la suivante, étaient sculptées en ronde bosse (令四周皆備).

2°. — *Fleurs en pots, sculptées dans le style réaliste* 影揷寫生華 (sur le terme *sie-cheng*, désignant des représentations non schématisées, cf. Petrucci, *Encyclopédie de la peinture chinoise*, p. 417) ; ce sont des plantes, feuilles et fleurs : pivoines, hibiscus, lotus, etc. (v. la pl., k. 32, 23ᵇ), appliquées contre les espaces du mur laissés libres et encadrés par les consoles des chapiteaux (栱眼壁之內).

3°. — *Fleurs à feuilles enroulées, découpées en relief* (起突卷葉華), fleurs de grenade, roses, etc., décorant les linteaux, les panneaux centraux de portes à clairevoie, les cadres d'écriteaux, les panneaux de balustrades, etc.

4°. — *Fleurs à feuilles creuses, évidées dans des surfaces* (剔地窪葉草), fleurs de grenadier, pivoines, lotus, fleurs d'asperges (萬歲窩, *asparagus lucidus*), orchidées, etc., décorant les sommets de poteaux de barrières, les bandes horizontales placées à la « taille » et au pied des barrières, etc. (Pl., k. 32, 24ᵃ-25ᵇ).

Ce chapitre confirme la remarque faite plus haut sur l'importance et la perfection de la sculpture sur bois à l'époque des Song ; l'ornementation architecturale était d'une variété remarquable ; plusieurs motifs mentionnés par Li Kiai paraissent être tombés dans l'oubli. En examinant, par exemple, l'inventaire des motifs décoratifs du palais de Pékin dressé par T. Okuyama, on est frappé de l'absence presque totale de la figure humaine (elle n'est représentée que par deux petits personnages placés aux deux extrémités des rangées de monstres arêtiers en céramique) ; le fait qu'il s'agit d'un édifice impérial, où le dragon joue nécessairement un rôle prépondérant aux dépens des autres motifs, ne fournit pas une explication suffisante de cette absence, qui, si je ne m'abuse, est assez générale dans la Chine actuelle (¹). Il est d'autant plus curieux de retrouver des personnages féminins, danseuses non ailées, bustes ailés de femmes couronnées de diadèmes, des bambins, des monstres quadrupèdes, etc., dans les bas-reliefs en bois de certains temples communaux du Tonkin. Mais peut-être ces bas-reliefs illustrant en certains cas des légendes locales, doivent-ils être considérés comme une des rares productions purement indigènes de l'art annamite.

Les figures du second groupe des *Ouvrages mélangés* (supra, b) appellent quelques observations.

1, En dépit de son nom, qui dans la terminologie bouddhique signifiait « r̥ṣi volant », le *fei sien* est certainement d'origine bouddhique. Ce personnage féminin non ailé, que paraît porter une brise et dont souvent les jambes se fondent dans les ondulations et des volutes de voiles flottants, est fréquent dans l'art bouddhique de l'Extrême-Orient (²). Les iconographes japonais l'appellent « être humain céleste » (天人) (³). Ce terme désigne dans les textes des hommes ou des femmes résidant, après leur mort, aux « six cieux du désir », dans le *rūpadhātu*, où subsiste le désir de luxure et dont les habitants se divisent encore en masculins et en féminins : ces derniers sont appelés « femmes célestes », 天女 (devakaryā) (⁴). On lit dans un opuscule tantrique non daté les prescriptions suivantes auxquelles correspond parfaitement l'image du *Ying tsao fa che* : « D'abord on dessine le *devarāja* Maheçvara,

_____

(¹) Li Kiai déclare (k. 12, 2¹) que sur le bord intérieur des cadres d'écriteaux. lorsque ceux-ci portaient des inscriptions de l'empereur, on sculptait des dragons ; mais il ne stipule pas qu'on supprimât pour cela les figures des « ouvrages mélangés ». — Sur la pauvreté de la décoration architecturale des Ming et des Ts'ing, comparée à celle des édifices japonais de l'ère Tempyō (VIIIᵉ siècle), dérivant de celle des T'ang, voir le *Rapport* de M. Itō, p. 62.

(²) Chavannes, *Mission*, fig. 231 (Yun-kang), fig. 322 et 326 (Long-men). Le pourtour d'une auréole de statue des Wei septentrionaux (594 p. c.). conservée au palais de Tōkyō, est orné de femmes analogues dont les jambes se terminent en pointes de flammes (Hirako Takurei 平了鐸嶺, *Bukkyō geijutsu no ke ·kyū* 佛故藝術 の 研究, Tōkyō, 1914, p. 328-332 et pl. v). Cf. les personnages flottant au-dessus d'Avalokiteçvara dans une peinture de Touen-houang datée de 983 (*Bull. arch. du Musée Guimet*, fasc. 2, pl. II) ; un cartouche les désigne d'un terme chinois qui doit être *t'ien niu* 天女, car M. Hackin le traduit par *apsaras* (= *t'ien niu* d'après *Mahāvyutpatti*. CLXII., 55). Comparer, dans l'Inde, les personnages féminins presque nus, non ailés mais « designed with a great feeling of air-borne motion » d'Ajantā : leurs jambes sont en partie cachées par des feuillages (J. Griffiths, *The Paintings of Ajantā*, p. 10). A Barhut, ils sont ailés et tiennent des guirlandes ; leurs jambes disparaissent derrière des feuillages (Cunningham, *Stupa of Bharhut*, pl. XIII, face ext. et côté). A Amravati, ils n'ont pas d'ailes et portent des ceintures à longs pans flottants (Fergus-son, *Tree and Serpent worship*, pl. LXXIII, fig. 1).

(3) *Butsuzō zui* 佛像圖彙 de 1690, rééd. Tōkyō et Ōsaka, 1752, k. 2, dernier fo. — Kimusa Sadajirō 木村定次郎, *Nihon butsuzō monogatari* 日本佛像物語, Tōkyō, 1920, table, p. 22 (décrivant une fresque du Hōkaiji 法界寺 près de Kyō-to, reproduite à l'intérieur de la couverture).

(4) Cf. *Bukkyō jirin*, p. 617 ; *Bukkyō daijiten*, p. 1256 ; *Mahāvyutpatti*, CLIII, 56. 天女 peut encore traduire, d'après la *Mahāvyutpatti*, devī, suravadhū, apsaras.

avec trois faces et six bras ; son aspect est étrange, beau et redoutable. De l'extré-mité de ses cheveux, il donne naissance à une *femme céleste*, exceptionnellement merveilleuse et admirable ; aucun des êtres humains habitant dans les cieux ne la surpasse. Elle porte des vêtements célestes ; des pierres précieuses ornent son corps ; elle a des bracelets aux deux poignets ; de sa main gauche, dirigée vers le haut, elle tient une fleur céleste, et sa main droite, dirigée vers le bas, fait le geste de saisir sa robe (1). » Ces écharpes d'une légèreté aérienne sont donc des « vêtements célestes » ; le *Dīrghāgama* nous apprend, en effet, que plus on s'élève dans les mondes célestes, plus les vêtements deviennent légers ; ainsi dans le monde d'Uttaravatī, longs de 14 coudées et larges de 7, ils pèsent une once ; au Ciel des Trente-trois, pour 2 *yojana* de longueur et un de largeur, ils ne pèsent plus qu'un quart d'once, et au Ciel des Paranirmitavaśavartin, longs de 32 et larges de 16 *yojana*, leur poids est de 1/48 d'once (2). — Ce personnage se retrouve dans d'admirables fresques ornant les murs de tombeaux coréens : même corps humain non ailé, mêmes voiles serpentins cachant les jambes, mêmes plats ou bols reposant sur les mains (3). Les autres éléments de la décoration de ces tombeaux sont empruntés à l'ancienne my-thologie chinoise ; il est probable que la *devakanyā* s'introduisit très tôt dans le panthéon chinois non bouddhique, d'où le nom que lui donne le *Ying tsao fa che*.

2. Le *kalaviṅka* (1), en chinois « belle voix, voix merveilleuse ou extraordinaire » (5), est souvent mentionné dans les textes bouddhiques, soit dans des énumérations d'oi-seaux, soit que la voix des saints soit comparée à son doux gazouillement. « De même que l'oiseau *kalaviṅka*, lit-on dans le *Mahāprajñā pāramitāçāstra*, n'étant point en-core sorti de la coquille, émet des sons suaves et merveilleux, ainsi les prédications des *bodhisattva* et *mahāsattva*, bien qu'ils ne soient point sortis de la coquille de l'inscience, sont supérieures par leur son à celles des auditeurs, des *pratyekabuddha* et des hérétiques (6). » Il ne s'agit donc pas du moineau (sens donné par Böhtlingk), mais de quelque oiseau chanteur ; des spécimens en furent offerts en 815 à l'empe-reur Hien-tsong des T'ang, avec des perroquets, par le royaume de Kaliṅga (Java) (7). — Mais ce nom s'applique aussi dans l'iconographie bouddhique de l'Extrême-Orient à ces êtres à tête ou à buste humains, à ailes, à pattes et à queue d'oiseau, qui s'identifient avec les *kiṃnara* et les *kiṃnarī* dans les bas-reliefs du

(1) 摩醯首羅大自在天王神通化生伎藝天女念誦法, TT. XXVI, 2, 41 b, 8-9. Cette « femme céleste », née de l'uṣṇīṣa de Maheçvara, formula une *dhāraṇī* dont la prononciation assure l'accomplissement de tous les désirs.

(2) *Tch'ang a-han king*, TT. XII, 9, 107 b, 12-17.

(3) *Chōsen Koseki zufu*, II, fig. 626 (fresque attribuée à la fin des Six Dynasties ou au début des Souei, VIᵉ siècle) ; *Chōsen Kofun hekigwa shū*, fig. 31-34 (époque de Kokurye, antérieure à 686 p. c.). Les archéologues japonais les appellent 天人.

(4) La transcription la plus courante est *kia-ling-p'in-k'ia* 迦陵頻伽. Cf. par exemple : Hiuan-ying, *Glossaire* TT. XXXIX, 7, 2).

(5) 好聲, 美音, 妙聲, 逸聲.

(5) *Ta tche tou louen*, TT. XX, 2, 42ᵇ, 2-3.

(6) *Kieou T'ang chou*, k. 15 ; 6ᵃ, 11-12 ; en 813 d'après le *Sin T'ang chou*, k. 222 下, 3ᵃ, 7.

Borobudur (VIIIᵉ siècle) et plus tard en Birmanie (briques de Pagan, XIᵉ-XIIIᵉ s.), en Inde (Chittore, XVᵉ s.) et au Siam (4).

Dans les textes et dans l'art chinois et japonais, les *kiṃnara* ne sont jamais décrits ni représentés, ni comme des demi-oiseaux, ni même comme des êtres ailés. On trouve à leur sujet deux traditions.

La première est attestée, par Houei-lin vers 800 p. C. (1) : « *Tchen-t'o-lo* 真陀羅... Anciennement on disait *Kin-na-lo* 緊那羅. Ce sont des *deva* musiciens ; ils ont une voix douce et merveilleuse et savent chanter et danser. Ceux du sexe masculin ont une tête de cheval et un corps d'homme, et savent chanter. Ceux du sexe féminin sont beaux et savent danser ; ils se rangent après les femmes célestes (天女) ; ils sont pour la plupart épouses des *K'ien-t'o-p'o* (gandharva). » Le *kiṃnara* à tête de cheval est connu dans la littérature brahmanique et dans l'art de l'Inde (3). Je n'en ai trouvé qu'un exemple dans l'art extrême oriental. D'après un texte tantrique traduit par Amoghavajra au VIIIᵉ siècle (4), on doit placer dans le « Maṇḍala de la Fleur de la Loi » (法華曼茶羅), au Sud et au Nord de la porte Ouest de la troisième Cour, d'une part un Manojñasvaragandharvarāja (樂音乾闥婆王), de l'autre un Saddharmakiṃnararäja (妙法緊那羅王) ; ce dernier est généralement représenté au Japon avec une tête de daim ou de cheval (鹿馬頭面), tenant dans ses deux mains des instruments de musique (5).

La seconde est rapportée par Seng-tchao 僧肇, disciple de Kumārajīva, entre 384 et 417 (6) : « *Kin-na lo*... Kumārajīva dit : En langue des Ts'in, cela signifie : Homme ou non ? (人非人). Ils ressemblent à des hommes, mais ils ont sur la tête une corne ; lorsqu'on les voit, on dit : est-ce un homme ou non ? D'où leur nom. Ce sont aussi des esprits célestes pratiquant les arts ; ils sont plus petits que les *k en-t'a-p'o* (gandharva) » — et par Tche-yi 智顗 (539-598) (7) : « *Kin-na-lo*... Cela signifie : Divinité [d'une nature] douteuse (疑神). Ils ressemblent aux hommes, mais ils ont sur la tête une corne ; c'est pourquoi on les appelle : Homme ou non ? Ce sont les esprits qui exécutent la musique de la Loi de l'Empereur céleste [Indra] ; ils habitent les Monts des Dix Joyaux ; lorsqu'apparaissent des signes étranges, ils montent au ciel et exécutent de la musique. »

(1) Grünwedel, *Buddhist Art in India*, p. 47 ; Foucher, *BEFEO*, IX, 34 ; *L'art gréco-*

bouddhique, II, p. 22 ; *Les représentations de jâtaka dans l'art bouddhique, dans Mém. conc. l'Asie orientale*, III, p. 22-24, pl. IV, 6 et fig. 4 et 5*.

(²) *Glossaire*, TT. XXXIX, 8, 87'.

(³) Foucher, *L'art gréco-bouddhique*, II, p. 22.

(⁴) Nj. 1388. TT. XXV, 7, 66ᵃ, 16.

(⁵) Cf. Ono Gemmyō 小野玄妙, *Bukkyō bijutsu kōwa* 佛教美術講話. Tō-kyō, 1921, p. 455 (sur la planche faisant face à la p. 456, le *kimnara* se trouve à la gauche du personnage central du registre inférieur ; la reproduction trop réduite ne permet pas de distinguer sa tête). Le *gandharva* doit tenir dans la main gauche une syringe et dans la droite une épée.

(⁶) Commentaire au *Vimalakīrtisūtra*, composé sous les Ts'in postérieurs (384-417). TT. XXX, 2. 3ᵇ, 10-11.

(⁷) Commentaire au *Saddharmapuṇḍarīkasūtra*. TT. XXXI, 1. 17', 20-17', 1.

Je n'ai pas retrouvé cette corne dans les images. Les *kimnara* japonais portent souvent un diadème, un chignon ou une torsade, mais ces attributs sont loin de leur être particuliers. Ils sont représentés sous une forme strictement humaine et ne se reconnaissent qu'à leurs instruments de musique ; encore est-il difficile de les distinguer des *gandharva*, leurs confrères ou leurs époux (¹). Le *Butsuzō zui* (²) les différencie par leur costume, masculin et féminin : le *gandharva* tient un instrument de musique, la *kimnarī* un tambourin cylindrique ; de même, dans la série des vingt-huit assistants d'Avalokiteçvara représentés au Myōhōin 妙法院 de Kyōto, le *gandharva* est habillé en seigneur et la *kimnarī* en dame ; elle tient un tambourin cylindrique (³). Mais là où leur sexe n'est pas déterminé, la distinction devient à peu près impossible (⁴).

C'est au *kalaviṅka*, musicien ou non, qu'est attribué un corps d'oiseau. Celui du *Ying tsao fa che* tient un plat d'herbes (k. 33, 9ᵃ) ou une fleur et une feuille dont la tige affecte la forme d'un sceptre *jou-yi* (ib., 9'). Au Japon, ils n'ont parfois pas d'attributs (⁵), mais celui du *Butsuzō zui* (⁶) tient dans chaque main une baguette,

---

(¹) Sur les *gandharva*, Seng-tchao, *loc. cit.*, est imprécis : « Kumârajîva dit : « Ce sont des esprits musiciens du ciel. Ils habitent, sur la terre, les Monts de Joyaux. Lorsque les *deva* désirent que soit exécutée de la musique, des signes apparaissent sur le corps de ces esprits ; alors ils montent au ciel. » Tche-yi, *loc. cit.*, 17', les différencie plus nettement des *Kimnara* : « K'ien-t'a-p'o, cela signifie Odeur (嗅香) : ils se nourrissent d'odeurs. On les appelle aussi Ombres parfumées (香陰) : leur corps émet un parfum. Ce sont les esprits [chargés] de la musique profane de l'Empereur du Ciel [Indra]. » Cette distinction entre musiciens sacrés et profanes devait correspondre, vers le VII siècle, aux croyances populaires de l'Inde ou de l'Asie centrale K'ouei-ki (632-682) rapporte que *gandharva* y désignait couramment les baladins ambulants : « Kien-ta-fou, cela signifie Chercheur d'odeurs (尋香) . . Dans les régions occidentales, on appelle aussi Chercheurs d'odeurs les baladins. Ceux de cette catégorie ne sont point au service de rois ou de seigneurs, mais s'en vont seulement de maison en maison, en quête d'odeurs de boissons et de mets ; ils se rendent devant les portes, exécutent des tours acrobatiques et de la musique, puis demandent à boire et à manger. » (唯識二十論述記, TKS, A. LXXXIII, 2, 416, 上, 7-10 ; voir aussi 法華經玄贊, ib., LII, 4. 313 下, 14-18.)

(²) K. 3, 46 .

(³) Cf. Kimura Sadajirō, *op. cit.*, p. 407, fig. dr. du registre central ; p. 406, fig. g.

du registre inférieur. Ces assistants sont identifiés par un texte traduit sous les T'ang (Nj. 320 ; TT. XXVII, 10, 33b, 7).

(¹) Ainsi le *Bukkyō daijii*, définissant les *deva* chanteurs, musiciens et tambourineurs du Garbhakoṣadhātumaṇḍala (胎藏界曼荼羅), en fait tantôt des *kiṃnara* (p. 786) et tantôt des *gandharva* (p. 1125 下, 13-16). Cf. Ono Gemmyō, *op. cit.*, p. 430, et *Bukkyō daijiten*, pl. LXXXVIII.

(⁵) Par exemple ceux qui sont sculptés sur un superbe *keman* 華鬘 de bronze du XIIᵉ siècle, conservé au Chūzonji 中尊寺 de Hiraizumi 平泉 (*Bukkyō daijiten*, pl. XII ; *Bukkyō daijū*, p. 1095 ; *Histoire de l'art du Japon*, Paris, 1900, fig. 42 [cf. fig. 30 et p. 68], ou peints sur un *keman* en cuir de Kyōto datant probablement de 1086 (*Kokka*, n° 287, avril 1914. — Les *keman* sont des ornements suspendus au haut des baldaquins de statues.

(⁸) K.·2, dernier fo.

et un tambourin cylindrique pend sur sa poitrine ; le *kalaviṅka* est gravé sur beaucoup d'anciens instruments de musique japonais et sur d'anciennes cloches provenant de Corée (¹). De même, à Ajaṇṭā, beaucoup des êtres à buste humain et à corps d'oiseau chantent, frappent de la cymbale ou jouent de la guitare (²). Je ne connais pas de texte indien les désignant du nom de *kalaviṅka*, mais ce nom dut être employé dans l'Inde dans le vocabulaire d'un art secondaire, celui de la danse sacrée. L'une des « danses avec musique » dites čames (*Rinyū bugaku* 林邑舞樂), c'est-à-dire vraisemblablement d'origine indienne, qui s'introduisirent au Japon au VIIIᵉ siècle, est la « danse du *kalaviṅka* ».

3. Le *jīvaṃjīva* ou *jīvaṃjīvaka*, en chinois « vie commune, double vie, double naissance » (³), est mentionné à deux reprises dans des énumérations d'oiseaux du *Lalitavistara* ; Hiuan-tsàng rapporte qu'on en trouvait au Népal (⁴) D'après Böhtlingk, ce serait une espèce de faisan. Mais ce nom désigne, dans le *Tsa pao tsang king*, traduit au Vᵉ siècle, et dans le Vinaya des Mūlasarvāstivādin traduit au VIIIᵉ (⁵), l'oiseau fabuleux à deux têtes, dont l'une mangea un fruit exquis, puis l'autre, par jalousie, un fruit vénéneux, selon un conte du *Pañcatantra* (⁶).

La fin du k. 12 est consacrée aux *Règlements sur les ouvrages faits au tour* (VI, *siuan tso tche tou* 旋作制度), *à la scie* (VII, *kiu tso tche tou* 鋸作制度) *et en bambou* (VIII, *tchou tso tche tou* 竹作制度).

La premiè e partie du k. 13 contient les

IX. *Règlements sur les ouvrages de couverture en terre cuite* (Wa tso tche tou. 瓦 [écrit 㼧] 作制度). Méthode de fixer (*kie* 結) les tuiles « cylindriques », ou semi-cylindriques convexes en dehors (*t'ong* 甋), et « renversées », plates ou concaves en dehors (*fan* ou *pan* 瓪) (⁷), et de les utiliser (用, dimensions dépendant du genre et de la grandeur des bâtiments, etc.). — Méthode de superposer les tuiles faîtières (*lei wou tsi* 壘屋脊), tant celles du comble (*tcheng tsi* 正脊) que celles des croupes (*tch'ouei tsi* 垂脊) ; les faîtes étaient surmontés d'animaux marchants (*tseou cheou* 走獸), dont neuf variétés sont énumérées : dragons marchants, dragons volants, lions marchants, chevaux ailés, hippocampes, poissons volants, poissons à dents, *siuan-yi* 狻猊 et *hiai-tche* 獬豸. — Emploi des « queues de hibou » (*tch'e wei* 鴟尾. Il s'agit d'un motif de forme assez variable, ressemblant à un dauphin à

(¹) *Bukkyō daijii.* p. 601.

(²) Griffiths, *The paintings fo Ajantā*, p. 10 et fig. 19, p. 11.

(³) 共命, 命命, 生生. Cf. Hiuan-yiug, *Glossaire*, TT. XXXIX, 7, 2ᵇ; *Mahāvyutpatti*, XX, 39, CCXIII, 105.

(⁴) *Mémoires*, II, p. 417.

(⁵) Chavannes, *Cinq cents contes*, III, p. 28; II, p. 422-423.

(⁶) Texte de Pūrṇabhadra, II, 1; texte de Kosengarten, V, 14. L'oiseau y est appelé *bhāraṇḍa*, *bhīruṇḍa*, *bhuruṇḍa*. Dans le *Fo pen hiag tsi king*, les deux têtes sont appelées Garuḍa et Upagaruḍa (trad. Beal, *The romantic history of Buddha*, p. 380-381).

(⁷) Sur ces genres de tuiles, appelées en japonais tuiles masculines et féminines (*ogawara* 雄瓦 et *megawara* 雌瓦), v. Baltzer, *Das japanische Haus*, p. 25, et le rapport de M. Itō, p. 39-40.

17

queue relevée, et placé sur les arêtes, soit à leur extrémité, soit derrière la rangée de personnages et de monstres (¹). D'après un passage du *Han ki* 漢記 (²) cité dans le Glossaire général, k. 2, 9ᵇ, l'emploi de ces éléments remonterait à l'époque des Han et, comme les « herbes aquatiques » décorant les plafonds, ils auraient eu pour destination primitive d'écarter les incendies : « L'édifice Po-leang 柏梁殿 ayant brûlé, un sorcier de Yue 越 dit : Il y a dans la mer un dragon-poisson dont la queue ressemble à celle du hibou ; en agitant les flots, il fait tomber la pluie. Alors on en fit des images que l'on disposa sur les toits, afin de réprimer le feu par leur influence faste. On les appelait parfois, à l'époque, « becs de hibou » (*tch'e wen* 鴟吻). Cette dénomination est erronée. » Elle a cependant prévalu, car d'après M. Itō (³), ces motifs sont actuellement désignés par les termes *tcheng wen* 正吻 ou *p'ang wen* 旁吻, suivant qu'ils se trouvent sur les arêtes du comble ou des croupes. Utilisation des quadrupèdes et autres motifs (parmi lesquels on ne relève aucune figure entièrement humaine, mais bien le *kalaviṅka* et la perle ou boule de feu à deux flammes, 兩焰火珠) décorant les faîtes et les angles des combles.

X. *Règlements sur les ouvrages en mortier (ni tso tche tou* 泥作制度*).* Proportions à observer dans les constructions des murs (墁牆; elles diffèrent de celles qui sont indiquées pour les murs en terre dans le *k'an siang*, 7-8ᵃ, et au k. 3, 4ᵇ-5ᵃ; d'après une glose de Houei-lin, TT. XXXIX, 8, 54ᵇ, 牆 peut désigner tant les murs découverts, 外露, que les murs de maisons 室內, le mot 壁 ne s'appliquant par contre qu'à ces derniers). Utilisation du mortier (用泥; composition de divers mortiers de chaux, colorés ou non ; manière de les appliquer et endroits où ils doivent être appliqués). Crépissage des murs destinés à être peints (畫壁). Fourneaux, cheminées et cibles.

XI. *Règlements sur les ouvrages peints. (ts'ai houa tso tche tou* 彩畫作制度*)* Cet important chapitre (k. 14) est illustré de planches très détaillées (k. 33-34), où les couleurs sont indiquées au moyen de caractères inscrits sur le bord des dessins et de lignes conductrices. Les planches du k. 33 permettent de déterminer la valeur de nombre de termes techniques désignant des motifs décoratifs : ornements linéaires (*houa wen* 華文, nombreuses variétés classées sous 9 catégories ; *souo wen* 瑣文, 6 catégories ; *yun wen* 雲文, 2 catégories), figures humaines ou demi-humaines volant dans les airs (*fei sien* 飛仙, *kalaviṅka*, *jivamjiva*), oiseaux et figures humaines chevauchant des oiseaux, quadrupèdes et figures humaines les chevauchant

ou les menant à la corde, etc. Les planches du k. 34 se rapportent plus spécialement à la décoration des entablements.

XII. *Règlements sur les ouvrages en briques (tchouan tso tche tou* 塼作制度
(k. 15).

(¹) Cf. Ogawa, *op. cit.*, pl. XLV, LV-LVII ; Tsuchiya, *op. cit.*, partie II, pl. III, fig.
10 ; Itō, *op. cit.*, p. 40 ; Münsterberg, *op. cit.*, I. p. 72 et fig. 72 ; Bœrschmann, *op. cit.*, II, fig. 174 ; Fonssagrives, *op. cit*, p. 58.

(²) Il s'agit sans doute du 漢紀 de Siun Yue 荀悦 des Han postérieurs, ouvrage
dont je n'ai pas d'édition complète à ma disposition.

(³) *Rapport*, p. 4

Utilisation des briques (dimensions des briques variant suivant les constructions
où elles sont employées). Construction des soubassements d'escaliers. l'avage. Degrés d'escalier et chemins. « Bases de Sumeru » (須彌坐, pour colonnettes). Murs,
Voies d'eau. Ouvertures d'écluses et de fourneaux. Plateformes et auges pour les
chevaux. Puits.

XIII. *Règlements sur les ouvrages en terre cuite (yao tso tche tou* 窰作制度)
(k. 15).

Les deux premiers articles se rapportent aux procédés de fabrication des tuiles et
des briques et aux dimensions proportionnelles de leurs variétés de grandeurs et de
formes différentes ; le troisième et le quatrième à la fabrication des tuiles vernissées
(*lieou-li wa* 瑠璃瓦), et des « tuiles bleu-vertes amalgamées » (*ts'ing houen ou
kouen wa* 青琨瓦) ; les deux derniers, à l'ordre des opérations de la cuisson et à la
construction des fours.

On trouve dans le troisième article une recette pour la composition du vernis de
tuiles, complétée dans la section relative aux matériaux (k. 27) ; le secret de cette
composition, jalousement gardé par les fabricants chinois, n'avait été trahi jusqu'ici
que par un auteur du XVIIᵉ siècle ; il échappa à la curiosité des missionnaires français du XVIIIᵉ siècle (¹) ; un fonctionnaire chinois lui-même, tout récemment, n'a
pu en avoir raison (²). Voici les textes du *Ying tsao fa che* :

K. 75, 9ᵃ. « Règlement sur la fabrication des tuiles vernissées et autres. Le vernis
(litt. les matières pharmaceutiques 藥) se compose de massicot (黄丹) (³), de
poudre de pierre de la rivière Lo (洛河石末) (⁴) et de poudre de cuivre (銅末),

---

(¹) « Il serait peut-être plus intéressant encore d'avoir la matière première réduite
en pâte, et préparée à être mise en tuile ; mais on ne pourrait la tirer que de la grande manufacture qui est dans les montagnes, à l'Occident de Pékin. »(Cibot, *Notice sur
le lieou-li ou tuiles chinoises vernissé.s ; Mém. conc. les Ch.*, t. XIII, p. 396.) « Les
Chinois donnent le nom de *lieou-li* 1º aux tuiles et aux carreaux vernissés qu'on emploie au palais et dans quelques *miaos* ; 2º au verre commun et grossier, transparent
ou opaque, dont on fait quantité de petits ouvrages qui ne servent guère qu'à amuser les enfants. Les Chinois appellent *po-li* le verre dur et bien dur, soit transparent,
soit opaque... Je n'ai pas fait d'efforts pour tâcher d'avoir la composition du *lieou-li*,

d'autant que je ne l'aurais obtenue qu'à grands frais, les ouvriers chinois faisant mystère des procédés les plus simples lorsqu'on les interroge. » Lettre de Collas, *ib.* t. XI, p. 327.)

(²) Voir le *Che-ya*, p. 18-19. S'étant rendu en 1918 aux ateliers du Lieou-li k'iu 琉璃渠 (anciennement 局), à l'Ouest de Pékin, l'auteur n'a pu obtenir qu'une liste des dix couleurs des vernis qu'on y fabrique : bleu clair et foncé ; rouge clair et foncé ; jaune foncé, moyen et clair ; vert noir ; blanc.

(³) F. P. Smith, *Contributions towards the Materia medica and Natural History of China*, p. 144 ; Ch. Taranzano, *Vocabulaire français-chinois des sciences*, p. 251. Smith observe toutefois que le *Pen ts'ao kang mou* ne distingue pas le massicot et le minium, et J. Regnault (*Médecine et pharmacie chez les Chinois et chez les Annamites*, p. 151), identifie *houang tan* avec le minium ; en fait, c'est du minium qui se vend dans les pharmacies chinoises de Hanoi sous le nom de *houang tan*.

(⁴) Sur cette pierre, cf. Tou Kouan 杜綰, *Yun lin che pou* 雲林石譜 (1133) liés et rendus lisses avec de l'eau .... Règlement sur la fabrication, par la cuisson, du *kiue* 闕 (?) de massicot employé dans la composition du vernis *lieou-li*. On le met dans un chaudron avec du plomb (黑錫) (¹), de la mirabilite (盆硝) (²) et autres matières ; en le cuisant pendant un jour, on en fait une pâte grossière (³) ; on la sort ; on attend qu'elle se refroidisse ; on la réduit en poudre en la pilant et en la tamisant. Le jour suivant, on la cuit de nouveau ; on la laisse chauffer en couvrant d'un couvercle. Le troisième jour, la cuisson est terminée. »

K. 27, 11ᵇ-12ᵃ. Matériaux employés pour fabriquer le vernis de tuiles *lieou-li*. « Pour 3 livres de massicot, on emploie 3 onces de poudre de cuivre et 1 livre de poudre de pierre de la rivière Lo.... Pour 10 parties de massicot, on ajoute 1 partie de plomb. Pour chaque livre de plomb, on emploie 0,029 once de litharge (密陀僧) (⁴), 0,038 once de soufre (硫黃), 0,029 once de mirabilite et 2 livres 11 onces de bois de chauffage (柴). »

D'après les indications qui m'ont été obligeamment communiquées au laboratoire de chimie du Service des Mines de l'Indochine, cette recette ne pouvait guère fournir qu'une glaçure verdâtre (⁵). Un vernis brun foncé apparaît sur les disques ornant l'extrémité de certaines tuiles cylindriques des Han (⁶), mais c'est à l'époque des T'ang que paraît remonter l'emploi de tuiles vernissées sur toute leur surface extérieure (⁷). Il semble qu'à cette époque le vernis était vert : Tou Fou, dans un poème sur un pavillon construit au VIIᵉ siècle à Mien-tcheou 綿州 (Sseu-tch'ouan), parle de « tuiles vertes et de filières vermillon, reflétant la muraille et le fossé » (⁸). A l'époque

---

(éd. *Tche pou tsou tchai ts'ong chou*, tsi XXVIII ; k. 中, 3ᵇ) ; « De l'eau de la rivière Lo de la capitale occidentale (Lo-yang), on extrait beaucoup de gravier. Il est bleu et blanc ; il en est qui comporte des veines de cinq couleurs. En combinant avec ses spécimens les plus blancs du plomb et des matières pharmaceutiques, on peut en tirer, en les transformant par la cuisson, du faux jade et du *lieou-li*. »

(¹) Mély, *Lapidaires chinois*, p. XXXIII et 26 ; *Che ya*, p. 308.

(²) *Che ya*, p. 208 sq. D'après Geerts, *Produits de la nature japonaise et chinoise*, p. 213, *mang siao* 芒硝, synonyme de *p'en siao* 盆硝 (ou 硝), serait le nom d'une soude sulfatée ; d'après Mély, *op. cit.*, p. 259, du salpêtre ; mais l'auteur du *Che ya* montre qu'il faut distinguer deux catégories de *siao* : mirabilite (sel de Glauber) et salpêtre. Taranzano, *op. cit.*, p. 260, identifie bien le *mang siao* avec la mirabilite.

(³) 粗 砺. Le second caractère ne figure pas dans les dictionnaires. Cf. le caractère 澝, qui s'emploie avec 油, 釉 et 砸 pour écrire le mot *yeou*. M Laufer, *Beginnings of porcelain*, p. 147, déclare que *yeou* désigne exclusivement les émaux de porcelaine ; c'est plutôt un terme technique désignant toutes les glaçures, dont le *lieou-li* est une variété ; M. Tchang Hong-tchao l'emploie expressément pour désigner les vernis de tuiles (*Che ya*, p. 18) ; de même M. Ito dans son *Rapport*, p. 39.

(⁴) Mély, *op. cit.*, p. 259 ; Smith, *op. cit.*, p. 138 ; Taranzano, *op. cit.*, p. 207.

(⁵) « Les fondants riches en oxydes de plomb sont nécessaires pour que l'oxyde de cuivre donne un ton vert. » (B. Vogt, *Recherches sur les porcelaines chinoises, dans Contribution à l'étude des argiles et de la céramique, mémoires publiés par la Société d'encouragement pour l'Industrie nationale*, Paris, 1906, p. 347.)

(⁶) Laufer, *Chinese Pottery of the Han dynasty*, p. 300 sq.

(⁷) Laufer, *Beginnings of porcelain*, p. 146

(⁸) 越王樓歌o碧瓦朱甍照城郭o *Tou che siang tchou* 杜詩詳註, k. 11, 21ᵃ. des Song les édifices du palais des Kin, construits, comme on l'a vu plus haut, sur le modèle de ceux de K'ai-fong, étaient recouverts de tuiles vernissées bleu-vertes (¹). Il faut donc admettre, avec Münsterberg (²), que la fabrication du vernis de tuiles d'autres couleurs ne fut connue des Chinois que postérieurement aux Song. Ce vernis est le seul que mentionne Li Kiai ; les « tuiles bleu-vertes amalgamées » n'étaient pas vernissées, semble-t-il, mais les éléments colorants y étaient combinés dans le corps même de la tuile (³). Actuellement les édifices principaux du palais à Pékin sont tous recouverts de tuiles à vernis orangé, les vernis de six autres couleurs n'apparaissant que sur les bâtiments d'habitation, les pavillons etc., et en dehors de la ville interdite (⁴).

On pourra composer la recette du *Ying tsao fa che* avec les indications données par Souen Yen-ts'uan 孫廷銓 (app. Tao-siang 道相 ; XVIIᵉ siècle) dans son *Lieou-li tche* 琉璃誌 (⁵) : « Dans le *Lieou-li*, la pierre constitue la matière ; le salpêtre (硝) sert à lier ; le *tsiao* sert à façonner par le feu (⁶) ; le cuivre, le fer

---

(¹) Ce fait a été noté par des Chinois envoyés en ambassade à la cour des Kin par les Song méridionaux, et dont plusieurs ont laissé des récits de voyages. Fan Tch'eng-ta 范成大 (app. Che-hou 石湖), qui visita Pékin en 1169, déclare que « les faîtes des galeries impériales de l'Est et de l'Ouest étaient entièrement recouverts de tuiles vernissées bleu-vertes (青琉璃瓦), et que l'usage en était général sur les édifices et les portes du palais » (*Lan pi lou* 攬轡錄, éd. *Tche pou tsou tchai ts'ong chou, tsi* XXIII, 5ᵇ) ; Tcheou Chan 周煇, huit ans plus tard, remarque aussi ces tuiles « toutes recouvertes d'émail, dont la couleur brille et reluit au soleil » (*Pei yuan lou* 北轅錄, trad. Chavannes, *T'oung pao*, 1904, p. 189). — Le premier de ces textes se rapporte bien au palais des Kin, et non à celui des Song comme le dit M. Laufer, qui le cite d'après un ouvrage du XIVᵉ siècle (*Beginnings of porcelain*, p.146, n. 1).

(²) *Chinesische Kunstgeschichte*, II, p. 265.

(³) C'est du moins ce qui paraît ressortir du règlement sur la fabrication de ces tuiles, incorporé au k. 15, 9ᵇ. « On prend du pisé sec (乾坯) ; on le broie avec de la pierre à tuiles (? 瓦石) ; on le frotte avec une étoffe mouillée, et l'on attend qu'il soit sec ; ensuite on le broie au cylindre en l'amalgamant (梘砸) avec de la pierre de la rivière Lo ; ensuite on y mélange de la saponite en poudre (滑石末), afin de le rendre lisse. Si l'on y mélange [au lieu de saponite] de la terre à thé (? 茶土), il faut d'abord mélanger la terre à thé, et ensuite broyer en amalgamant avec la pierre. » Cf. aussi la formule sur les matériaux nécessaires à cette fabrication, k. 27, 11ᵇ.

«Qu..ntité de pisé..... Quantité de bois de chauffage et de matières pharmaceutiques. (柴 藥 载); 300 onces de poudre de saponite; 3 paniers de fumier de vache; 12 livres d'huile épaisse; 120 livres de bois de thuya; 20 livres de bois de pin; 20 livres de résidu d'huile de chènevis (麻 枲). »

(4) Tsuchiya, *Rapport*, p. 30; Okuyama, *Decoration*, p. 48-49. Les tuiles du temple du Ciel, notamment, sont enduites d'un vernis bleu foncé.

(5) Et. *Tchao tai ts'ong chou* 昭 代 叢 書, *pie tsi*; *Mei chou ts'ong chou* 美 術 叢 書, *tsi* IX. Plusieurs passages de la première partie de ce texte sont cités, avec des variantes, dans le *Kouai che lou* 怪 石 錄 de Chen Sin 沈 心 (app. Fang-tchong 房 仲) (1749), éd. *Tchao tai ts'ong chou*, sin tsi, k. 42, 15 -16ᵃ.

(6) *Tsiao yi touan tche* 醮 以 鍛 之 leçon du *Tchao tai ts'ong chou* et du *Mei chou ts'ong chou*. *Touan* 鍛, 煆 ou 假 désigne le travail du forgeron. *Tsiao* 醮 signifie « récif ». Ce mot est employé ici en un sens technique qui m'échappe. Le texte du *Kouai che lou* porte: 煆 以 火, « on façonne par le feu ».

et le plomb vermillon (1) servent à transformer. Sans pierre, il n'est pas réalisable; sans salpêtre, il ne réussit pas; sans cuivre, fer ni plomb vermillon, il n'est pas parfait: il est produit par la combinaison de ces trois éléments. — La pierre blanche, comme le givre, coupée anguleusement et de forme carrée, c'est la « pierre de dent de cheval » (馬 牙 石, quartz hyalin: cristal de roche) (2); la pierre pourpre comme une fleur, foliée et étoilée, c'est la « pierre pourpre » (紫 石, quartz violet: amethyste) (3); la pierre présentant des nodosités (4) et beaucoup d'angles, et dont la forme ressemble à celle du jade brut, c'est la « pierre *ling-tseu* » (凌 子 石) (5) La pierre *ling-tseu* est brillante. C'est pourquoi, la pierre blanche étant résistante, [le vernis fabriqué avec cette pierre] est dur; la pierre pourpre étant tendre, [le vernis. . .] peut facilement être étendu en couches minces; la pierre *ling-tseu* étant brillante, [le vernis. . . .] reflète les objets et possède de l'éclat. — Le salpêtre adoucit le feu; il sert à lier l'intérieur. Le *tsiao* avive le feu; il sert à façonner l'extérieur. — Quand les émanations de la pierre sont encore troubles et que celles du salpêtre ne sont pas encore clarifiées, il se produit forcément des déchets et des conflits; aussi la fumée est abondante et noire. Peu à peu les parties mauvaises s'anéantissent; mais la substance n'est pas encore amalgamée: le feu devient rouge. Peu à peu la substance s'amalgame; mais les éléments subtils ne sont pas encore évaporés: le feu devient bleu-vert. Peu à peu les éléments subtils s'évaporent; la fusion s'accomplit: le feu devient blanc. C'est pourquoi l'on observe l'état du feu; le moment où il devient blanc marque le terme. — Quant aux procédés de coloration: en combinant cinq parties de pierre blanche, une de pierre pourpre et deux de pierre *ling-tseu*, on obtient le « cristal de roche » (水 晶); en augmentant la quantité de pierre pourpre, en diminuant celle de pierre blanche et en supprimant la pierre *ling-tseu*, on obtient le blanc pur (正 白); en combinant trois parties de pierre blanche, une de pierre pourpre et une de pierre *ling-tseu*, et en ajoutant un peu de cuivre et une parcelle de fer, on obtient le rouge « calice de [fleur de] prunier » (梅 萼 紅); en combinant trois parties de pierre blanche, une de pierre pourpre, en supprimant la pierre *ling-tseu*, en augmentant le cuivre et en supprimant le fer.

---

(1) 丹 鉛. Combinaison de céruse (plomb blanc, 鈆 粉) et de cinabre (丹 砂), employée naguère comme encre rouge pour réviser les textes. *Ts'eu yuan*. 子, 80.

(¹) Cf. *Che ya*, p. 19. Chen Sin ajoute que cette pierre est un produit de la sous-préfecture de Po-chan 博山 (préfecture de Ts'ing-tcheou 青州, Chan-tong) et que les habitants du bourg de Yen-chen 顏神鎮 (dans la même sous-préfecture) vont en vendre au loin, jusqu'au Fou-kien, au Kouang-tong et chez les peuples des frontières ; elle est indispensable également pour la fabrication du *p'o-li*. — La sous-préfecture de Po-chan est un centre important de fabrication du *lieou-li* (cf. Bushell, *L'art chinois*, p. 247 249); l'auteur du *Lieou-li tche* était originaire de cette région (*Dictionnaire biographique* de la Commercial Press, p. 753).

(³) Taranzano, *op. cit.*, p. 15; *Che ya*, p. 42. L'améthyste est plus communément appelée 紫石英.

(⁴) 棱, leçon du *Mei chou ts'ong chou*; l'éd. du *Tchao tai ts'ong chou* donne 棱. « angles saillants ».

(⁵) D'après une note de Chen Sin, cette pierre est un produit de la sous-préfecture de Ngan-k'ieou 安邱 (préfecture de Ts'ing-tcheou, Chan-tong).

on obtient le bleu foncé (藍) ; en procédant comme pour obtenir le blanc, et en alliant de la poudre de cuivre (¹), on obtient le « jaune d'automne » (秋黃). En procédant comme pour le « cristal de roche », et en alliant de la « pierre à peindre les tasses » (? 畫碗石), on obtient le « bleu vert à reflets » (映青). En procédant comme pour le blanc et en ajoutant du plomb —plus on en ajoute, mieux cela vaut—on obtient le « blanc de dent » (牙白). En procédant comme pour le « blanc de dent » et en ajoutant du fer, on obtient le noir pur (正黑). En procédant comme pour le cristal de roche et en ajoutant du cuivre, on obtient le vert (綠). En procédant comme pour le vert, en diminuant le plomb et en ajoutant un peu de sable (磧), on obtient le « jaune d'oie » (鵝黃). On règle toutes les proportions sur la quantité de salpêtre (鹼硝) (²). » L'auteur énumère ensuite les divers objets ornés ou fabriqués avec le *lieou-li* : écrans, lampes, paravents, pendeloques, chapelets, perles, pions de jeu d'échecs, clochettes, épingles de tête, boucles d'oreilles, bocaux à poissons, calebasses, égouttoirs d'encriers, yeux de buddhas, « perles de feu », etc. Sans doute par inadvertance, il ne mentionne pas les tuiles. Le *lieou-li* le plus estimé est, d'après lui, une combinaison de la variété « cristal de roche » avec du bleu de cobalt (回青), appliquée sur les barreaux peints au vermillon de certains écrans utilisés aux tertres cultuels des faubourgs et dans le temple ancestral de la dynastie ; il est curieux de retrouver dans la composition du *lieou-li* cette matière colorante d'un emploi si fréquent dans les vernis de porcelaine.

Ici se termine la section des « Règlements ». La suivante est intitulée

XIV. *Détermination des tâches* (kong hien 功限) (k. 16-25).

Le travail n'était point évalué en unités de temps, mais à la tâche. Ainsi soixante livres de terre sèche constituent une « charge » (擔), et le transport d'une « charge » à une distance d'au moins trente *li*, aller et retour, une « tâche » ; le transport de soixante « charges » sur un trajet d'au moins cent vingt pas, tant de fois qu'un trajet total d'un *li* soit parcouru, constitue également une « tâche » ; l'équarrissement d'une base de colonne vaut 1, 2 « tâche » par pied carré ; la sculpture d'un *kala-vinka* en bois haut de 5 pouces, 1, 8 tâche ; la fixation de tuiles sur une surface de 10 pieds carrés, 1 tâche ; la teinture d'une colonne honorifique (華表柱 ; k. 25, 7ᵘ), fût, grues, formant le couronnement et panneaux de la lune et du soleil, 1 tâche; la teinture d'une « porte à têtes noires et à jambages écartés » (烏頭綽楔門 ; les moulures dentelées et les barreaux étaient teints en vert), 1 tâche par centaine de pieds carrés. Cette longue section n'apporte guère que quelques éclaircissements sur le texte des Règlements. Il n'en est pas de même des

XV. *Instructions sur les matériaux* (*leao li* 科 例) (k. 26-28), où l'on trouvera notamment des formules de composition des couleurs. Il y est traité des matériaux utilisés dans les différents ouvrages : pierre, bois, bambou, tuiles, mor ier, ouvrages

---

(¹) 釣 以 銅 磧, leçon du *Kouai che lou*. Kiun 釣 peut signifier « combiner, allier » (調 也). Le texte du *Tchao tai ts'ong chou* porte 釣, « crochet », qui n'offre aucun sens. *Tsi* 磧 signifie proprement « sable ».

(²) Il s'agit bien ic. du salpètre. Mély, *op. cit.*, p. 253 ; *Che ya*, p. 208 sq.

peints, briques et terre cuite, puis (k. 28) de l'emploi des clous et de la colle. Cette section se termine par une

XVI. *Classification de tous les ouvrages* (*tchou tso teng ti* 諸 作 等 第) (k. 28, 10ᵃ sq.).

En trois catégo.ies : supérieure, moyenne et inférieure. Ainsi, pour les ouvrages en terre cuite, la fabrication des motifs ornementaux : hiboux, quadrupèdes, dragons, « perles de feu », « perles angulaires », etc., constitue la catégorie supérieure ; la préparation de la terre à tuiles, la fabrication des tuiles vernissées, la cuisson des briques et des tuiles, la catégorie moyenne ; dans la catégorie inférieure se rangent la préparation de la terre à briqqes et l'aménagement des fours. Cette classification avait pour but de faciliter la réglementation du travail ; certaines catégor es sont définies par le nombre de « tâches » qu'elles comportent.

Les k. 29 à 34 contiennent les planches.

P. DEMIÉVILLE.

Capitaine ROBERT. — *Éléments de dialecte yunnanais (Grammaire suivie de conversations usuelles et d'un vocabulaire).* — Hanoi, Imprimerie d'Extrème-Orient 1920, 100 p.

Dans la préface de son *Chinese-English Dictionary*, écrite en 1892, H. A. Giles déclare qu'à son arrivée en Chine, quelque vingt-cinq ans auparavant, lorsqu'il aborda l'étude de la langue chinoise, il s'enferma dans une chambre avec une édition abrégée du dictionnaire de Morrison et un maître qui ne savait pas un seul mot d'anglais. « Telles étaient, conclut-il mélancoliquement, les facilités » accordées alors aux étudiants en sinologie.

On s'explique assez difficilement la boutade de cet auteur, car si les travaux de Fourmont, de Prémare, de Rémusat et de Julien, parus en France, lui étaient inconnus, il aurait pu ne pas ignorer ceux de Marshman, de Medhurst et d'Edkins publiés en Angleterre.

Quoi qu'il en soit, depuis cette époque, les conditions ont complètement changé et celui qui désire aujourd'hui, apprendre la langue chinoise n'a plus que l'embarras du choix devant les nombreuses grammaires et méthodes mises à sa disposition.

Ces ouvrages enseignent, les uns la langue pékinoise ; les autres ce que l'on est convenu d'appeler la langue mandarine ou *kouan-hoaa*, comprenant elle-même les dialectes du Nord, du Sud et de l'Ouest, le premier étant considéré comme plus pur et, pour cette raison peut-être, le seul réellement bien étudié.

C'est ce langage du Nord, et spécialement le pékinois que Wade, Hillier, Vissière et Courant conseillent d'étudier. « Le dialecte de Pékin, dit Wade, est à la Chine ce que le parisien des salons est à la France. L'élève peut être assuré que s'il possède bien le pékinois il n'aura aucune difficulté à s'entendre avec tout indigène parlant le mandarin. »

Oui, mais combien d'indigènes, en Chine, parlent le pur mandarin ? Et si un interprète européen est quelquefois appelé à converser avec des mandarins, c'est-à-dire

英人 愛迪京 中國建築

瞿祖豫譯

J. Edkine

（亞東學會華北支會月報 XXIV, 1859—90）

欲明瞭一國之建築，必須先考其古代之歷史，因大抵建築物均係根據已往事實及古人之觀念而成也，請舉例以明之，當吾人行近峨特式大禮拜堂（Gochie Cathedral）時，吾人卽知在前面道旁有代表聖經中之先知使徒之雕像，表明基督敎乃依據先知使徒之敎訓，而華美敎堂，又爲崇拜彼等而建築，若此雕像如維諾斯敎堂，"Well's Cathedral 則其觀念係由希臘藝術中采取，不過希臘藝術多代表戰爭，宗敎角力，節期，婚姻，戲劇等項耳。

旣入經過洗禮水盆，此盆爲提醒吾人須先受洗禮方能參與基督敎之禮拜也，行至此，吾人不禁發生感想，此門爲全禮拜堂之參加禮拜之大門，而禮拜又爲代表各要點之象徵，堂之中部爲禮拜者之場所，同時此種以洗禮爲主之禮拜，亦顯明焉，堂內之廊路，因男女而分隔，至於基督敎之神秘及最深之信仰，此峨特式建築，亦有特別之象徵，總全部言之，此種制度，足以表明受過敎育者與無學識者兩種建築之具此種形式，使人觀之，頗能激起天性也。

茲引密爾敦 Miton 君之詩於下以資參考：

余願尋求眞理，

二

而永不入於岐途；

余愛彎曲而高的屋宇，

巨大而奇特的楹樑，

重疊而華麗的窗櫺；

因其能發朦朧威嚴之光！

以上係描寫禮拜者對于禮拜堂建築之感想，關於音樂之詩並錄於下：

使悠揚之琴音清晰，

使合唱之歌韻低微，

甜蜜之聲盈於耳，

欣喜之意滿余懷；

眼前更有主之榮光照曜！

哦！哥式建築爲宗教之媒介，故基督教採取此式爲禮拜堂，禮拜時，牧師，讀經者，及應答均有一定位置，至堂中之高拱門，不但表顯上帝之榮光，其最大之功用，乃在囘應歌詠之聲，使崇拜者能得更深之印象也。

（二）中國古代建築

設有問于余曰：「若以上所述為峨特式建築之目的及其成功，然則中國建築之目的為何？又以原來之意志而論，其影響是否只及本國範圍以內？」

第一吾欲解釋者即所謂中國古代建築，不外宗教的與世俗的兩種，然吾人研究愈深，則愈感覺宮殿即廟宇，廟宇即宮殿，無甚差別，此種情形，在亞述 Assyrians 之建築亦然，故亞述古時學者如雷雅德 Layard 等亦有相同之感想，在中國經典中更有事實可考；

如孟子第一章所載：齊宣王問於孟子曰：「人皆謂我毀明堂毀諸已乎？」孟子對曰：「夫明堂者王者之堂也。王欲行王政則勿毀之矣。」又吾人考班固著作，可知明堂乃昔日帝王至泰山會盟祀祖祭天及駐節之所，彼謂漢武帝曾登泰山發現周時明堂之遺址，其時約在紀元前百廿年，祭壇及堂之殿宇均毀於是時也，當祭天之時，周公並祀其父於天之側，此足表明其敬父之至誠矣，明堂亦為祭日月之地。設壇，將犧牲之品陳於上燬之而獻祭焉，當君王與諸侯之會盟也，君坐於壇基之上，基之高在周時為九尺，商為三尺，夏為一尺，因寶座為一高臺，故君王盤膝坐之。以上所述，均取自考工記之註解考工記註解又載：將會盟之結果，宣告於明神。故曰明堂。因此吾人可知「神明」者，即神與其至明之靈之謂也。此二字，在中國今日仍沿用之，蓋人深信在獻祭或頂禮之時，神即在其側，且神有察人行為之明而加賞罰故也。

第二就古代宮殿之建築法而論，其目的有三：（甲）爲宗教（乙）爲諸侯來朝（丙）爲天子住室。諸侯之會盟，須質諸神明，然後方能信守，故必有宗教，當獻祭時，天子爲主祭，中國向無關於建築土神之觀念雖堂堂宮殿其威嚴亦只及日月天子與其祖先而已。國君住於宮內，而祭祀禮節係在宮外另一地點完成時，較爲便利，但今日之制度，太廟仍是附於宮闕之東南方。百官朝觀國君之殿，亦在宮內，至於五穀土地之神壇（社稷壇）亦在宮之西南，與太廟並列，現今京城建築之佈置，與古時京城相同，亦有太廟，朝觀之所，及帝王住室三重要部份也。

在京城建築之時，對於各種利弊，考慮極詳。雖風水二字爲後人之一種迷信，古時尚無是說，而吉祥之兆，不可少，且奠基築城之日，亦必須擇吉利之日焉，昔者周公視日晷之影，以定南北，規長八英尺，時爲紀元前一一〇九年。立春日正午除日晷外，並用錘線及坵者所用之畫線木，以爲測量之具。所處地勢，在河南府或緯度卅四度四十三分十五秒之地。用以計劃宮殿地基之畫鑲，爲六英尺長，測量之尺，爲四又三分之二英尺（中國古尺約有八英寸）

明堂之最高頂，爲圓形而地基爲方形，其用意乃爲摹倣天地之形象，有室九椽，窗八箇又有兩種重要建築，曰辟雍，曰靈臺，辟雍在城之東，如北京之辟雍然，北京之辟雍

藏有乾隆勅刻之五經，而辟雍亦卽當時皇帝講經之所，至於古時之辟雍，則專爲音樂射

矢，各種娛樂之用也。所謂靈臺，則爲編訂曆書推算日月蝕之官所用者。

讀考工記吾人可知夏時太室之大小制度，據云：廟之高爲十四英尺，寬爲十七又三分之

二英尺，正中及東西南北四方各有房一間，每間之面積爲十五英尺見方；其正中者較其

他東西寬三英尺，階爲九級，每間除有四門外，尚有窗八，用以蠶殼製成之灰刷於墙上

，以爲裝飾，在正門處更有一廳謂之塾（Erya）據伊雅云該廳曾爲課室。

吾人觀夏朝之廟，可知其建築之布置，係根據金木水火土五行之哲學原理，各時代之建

築家因受當時物質思想之影響，觀念逐趨一致，周時之圓廳式建築卽一明例，因圓足以

代表天之形狀，方乃地之象徵，故使同一建築頂圓而基方，此蓋根據古今中國人之天圓

地方之說也。

商時之太廟係用重複屋頂制度，高約五十六英尺，皇帝之寶座爲三英尺，因欲使宮中建

築華麗威嚴，故廟之四側均用重複屋頂爲。

周時太廟寬爲五十四英尺，高爲四十二英尺，寶座之高爲六英尺，是時尚無「椅」，椅之

爲用，蓋自佛教傳入中國時始。

因古時注重孝道，故每於建築宮殿時，必將太廟築於離宮較遠之東南角，據周禮所載，

此乃紀元前二三〇〇年之制度，夫人既明瞭宗教，遂深印於腦中而不惑，列王紀上記載所羅門先建築耶和華聖殿然後乃築王宮及利巴嫩林 Lebanon 宮，觀此亦可見所羅門尊崇上帝之一斑矣。

商代之重疊屋頂，較之夏時之單層屋頂，未免奢靡，然後世之人仍喜用之以為裝飾之品，尤以用於門樓城樓及寶塔之時為多。商代宮殿既發明此重疊屋頂，周代宮殿仍沿之，且較商時更為注重，蓋因此種形式不但可使王宮與民房有別，亦足表現威嚴華麗之概，周之明堂即其例為，夫明堂之制，各殿有其專用，即君王辦某種事，則用某殿是也。又因百官之事既繁，官署亦遂林立，相傳至今日之北京宮殿及官署亦以數百計，不可謂不多矣。

依以上所述，吾人可以察得最初之建築係根據幾何學之定理，如朝南之建築而面東西南北四方，圓方之房基，乃古時宮殿所引用之制度，先以此簡單之幾何形式為根基，然後乃造屋於其上焉，中國古時之建築，均係以木為架，砌以磚瓦而成，當古時一國所佔領之地，均係平原或面積寬闊之山谷，土之質多係淤積之肥土，而此種肥土一部份存積於地，一部份因雨水之沖洗變成洪水及沙灘，又有土質為純粹之黃土，此兩種土質適宜於燒塼之用，是時氣候較今和暖，故建築屋宇多在冬季，用塼建築較任何物方便，而用幾何學之方法亦較他法迅速也。

觀以上所述，中國建築，最初固未嘗舉倣帳幕之形式，或云中國屋簷之凹形，足以表明中國人顧紀念遊牧時代居住圓椎形（或屋頂形）帳篷之生活，但至今尚未發現古時屋頂有如此種凹形者，據中國古書所載，廟宇之屋頂，確保有簷，然余認爲是說錯謬必矣，其錯謬蓋一部份由於誤以建築之一角代表全部建築，另一部份則由於中國人之習慣，每以今日之事，作爲古時之事，並臆斷今日之風俗，乃取法古人者，中國古建築雖形式簡單，而爲用至廣，至於屋頂下部之奇形曲簷，後世始成風尚，其源蓋出於佛教也。

詩經有文王之父遷於岐山之南一節，其所以遷者，爲安全也，因不堪蠻粗人之騷擾，於是棄故土另覓新土而耕之，所築新宅，純用垂直綫之法築成，牆爲木與泥合成者，其法係以繩繫兩板，更以泥壤於板內，填滿使堅，即成牆矣，至今北方築土牆者，猶用此種方法，倘被雨水冲塌，則須重築，是以此種簡單形式之建築，只適宜於未開化之國家，其優點不過迅速耳，全屋僅有門二：一爲外門或稱高門，一爲內門或稱中門，其簡單可想見矣。

因普通人咸信預兆之說，故地之吉祥與否必用龜卜之，吾人自三經中即可窺見紀元前二千年來中國之風氣，如詩經云，建築若無佳兆，則不興工，昔者太王自邠南遷於岐山之下，卜曰吉於是乃遷，即明證也。

既卜曰吉，始決定建築，然建築之時，更有幾種條例，最要者如方向，此點關係宗敎甚鉅；雖私人宅第，亦須於夏時在屋前向東南方用犧牲之品致祭於竈神，可知古時建築屋宇之定例，均係依據五行之原則也。

皋門與應門之外，尙有虎門，所以稱爲虎門，因該處牆上畫有一虎之故，無非顯威嚴之象而己，此門在皋門之外，內則有諧趣門，亦係取意於牆上所繪之花鳥，諧趣門之外，則有極高之楹柱，旗桿，並陳列爲市廛標準之度量衡等項器具。

昔周室避商之虐政，由邠邑遷於距西安西北五十英里之地，而建築之藝術，遂輸入鞬輯敎，始知用窰燒瓦之術，旣有瓦，更敎之由簡單形式，改建雙間的，或較高之屋，蔚云各部落之中，是時各部落均係居於土窟之內，窟爲山谷中泥土堆積而成，高低不等，自數尺至數丈，固爲最方便，經濟和暖，而且有保障之住所也，此種野蠻夷人由中國人指人居於窟中之意者；雷格 Legge 則謂所建之屋似窟，在詩云：「陶復陶穴」即敎夷人用壤建築雙間屋之大窟之謂也，然註解者之論斷各殊，有謂係敎瑞史索文 (Richthoven) 所著「中國」一書中，有屋圖共爲五層，每層均有起拱之窗門，屋外更有樓梯，使每層連接；

右頁爲另一屋之前面圖，該屋係由一土堤挖成者，故只有三窗一門，外以矮牆圍之。

總之，古代建築只有圓方之屋，及雙層屋頂，缺少橋拱之式，今日之「亭子」亦尚未發明，殿中鋪席，雖有矮桌而無椅，建築之時，須擇吉日，皇帝之寶座，爲一高臺，帝盤膝面南坐於其上，太監立於左右兩側，卿相分立於東西，中間空地爲每人伏地對上發言或答問之用，朝觀之殿有之：：爲少數人晉謁者，近於寢宮；爲日常上朝之用者，在前部；爲節期或典禮入觀者，在南部，此種佈置與今日北京宮殿相似，宰相晉見時，執笏於手中；遇有較大朝會，則卿相以及羣臣均依次伏殿外露天庭中，君王及太監則坐於有頂蓬之高臺上，古時中國北部雖冬季氣候仍溫和，公卿大臣衣狐貉之裘，不覺冷也，古代廟字在四書中有特別記述，如孔子之屋之圍牆較普通人者高若千倍，普通之屋人能自牆上窺其美，但孔子之屋之牆數仞，則不得見焉，門徒愛孔子至誠，故以其室比古時之廟，若得窺其美，則必入矣，當其言時，即想到雙層屋頂朱紅楹柱及殿中之神主祭品，並神主前之花瓶等在未深思此景象之先，心中已有幻想，而可決定所有一切均爲華麗，彼以爲此種現象，是以表明夫子之尊嚴於世人也。

古時建築多根據日晷之影，用器盛水若干，置於晷上，使能成水平，在周禮論及此種上古知識一節，人讀之均可想到古人在夏時衣粗夏布，冬日則衣羊皮並能決定築牆須按照水平綫也，御用日晷，長約八尺，上有垂綫，用之可使屋柱十分垂直，又有石匠所用之尺，名規可使牆上之塼平坦及定牆之橫直。

據周禮所載，古時屋宇建築，係以天文爲原則，並云坵者之規用時多置於與太陽出沒成水平綫之處，建築者並於夜間仰觀星辰，以覓正確之平綫，及正南之朝向，此點在中國古代建築之重要，有如在埃及巴比倫者也，此三國由古代之文化而產生當時建築之科學原理，如天地人三字，在中文方面，已成不可分離之名詞，而皇宮之建築，遂非正方形（卽城牆之四邊均須直向東西南北四方）且正朝南不可，在今日已證明，金字塔形建築物，其形象關係日月星辰異常正確，最大之金字塔，不但爲帝王之陵，亦可爲觀象臺，當星辰經過子午綫時，在臺上用精細之審察，可以觀其內部，因此吾人雖希望研究中國古時之宮殿建築，亦須注意天文學與三角形定理之關係，更可使吾人無疑者，卽西方之建築術，係根據古時亞細亞及亞非利加之文化，正如希臘之三角與幾何學係由垂綫水平綫日晷等研究而得者也，直角三角形並非尤克禮(Euchid)所發明，而爲派大哥拉氏(Pythagolas)所研究所得，且在派大哥拉氏以前，埃及巴比倫人中已有知悉者，尤克禮不過游歷時介紹幾何學於各國之第一人耳，至於中國在紀元前一千一百年時卽已知直角三角形之原理矣。

都城之方，須有九十里，每六里爲一英里，故周圍爲一英里半，不但須方形，每邊城牆更須三門，城之東南爲太廟，西南爲社稷壇，如今日之北京是也，北京爲明永樂時所建，迫滿清克復，仍於此建都，惟城門之名稱有更改，古代帝城制度，前面應有十二門，兩旁城之前部爲國君上朝之所，後部爲市場，每門之中均有一覽道，中間爲車馬通行，兩旁小道右爲男子左爲婦女行走，但現今之帝城，則與之不同耳。

欽定周官義疏所載之註解，頗有研究之價值，因此種稽攷之結果，非僅憑古籍，亦根據土中挖出之雕刻，同時與此有連帶關係之耕種制度，亦不得不留意焉，中國古時封建恩想頗深，天子能任意命各諸侯國之人民服役，並以農爲基礎，農人必須用一部氣力，耕種公田，當建築宮殿或皇室廟宇時，亦採用封建制度，因此種制度，係根據國君之恩愛仁厚，故人民之來也，正如所謂庶民子來如子爲父作工焉。

（二）孔子時代之建築

在昔時君主之威權衰微，中國之建築因之有殊特之改變，是時諸侯爭雄，互相仇殺，其禍蔓延，竟至連戰二百年之久，奪城之機器亦逐發明，其製造之法，墨子書中已詳論之矣。

因當時國家之情形，使諸侯趨於宮闕之攫取，又以國課均在彼等掌握，故能任意揮霍人民之膏脂而築華麗之宮殿及園囿等，例如巫山之宮囿，乃其最著者，該山在宜昌附近，

二

為入四川之要衝，今日不但駐有英國領事且為外商會萃之區，其所以取該山峽之地以建

築宮殿者，蓋為高雅之故耳，當是時詩藝之學興，遂影響全國之文學思想，且此種

怪誕原理，頗能在文學中佔重要部分，如漢時之文學中，即有此怪誕之文學，並均含

有歷史背景，其屬意或為感化，或為教訓，或有問於予曰：「詩藝之精神，如何能

天下之人民為一家，苟其宮闕不華美，即不足以顯其尊貴威嚴，故宮室必盡奢華然後可

一自宮門以至朝會之所，例應經過若干層宮殿，因此，建築師必須將國君及其親族之住

所，築於最深入之院，此外並須預備遊憩之花園，戰國時君王均係採用此種制度，在紀

元前三百年時，各國之宮殿園囿遂為秦始皇所獨有，後始皇勅建一宮於咸陽附近之涇谷

各宮殿之形式，多半取自所滅各國者，而以阿房為秦國最華麗之宮，茲將其構造及裝飾

之特點紀述於後，中國人相信（嘉祥漢武梁祠畫像）雕刻之阿房宮，足以代表當時之形

式，吾人可即根據此說研究之，由雕刻之景致，能察出屋頂楹柱以及建築之其他部分，

有一雕刻為一花園中朝會廳之圖，臺前有一高樹，臺上寶座坐一皇后頭戴五葉冠冕，皇

帝則戴一平頂之冠，臺之頂為人支持，即所謂屋頂之柱為女像柱或女體柱式，廳之頂為

圓柱所支撐，此等圓柱上有簡單三直線，可以代替稜角，此種圓木柱係立於圓石之上，

涉及宮殿或廟宇之構造？」余必應曰：「由於繪畫及雕刻」史記云：「君為四海之主，聚

一二

如今日中國式建築之柱，然屋頂則無，不似今日之有凹形瓦溝，屋頂道之最高一端凸起

之大磚，向外作歪形，以免互相成稜角，道上並刻有孔雀，猿猴，及作行動式或樓息式

之有翼人形，及各種飛鳥等，

夫神異時代之特點，為其有歷史背景之表現，神異時代之後，為戲劇時代，此時代發軔

自唐而極盛於宋末，嘉祥家廟墻壁之雕刻，足以證明建築與歷史之關係，昔日之賢哲，

仍在趨謁者之眼前，由廟之第三層，可以窺見中廳東墻上所刻之伏羲像，伏羲為創造

中國文化之人，但余認為彼乃中國最古時君王之受巴比倫建築及文化之指導者，固欲表

現此種精神，故其手中執有坅者之矩，其權威所以能馭萬民之上者，因彼有科學化的及

演進的智能，其身之下部，似魚形，並附魚尾，表明此種雕刻觀念係屬異邦者，考經籍

所在伏羲並無魚尾，不過一普通之人，但吾人現正研究神異建築時期，故特存其說耳，

伏羲之後，為蒼頡之像，右角亦有一坅者之矩，其尾與伏羲之尾毗連，再後為神農，手

扶一犁，再後為教人民鑿井灌田及教人衣寬博衣裳之黃帝，再後為教民以德之堯帝，更

後為定曆法之舜帝，最後為治洪水安天下而創建帝業之禹王，至周朝則將五經中之詩及

歷史記述摘錄刻於墻上，又將孔子以後二百年之戰爭擾攘用文字刻出，至於秦朝之混戰

狩獵以及其他奇異或快樂之情景，此雕刻亦描寫至詳焉，

漢時皇帝，用以上所述之雕刻，爲宮牆之裝飾，因是時雕刻風尚，多用極奢華奇怪之像

徵也，後人詩詞，對於漢宮，多有深刻之描寫，正如 Thomson 蘇孟生之「惰怠宮室」Ca

stle of Indolence 及神仙皇后雜著，Toerie Aneue 劉氏皇子(淮南子)，聚儒家研討上古之

歷史，及哲學或宗教之定理，所談論者，多爲孔子或老子之學所述作之題，則係關於政

治歷史天文建築，以及鬼神之事，其體裁或爲散文或爲詩賦，遺留於後世者，尚不少焉

，此外如嘉祥及他種雕刻，均能作吾人研究漢代風俗制度之參考，

密樂思君 Lententand Duille 于一八八七年二月，曾寄一書，是時渠正在參觀雕刻發現之地

，余始知該地爲一山谷，面積約五英里見方，而所掘之深，亦不過十英尺，穴口立有十

英尺高之石柱各一．因風雨之剝蝕，已變成黃黑色，用土中剒出之石塊高五十英尺者約

二十，砌成一橢圓形之建築，因此無數瓦塊，悉被挖出，堆于地上，其有雕刻之石片所

刻之深，約一英寸十分之一，

在漢時或者有鄉村廟宇，除爲祖先外，尚有祀雷雨風神五穀二神及北斗星者，固係用木

架造成，故早已毀滅，而只有三殿之皇室祖廟，能經一千七百年久之風霜侵剝者，蓋以

石築成之故耳，

該石廟之損，亦全係已刻或未刻之石塊，因風雨之故，竟埋於土中有十二英尺之深，其

兩石柱，各有二十五英尺高，亦完全爲土所堙沒，於此可知年久之物，易被埋沒，更足證明石頭建築之優點，至今猶能予吾人極有價值之史料，此廟建於西曆一四七年，所祀之神，則均係一四七年以前者，

據密樂思君，對於嘉祥石刻之觀察，可以證明原來之廟，毫無木料之痕跡，其建築爲圓形，上有石頂，山東之祖廟，乃長方形石建築，上有兩三角形屋頂，在數百年前，即多半坍塌，而雕刻之石，則爲土所堙，然此建築，在今日或尚有一部份存在，地中所藏雕刻之石，或尚完整，苟如此，則當地考古學家，必能指示吾人，某種石爲建築之某部份也，

至此有一問題發生，爲即漢時建築，有若干係模仿外國者，承金思米君 Mr. Kingsmill 借與余一書名印度古物學考，Archaeological survey of India 出版于一八七一年，余於第一卷中，得閱悉「何以能知希臘雕刻在佛敎建築中佔有一部分」一題之解釋，對于此題，康寧罕將軍 Yeneral Cuningham 答曰「希臘之雕刻匠，在富有佛家服役，正如蒙古王之使用金銀匠礦手等，又佛敎風俗，常喜獻雕像等於廟宇，故須長期僱用雕工，也在馬色哇城 Mathura（在得喜 Delhi 與阿古哇 Agra 之間之猶慕納 Jumna），有一巨大之佛祖像，高約三十英尺，手掌之闊，有一英尺，在中國產石之區，因社會之熱心佛敎，人士之義

舉亦多，有此種巨大佛像，其高自廿至廿四英尺不等，釋迦牟尼爲佛教之始祖，宣揚佛

法，於其信徒，所謂如來佛歡喜佛，乃爲一體，其作女人姿勢之佛像中，有一種形狀特

別者，左手托右胸，而右手稍握帷帳，頭略向左傾，並戴一圓形大花冠，髮長而捲披於

面之兩側，肥胖而作笑容，此即康寶穆將軍所見之可以代表完全印度式藝術之最佳者，

另一種爲印度希臘混合式之雕刻，其裝飾喜採取於印度希臘，以及其他各國，又有希臘

形式之祭壇，刻有希臘王亞力山大等五人名字，並附有象形之精細雕刻，

又在「印度古物考」第五卷中，描寫加是弭兒國 Cashmere 之多瑞克 Dovic 式建築，(希

臘之建築式中極古極堅素之式) 在印度西北部，爲印度多林斯式，Inds Covinchian 在其

他部份・爲印度波斯式，Inds-Pesian 至於特格錫納 Taxila 城之建築，爲伊奧尼克式，

Ionic 甘得哈哇 Yandhara 城，爲哥林斯式，Coriuthian 以上各種形式，均盛行數百年之

久，至用石爲建築，後世摹倣者益衆，而希臘之建築及雕刻，亦逐傳遍於遠方各國，但

印度如中國古時向來以木爲建築，故至今仍沿用木梁木柱也，

試觀寺院寶塔坐墓橋梁，以及他種建築，均以用石爲佳，因文化商業之發展，社會經濟

，乃能充裕，而人民亦易於釀資興工建築爲，

所述各種中國建築，均有摹倣西方建築之趨勢，如橋梁乃其著者也，又印度人爲遮蔽矮

屋上之日光，於是有寬闊洋台及寬闊屋頂，後來中國亦倣法之，希臘藝術，影響漢代雕刻至鉅，幾成為一種原理，何以言之，當時國內太平，且稱富庶，故能採用外國之改良制度，富者每自遠方招僱技師，為之作工，此等技師，或為直接，或係間接接受過希臘人之指導，雖雕刻一馬，亦須經過長時間之訓練也，

　(三)佛教建築

中國建築第三期，乃佛教建築時期，當印度宣教師入華傳佛教之時，彼等卽寄居於名曰「寺」之官署中，因此後世廟宇，遂稱曰「寺」但其形式，係仿照維哈哇 Vihara (印度佛廟之梵語名稱)，亦有制度係本國者，如佛殿中所祀已故和尚之木神主，頗似孔廟中之神主，雖然大概情形，與印度之佛廟無異也，

在寺門兩側，有獅各一，在過廳殿中祀有印度多神教之神，亦卽護法神之所在，該殿中又有彌勒佛，(laughing Buddha) 及如來佛，(Zuddha of the future) 經過鐘鼓樓，則為佛祖講經殿，中有一普通身量之佛像，卽釋迦佛，(teaching Buddha) 高約十六尺，(合英尺十尺八寸) 此佛左右東西之畫像，或雕像，均為聽講者，其中有為波羅門教徒，更後一殿，有所謂臥佛避世佛如來佛，總稱阿彌陀佛，其身量較眾佛特別高長，除此數殿以外，房間尚多，如方丈及和尚住室齋堂客堂書室廚房倉，有為有名望之信仰佛教者，

庫，以及參拜低神之佛殿，至於牆壁之描寫，則應有盡有，如極樂世界（Buddhist world of worship）歡喜愁苦刑罰拯救等；總之佛廟之建築雕刻圖畫，其目的惟在顯明佛法，釋迦佛，坐於蓮花之上，爲救主爲至尊者，故普天下之人咸歸焉，

獅子，爲波斯及敘利亞之出產，而非印度之動物，佛家富於虛誕的觀念，故用之以爲裝飾品，此種西亞思想輸入印度，係在波斯西哇士王時代，在釋迦牟尼以後，不久獅子卽發現於佛經中，豈印度西北部之佛教徒，願意採用外邦之獸類爲象徵耶，實因彼等性好爭執，時與波斯希臘等國作宗教戰鬥，獅爲獸之王，故用之以爲戰勝之表示也，在舊約創世紀等處，亦以獅子示勇敢成功之意，且也印度附近各國宗教教儀中，獅亦佔重要地位，佛教之思想，蕭有由來，

寶塔，爲印度葬佛骨之墳墓，在日本國或喇嘛教中殊少見，大阪只有一塔，東京則無寶塔，非特爲崇敬佛骨，並涉及風水之迷信，故日人不取焉，塔之層級爲奇數，因奇數代表陽，偶數代表陰，欲使一地與旺，必籍塔之陽氣，陰則頗不利也，塔係完全以石或磚建成，刻有文字，發明佛之生活，或有名佛教徒之傳記，

多數寶塔甚華麗，亦爲中國建築之特別一種，現在建築之飛簷，或係古代寶塔遺傳形式，在十六世紀以前，寶塔卽已不少，然中國書中，無飛簷之記載，故只得認爲外國之來

源也，譯者案，中國書中，飛簷之記載甚多，愛氏此說，殊未確，

由寶塔可以察出本國建築師之技能，許多巍峨之塔，全係磚石，並無木料，此種堅固建築之成功，觀今日存在之古塔，較其他古宮室或古廟宇為多，即證明矣，在十七世紀以前，多係此類建築，如西歷六百年所建之北京長方形寶塔，計有十三級，且全塔均係刻有花紋之磚砌成，高二七五尺零五寸，此塔既高，保存亦好，可謂為中國佛教建築中之最耐久者

佛教建築師，多致力於各種大規模之佛像，其中數種，今日仍有新建造，蓋佛教勸人沉默，不但用佛經，亦用佛像，以其能引人之注意也，

寺門之彌勒佛，顯示佛教，為求歡喜之門徑，其次為釋迦佛，（teaching Buddleod）此佛在正殿之中，周圍聽經之神，與人依次環立，又次為避世佛，（ascetic Buddha）暨臥佛，避世佛，頭披長髮，身衣隱士服裝，臥佛係傳自唐朝，為檀香木或黃銅作成，至於接引佛（guiding Buddha）乃引人歸於極樂世界，（Paradise）而石刻佛，（rock-shewn Buddha）為十六三十或六十尺高，如彌勒佛，係如來佛之一種，

佛教建築師，又注意顯揚佛世界之全部，或一部份，如北京之五塔寺，在臺上東西南北四方及中間，共有五塔，當祈雨時，和尚卽在寺中，擇一適宜地點，將佛像請出，排成

正方形而求廳焉，更用石泥造成幻想世界，有山有湖有廟，山上之洞穴橋梁曲道，並飾

以油漆，此種景緻，或爲佛經中所載，或爲詩家所描寫者，

其他中國建築之有佛敎遺風者，爲大門前之照壁，及屋頂上之表號，（如文字或圖畫）

此兩種制度，係根據「風水」之說，因普通人均深信風水，可以保護人脫離災害及抵禦一

切不祥之事故也，

門前照壁，係用磚砌成，形似八字，爲古代建築所無，且不足以壯觀瞻，故今日之建築

應廢除此物，但不幸風水，仍爲一般人所重視，不易改革，

至於屋脊，或屋簷柱上之各種怪形動物，如塔之層級，亦係單數，蓋單數代表陽可以制

陰，動物之像雖狰獰，而彼此殊友好，其職務只在驅邪，人常用者多爲龍與猴兩種，龍

大，其數只有一，猴小，則至少有三五或更多焉。以上所述，實爲中國建築之特點，余

曾經過許多困難以研究之，始有此些微成績，從上海至蘇彝士 Suez 沿海濱南岸之亞洲

陸地居民，頗相信鬼魔能動作，且長存在，伺隙加害於人，故亞剌伯波斯印度各國人，

均畏懼而思所以抵抗之法也，

至終結果人均感覺，既常受惡魔之恐嚇，則所居屋宇，必須有保護人而能拒鬼之物，於

是門前築垣，屋上安置怪形動物，其功用與房門上所粘符咒，及人身携帶之小瓶銅鏡相

同，人以為均含有一種魔術感應也，大門門屏，係置於門內正中，令人觀之不快，但因人民迷信過深，難於除廢，故數百年來，此無用之物，仍然存在也，門內有隱蔽，門外有八字形照壁，兩旁有獅子各一，正屋頂上有奇形之龍與猴，因繪畫吾人可知動物之形，但門前之光景，則往往為人所忽略，英國向來注重建築之門前之形勢光景，若將此事忽略，即認為錯誤，印度佛像裝金制度，在西歷五百年以前，即已盛行，因此佛廟不但倍形華麗，更能感動人心，在歐洲刻石，以為暗色，(dark hue) 此風俗在英國尤盛，當吾人進入杭州或北京之佛廟，即可見佛像之鍍金，雖經過若干年而其色不稍變，由此更可證明赫德 (Hyde Park) 之阿伯特親王 (Prince Albert) 紀念碑，及柏林之戰勝碑，所以裝金，蓋因金可以耐風雨霜露之侵剝，至於中國鍍金之術，乃由佛教所輸入者也，

（四）近代建築

在宋朝即西曆一千年時，道教復興，勢力極大，因太祖有一道教朋友，名陳摶，(Chen twan) 藉太祖之威權，擴張其宗教主張，太祖崩，諸皇子均守遺命，尊崇道教，其中以徽宗之信仰最深，是時福建有一女神，名媽祖，(Ma tsu) 為水手所崇拜，同時關帝乃忠義之神，為兵家所敬仰，若呂祖（即呂純陽）則為八九世紀時最有名之道學家，在鄱

陽湖西北岸廬山一帶，傳播道教，至十二世紀時，呂祖廟即建成矣，綜觀以上所述，宋朝之道教，流傳至廣，可奇者中國傳揚道教，乃係仿傚佛教，且自十世紀至十二世紀之間，爲道教極盛之時期焉，

至於道廟之建築法，亦完全與佛廟相似，唐時已然，至宋爲甚，試觀舉例，即可瞭然矣，

　　(甲)北方式

北京之東嶽廟，即爲最大之道廟，在鐘鼓樓旁第一殿之門首，有武裝像各一，表示保護宗教及廟宇之意，第一殿中，祀有四王，即佛廟祀護法佛之所在，次殿祀有東嶽神，亦即佛廟祀天王佛 (teaching Buddha) 之處，至北京之藥王廟，前殿祀古時名醫，中殿祀主要之神曰玉皇，後殿祀三清，(Three Pure Ones) 此種殿宇之形式，神像之位置，完全取自佛敎，蓋無疑也，

觀以上所述，可知宋時孔敎徒，並不反對佛敎，彼等以爲佛敎，雖爲異邦宗敎，亦應任其發展，不加阻碍，同時彼等極力增加本地之神，如呂純陽媽祖及關羽等，均各有廟，在昔只有孔廟與佛廟，從此更多一種道廟，宋時道敎所建立之廟，不可勝數，因有皇帝之權威，故人民相率信從，而莫敢犯，故今日之城隍廟，幾無地無之，且佔中國社會組織之重要部份，但多數之古城隍廟，係建於宋代，余曾見一廟建於五代即西曆九一七年

，此廟之形式，蓋傳自唐朝，宋之皇室，因信仰道教，遂喜採用此種形式，又以宋儒之文章，乃得將道教各種建築法，傳佈於全國，

宋朝建築，為近代建築發軔時期，是時全國建築，均有佛教色彩，歷七百年之久，始為兩種極大勢力所改革，一為當時孔教與道教之復興，一為本朝書院 (school of critical Research) 之叛立，因孔教徒之主張，朝廷亦遂不禁止外國式建築，且自第十世紀起，不新歐洲式之建築，乃得同時在中國存在焉，又緣各種宗教，於是建築之形式，時常混合同宗教之人，得相聚而居，遇有糾紛，則由當地官廳，依法解決，因此印度回教，以及，當時學者之言論，則鼓勵人民自由選擇，可知今日中國人之思想，較前進步也，書院廾近兩百年來，可稱極盛，且注意經學，而經學之中，更偏重周禮，因該書所載，皆昔日建築掌故也，至於天壇，是否應當建築，孔廟中是否應當有神像，此兩問題，自

不能同時而論，學者考究結果，明時孔子之像頗多，而從前神主，亦皆重新修飾，此不過傚倣佛教之制度，因本朝皇帝無明白敕令規定，故至今孔廟中尚有存在者，然人皆反對佛教注重偶像之制，因不能影響與佛教無關之純粹孔教徒也，而百年來天壇，除上帝以外，普通之神，已不祀矣，

雖然，宋時建築，不及元明建築之華麗，但頗有研究之價值，因是時刻版之書，現今尚

有存在者，且可參考之材料，較以前時期特別豐富而詳盡，例如吾人研究宋時建築，知

朱夫子對於宗廟，考據頗多，且將其重要之點，特別規定，以示後人，至金時中國北方

之建築，多用八角形之石幢，並在其上鐫刻梵文華文兩種文字之佛教咒語，此即當時之

藝術也，

中國建築之術，至元朝漸有進化，如居庸關之圓洞，及其上所刻之文字，雖歷六百年之

久，猶能使吾人感覺是時建築，實有發明新形式之傾向，迨至明朝，則此進步已達極點

，回顧元之建築，又不若矣，夫明時建築，以永樂爲最盛時期，是時成祖，正創建北京

，工程浩大，殊罕覯也，除北京城外，長城之關口大鐘，以及陵寢各種圖型，均爲成祖

所規畫，滿清入關，仍都北京，順治康熙，極力改良，觀象臺，即將原來之儀器遷出，

而易以湯若望（Verbiest）所製，及法王所贈之觀象機器，臺下有一室，爲冬至以及其他

節令觀影之長短而用，全世界都城之城牆上，能一望而見若干天文儀者，惟北京而已，

乾隆皇帝，曾建造各種形式之建築，例如關於佛教孔教回教及意大利式之建築，均極宏

麗，惟因迭遭政變，多已毀滅無存，如圓明園之意大利式建築，即燬於一八六一年之役

後，當時國君，因觀世界日見文明，於是極願容納外國之建築形式，而實現於本國，至

於圓明園等巨大建築之被焚，無人不惋惜，而引爲憾事，當時之破壞者，實不明藝術之

乾隆帝重修孔廟，特別注意修葺辟雍宮，其中經籍雖少，而寓意至深，於是建一圓形大理石水池，中爲廳．內有皇帝講經所用之寶座．廳之南面，門極高而滿糊竹紙，以使光線得以透過也。

清朝建築，如明代然，亦頗注重風水之說，因維持地方經濟狀況計，中國各省，皆禁止建築新塔，如人民有爲此善舉捐助之能力，亦不過將古塔修建而已，北京廟宇之頂，多根據風水，飾以文字或塑像，（如獅子像及泰山之神名等）且位置正向胡同之口，無非驅邪之意，當此之時，民智開通，而宅第建築，亦復重視風水，綜觀中國建築，可分爲兩大部份以研究之，一爲外表之富麗堂皇，一爲內部之精巧工作，前者表明中國建築，在大體上，可謂成功，夫明陵之佈置形式，乃完全中國式，自牌坊至成祖陵有七里之遙，全山谷爲十三豪陵所環繞，牌坊爲三百五十年前，用大理石建成，寬九十英尺，高五十英尺，巍然矗立，在極遠之距離，即能窺見，迫行近牌坊之前，更可察出其頂，亦係刻成之大理石。總之，此建築足以代表中國建築之藝術，在歐洲亦有此種建築，曰凱旋門，名稱雖不同，形狀則相似，此明陵牌坊，建於中國建築術極發達之時，故爲全國牌坊中之最宏麗者，原有之紅綠顏色，早已剝落而變成灰色矣，經過牌坊，爲樹蔭之路，又過數門，爲形狀奇偉之石獅石駱駝石象等，每類又有直立與雙膝伏地兩種，據說四大象，係由一石取下刻成者，其高爲十三尺長十四尺，此爲第二重要部份，第三爲祭殿，寬七十碼高三十碼，殿中共有三十二麻栗木柱，每柱周圍十二尺，高三十二尺，全殿共有六丈四尺高，簷深十尺，階有十八級，亦係用大理石砌成，階之上環以刻工極細之石欄，第四部，即爲成祖之陵，陵前有一碑，上刻有永樂皇帝之尊諡，（永樂帝崩於西歷一四二五年）字體極大，下爲墓道，深三十九碼，直達兩邊墓門，謁陵者，經過此處，尚須躡登極長之石階而上，上有臺，臺上爲厚三尺寬兩碼之石碑，碑既高，所書成祖文皇帝之陵等字，亦頗大，至於墳堆，周圍約半里，內有一室，能容四百人，棺卽置於室之正中焉，

觀明陵可以證明中國建築術之進化，已達最高點，且足令人驚歎，其威嚴尊貴之氣象，實爲外邦所不及也，

中國建築之特點，尤在能利用雕刻，使笨拙之屋頂，變成雅緻，希臘人以柱頂上之花紋，或數柱合成之空虛景象爲美，同時中國人，却以爲極粗之屋樑，應綴以雕刻或油以顏料方爲醒目，

近來建築之柱上，多喜刻以龍形，一時成爲風尚，如寧波或漢口之公共建築，比比皆是

，在上海亦然，若修築劇院，則臺前圓柱，必以龍為裝飾也，

在近代建築中，「亭子」特別發達，此種制度，始於漢時，是時有一種雕刻極細之殿宇，類似亭子，華麗屋頂為數椽楹柱所支撐，除柱以外，全係隙地，任意通行，此外天主教堂之高亭，君士坦丁（土耳其京城）之土耳其式涼亭，普通花園中之涼亭，以及中國戲院之戲臺，皆亭子式建築也，亭子之頂，若只是方形，而四角下斜，則頗簡單，若係三角形而各邊不一致下斜者，則殊複雜，最華麗之亭子，莫若各劇院之戲臺，及紫禁城之角樓焉：

天壇之祭臺極高，其形之圓石之光及佈置之宏壯，均足使人注意，頂之寬，九丈，正中有圓石，為皇帝跪拜之處，跪時面向北而對上帝之神主，圓石之外，更有八座連環圈之，石圍圍繞之，第一圈為九塊石頭砌成，第二圈石頭之數倍之，第三圈二十七塊，第四三十六，第五四十五，第六五十四，其餘三圈為六十三，七十二，八十一，此種包含九個連環圓圈之石圓，代表宇宙，（在西亞細亞亦有此同樣之象徵如伊克巴達拉城是也）下層臺上之石，亦係砌成圓形，此臺寬二一〇尺，中層臺寬一五〇尺，連貫上中下三臺，計有四層石階，故全祭壇之高，為一丈六尺九寸五分，皇帝代表宇宙致祭上帝，於莊嚴雄麗之壇上，每年兩次，禮節之隆重，始無過於此也，

橋梁，在近代建築中，亦頗有進步，其來源蓋由於佛教，吾人可於寶塔中，得見橋梁，然今人則建之於河上，便利行人，然橋之高，往往有達三丈者，不免險峻，有時高橋之上，有階級，則對於來往運貨之苦力，則稍易耳，至於獸類，不能利用此物，斯為缺點，昔日之橋，多以美觀與堅固為原則，但今日築橋之目的，只在便利商旅，故橋之形式，多半平坦，不若從前之高峻也，中國人習慣，多喜富貴，於是以建橋修隄為善舉，而欲藉此獲得好報，因此建橋之資，頗易醵集，余以為中國應辦之公益事項，較比建橋尤重要者極多，懷慨富翁，何不加致慮，擇其要者而提倡之耶，至終，請論中國鐵路，夫全國鐵路，國民之富有者，應促其完成，但因無人獎勵，故國民猶不如建橋時之樂予捐助，今日人心，亦不以此事與建橋築隄之善舉相同，而能獲富貴無量子孫滿堂之報，倘彼等覺悟，並受佛法感動，知捐資建築鐵路，必有善果，則中國鐵路，必將發達矣，

CHINESE ARCHITECTURE

By Joseph Edkins, D. D.

(Reprinted from the Journal of the China Branch of the Royal Asiatic Society.)

To understand the architecture of a country it is necessary to have some knowledge of antiquity. All architecture rests upon the past and embodies the ideas of the men of earlier generations. If, for example we approach a Gothic cathedral, we observe it may have on the outside rows of statues sculptured on the front, representing the prophets and apostles of scripture. They are intended to shew that the Christian religion, for the conduct of the worship of which this splendid church was built, was founded on the teaching of the men whose statues we see. If they are in rows, as in wells Cathedral, there is an idea borrowed from Greek art, which loved to represent battles, religious processions, gymnastic contests, feasts, marriages and court pageants in this way. Entering we pass the font, which reminds us that baptism admits a man to the Christian assembly. The thought then occurs that the door of the building is the gate of admission to the congregation, and that the building is symbolical in all its principal features. In the nave occupied by the assembly of worshippers, the congregation, which is entered by baptism, is symbolized. The aisles may possibly be separately assigned to men and to women, but are the parts of the one church. The mysteries and highes truths of the Christian faith are symbolized by other chief features of Gothic architecture. The whole has an adaptation to impress both the cultivated and the ignorant. Architecture in such a case has an effect of the most striking kind on minds endowed with genius. So it was with Milton, whose familiar words I shall be pardoned for using here as a noble introduction to my subject :—

But let my due feet never fail,
To walk the studious cloysters pale,
And love the high-embowed roof,

32347

> With antick pillars massy proof,
> And storied windows richly dight,
> Casting a dim religious light :

But the poet wished to describe the effect of music as well as of architecture on the worshipper, and he adds :—

> There let the pealing organ blow,
> To the full-voic'd quire below,
> In service high, and anthems clear,
> As may with sweetness, through mine ear,
> Dissolve me into ecstasies,
> And bring all heaven before mine eyes.

Gothic architecture is a medium for religious impression, and its parts are adapted for the conduct of Christian worship. Provision is made for the reader, the preacher, and the musical features of the service. The high arches of cathedrals are not only intended to symbolize celestial aspiration, but also to allow of deep impression being made on the audience by full and reverberating waves of sound.

I.—CLASSICAL CHINESE ARCHITECTURE.

It may be asked, if such be the aim of Gothic architecture and its successful result, what is the aim of Chinese architecture, and is it effective within its own sphere, only having regard to its original ideas?

First, I remark that in classical Chinese architecture *there is no distinction of an essential kind between sacred and secular buildings.* The farther we go back the more clear does it appear that the palace was a temple and the temple was a palace. This same circumstance in the architecture of the Assyrians struck LAYARD and other students of Assyrian antiquities. The same fact appears in the old Chinese records. We are told in one of the first chapters of Mencius that Ch'i Siuen Wang, King of the Ch'i country, asked him if he should order the Ming tang in his territory to be destroyed, as many persons advised him to do. Mencius said, No; it was the hall for the empenor to announce correct principles of government in the assemblies of the barons. If you wish to act as a king ought, and practise the duties of a wise ruler, do not destroy it. This was his advice. The emperors formerly came, when they visited Tai shan, to hold here a great feudal assembly, to sacrifice to ancestors, to sacrifice to heaven and to reside in it themselves during their stay. This, we partly learn from Panku, who relates that Han wu ti, on visiting Tai shan, found there the foundations only of the Ming tang of the Cheu dynasty. The time would be about B. C. 120. The altar and the hall were gone at that time. Cheu kung, the great sage, sacrificed to his deceased father, Wen wang, in the Ming tang of the Imperial residence, placing his tablet in a subordinate position at the time of sacrificing to Shang ti. This was to confer the greatest possible honour upon his deceased father. In the Ming tang there was worship offered to the sun and moon, also an altar for burnt sacrifice; in which case the victim was laid on wood and burnt. When the covenant was made between sovereign and feudal barons the emperor sat on a throne nine feet high during the Cheu dynasty, three feet high in the Shang dynasty, and one foot high in the Hia. The thro' n was a dais, and the emperor sat on it cross-legged. The commentator on the *Chow-li*[1], from whom I learn these particulars, adds that when the covenant had been determined on, the fact was announced to the bright spirits, and therefore the hall was called the "Bright Hall," which is the meaning of the name Ming tang. We gather from this, by the way, the true explanation of the common phrase "Shen ming" –spirits and bright intelligences. This phrase is much used in modern Chinese for worshipped beings who are believed to come and throng round the spots where sacrifices are offered and prostrations made. They also scrutinize and reward or punish the actions of mankind.

2.—In the construction of the ancient palaces of the Chinese emperors ther were three objects kept in view. They were for religious purposes, for feudal audiences and consultations, and they included private apartments for the emperor. The feudal compacts needed to be confirmed by religion.

---

1. See 考工圖 *K'au Kung Ki*, the supplement to the *Chow-li*.

32349

The emperor was chief sacrificer, and there never was in China any notion of local sanctity in buildings. All the reverence attached to a palace is on account of the emperor, the brother of the sun and moon, and his ancestors.

It became convenient, when the sovereign was at home in his capital, for the worship to be performed at spots removed from the palace, but down to the present time the ancestral hall is still attached to the palace on the south-east. So also the great halls and courts where the emperor meets the princes and high officers are connected with the palace. The altar of the spirits of the grain and land is also as near to the palace on the south-west as the temple of ancestors on the south-east. The arrangement of buildings in the capital at the present time is therefore in principle like the old classical arrangement, which combines the three ideas of temple, hall of audience and private residence.

In the building of the Imperial capital all favourable circumstances must be combined. There was in ancient times no *feng shui*. This is a recent superstition. But it was required to have lucky portents and begin laying out a city upon a lucky day. Chèu kung the sage measured north and south with the gnomon's shadow. The gnomon was eight feet long. The time was noon on the day of the commencement of spiring B.C. 1109. He used plummet-line and mason's rule, and the latitude was that of Honan fu, or 34° 43' 15". The mats he used to lay out the palace were six English feet long, and his measuring-rod four feet and two-thirdt long. This also is the English foot, the old Chinese foot being taken as eight inches.

The principal roof of the Ming tang was circular. The building beneath was square at the base. The idea was that of imitating the form of heaven and earth. It had nine rooms and eight windows.

There were two other chief buildings called Pi yung and Ling tai. The Pi yung was on the east, as it is now in Peking. It contains at present the stone classics, cut by order of the Emperor Chien lung, and the Imperial act performed there is the exposition of the classics before the assembled court. The old Pi yung was devoted to music, archery

32350

and the like functions. The Ling tai was employed as a cluster of offices for those officers who were engaged on preparing the calendar and and calculating eclipses.

We find in the *Kau Kung Ki* that the dimensions of the Hia dynasty ancestral temple are given. It is there said to have been 14 feet deep and 17⅔ feet wide. There were five rooms occupying the north-east, south-east, north-west, south-west and centre; each was fifteen feet square; the middle one was three feet wider from east to west than the others. There were nine steps on the ascent. There were windows as well as doors to each of the five principle rooms. The doors were four and the windows eight. Lime made of shells was used in ornamenting the building. At the main door was a separate hall, said by the Erya, a very ancient authority, to have been a school-room.

In this account of a Hia dynasty temple we see that the five elements philosophy had a voice in the arrangement of rooms. The idea of the architect would be conformity to nature as interpreted by the physical theory of the time. The same occurs in the round hall of the Chow architecture. Roundness means the shape of heaven. The same architecture makes the circle rest upon a square, which is the earth's figure, according to the common idea of the Chinese in ancient and modern times.

In the Imperial temple of the Shang dynasty the idea of a double roof was introduced. The length of the hall was 56 feet. The emperor's platform was raised three feet. The roof was made double on all four sides. The object in this was to lend an air of greater richness and dignity to Imperial buildings.

In the Chow dynasty temple the breadth was 54 English feet and the depth forty-two feet. The height of the Imperial dais was six English feet. There were no chairs in those days. They were first used in China in the Buddhist period.

In the plan of a house the ancients were influenced by filial piety, which caused them to begin with the ancestral hall in the south-east of the plot of land set apart for the building of the palace. This, according

32351

to the *Chow-li*, was the idea of the architecture of B.C. 2200. Religion, as people then understood it, was a powerful sentiment in their minds. So in the First Book of Kings it is recorded first that Solomon built the house of the Lord and afterwards the king's house and the house of the forest of Lebanon.

The double roof mentioned as an accession of luxury, when compared with the simplicity of the Hia and ascribed to the Shang dynasty, B.C. 1766, has always continued to be a favourite ornament with the Chinese. It is noticed particularly in gat-towers, pagodas, and towers at the corners of walls. A desire was felt to increase the appearance of gorgeousness in the imperial dwelling, and magnify the difference between the king's house and that of the common people. This effort became greatly intensified in the Chow dynasty. Then the palace assumed the majesty and beauty of the Ming tang. Many separate buildings began to be erected for each function of the king. The servants of the king or emperor (we may call him by either title) had the most multifarious duties to perform, and the offices were multiplied almost beyond belief; so in Peking at the present time the palace buildings and offices of Government are counted by hundreds.

So far as we have yet gone it will be observed that architecture was at first geometrical. Houses were built to the southward, and they faced north, south, east and west. The circle and the square were both introduced in imperial architecture. The simplest geometrical forms constituted the basis, and ornament was added later. The ancient Chinese built of brick with a wooden framework. The provinces which the nation then occupied are chiefly plains and broad valleys. The chief constituent of the soil is the loess, which is partly a subaerial deposit and has partly become diluvial and alluvial by the action of rivers overflowing every summer. There is also a good deal of yellow clay. Bricks were easily made out of these constituents. The climate was milder than it is now, and the labours of house-building were carried on in the winter. Nothing was found so convenient as brick for house-building, and nothing lends itself more readily to geometrical manipulation.

Chinese architecture then had nothing to do at first with the imitation of tent forms. The suggestion has been made that the concave shape of the eaves of Chinese buildings shews that the people love to remember the nomade life which they once led when they occupied tents of a conical form or shaped like a house—roof. No such concave curve is seen in any old roofs in sculpturs hitherto brought to light. In the Chinese books which contain illustrations to the classics the roofs of temples are indeed turned up at the eaves, but this, I think, must be an error. It would arise partly from an incorrect way of representing in perspective the lines round a corner, and partly from the habit which most people have of carrying the present into the past and making their ancestors responsible for their own peculiarities. The early architecture of the Chinese was plain, geometrical and practically useful. The love of fantastic curves in the lower part of roofs came into vogue later, and must be sought rather in Buddhism.

In the *Book of Odes* we have the grandfather of Wenwang removing to the south of Chi—shan, in Shan—si. This he did for the sake of peace. The tribes of Tartary annoyed him. He left them his old territory and cultivated new lands. He built a new home, and in erecting it used the plumb-line and a wooden wall-frame. Boards are roped together and earth is filled in between them. Such earth hammered down constitutes a wall, and this is still the mode of building used in the north in making earthern walls. When the wall is washed away by rain they build another. This simple style was adapted to an undeveloped state of society, and building by this method allowed houses to be very rapidly erected. Two doors were sufficient—the *kau men*, or "high" gate or outer enclosure gate, and the inner or answering or central gate.

On account of the universal belief in omens it was usual to divine by the tortoise to know if the locality selected was a good one. In ancient China we can judge of the customs of the people in the second millenium before Christ by the three older classics. In the *Book of does*, building was not commenced without an omen of a favourable character. This was done when Tai-wang moved south-west from the valley of the king river, in which lay his old residential city Pin, to the south of Chishan, in the valley of the Wei river. He then inscribed on the shell of a tortoise certain lines, and upon scorching it received such an answer that he knew that the site he had arrived at would be suitable. The cardinal points were determined and the simple laws of an cient architecture were followed.

Orientation was made an important point, and there was provision for religious ceremonies. A burnt sacrifice, for instance, was offered even in front of private houses in summer, and on that occasion the altar was on the south-east, the worship being that of the god of fire. This seems to shew that the worship of the five elements was intimately connected with the ancient rules of house-building.

Beside the *kau men* and *ying men*, there was a gate called the "tige gate," from a picture of a tiger drawn there, as the symbol of bravery This was to add to the dignity of the master of the house. It was outside the *kau men*. Within was the "pheasant gate," from the representation probably also of that bird drawn there. Outside of it were lofty pillars or flag-posts and standard measures for markets to follow.

The art of house-building was spread among the Tartar tribes by the Cheu family when they took refuge from the tyranny of the Shang dynasty in the Pin country, fifty miles north-west of Si-an-fu, and rather near the western boundary of the province of Shen-si. There the aboriginal tribes had lived in loess caves. This kind of house is there very convenient, warm, well-protected and economical. The loess deposits where they occur are found in the valleys with a vertical front of uncertain height varying from a few feet to several hundred feet. The rude savages who had been living in a single room were taught to make double chambers and upper rooms by their new friends from civilized China. This their friends did by instructing them in the art of making bricks in kilns. This seems to be the meaning of the passge *t'au fu t'au kiue*— "they taught the aborigines to make double houses and dig caves with the help of the kiln." Yet the commentators explain the passage differently, as if it was meant to say that the people were taught to live in kilns, and LEGGE explains that the houses were shaped like kilns. In RICHTHOVEN'S *China* there is a picture of houses in five stories one above another, all of them having arched windows and doors. There is an outside staircase connecting the houses of each story. On the opposite page is another front of a house hollowed out of a loess bank. It is fenced by a low wall on the outside. This house, hollowed out of a loess bank, communicates with the outside simply by three windows and a door.

On the whole the classical architecture had square and round buildings and double roofs, but it lacked the arch, and the modern *t'ing-tze* was still undeveloped. Halls were matted. There were no chairs, but there were low tables. Lucky days were selected for building. The emperor's throne was a high dais on which he sat cross-legged and facing the south. His personal suite stood behind him and on his right and left. The ministers of state stood in rows on the east and west. In the open space between them, individuals came forward and prostrated themselves to speak to the emperor and answer questions. There were three audience-halls, that of the daily audience for a few persons, near the private apartments, that of the court generally, more to the front, and that of great festive is, still more to the southward. The arrangement was somthing like what it is at present in Peking. The ministers held be-tons in their hands, or writing brush and tablets. In the larger assemb-lies the greater part of the nobles and officers prostrated themselves in their places in an open-paved court which was unfoofed. The emperor and his suite were on a raised platform which was roofed. In ancient times North China had a mild climate in winter, and the grandees, clad in fox-skins, would not feel cold. The ancestral temple is specially marked out for admiration in the *Four Books*, just at the end, where Confucius is compared to a house whose encompassing wall is much higher than that of all common persons. An observer may see the beauty of a common house by looking over the wall. But the wall of the house of Confucius is several yards high. The disciple, in fervent love for his master, adds that it is with him as with an ancestral temple. It must be entered if its beauty is to be seen. When he said this he was thinking of the double roof, the vermillon pillars of the hall, and within the tablets and the offerings, with the beautiful ornamented vases placed in order before each. Before perspective was ever studied the perspective lines of light and shade caused by these objects would be in his mind, and he would pronounce the effect of the whole to be beautiful. It was the most fitting image he could find to represent the superiority of his master to all other men.

Architecture is introduced with the gnomon and its shadow. A vessel of water is hung up by a string so as to obtain a level. When meeting with this in the *Chow-li* that valuable repertory of archæological knowledge, no reader will fail to picture to himself the ancient artificer clad in coarse linen in summer, or sheep-skin in winter, determining for himself the level of water for the wall of a house he is building. To have his work strictly according to the cardinal points he marks the shadow of his gnomon. For imperial use there was a gnomon of which the length was eight feet, or 5 1/3 of our English feet. They had the plumb-line, by which they could make the pillars of wood, which supported the roof, perfectly straight. They had also the mason's rule, which they called *kwei* 規, and they used it to secure that the bricks of their walls should be laid evenly, and the walls themselves be both horizontal and vertical.

According to the *Chow-li* the ancient art of house-building was controlled by astronomy. It is mentioned that the mason's rule — *kwe*[i] — was placed level with the sun at his rising and at his setting. The builders also looked at stars by night to ensure a perfect level, and to obtain an exactly south facade. In the old architecture of China this was viewed as very important, as it was also in Egypt and Babylon. In these countries the old civilization produced this scientific element in the buildings of the time. Heaven, earth and man are in harmony according to the Chinese idea, and the emperor's palace could not be erected otherwise than facing the south, four square, and with its four walls strictly north, south, east and west. At present it is admitted that the architecture of the pyramid builders was wonderfully accurate in its aspect as regards the heavenly bodies. The great pyramid was not only a tomb for the sovereign, but an observatory from which the stars as they passed the meridian could be observed from its interior with extreme exactness. It is therefore not more than what we might expect to find the art of the builder of palaces in old China also, but in a rougher way, controlled by astronomy and the principles of trigonometry. This part of the modern art of architecture in the West is without doubt traceable to the early Asiatic and African civilization, just as the trigonometry and geometry of the Greeks were suggested to them by the plumb–line, the water–level and the gnomon. It was not Euclid that discovered the properties of the right-angled triangle. They were known to Pythagoras, and before the time of Pythagoras they were familiar to the wise men of Babylon and of Egypt. He travelled in those countries and he was the first to introduce geometry among his countrymen. China also knew, eleven centuries before Christ, the properties of the right-angled triangle.

The capital city must be a square of nine *li*, and there being about six *li* in an English mile, the whole circumference is a mile and a half. It must be square and have three gates in each wall. It is the city in which the emperor resides. In front of it on the south–east is the ancestral temple, and on the south–west is the altar of the gods of the land. This is just the arrangement followed in Peking in the plan of the palace. In front of it on the east is the Temple of Ancestors, and on the west the Shê tsi t'an. The Emperor Yung lo erected this palace and the Manchus inherited it, occupying the old imperial residence when they conquered the country. But it is otherwise with the gates. According to the ancient plan the emperor's city had twelve gates leading from it. Behind was the market, and in front the emperor met the court every morning. Each of the twelve gates led to a street broad enough to allow of a carriage-way in the middle and a trottoir for men on the right and women on the left. The modern arrangement is different.

Imperial editions of the classics, such as the 欽定周官義疏 *Ch'in ting Cheu kwan Yi-su*, contain illustrations which deserve study, because they are the result of the profound examination not only old texts but of sculptures rescued from mounds. Attention should be given to the well system of agriculture in this connection. Ancient China was always feudal, and the emperor could command the service of the people of each barony. Agriculture was the basis. The workers of the soil gave a share of their work to the cultivation of common land. In providing for labour in the erection of palaces and imperial temples, the feudal system supplied it, and as that system was based on the justice and benevolence of the sovereign, the people came, says an old classical record, like sons to work for a parent.

II.—ARCHITECTURE OF THE POST–CONFUCIAN AGE.

The architure of the time when the power of the sovereign had declined in China became special by the changed conditions. Feudal chiefs asscended independent thrones and fought with each other for supremacy. A struggle for hegemony became an evil which was chronic There was a two hundred years' war, and machines were constructed for taking cities, the mode of making which is described in *Metsi*.

This state of affairs led to rivalry in palace building. The Imperial revenue was in the hands of the feudal chiefs, and with the people's money they built beautiful palaces and surrounded them with pleasure-gardens. Among them may be particularly mentioned the park and palace of the Wizard Mountain, just beyond I-chang, at the entrance to the beautiful land of Szchwen, where there is now a British Consul and a foreign community of merchants. The fact that the gorges should have been selected as the spot chosen for the site of a feudal palace plainly shews that poetic feeling ruled. In fact, at that time, there sprang up a school of vigorous poetry which has never failed since to influence the literature of this country. The romantic element could not fail, therefore, to appear in architecture, and so we find it. In the architecture of the Han dynnaty there is a most remarakable grouping of romantic creations with a reproduction of historic scenes of an exciting and didactic kind, for there are both. Should someone ask, how was the spirit of poetry introduced into palaces and temples in their construction ? the answer must be, by painting and sculpture. It is said in the *Shï kï* that "the Emperor is lord of the Four Seas. All people constitute his family. If his palace were not ornamental he would not possess sufficient dignity. The palace must therefore be richly ornamented." In the palace they recognized the need of depth in the suite of rooms or courts through which the visitor is conducted to the audience-chamber. The architect built with this in view; he had to conceal the sovereign and his family within a succession of courts. He had to provide him with pleasure-gardens. This was imitated by the sovereings of all the kingdoms of the Chinese heptarchy. Their palaces and parks became all the property of the Chin dynasty in the end of the third century before Christ. By tne Chin Emperor's command a palace was built in the Wei valley, near Hien yang, the capital, to represent that of each defunct kingdom, and the peculiar construction employed in erecting the palaces of each with their ornaments would here be reproduced. The Ah fang was the most splendid, being the favourite palace of the Chin Emperors. We can tell the style of the architecture, for it is believed by Chinese critics to be represented in the Chia-siang sculptures. In the scene referred to we find roofs, pillars, low couches, and various architectural details fully represented. There is an audience-chamber in a pleasure-garden ; above it is a gallery, and in front of it a large, high tree. The gallery presents a queen sitting on a dais with five female attendants. Below is a king, or noble, seated on a dais, before whom the officers are prostrate and knocking their heads against the ground. The queen wears a five-leaved crown, and the king the court-hat of the time, rising in front by a straight line deflected outwards and having a flat tcp falling to the crown. The roof of the gallery has men for its supports, that is to say, the pillars of the roof are Caryatides, and like Mount Atlas personified. The roof of the audience-chamber is supported by round pillars having three simple straight mouldings above, which relieve the angularity. The round wooden Pillar rests on a round stone as now in the modern Chinese style. The roof is tiled without the modern concave. At the

ends of the upper roof—line large bricks are deflected upward and out—
ward to a point, to remove the angularity there. Peacocks and monkeys
are sculptured on the roof—line, as also winged men and various birds
walking or resting.

  A great peculiarity of the mythological period was the representation of historical scenes. It was before the age of theatrical representation which began in the Tang dynasty, but was only thoroughly
inaugurated at the end of the Sung. The historic groups on the sculptured
walls of the Chia—siang ancestral chapel are an example of how architecture makes use of history as a teacher. The great men of past times live
again before the visitor's eye. As he passes along the ancestral chapel
in its three compartments the guide points out to him on the eastern wall
of the central hall the sculptured form of Fu hi, founder of the national
civilization, who was, as suppose, an ancient Chinese monarch, who
received reverently from Babylon certain instructors in architecture and
civilization, and to express this thought vividly he appears with the mason's
rule in his hand. What gave him power over the people was scientfic
and civilizing wisdom. The termination of his body is partly that of a
fish. It ends with a fish—tail, denoting that the sculptured idea is foreign.
In the classics, Fu hi had not a fish-tail. He was a man like other men
but we are now in the age of mythological architecture. He is closely
joined by intertwining of the tail with that of Tsang kie, who also holds
a mason's rule right angled. Shen nung follows with the plough, and
the Yellow Emperor, who first taught the people in the loess country to
dig wells, to divide their fields evnely for irrigation, and to wear dignified
robes with broad sleeves and a girdle. The Emperor Yau follows,
who taught morality; Shun succeeds him, who taught astronomy; and
Yu, founder of a great dynasty, who, when immense floods checked the
labours of agriculture and drove the people to the high grounds to live in
tents, undertook the control of the rivers, and restored the land to the
cultivators. Then the rise of the Chow dynasty is pointed out with
scenes from the history and poetry of the classics. This is followed by
groups of an exciting character such as assassinations and battles from

the age of Confucius and the two centuries which followed. The rise of
the Chin Empire is also sculptured. Here battles on bridges and in
rivers and in the air occur, with tiger-hunts, grotesque groups to excite
laughter, and many festive scenes.

With such sculptured groups the emperors and princes of the Han
dynasty adorned their palaces. The artists of those times were extre-
mely fond of grotesque scenes and monstrous shapes. The sculptured
halls of that age are reflected in the poetry, which consisted of long
descriptice pieces, like THOMSON'S "Castle of Indolence" or the separate
books of the *Faerie Queene*. The princes of the house of Lieu gathered
round them a choice school of literati and engaged them in discussions
on the history of early times and on philosophical and religious dogmas.
They talked about Confucius and Lau tsi, and wrote books for the princes
and for the emperor. The subjects on which they wrote were politics,
history, popular mythology, architecture and astronomy, and they compiled these works in prose or in poetry. A good number of them remain
to us, and the discovery of the Chia-siang and other inscriptions and
sculptures is a great help to the understanding of China as it was in the
Han dynasty.

I learn from Lieutenant D. MILLS, who wrote to me in February
1887, when he had just visited the spot where these sculptures were ex-
humed, that, "the valley in which they occur is about fifve square miles
in area, and that the excavations was less than ten feet deep, but it would
fill up quickly." The two gate-pillars stand in the excavation, rising
about ten feet above the ground. The stone of these pillars has weathered brown. A large number of slabs have been taken out of the soil,
and are now set up in an oblong tiled building, fity feet by twenty,
lining its walls without any orderly arrangement. Since the erection of
this house other slabs have been dug out, and are piled on the ground in
the house, which has no room for them upon its walls. The cutting on
the sculptured slabs is about a tenth of an inch deep.

There would be village temples in the Han dynasty, erected to
ancestors, as also to the gods of thunder, rain and wind, and to the

Great Bear and the gods of grain and agriculture. All have perished, because they were constructed with a wooden framework. The reason why this ancestral chapel of a prince, consisting of three chambers, has survived the storms and frosts of seventeen centuries, is that it was of stone.

A stone chapel with a stone roof entirely or almost entirely consisting of sculptured slabs and unsculptured slabs, was exposed to winds which blew dust upon it, and floods which dashed silt round it and filled up its interior, till it became buried more than twelve feet deep. The two stone pillars in front of it were twenty-five feet high, and are now buried to about that depth. This is a fact which shews what winds and floods can do in seventeen centuries in raising the soil. It also shews the supreme excellence of stone architecture, which is capable of preserving to us these valuable memorials of the China of the Han dynasty. The chapel dates from A. D. 147. The Pantheon is older by 174 years.

Lieutenant D. MILLS, in his visit to the Chia-siang inscriptions *in situ*, observed no traces of wooden beams in any of the stones belonging to the original chapel buildings. The Pantheon in Rome when it has stood for eighty-three years longer will be two thousand years old. It is a circular building with a stone roof. The ancestral chapels in Shantung were rectangular stone buildings with two gables which fell in part many centuries ago, but the loess, with friendly assistance, buried the sculptured stones under the soil.[2] The buildings would in part be standing till quite recently, or the sculptured stones at least were preserved in good order where they fell. So far was this the case that the native archaeologists have been able to tell us to a large extent what part of the buildings was occupied by each particular stone.

The question must here be confronted, how much of the Han dynasty architecture is of foreign origin? In the *Archæological Survey of*

---

2 In the Island of Jersey there is a stone chapel erected A. D. 1111. Its roof is of stone. It has stood more than 700 years—a signal instance of the permanence of stone roofs—but the roof has been replaced recently by a new one.

India, kindly lent me by Mr. KINGSMILL, we find in the 1st volume, published in 1871, the question discussed how Greek sculpture is found occupying a place in Buddhist architecture. To this question General CUNNINGHAM replies, that Bactrian Greek sculptors would find ready employment for their services among wealthy Buddhists, just as later in the time of the Mogul Empire goldsmiths and artillerymen were employed by the sovereigns. It was a Buddhist custom to make gifts of statues and pillars to the monasteries. This gave continuous employment to many skilled workmen. In the city of Mathura, which lies on the Jumna between Delhi and Agra, there is a colossal image of Buddha the Teacher, measuring one foot across the palm. It would be thirty feet in height. The Chinese have such in their country, where the stone is easily cut and the Buddhist zeal of the community favoured the production of this kind of work. The statue was from 20 to 24 feet in height. Buddha is represented as the Teacher, explaining the law to his disciples. It should be remembered that the coming and the laughing Buddha are one. In one of the female figures the attitude is peculiar. The left hand is brought across the right breast while the right hand holds up a small portion of drapery. The hair is dressed in a new fashion, with long curls on each side of the face, which fall from a large circular ornament on the top of the head. This figure has a plump face with a broad smile, and it is one of the best specimens of unaided Indian art which General CUNNINGHAM had met with. He goes on to notice specimens of Greek sculpture mixed with that of the Hindoos. The costumes of the sculptured figures are Hindoo, Greek and those of some other unknown nation. There is represented in one place a Greek altar such as was dedicated to Bacchus. Adjoining a well-carved elephant in one place are certain inscriptions which contain the names of five Greek kings, including Alexander and Antiochus.

In the fifth volume of the *Archæological Survey of India* the Doric character of architecture in Cashmere is illustrated. In some localities in North-western India there was Indo-Corinthian and in other localities Indo-Persian. The Ionic style was introduced in Taxila and the Corinthian in

Gandhara. All these styles flourished for several centuries. Thus, as far as stone was used in building, the imitation of Greek architecture and sculpture would naturally follow, and would spread into distant countries. But india, like ancient China, was well wooded and, therefore, wooden pillars and beams continued to be used.

In the case of monasteries, pagodas, tombs and bridges, with certain other structures, stone was held to be better as a material. Civilization, commerce and national intercourse brought more and more wealth to the communities, and these buildings were erected by the gifts of individuals. In such cases there would be a tendency of imitate western art. This would gradually lead to the arch in bridge-building. So also the broad verandah, necessary in India to shade a bungalow from the sun, would lead to broad roofs, which were afterwards imitated by the Chinese.

The influence of Greek art would enter as an element in the Han sculptures in the following manner. The country being rich and at place many foreign improvements would be adopted. Workmen would be conveyed from a distance to do work for wealthy persons. These workmen would be instructed by skilled masters, who were Greeks. In this way we may account for sculptured horses represented either successfully in attitudes which without a long apprenticeship could not easily be produced.

III.—BUDDHIST ARCHITECTURE.

The third period of Chinese Architecture is the Buddhist. When the Hindoo Missionaries came to China to propagate their religion, they were lodged in an official building, called a *sĭ*, and in consequence of this their monasteries were called *sĭ* ever after. But the form they took in building was that of the Vihara, the Sancrit name for a Buddhist monastery. The Buddhist monastery in China may have native Chinese features in some things, as when, for example, we find there the hall for ancestral tablets, in which the deceased priests of the monastery are honoured with worship, wooden tablets being used, just as in Confucian ancestral worship. But the great outline is Indian.

There may be gate lions, one on each side of the gate. The gods of native Hindoo polytheism are placed in the entrance-hall. This is the locality in which the definders of the Buddhist faith should be honoured. Here also is found the laughing Buddha, the Buddha of the future. Then come the bell and drum towers. Within is the teaching hall of Buddha. The normal height of the statue known as the "teaching Buddha" is 16 feet, which probably is represented by ten feet eight inches in English measurement. Much smaller figures are commonly used. The pictures or statues on the east and west or right and left of Buddha are his audience. They consist of the gods of Brahminism, and of renowned Buddhist saints. Behind in another large hall is either the sleeping Buddha, or the ascetic Buddha, or the guiding Buddha, who is called Omit'o Fo, or the Buddha of the future, Maitseya, surpassing all the forms of Buddha in height. The other buildings are numerous. They provide living-apartments for the abbot and the monks under him, refectory, rooms for guests, kitchens, store-rooms, library, halls for the worship of the inferior divinities of Buddhism, and for the complete representation, so far as practicable, of the Buddhist world of worship, of suffering, of joy, of punishment, of salvation. In a Buddhist monastery the object of the architecture, and of the sculptured and pictorial representations, is to exhibit the world as it appears to the Buddhist. Buddha is enthroned on the lotus, as teacher and redeemer, and the universe pays him homage.

The lion is not an Indian animal, but is or was Persian and Syrian. The Buddhists borrowed it as an ornament in their mythological conceptions from that part of the world. The whole ideology of western Asia pressed into India in the age of the Persian dynasty of Cyrus and in part before that time. The lion very soon appears in the Buddhist books, though not in the lifetime of Buddha himself. Why, then, did the disciples of Buddha in North-western India eagerly adopt this animal as a symbol, the animal being foreign. It was because they were disputants, and in combating with Persians, Greeks, and men of other races who engaged in religious disputation, they found that the lion was considered kind of beasts and the symbol of victory. It is found, for example, in the Book of Genesis and other parts of the Bible as a symbol of power, courage and victory. The north-western Buddhists adopted it, as they did images and cosmogony from the nations which lay on that side of India, and used it in the service of their religion.

The pagoda was specially a Hindoo mausoleum for relics of Buddha. It is surprising how little it is used in Japan or in Lamaism. Osaka has but one pagoda and Todio none. It is very much connected with the *feng shui* superstiton, which was never adopted by the Japanese, and with the worship of relics. The number of stories is always odd, because odd numbers are male while even numbers are female. To benefit a locality the pagoda must have the power of *Yang*, the male principle. It is the dark principle *Yin* which does mischief. Pagodas are often built entirely of stone or brick. Quite commonly they have sculptured entablatures representing the life of Buddha, or scenes in the biography of some Buddhist saint.

Many pagodas are very pretty objects, and they have come to be a special characteristic of Chinese architecture. The curling eaves of Chinese buildings are probably an imitation of some early pagodas. They were erected in large numbers from the sixth century onwards, and since China has no explanation to offer of curling eaves, it seems necessary to assign them to a foreign source.

The erection of pagodas was a test of the skill of native architects, many of them being lofty, and built without wood. That they have been fairly successful in erecting strong buildings is evidenced by the fact that there are more old pagodas existing than there are old houses or temples. From the seventh century onwards, there are still structures of this class. There is an octagonal pagoda in Peking of theirteen stories, and it dates from the year A.D. 600. The sculptured figures are all of moulded brick, and this is the material which has been largely used in erecting this pagoda. It is 275 feet 5 inches in height. This building, so high and so well preserved, is a good specimen of the durability of some Buddhist work in China.

The efforts of Buddhist architects were very much directed to the provision of images of a large size and great variety. Several types grew up which had to be constantly reproduced in new erections. Buddhism teaches contemplation, and does so by images as well as by books. The propagaters of this religion aimed to gain the popular ear by appealing impressively to the eye.

The laughing Buddha at the gate indicates that the religion there professed is the pathway of joy. The second form of Buddha is that of teacher. The teaching Buddha is therefore the central object in the principal hall. Around are seen his audience of divinities and human beings. In some other hall is represented the ascetic Buddha, it may be with unshorn head and the attire of a hermit. The sleeping Buddha is quite a favourite subject. Some examples of this type are very ancient coming down from the Tang dynasty, and made of sandalwood or copper. The guiding Buddha leads the soul to Paradise. The rock-hewn Buddha, of 16, 30 or 60 feet high, is like the laughing Buddha, the Buddha of the future.

Another effort made by Buddhist architects was to represent the Buddhist world in its completeness, or specially some part of it. Five towers on a lofty terrace represent the universe, as north, south, east, west and centre. Such is the Wu t'a si, or monastery of the five pagodas, in Peking. When ordered to pray for rain, the Buddhist priests arrange the images in a square in some spot in the fields which appears suitable. The arrangement is made on this principle. Rock-work is much used to represent imaginary worlds. Mud or clay is the material, and paint of many colours is used to deck out in the gayest finery grottos, bridges, winding-ways among mountains, temples and lakes. Some scene may have been drawn by a poet, or the writer of a Buddhist work in prose. A time comes when a decoration is required in a temple under repair. The scene of a book is then realized in mortar and paint.

Other features in Chinese house-building which are a tradition of The Buddhist age are the screen before the gate, and the figures on the roofs. Both there features are connected with *feng shui*, which, being an article of popular belief, it becomes requisite to protect buildings from

32367

the mischief likely to be caused by evil beings moving towards a house and capable of doing harm to the inmates.

The screen of brick-work, built like the character *pa* (eight), does not appear in old sculptures and has no ancient equivalent. It is an unpleasing feature which ought to be dismissed from modern architecture, but *feng shui*, unfortunately, insists upon it.

So it is with the little monsters seen on the line of a roof or on the projecting ledges below. They must, like the stories of pagodas, be in odd numbers, in order that the *Yang* principle may prevail over the *Yin*. Though their forms are so sinister looking, they are all friendly, and their ugliness is put on for effect's sake. Their office is to deter evil spirits. The dragon and mondey are the types of these figures. Both are in odd numbers; the larger is the dragon, usually one only while the smaller is the monkey, which may be three, five or more. I have been at some pains to learn what they mean, and this is the result— It is probably one of those architectural peculiarities which the Chinese may claim as their own. But this is not certain. From Shanghai to Sue z all along the southern coast of the continent of Asia, the people believe in the active agency of evil spirits constantly in motion and seeking opportunities to inflict evil on mankind. Against them protectors are sought for of every available class, and among them are these creatures which suit alike the Arab, the Persian, the Hindoo and the Chinese.

The result was that in house-building it was felt to be necessary to use protective measures against the forces of evil always threatening danger to men. The gate-screen and the small monster on the roof have the same office as the charm pasted over a door, or the amulet, the small bottle, the bronze mirror, carried on the person. They were supposed to have a magical effect of a defensive nature.

The result was disastrous in an architectural sense. The gate-creen conceals the entrance, and is placed where it is not wanted. It must as such be unpleasing. But popular superstition clings to the gate-screen It lives still after many centuries of useless encumbrance. Outside the gate there is the *pa* character wall, within the gate is a screen. On each side is a lion. On the roof of the chief building are metamorphosed monkeys and dragons. We can bear the animal shapes for the sake of the grotesque, which human nature loves, but we cannot bear with the same equanimity the hiding of the front view. Our European training has led us to appreciate the excellent effect of an open view in front. To shut off from view the front of a building, is a mistake.

Gilding images was common in India about A.D. 500, and probably earlier. The Buddhists, by introducing the practice of gilding Buddha's image, greatly increased the impiessiveness of their temples. This was a new element of beauty added to their architecture, which did not fail to affect the people powerfully in many ways. Let this point be well considered. In Europe, cut stone assumes a dark hue, especially in England. We enter a Chinese Buddhist temple as we see it in Hangchow or in Peking. The beautiful colour of the gold image, untarnished after many years, is felt to be in itself pleasing. We then become conscious that to gild Prince Albert's Monument in Hyde Park and the statue of Victory in Berlin, was a useful preservative against weathering. The Chinese learned the effective use of gold in ornamentation from the Buddhists.

IV.—ARCHITECTURE OF THE MODERN PERIOD.

Printing commened in the tenth contury and, the Sung dynasty attaining power at that time, was accompanied by a Tauist revival. Of this there are several indications. The first Emperor Chau t'ai tau, had a Tauist friend, Chen twan who, with the emperor's powerful aid, forwarded his own religious views, The predilections of the founder were shared by his descendants. Among them, Hwei tsung was a great lover of Tauism. The Fukien goddess Ma tsu, the sailor's favourite, belongs to this period. So also does the worship of Kwan ti, the god of loyalty, the favourite divinity of soldiers. Lu tsu, of Lu chun yang, the famous Tauist of the latter part of the eighth and the first half of the ninth century made Tauism popular near Lu shan, on the norlh-west shore of the Poyang Lake. Temples began to be erected to him in the twelfth century. The early Sung dynasty was then a time of rapid progress in popular Tauism. Nothing marks modern China more than the spread of Tauist worship in imitation of Buddhist worship, and this took place specially in the tenth, eleventh and twelfth centries.

This fact implies a rapid spread of temple–building ; that is to say, Buddhist architecture was imitated most extensively at this time. It was a foreign art in several respacts, and through its being very full of idealism, it won its way to the heart of the Chinese. As to the form of the monastery and the arrangement of the halls, this imitation doubtless began in the Tang dynasty. But there was then no extensive national imitation embracing all parts of the empire. This appears to have taken place in the Sung dynasty, as the examples just given combine to show.

In a largae Tauist temple, such as the Tung yo miau. in Peking, in the first small halls at the door in the neighbourhood of the Bell and Drum towers, are certain military images. They indicate protection to the religion of which this is a temple. In this they simply repeat the idea of the hall of the four kings who, at the entrance to a Buddhist Monastery, take the part of the defenders of Buddhism. Beyond is the hall in which the god of the east mountain is worshipped. He takes the place of the teaching Buddha of Buddhism. In the temple of the god of medicine in Peking, in front are distinguished physicians of antiquity. Behind them is the central idol, that of Yü hwang. Farther still behind is the hal consecrated to the wership of the Three pure Ones. Such a disposition of the halls and statues is mostly taken from the Buddhists.

We see, then, that the Confucianists had in the Sung dynasty ceased to be enemiesto Buddhism. They say that the foreign idolatry was popular, and they decided to leave it to work out its own future. They made deities of native origin, like Lu chun yang, Ma tsu and Kwan yü, and everywhere temples were erected in their honour. Temples had been Confucian and Buddhist. They now became Confucian, Buddhist, and Tauist. An extraordinary number of new temples must have been erected in the Sung dynasty by the Tauists. The emperors favoured them, and this led the people to favour them also. The Ch'eng hwang miau in each district city and prefectural city seems now to be an essential part of Chinese intitutions. But it is not in fact older than the Sung dynasty in most cities. I have noticed one which was erected in A. D. 917, in the Wu tai period, so that probably this type of temple was first introduced in the Tang dynasty, but it was the partiality of the Sung imperial family for Tauism, and the tolerant political tone of the Sung literati, which spread this sort of temple and other types of Tauist sacred buildings throughout the empire.

In the Sung dynasty, the first part of the modern age of Chinese architecture, we have the results of the devotion of the nation to Buddhism during seven centuries. Two great forces have animated the nation since that time. The one was the Confucian and Tauis revival of the sung dynasty, the other was the school of critical research of the present dynasty. The Confucian revival led to political toleration and so foreign architecture, for example, might be imitated without offence. The principles of the Chinese Government from the tenth century forward have allowed men of different religions to reside together, and the magistrate is expected to keep the peace between them if they offend. The consequence is, that Hindoo, Moslem and new European architecture in the erection of the sacred buildings of each religion, are seen together in China. Toleration of foreign religious tenets has favoured the mixing of styles in buildings and in art generally. This freedom of choice has been encouraged by the critical attitude of the literati in the Present dynasty. China is now more eclectic than it ever was.

The school of critical research which has flourished during the last two centuries has paid special attention to the classics, and among them to the *Chow-li*, whence facts on ancient architecture are gathered. It is singular that there should be important differences of opinion on the manner in which the Témple of Heaven ought to be built, and whether Confucius ought to have a statue in his temple or not. The result of researches in the Ming dynasty led to the abandonment of the statue of Confucius and the restoration of the old Confucian tablet. This was an

instance of recoil from Buddhist views of art. Yet in some cities the
statue remains, the decree of the emperor on the subject not having been
very peremptory. But the spirit of modern China is against the use of
statues in Confucian worship. The Buddhist love of statues in temples
does not in any way influence the true Confucianist, who geories in his
freedom from popular Buddhism. So also during last century it was
decided not to have dual worship at the Temple of Heaven, but to worship
there only the Supreme Ruler.

The Sung dynasty architecture is not specially known by examples,
because it has been outshone by the works of the Yuen and the Ming dynasties, but it may be studied, because looksprinted with engravings
exist, and there are much fuller details and materials for research in that
age than previously. For the ancestral temple, for example, it is interesting to find that Chu fu tsï made inquiry into it, and determined its
essential features. The Chinese art of the Golden dynasty in North China
remains in a few octagonal pillars inscribed with Buddhist charms.
Sanscrit and Chinese characters are here seen cut in limestone.

Art rose higher in the Yuen dynasty, and the Chü yung kwan arch
and inscription, which have stood for six hundred years, shew that China
at that time undertook to develope new types of architectural work. But
the Yuen dynasty architecture was surpassed by that of the Ming dynasty. It was then that Chinese art rose to its greatest height. The
Emperor Ch'eng tsu, of the Yung lo period, was the greatest of the Ming
tine. It was he that made Peking what it is. The plan of the city, the
lombs, the great bell, the fortified passes in the Great Wall are his.
These and the grandeur of the city gates and wall belong to the Ming
dynasty and to him in particular. In the time of Shun chi and Kang hi,
an effort was made to improve the astronomical observatory. This was
done by removing the observing instruments from the tower and replac-
ing them by machines cast by VERBIEST and some presented by the
French king. Underneath the tower is the chamber for observing the
lenth of the shadow at the winter solstice and on other occasions.. Peking
is the only capital in the world on whose wall is seen a collection of large

bronze instruments intended for astronomical observation. They lend a character of refinement to the city to which they belong.

The influence of the Emperor Chien lung was directed to the production of substantial architecture in various styles. His Buddhist, Confucian, Moslem and Italian erections were well done in their day. Yet now the relentless changes wrought by time have reduced many of them to a ruinous state. His Italian structures at Yuen ming yuen were burnt in the war of 1861. High civilization and refinement led this Emperor to look kindly on fashions of all nations and to take pleasure in introducing them into his country. It will never cease to be a subject of regret that the buildings in the parks outside of Peking were burnt. There must be something wrong when it is found necessary to burn works of art.

In the changes made by the Emperor Chien lung in the temple of Confucius there is a distinct aim to restore the ancient classical structure— the Pi yung kung. The brevity of classic texts renders exact restoration to a large extent conjectural, In this case there is a circular marble tank. In the centre is a hall in which is a throne for the Emperor when he expounds the classics. The south face of this hall consists entirely of lofty doors admitting light through thin bamboo paper.

In the architectural works of the present dynasty. as of the Ming the *feng shui* ideas have never been abandoned. China has ceased to build new pagodas for the sake of riches and prosperity to a locality, but she puts the old ones in repair when money can be obtained for the purpose. The roofs of temples are still ornamented with a view to *feng shui* opposite to the openings of lanes in peking. Lions are set up, or stones with the powerful name of the Tai shan god, to frighten away demons who might be intending to come that way. The superstition of *feng shui* is retained in house architecture even in this age of growing knowledge. In judging of Chinese architecture there are two chief divisions of work to be looked at. The one is its general excellence, the effect of dignity, solemnity, richness and grandeur on the whole. The other is the special excellence of the parts. In both there is room for the greatest genius.

32373

In regard to the former, it may be noticed that the greatest triumph of
Chinese architecture is in the effect on the whole. In the Ming tombs we
have the perfection of Chinese power of arrangement. It is a ride of
seven miles from the entrance of the valley to the tomb of Yung lo. The
valley is occupied by the thirteen tombs. At the entrance the marble
gateway attracts special attention. Ninety feet long by fifty high, com-
posed of marble, and seeming to be roofed with tiles, it is seen from a
great distance, and it has stood for three centuries and a half. On nearer
inspection it is found that the roof is cut marble, and when this fact is
observed, the whole structure is seen to be a remarkable triumph of architecture. The P'ai leu of China takes the place of the triumphal arch of
Europe, and this one at the Ming tombs is the best in the country. It was
erected at a time when the Chinese building and bell-casting art reached
their culminating point. The original red and green colours have long
since weathered down to a sober grey. Passing this we proceed through
several avenues of trees and several gateways till the avenue of animals
is reached—a truly striking feature. Lions, unicorns, camels and elephants stand and kneel in pairs. The four elephants are each cut from one
stone. They are 13 feet high and 14 feet long. Thus it is seen that the
Chinese are capable of Egyptian effects in working stone if only their country did not consist of alluvial plains, which necessitate a brick architecture. Then the hall for sacrifice is the third great feature. It is 70 yards
long by 30 deep. The teak pillars, 12 feet round and 32 feet high are 32 in
number. The building is 64 feet high. It is reached by a marble ascent
of 18 steps, and is surrounded by beautifully-carved balustrades. The
roof juts out 10 feet beyond the walls on which it rests. The fourth great
feature of the Ming tombs is the tomb itself, above this passage. In front
it is a mass of solid stone-work which supports the monumental stone
on which is inscribed in characters of enormous size the posthumous name
of the Emperor Yung-lo, who died A. D. 1425. Beneath is the coffin-
passage, 39 yards long, conducting to the tomb-door, and the visitor
arriving there ascends to the platform above by a long staircase. Here
the stone, three feet thick, two yards wide, and high in proportion, with

the Emperor's name on it, may be observed. It was originally painted with vermillion. Then there is the mound, half a mile in circuit, containing a hemispherical chamber, in which is the coffin. The chamber is large enough to hold probably 400 persons.

In this work of construction we see Chinese architectural skill at its acme of power. So many remarkable features combine in the Ming tombs that we must in this instance award to Chinese architecture the praise of successes in imparting to the imperial tombs an air of great dignity and solemnity.

Chinese art is to be praised for the lightness and grace of the curve of a heavy roof. The Greek loved to see lines of beauty at the head of a column, and a succession of columns seen in vanishing perspective has a very lovely effect. The effort of Chinese art is rather to lighten the appearance of heavy masses of timber in a roof by curves and the use of coloured tiles.

In the modern style we find the shaft of a column carved with dragons, and this made of ornamentation has lately become commoner than it was. It is observable in the guild-houses of Ningpo and Hankow. If in Shanghai commercial guilds should build new houses suitable for theatrical performances, this kind of ornament would be adopted.

We also find in modern style a special development of the *t'ing tsï*. This first occurs in the sculptured halls of the Han dynasty. An ornamented roof rests sn pillars. The pillars enclose a space which is open all round. We see it in the baldacchino of Romish cathedrals, in the kiosk of Constantinople, in the summer-house or arbour or bower of a pleasure-garden, and in the building over the stage of a Chinese theatre. The roof of a *t'ing tsï* may be very simple, as when made square with four slopes, or very complicated, as when gables and slopes alternate. Examples of rich variety in the roofing are seen in many theatres and in the corner towers of the Peking Palace wall.

In the Temple of Heaven the altar is carried to its highest point. Its circularity, its marble pavement and its numerical arrangement deserve attention. It is 90 feet wide at the top where the emperor kneels on the circular stone in the middle. He faces the north while kneeling, and in front of him is the tablet of Shang ti, the Supreme Ruler. Round the circular stone are eight concentric circles of marble stones. Nine stones make the first of these circles. Double that number form the next. Twenty-seven, thirty-six, forty-five, fifty-four stones form the next four circles. The three outer circles have sixty-three, seventy-two and eighty-one stones. These circles represent the universe, which consists of nine concentric spheres. This symbolism also occurred in Western Asia, and the city of Ecbatana, for example, was built on a plan which exhibits the same principle as its foundation. The marble stones on the middle and lower terrace of the alter are also placed in circles. Outside of them are boundary-walls of the alter, which are also circular. The lower terrace is 210 feet wide and the middle one 150 feet. There are four flights of steps connecting the upper, middle and lower terraces. The altar is 16.95 feet high. When the emperor worships here, which he does twice a year, he acknowledges Shang ti as his superior, he himself representing the universe symbolized in the mystic numbers of this unique and beautifully-proportioned structure.

We also find bridges greatly improved in the modern style by adopting the arch. This came in with Buddhism, for we find it in the pagodas. At present it is used when it is desired to span rivers by bridges. Made with an arch for foot-passengers, such structures look well to the eye, but they are inconveniently steep, being often 30 feet in height. Such bridges are made with steps so that they are crossed easily by burden-bearing coolies. Beasts, however, cannot easily use them, which is a great defect. The appearance of these bridges is agreeable to the eye, and they last long, because the superincumbent weight is efficiently sustained in the most economical manner by the arch. Many bridges in modern style would be better for being not so steep as they are, and for not being made with steps. They ought to be built not only for longevity and elegant appearance, but for the convenience of traffic. The custom in China is for the rich to erect bridges and dams from charitable motives, and in order to obtain benefits in return from the unseen powers. The money is forthcoming, however much may be required, because of the charitable disposition of the donor. It might be, however, better used than it often is, and much greater convenience for the public secured. There is often a want of economy in the expenditure. The Chinese are ready to give, and many of them are very rich, but they might give more wisely than they do.

Ultimately, in regard to railway construction in this country, the rich natives will bear a chief part of the burden. There is a large quantity of wealth in their hands. For this purpose, at present, they will not give as they would for a costly bridge. No one would praise them for it. They do not think that the unseen powers, that make men rich and give men many children and grandchildren, will favour the opening of railways as they do the construction in convenient spots of bridges and embankments. When they learn to feel this, and are convinced that the Buddhist doctrine of moral fate which influences their actions approves of railways, the money will come and come in abundance.

---

* For illustrations of Chinese Architecture the reader is referred to works containing plans, engravings and photographs. Among these may be mentioned Thomson's *Views of China*, the plates to *Macartney's Embassy*, Pere Zottoli's *Cursus Litteraturae Sinicae*, *Mémoires concernant les Chinois*, and various recent books of travel in China.

The number of photographs taken by natives is now so great that there is scarcely a remarkable building in any part of China of which a good photograph may not be obtained at Shanghai or elsewhere.

古瓦研究會緣起及約言

古今瓦甓，爲建築惟一之用材，向來瓦當附於金石之末，近年發見日多，收藏益廣，好古專家，已有獨立研究之個性，文字之外，進而及於紋樣，乃至尺度，資料，重量，形式，均有考察之價值，不獨爲考古家之新科目，抑亦予營造學者，以重大之裨益，茲發起古瓦研究會，以中日及安南等用瓦地帶爲範圍，舉現存實物，摹拓其形，別擇眞贋，汰其重複，參以舊籍，標明出處，勒爲一書，製成圖錄，以供世界學者，公開研究，約言數則，敬俟雅教，

一、以徵集拓片爲第一步工作，但拓片以一品爲一紙，並編列號數，記其出處，尺寸，重擅，特徵於紙尾，量度暫用公尺）

二、拓片實物，暫以北平營造學社爲集中地點，俟集有成數，再召集會議，公同審查，以定去取，其審查方式及標準，另定之，

三、何遂氏所有之拓片三十二冊，現存本會，作爲基礎，將來與各處寄到者，合幷審查，

四、此外既得之拓本，及實物，應以目錄，通知於各會員，其會議錄亦同，但爲省便計，得彙總通知，

五、拓片之外，如有考證或記錄或研究之意見，及已成之印本，隨時見示，均所歡迎，

六、發起人之外，不論國別，凡有同此興趣者，務望廣爲介紹，加入本會，爲同等之工作，

七、審查既竣，即籌度付印，但印行時，應將收藏家之人名所在，及實物形狀等，附量記錄，其考證論列等，一幷印行，

八、印刷發行一切事務，由發起人公議決定之，

發起人

關野貞　　何遂
伊東忠太　富田啓二
朱啓鈐　　關冕
今西龍

通信地址……北平市
寶珠子胡同七號
中國營造學社內
古瓦研究會辦事處

32379

本社收到寄贈圖書目錄（第三次）

寄贈者	書　名　卷	摘要
日本建築學會	支那建築	二冊
又	又上卷解說	一冊
又	建築讀本	一冊
又	日本標準規格	一冊
又	建築用語新辭典 第一至第四號	四冊
又	建築雜誌 第四期之四百賣號	二冊 交換
又	建築學會會員住所姓名錄	一冊
又	建築會館新築工事概要	一冊
又	建築會館新築紀念	一冊
又	日本建築史參考圖集	一冊
又	西洋建築史參考圖集	一冊
又	京都美術館懸賞設計圖案集	一冊
又	軍人會館脫技設計圖案集	一冊
又	警視廳廳舍其他新營工事概要	一冊
國際建築協會	國際建築 第七卷第四、五、六、七號	四冊 交換
滿洲建築協會	滿洲建築協會雜誌 第十二卷第四、五、六、七號第九卷第一號	四冊 交換
日本建築士會	日本建築士 第六卷第一、二、三、四號第九卷第一號	六冊 交換
建築土木資料集覽刊行會	建築土木資料	一冊 交換
帝國議會新議事堂寫真彙報	帝國議會新議事堂寫真彙報	二冊 交換
又	東方學報	一冊 交換
又	東方學報	一冊 交換
中日文化協會	東北文化半月刊 第一卷第一號至第二卷第二號	五冊 交換
東方文化學院東京研究所		
東方文化學院京都研究所		
朝鮮京城大學圖書館	朝鮮總督府古圖書目錄	一冊
朝鮮總督府	朝鮮古蹟圖譜 第十、十一	二冊
東京日法藝術社	法蘭西美術展覽會十週年紀念	一冊

寄贈者	書　名　卷	摘要
國立北平圖書館	國立北平圖書館館刊 第四卷第四、六號第四卷一、二號	四冊 交換
故宮博物院	故宮週刊 合訂本	十一冊 一份 交換
故宮博物院	故宮博物院報告	一冊 交換
歷史博物館	叢刊	一冊
人文圖書館	人文月刊 第一年第二、三各六冊第五	二冊 交換
東南醫刊社	東南醫刊	一冊 交換
伊東忠太君	支那建築史	一冊 交換
關野貞君	朝鮮古蹟圖譜	二冊
今西龍君	朝鮮支那文化之研究	一冊
堀越三郎君	明治初期之洋風建築	一冊 交換
田邊泰君	日本住宅史	一冊 交換
又	早稻田建築學報	一冊 交換
村田治郎君	滿洲清初之喇嘛教建築	一冊 交換
又	滿洲薩滿教之喇嘛教建築 第六、七、八號	三冊 交換
岩村成允君	上代ニ日華交通ト文化ノ關係	一冊
又	於ケルニ東西古文化ノ關係	一冊
又	致古學上ヨリ見タル	一冊
又	日支交通ノ資料ノ攷發	一冊
又	現代日本ニ於ケル支那學研究	一冊
又	九樑至四樑房大木小式分法	二冊 舊本
陳垣君	古鏡拓本	一冊
何遂君	冗當文拓本	二冊
金梁君	圓明園長春園圖	一冊
常惠君	智化寺王振像拓片照相	一張
金開藩君	道光詔陵圖照相及原片	二十張

中國營造學社彙刊

婉衡 圖

第二卷　第三冊　中華民國二十年十一月

社址

北平市東城寶珠子胡同七號

電話東局九五九號

中國營造學社彙刊 第二卷 第三冊（本期）

中華民國二十年十月出版

價目 每冊國幣六角 郵費在外 發行處 本社

寄售處 北平圖書館

南京中央大學工學院建築工程科劉士能君

本社彙刊以外出版圖籍

一營造算例第一輯 每部八角

歇山廡殿斗科大木大式做法

大木小式做法

大木雜式做法

瓦作做法

大式瓦作做法

石作做法

石作分法

橋座分法

琉璃瓦料做法

二工段營造錄 附謙語校記 每部四角 毛邊紙中國裝

三一家書居室器玩部 附識略 每部三角 毛邊紙中國裝

四元大都宮苑圖考 每部四角

商務印書館印行仿宋重刊李明仲營造

法式發售簡章

（一）全書六百十五葉 （內單色圖一百二十七葉雙色圖四十六葉彩色圖四十五葉）分訂八冊合裝一函用上等瑜版紙木版石版精印 （二）每部定價七十六元 （三）每部郵費包紮費如下 各行省一元二角 日本一元五角 新疆蒙古郵會各國四元 （四）售價及郵費包紮費等均照上海通用現大洋計算 （五）欲索問樣本者函示即寄但須附郵票四分

瞿兌之方志考稿出版

甲集現已出版內包含冀東三省魯豫晉蘇八省各志計在六百種左右尤以清代所修者爲多海內藏書家修志家與各地官廳團體以及留心史料著作家均不可不置一編

甲集分裝三册 三號字白紙精印 定價四元

總發行北平黃米胡同八號雅宅 天津法界三十五號路七十八號任宅 代售處琉璃廠直隸書局 中山公園大慈商店

圓明園東長春園圖

原名諧奇趣西洋樓水法圖 照乾隆銅版縮小影印二十幅附銅版圖考長春園圖敘考 定價大洋四元 遼寧故宮東三省博物館發行 北平商務印書館寄售

李明仲誡爭於宋徽宗大觀四年印印廣一千二百一十年以仲村校閣

強記精通中學善書畫兼資山海經十卷澤回妙名保二卷跋

芑保三卷馬經三卷又詩經三卷古篆說文十卷今當佚稱此營造

法式三十六卷當坐為存其考載例面料圖樣之完美在古藉中更

多與此一千年前者此傑作子秀皆我文化之光寵此已朱桂莘刊印

首發照我此年逐以寄思成徽音俾永寶之

民國十四年十二月十三日 啟生記

〔印章〕

識語

工段營造錄一卷　附揚州畫舫錄內涉及營造各條　清李斗著　斗字艾塘　儀徵

諸生　續纂揚州府志卷十三文苑引思古編　稱斗博學工詩　通數學音律　著有

永報堂詩集八卷　艾塘樂府一卷　晚年以疾食防風而愈　名所居曰防風館　所

作揚州畫舫錄十八卷　於名勝園亭寺觀風土人物　蒐採詳贍　阮文達公爲序其

集云云　按畫舫錄亦有阮序　其自序謂自甲申至乙卯凡三十年而成　此工段營

造錄　爲畫舫錄之第十七卷　今并散見他卷所紀　營造實物之有關法式者　彙

錄一冊

揚州當乾隆中葉　土木繁興　侈然有化野爲都之勢　一方取法內工　使尚方將

作之支流　留於南服　一方集中外美術建築之大成　鉤心鬥角　爲實地競技之

試驗　固是物力豐富之象徵　而當時文化之背景　亦有當然之表現　李氏生逢

全盛　於經始營建之際　凡北來之工官匠師　以及則例檔案　一一加以問學

耳熟能詳　心通其意　提綱挈領　遇物能名　再以己意　發爲疏證　自營造工

段錄之成　而儒匠之間　始有脈絡感通之途徑　今與工部工程做法　內廷及圓

一

明園等各內工做法現行則例　又魯班經等書　相互勘校　其中列舉名物　雖不

免偶有疏略　而分別部居　旁參左證　卻為歷來談營建者所未及　嘗鼎雖止一

臠　而闡揚藝絕　實為空谷之足音

成童以來　即嘉讀揚州畫舫錄　於工段營造錄　恒苦其難於句讀　更不能知其

所自來　此外如八大剎佛作各條　亦愛其奧博而短於旁證　近年侍紫江朱先生

講貫營造之學　始得見雍正十二年頒定工部工程做法七十六卷　及乾隆鈔本

內庭圓明園內工諸作現行則例諸書　工部做法　已有刊本　而內工則例　見者

甚稀　（美國勞福爾博士　於一九一〇年　在北京購得一鈔本　旋即贈與國會

圖書館　有一論文　名曰建築中國式宮殿之則例　載在美國亞東社會月刊　彙

經譯印在營造學社彙刊第一卷第二冊　但朱先生所藏之本　有一總目　且有乾

隆御覽之寶等印記　似較勞氏略優。）自見此二書　始知李氏工段錄　多半從

上記諸譜中摘錄而成　試一查對　根據朗然　且足紏正畫舫錄刊本之訛誤　尤

於斷句分段　裨益極多

李氏於畫舫錄中　特關一卷　以為此種官費秘籍之紹介　但以著書有體　斷難

盡量容納　不寧有喧賓奪主之嫌　且於原書主旨　取徑不同　故於兩書撮要摘

錄　意謂讀者如有志於深造　儘可物色原書　求其實用　卽使淺嘗輒止　而苦

於文字之詰曲聱牙者　亦應由此而追求原書　方可句讀　蓋李氏作錄　意在使

士大夫具有普通營造之知識　爾時官書具在　全豹易窺　實物駢羅　視而可識

逮及近世　斯錄僅存　卽欲求同類之參考書　亦渺不可得　遂使讀畫舫錄者

於十七卷及他卷之涉及營造各條　幾於廢書三嘆　末由卒讀

吾人研究營造　方欲取官書秘籍　撮要通俗　芟繁就簡　以灌輸於一般人士

為溝通儒匠惟一之途徑　李氏此錄　潛處於畫舫錄之中　若能因勢利導　表而

出之　加以整理　使讀者一目瞭然　聯翩上口　不至仍如原本之堆砌名詞　句

奇語重　然後再讀做法及則例　庶幾事半功倍　況李氏富於理解　偶有說明

往往合古今雅俗為一冶　說詩解頤　較之做法則例　更不至乾燥無味若彼

工段錄內　以摘錄工程做法　為行文之大體　而工程做法　大木作以廡殿為先

此書却自牌樓叙起　不規規於原書次序　與顧亭林昌平山水記之紀明陵　同

一步驟　又如裹角法　為中國建築之特長　乃為融會考訂　詳細訓釋　其他若

施工程序及頂與木頂格暨匾各條　均有考古通俗之理解　至時日宜忌　散見各

條　全係從魯班經　擇要採錄　琉璃瓦條　所紀各樣之體積重量　詳略不同

似有脫漏　試取九卿議定物料價值第三卷之琉璃瓦料　及圓明園現行則例　爲

之勘校　即可瞭然　惟作者意在撮要　無取勘襲　故亦無當於詬病

迎吻條末　有載在工部一語　似指工部則例　而未明言　考工部則例　始修於

乾隆五十八年　而嘉慶以後所修者　並無此條　惟乾隆十三年所修會典則例第

一百二十六卷工部　有順治十二年　又定修造宮殿　豎柱上梁合龍懸匾　均請

旨遣大臣祭告　需用花紅　戶工二部支給　迎吻　遣官一人　祭吻於琉璃窰

並遣官四人　於正陽門大清門午門太和門祭告　文官四品以上　武官三品以上

及科道官　排班迎吻　各壇廟等工迎吻　及祭經由之門　均如之云云　李氏

刊行畫舫錄　在乾隆六十年　上距則例之成　止有二年　今但云工部　而關其

書名　或定稿時　尚未及見則例　亦未可知

黃履暹兄弟　購得祕書一卷　爲造製宮室之法　此書李氏亦未之見　令人懸想

或屬西籍　亦未可知　若是中籍　或即李明仲營造法式　及計無否園冶一類

之書歟

李氏成書　固取材於做法及則例　而一篇之中　往往分頭節取　如土作　搭材

作　磚作　石作　畫作諸篇　皆是　其專用做法　此有大木作及油作　（做法

此有油作　則例同　此外另有漆作　而李未引用　然李於發端時　以油漆作三

字提行　似偶失檢點）　畫作多用做法　內中如福祿綿綿　春輝明媚諸名色

則又取諸則例　又裱作亦以兩書錯綜　雕鑾作內攢竹一段　全取則例之攢竹例

又同一取諸做法　或依次排列　或剝取各卷之科目相同者　依類摘記　至全

取則例　有木材比重　琉璃瓦　及花樹等篇　又有全出於兩書之外者　即琉璃

影壁　及橋梁是也

內工佛作一篇　亦全根據於圓明園則例　蓋李氏以佛作與工段有間　故不欲闌

入工段錄，而別見於他卷　界說謹嚴　可見一斑　其他各條　可以隅反　蓋此

作本爲做法所不載　但行七坐五渾盤三等算訣　亦不見於則例　此是工師夾袋

小冊中語　即本社最近印行「營造算例」之一則　不知當日　何以亦被採納　此

外寶瓦墁地搭材折料　亦間有軼出兩書之外者　竊意當日李氏接近匠作　或聆

32389

其緒論　或窺其祕笈　故行文時偶一及之　文中間有減字成句　並強為歸納不

甚諦當者　今悉仍其舊　不以為脫簡衍文　而謬為增損　其確係誤字　始為訂

正　以便讀者　復以原文附此左證　列為校記　附印卷末　以避擅改之嫌　至

於板本　則以乾隆六十年原刻本為斷

畫舫錄中第二卷　復有一段　述工程人名　可謂重要之文獻　其言曰　是河兩

岸　皆用檔子法　其法京師多用之　南北省人　非熟習內府工程者　莫能為此

朱鈜　字鶴巢　諸生　有經濟才　柴氏重之　其兄東曙　精於奕　姚玉調

蘇州人　工小楷　精於醫　子蔚池　有異才　善圖樣　平地頑石　構製天然

朱棠　字惠南　深明算學　史松喬　出樣異常　其子椿齡　字壽莊　名諸生

皆其選也　若王世雄　工琺瑯器　好交遊　廣聲氣　京師稱之為琺瑯王　又良

工也　他如一工之奇　一技之巧　見聞所及者　各附於諸家工次云云　蓋姚蔚

池　史松喬　皆善圖樣　而朱棠以算學稱　即京師所謂樣房算房也

又卷十四　載徐履安　能作水法　以錫為筒　使水出高與簷齊云云　此種水法

圓明園則例　亦尚可考　特附識於此　中華民國二十年八月合肥闞鐸

工段營造錄目錄

32391

揚州畫舫錄涉及營造之紀述

佛作內工做法　胎骨　鋸匠　木匠　雕鑾匠　木工　脫紗匠　包紗匠　彩

漆匠　裝顏匠　鏇匠　龕座　彩畫廊墻　梅洗匠　佛龕供桌　香圓几

供櫃　經桌　坐床　藥師壇城

天寧寺　鐘鼓樓　梵相十八應眞

重寧寺　三世佛

蘇州名匠塑像　白塔倒影　銅塔　玉寶塔

天寧寺行宮　文匯閣

高旻寺行宮

蓮性寺

檔子　綵樓　香棚

迎恩橋

黃園　錦鏡閣　曲廊　平山堂塢　接駕廳

西洋畫　漣漪閣　西洋式　仿西洋關捩及反光法

宣石　用竹材結屋　反黃法　廣儲倉

以上各錄原文　但標子目　不立篇名　文以類從　不拘原書次第

工段營造錄

儀徵　李斗著

揚州畫舫錄卷十七

水平

造屋者先平地盤　平地盤又先以畫屋樣　尺幅中畫出闊狹淺深高低尺寸　搭簽

註明　謂之圖說　又以紙裱使厚　按式做紙屋樣　令工匠依格放線　謂之燙樣

工匠守成法　中立一方表　下作十字　拱頭蹄腳　上橫過一方　分作三分

中開水池　中表安二線垂下　將小石墜正中心　水池中立水鴨子三個　所以定

木端正　壓尺十字　以平正四方也

土作

平基惟土作是任　土作有大小夯碢　灰土黃土素土之分　以虛土折實土　夯築

以把論　先用大碢排底　將灰土拌勻　下槽頭夯　充開海窩　每窩打夯頭　築

銀錠　餘隨充溝　充剟　大小梗　取平　落水壓渣子　起平夯　打高夯　取平

旋滿築拐眼落水　起高夯　高碢　至頂步平串碢　此夯築法也　夯築填墊房

屋地面　海墁素土　每槽用夯五把　雁別翅四夯頭　築打取平　落水撒渣子

工段營造錄

32395

復築打後起高碻一遍　頂步平串碻一遍　此平基法也　平基之始　即今俗所謂

勤土日　陳希夷玉鑰中　最忌犯土皇方　若刨槽壓槽另法有差　其房身遊廊

諸柏木丁橋椿土椿　皆謂地丁　及刨夫壯夫　工用有制　若柵木牆　竹籬　柳

籬　荮欄　刨溝子　每四丈用壯夫一名

大木作　牌樓做法

古者亭郵立木以文其端　名曰華表　即今牌樓也　大木做法　謂之三檁垂花門

法　在中柱以面闊加四定長面闊十之一見方　所用中柱　邊柱　垂蓮柱

枋　棋枋　坐斗枋　正心簷脊枋　懸山桁條　簷脊檁木　巓葉抱頭樑　穿挿枋　脊額

簷額枋　簷椽　飛簷椽　連簷　瓦口　裏口　椽椀　博縫板　兩山博縫頭

抱鼓石上壺瓶牙子　兩山穿挿枋下雲拱雀替　三伏雲子　拱子　十八斗　廂穿

挿檔用假素雀替　墊拱板　廂象眼　用角背或象眼板　簷脊檁柱頭科大斗　及

斗科諸件　見方折數

亭做法

碑亭方圓互用　大木有四角攢尖方亭做法　用簷柱　簷頭簷枋　四角花樑頭

六柱圓亭

九檁單簷
廡殿圍廊
翹昂

九檁歇山
轉角前後
廊單翹單
昂

桁條　抹角樑　四角交金檁　金枋　金桁　雷公柱　仔角樑　由戧

枕頭木　簷椽　翼角翹椽　飛簷椽　腦椽　大小連簷　瓦口閘檔橫望

諸板　六柱圓亭做法　進深以面闊加倍定　面闊以進深減半定　用簷柱　圓簷

枋　花樑頭　圓桁條　扒梁　井口扒梁　交金檁　金枋　金桁　由戧　雷公柱

六面簷椽　飛簷椽　腦椽　大小連簷　瓦口　閘檔望墊諸板　四柱八柱同科

大木做法　以面闊進深寬厚高長見方　以斗口尺寸分數爲準　如九檁單簷廡殿

廡殿等做法

圍廊翹昂做法　用簷柱　金柱　大小額枋　平板枋　挑尖樑　隨樑枋　挑簷桁

枋　正心桁　裏外兩拽枋　兩機枋　井口枋　老簷桁　天花樑　枋板　七架梁

椽檄　上下金枋　順扒樑　四角交金檁　五架樑　上金瓜柱　角背　交金

瓜柱　三架樑　脊瓜柱　脊角背　扶脊木　仔角樑　老角樑　上下花

架由戧　脊由戧　兩枕頭木　簷椽　上下花架椽　腦椽　飛簷椽　翼角翹椽

翹飛椽　椽子　閘檔板　連簷　瓦口　裏口翹飛翼角　並墊望諸板　九檁歇山

轉角前後廊單翹單昂做法　與廡殿同　多採步金枋　交金檁　兩山出稍　啞叭

工段營造錄

花架　腦椽　榻腳木　草架柱子　山花博縫望板諸件　次之七檁有轉角　六檁

有前出廊轉角兩做法　七檁轉角房　見方以兩邊房之進深　得轉角之面闊進深

柱高徑寸　與兩邊房屋同　如簷柱　假簷柱　裏金柱　斜雙步樑　斜合頭枋

金瓜柱　斜單步樑　斜三架樑　脊瓜柱　脊角背　簷枋　裏外金檁　脊檁

仔角樑　老角樑　花架由戧　脊由戧　裏掖角　花架脊由戧　角樑　腦椽　簷

椽　仔角樑　枕頭木　簷椽　花架椽　腦飛簷椽　翼角椽　翹飛椽　連簷瓦口

裏口　關檔板　椽椀　並望墊諸板　見方尺寸有差　六檁前出簷轉角　與七

檁轉角同法　如斜抱頭樑　斜穿插枋　遞角樑　隨樑枋　另科見方　自此以下

硬山懸山做法　按柱高加三出簷　一丈以外　如將面闊進深　柱高改放寬敞

高矮　均照法尺寸加算　其耳房配房羣廊諸房　照正房配合高寬　次之有九檁

八檁七檁六檁五檁四檁及五檁川堂之法　九檁做法　柱檁枋桁與六七檁轉角法

同　多抱頭樑　懸山桁　帽兒樑　貼樑　單枝條　連二枝條諸件　八檁　多頂

瓜柱　月樑　機枋條子　頂樑　諸件　七檁　多山柱　單雙步樑諸件　六檁

多合頭枋　後簷封護簷椽諸件　五檁同四檁　即爲四架樑　五檁川堂　即用三

五架檁法　增象眼板并脊　餘同科　至于小式大木　則有七檁六檁五檁四檁之

分　與前法同　而無飛簷

樓做法

上簷七檁三滴水歇山正樓下簷斗口單昂做法　明間例以城門洞寬定面闊　次稍

間以斗科攢數定面闊　以城牆頂寬收一廊定進深　此樓制之例也　做法　用下

簷柱　裏外金柱　下簷大額枋　平板枋　正斜採步樑　穿插枋　隨樑承椽　仔

角樑　老角樑　正心桁枋　挑簷桁枋　簷椽　飛簷椽　翼角翹椽　翹飛椽　翹

飛翼角　裏口　連簷　瓦口　椽椀　枕頭木　順望　闆檔板諸件　次之平臺品

字斗科做法　平臺海墁下桐柱　即平臺簷柱　法與下簷同　多掛落枋　沿邊木

滴珠板　間枋　承重　楞木　樓板諸件　次之中覆簷斗口重昂斗科做法　與

下簷同　多擎簷柱　貼樑　海墁天花　四角頂柱　次之上覆簷　與中覆簷同　多

桐柱　七五三架檁　上下金枋橔　金脊桁枋　後尾壓科枋　兩山出稍

啞叭花架　腦椽　扶脊木　榻脚木　草架柱子　山花博縫板　諸件　又重簷七

樑歇山轉角樓臺四層做法　下簷面闊進深　以斗科攢數而定　用下簷柱　前簷

32399

上簷單翹
單昂斗科

角廡坐
搭

廡轉角雨
前接簷一

雨搭前接
簷三廡轉

七廡歇山
箭樓四層

五廡歇山
轉角閘樓

金柱　山柱　轉角房山柱，下中二層承重轉角斜承重　下層間枋　中上層間枋

上中下三層楞木　上層挑簷承重樑　斜挑簷承重　樓板三層　兩山四角挑簷

採步樑　正心桁枋　挑簷桁枋　坐斗枋　仔角樑　老角樑　枕頭木

承椽枋　簷椽　飛簷椽　翼角翹椽　翹飛椽　橫望板　裏口　連簷

瓦口　椽簷　週圍楊脚木　其上簷單翹單昂斗科做法　用桐柱　大額枋　平　闡檔板

板枋　正斜三五七架樑　隨樑枋　兩山由額枋　扒樑　採步金枋　遞角樑　上

下金桰橔　四角瓜柱　脊瓜柱　正心桁枋　挑簷桁枋　拽枋　後尾壓科枋　轉

角諸桁枋　裏掖角　外面假桁條　枕頭木　四面脊由戧諸件　前接簷一樑轉角

雨搭做法　以正樓面闊與廡坐平分定進深　用桐柱　簷桁枋　墊板　靠背走馬

板　正斜穿插枋　裏角樑　簷椽　博縫板　山花板諸件　雨搭前接簷三廡轉角

廡坐做法　用簷柱　大額枋　正斜承重　正斜五三架遞角樑　桰橔　脊瓜柱

金脊桁枋　坐斗枋　採斗板　正心桁　挑簷桁枋　仔角老角裏角諸樑　飛簷同

七廡歇山箭樓四層做法　以斗科攢數　所用與角樓同　五廡歇

山轉角閘樓做法　明間以門洞之寬　定面闊　稍間以明間面闊十之七　定面闊

以甕城牆之頂寬折半　定進深　用上下簷柱　承重枋　楞木　樓板　墜千金

棧轉柱　轉杆　兩旁承重枋　上簷順扒樑　採步金枋　四角交金檁　三五架樑

金瓜脊瓜諸柱　簷枋桁　墊板　金脊桁　兩山代樑頭　四角花樑頭　仔角老

角諸樑　枕頭木　及飛簷椽　五檁硬山閘樓做法　與歇山閘樓同

折料法則

折料法則　柱以淨徑加荒　淨長加小頭荒　至不足之徑　分瓣咧攢　以瓣數加

荒　十二瓣以外　加寬荒　一丈內以橔木加荒　一丈外用圓木　以本身高厚湊

高　均分一半　用七五歸　及七歸　得徑寸　咧楞長蓋　另法加荒　如柁樑

採步金角樑由戧　平板枋　承重間枋　承椽枋　瓜柱　柁橔　斗盤　代樑頭

大小額枋　金脊簷枋　天花隨樑　博脊壓科　正心枋　機枋　挑簷枋　採樑枋

採斗板　由額墊板　金脊簷墊板　天花墊板　井口枋　桁條　帽兒樑　扶脊

木　襯頭木　角背　雀替　雲拱　罄木　草架柱子　圓方椽　飛簷

羅鍋連簷瓦口諸椽　椽椀　椽中板枋條　燕尾枋　貼樑支條　穿帶　沿邊木

脊椿　順望橫望諸板　山花博縫　過木　樓板　楊板　滴珠諸板　上下檻　連

工段營造錄

七

楹　托泥　替椿　抱框　風檻　楣柱　間柱　各邊挺　抹頭　穿帶　轉軸　栓

杖　巡杖　橫控之屬皆是也　如絲鐶　簾棍　諸板　榻扇　檻窗　橫掖　簾架

支窗　頂格　橫直櫺子　穿絛　琵琶柱　連二櫺　拴斗　荷葉橔　挿

關　門榻櫃　銀錠扣　門簪　門枕　幞頭　鼓子　引條之屬　均用橔木　其門

心　餘塞　走馬　棋枋　隔斷　裝板　壁板　山花　象眼　間板諸件　與順望

同科　若菱花櫺心　用橔木　大抵圓徑木　槃加長荒五寸　橔木　五尺內加長

荒一寸　一丈內加長荒二寸　其楠　柏　椴　杉　榆　檀　諸木不與焉　魚膠

見方　十　折料有差

斗科

斗科做法　有平身科　柱頭科　角科　及內裏棋盤板上安裝品字科　隔架科之

分　算斗科上升斗拱翹諸件　長短高厚尺寸　以平身科迎面安翹昂斗口寬尺寸

爲度　有頭等才至十一等才之別　頭等六寸以下　降一等減五分　凡桁椀　及

頭二昂　螞蚱頭　撐頭木　斗科分檔　各爲法乘之　所算名件　如大斗　單重

翹　正心瓜拱　萬拱　頭二昂　螞蚱頭　撐頭木　單材瓜拱　萬拱　廂拱把臂

廂拱　十八斗　三才　槽升　挑尖樑　斜頭　頭二翹　正頭二翹搭角

闇頭　二翹斜角　頭二昂　裏連頭　貼斜翹昂升斗　葢斗板　斗槽板　斜葢斗

板　寶瓶　挑金溜金平身斗科　蔴葉雲母　三福雲　秤桿　夔龍尾　伏蓮梢

菊花頭　荷葉　雀替之屬　安裝有法　以層數分件數　其斗口單昂　斗口重昂

單翹單昂　單翹重昂　重翹單昂　重翹重昂　裏挑金　一斗二升交蔴葉　三

滴水品字　內裏品字科　隔架科　其法有差　至斗口單昂　平身科　柱頭科

角科　斗口　自一寸名件尺寸起　至六寸止　凡十有一條　升一等　增五分

用料則按斗口之數以丈徹

施工程序及分工

自喻晧造木經　丁糧李菊　遂爲殿中無雙　後世得其法　揣長楔大　理木有傷

削木有斤　平木有鐋　析木有鋸　並膠有樓　釘木有楹　䁆括蒸矯　以制其

拘　凡不得入者利其挋　不得合者利其榫　造千廉萬廡於斗室之中　不溢禾芒

蛛網於層樓之上　估計最尊　謂之料估爲先　次之大木匠　而鋸工　雕工　斗

科工　安裝菱花匠隨之　皆工部住坐儸儢覽之輩　大木匠見方折工　舉榫眼　榫

鋸工

雕工

斗科匠
安裝匠
工部工程
做法
圓明園工
程現行則
例

伐木起工
等日宜忌

篩　椽椀　下槽頭　圓平面　開口　交口　舊料　鋅砍　油皮　列補　刮鑠

諸活計以折算　鋸工二八加鋸以面數加飛頭見方折算　及四號拉扯　有葫蘆

人字　丁字　十字　一字　拐子平面　過河　三四五岔之制　并舊料鋸解截鋸　加

諸活計　雕工　司山花　博縫　雀替　雲拱之屬　斗科匠以斗口尺寸折算

草架擺驗諸活計　安裝匠　司斗科裝修諸活計　歷代宮室　各有其制　本朝工

部　釐定營建製造之法　刊定則例　供奉內廷　而圓明園工程　又按現行則例

較之部司之例爲詳　至於朝廟宮室名物典章　考古則見之焦里堂循羣經宮室

圓證　今則見之吳太初長元宸垣識略　可坐而定也

木材比重

木植見方之法　每一尺　在松櫪三十觔　槐杉二十斤　紫檀七十觔　花梨五十

九觔　楠二十八觔　黃楊五十六斤　槐三十六斤八兩　檀四十五斤　鐵梨七十

觔　楠柏三十四觔　北柏三十六觔八兩　椴二十觔　楊柳二十五觔　桐皮槁以

根計　入山伐木　忌犯穿山　日宜定成開　明星黃道天月二德　入塲忌堆黃殺

方　起工架馬　分新宅舊宅　坐宮移宮　日宜黃道天成月空天月二德

大木

搭材匠　木　瓦　油　漆　裱畫諸作之所必需者也　殿宇房座豎立大木架子

皆折方給工　所用架木　撬棍　縈縛繩　壯夫　以架見方有差　打戧撥直桁條

徑一尺外者　掛天秤　有坐簪　齊簪　晒盤　脚手　平臺　諸架子　搭戧橋

凡重覆簪上簪　拆卸簪步椽望　頭停錠　椽望　找補大木　拆寅頭停　找補

連簪瓦口　舊琉璃　頭停錠　天花板　支條　貼樑　安裝斗科　堆雲步　高峯

高泊岸　舊布瓦　歇山挑山廡殿諸房　座下橋椿　房身椿　豎棋杆　皆用之

砌高式牆　以五尺至八尺爲一攢　八尺至一丈三尺爲二攢　以此遞增　牌樓

大門　琉璃大式門座　安上重大過木　調脊　寅瓦　石角樑　斗科　石料

掛天秤
搭戧橋

瓦作

秤

秤紐繩一　秤尾繩一　澁索繩一　凡大料重至千觔用二秤　千五百觔翔三秤　一秤用秤頭繩一

井欄　衚衕　拴挂天秤　諸作搭架子　皆以見方折工料

上料工限

千五百觔以外　日上料四件　二千以外　日上料三件　三千以外　日上料二件

四千以外　日上料一件　擊桿以上吻獸九樣琉璃垂脊　及不拆頭停　搬運

諸架子

挑斈　撥正歸安榫木　抽換柱木　打戧頂柱　其貫架　吻架　菱角　劵洞　碴

脚手架子

盤　諸架子　各見方有差　隨油漆裱畫作脚手架子亦同科　油畫遮陽縫蓆　用

竹竿大蓆連二繩　折料以見方論　偏厦遮陽棚　牆脊　仰塵　吊箔　鋪地　皆

用蓆　棚座頭停蓆牆　見方按層折料　以十五層爲率　凡此皆搭材匠之職一而

拆卸工用有差　如綁夾杆圈蓆　落井桶　掌罐掏泥水　則用杉槁　丈蓆　槳纜

井工

繩　楡木滑車　職在井工　拉罐用壯夫

瓦作

營舍之工　黃河以北　稱爲泥水匠　大江以南　稱爲瓦匠　瓦匠貌不潔　皮韃

膚冢　不爲燥濕寒暑變色　緣高如都盧國人　搜述索偶　與木匠同售其術　瓦

之器　唯鈣而已

窰瓦

窰瓦以面闊得隴數　頭號筒板瓦　口寬八寸　二號筒板瓦　口寬七寸　三號筒

板瓦　口寬六寸　十樣筒板瓦　口寬三寸八分　以寬定隴　以進深出簷加舉得

長　安瓪加顧　壓七露三　以得露明　俗謂陰陽瓦　每坡每隴　除滴水花邊分

位　頭號筒瓦　長一尺一寸　二號筒瓦　長九寸五分　三號筒瓦　長七寸五分

十樣筒瓦　長四寸五分　每隴每坡　除勾頭分位　以得其數　瓦垂簷際　琉

甋有霤　上曰簷牙　下曰滴水　古謂瓦頭長毋相忘長年益壽諸瓦頭是也　古者

刻龍形於椽頭　水注龍口　其下置承霤器　一名重霤　即今勾漏　其在後簷牆

出水者　即古靁豬彪池之屬　今謂天溝　至苫山　黃草苫　蓆箔葦子　櫳片樺

皮　折料各有差　至瓦色　則王府用綠瓦　餘平房用砅漆筒瓦　貝勒用砅漆筒

瓦　貝子用砅漆板瓦　工部常制有差

墁地　以進深面闊　折見方丈　除牆基　柱頂　檻墊石　墀條石　加兩出簷

馬尾　礓磜　以明間面闊定寬　以臺基高加二定長　踏跺背後　隨踏跺長寬

以臺基高折半　除踏跺石一分定高　墊囊　以進深分路　有七路十二路十八路

二十五路三十二路之別　砌墁沿　月臺　甬道　臺基　踏跺　礓磜　及用石

做細　做糙　鑿做花獸　皆以見方折料　寅石片板　魚鱗石　虎皮石　冰紋石

墁石子　石望板　盆景樹　池山　皆以丈見方尺　虎皮石　搯丁當一方　用

白灰千五百觔　打並縫一方厚一尺者　用油灰五十觔　鐵絲四觔　厚二尺五寸

者　用白灰千五百觔　其糙砌折並縫　工用有差

大脊　以通面闊定長　除吻獸寬尺寸各一分為淨長　用板瓦取平　苫背沙滾子

32407

清水脊

盆脊

垂脊

發券

磚襯平　瓦條　混磚　斗板脊筒瓦　層數　背餡灌漿有差　吻座　用圭角一

麻葉頭一　天混一　天盤一　吻一　劍靶一　背獸一　其混磚斗板兩頭中間

則花草磚　統花磚　龍鳳諸類　無定制　垂脊　以坡之長分三分　上二分爲垂

脊　所用瓦條　混磚　停泥　通脊板　層數有差　扣脊筒瓦一層　方磚鑿獸座

垂獸一　獸角二　下一分爲盆脊　用瓦條混磚各一層　上安獅馬式五件七件

圭角一　搧風頭一　清水脊　長隨面闊加山牆外出　板瓦苫背　五條二層

混磚一層　扣脊筒瓦一層　每頭鼻子一　盤子一　擴頭二　勾頭二　琉璃脊有

二樣三樣四樣五樣六樣七樣八樣九樣　脊料瓦料　料以件計　件以折工　工在

筒羅　勾頭　夾隴　提節　分隴　花邊　屬之瓦匠　剔鑿順色　屬之窰匠　白

灰　青灰　紅土　麻刀　江米　白礬　折料有差　布通脊　以頭二三號爲例

花脊牆頂擺筒板瓦　又花脊清水脊製法　各有分科

牆腳根曰揢砌攔土　柱頂石下柱曰礩礫墩　牆有山牆　簷牆　檻牆　隔斷牆

諸成砌之別　成砌有磚砌　石砌　土坯砌　及羣城另砌上身之分　磚砌始於發

券　發券以平水牆券口　加折歸除　得頭券磚塊之數　五券五伏　次分純灰插

32408

泥二種　及透骨灰抹飾　泥底灰面抹飾　插灰泥抹飾　拘捱諸類　碎磚碎石做

法有差　歇山　硬山　山牆　礓磋礅　礓連二磋礅　以柱頂石定長　見方欄

上　按進深面闊定長　地皮以下埋頭　以九檁深一尺　按檁遞減　臺以墁條石

定長　硬山羣肩　以進深定長　柱徑定厚　上身隨羣肩　山尖隨山柱　懸山山

牆伍花成造　以步架定高　柱徑定厚　砌懸山山花象眼　以步架定寬　瓜柱定

高　兩山折一山　前後簷牆　以面闊定長　簷柱定高　以柱徑厚出三之二　封

護加平水標徑椽徑各一分　望一寸　凡用磚　皆除柱徑　柁枋　門窗檻框　楊

板木料　及角柱　厭磚板　挑簷石　各分位核之　以順水立牆肩分位　襯脚取

平　隨牆長短　而高隨墻地磚分位　其次扇面牆　檻牆　隔斷牆　廊牆各有卷

如大中小三才墀頭　隨出簷收線磚　混磚　壘盤頭鍘簷　雀兒臺層數

尺寸定長　隨簷柱加平水標徑一分　除停泥滾子磚　砍做線磚　乾擺混磚　疊

磚　盤頭鍘簷層數尺寸定高外　加連簷厚一分半　以做鍘簷斜長入榫　分位有

差　排山勾滴　以進深加舉定長　按瓦料之號　分隴得個數　抹飾以長高見方

丈　白灰　青白灰　泥底灰　插灰泥　紅黃泥　提漿　蹅舊剔去拘捱　灰道灰

32409

砍磚活計

磚作

梗描刷　折料工用又有差

砍磚匠　瓦匠中之一類也　金磚以二尺尺七為度　方磚以二尺尺七尺四尺二為度　新舊樣城磚長一尺三寸五分寬六寸五分厚三寸二分　臨濟城磚同　停泥滾子磚　沙滾子磚　長八寸寬四寸厚二寸　停泥斧刃磚　與停泥滾子同　沙斧刃磚　與沙滾子同

砍磚工作　在砍磨城角轉頭　搊白　截頭　剔漿　齊口　挂落　券臉　及車網　立柱　畫柱　垂柱　圭角　角雲　歐座　照頭　撲花　龍頭　鼻盤　桁條　耳子　素寶頂　雲拱頭　花墊板　脊瓜柱　花垂柱　花氣眼　花雀替　博縫頭　古老錢　馬蹄磉　三岔頭　花搊扒頭　花通脊板　牡丹花頭　額枋　四面披　小博縫　松竹梅　花草　須彌座花柱　圓椽帶望板　窗戶素線磚　垂花門立柱　箍頭枋　方椽　飛簷椽　連簷　裏口　線枋花　心轉頭箍頭枋　香草雲　垂脊板　如意頭　象鼻頭　天盤　西洋牆　寶塔　寶瓶　諸活計

鑿花工作

鑿花匠　又砍磚匠之一類也　鑿花工作　在檻牆下花磚　花龍鳳　分心雲龍岔角　梅花窗　海棠花窗　花卓圓光窗　線枋磚花窗　雲子草　入角

雲各色　又二號三號十號吻　脊獸　劍靶　吻座　垂獸　獸座　戧獸　仙人走

獸　而剟磨　鐘磨　磨平　見方　計工　仍職在瓦匠　所謂水磨也　湖上水磨

牆地文磚　亞次規矩者為藻井紋　橫斜者為象眼紋　八方者為八卦紋　半斧者

為魚鱗紋　參差者冰裂紋　一為肺碎紋　上嵌梅花謂之冰片梅

琉璃瓦科

二樣吻

琉璃瓦九樣什料　自二樣始　二樣吻　每隻計十三件　高一丈五尺　重七千三

百觔　為劍靶　背獸　吻座　獸頭連座　仙人　走獸　赤腳黃道　大羣色

垂脊　搨頭　大連磚　套獸　吻匣　博通脊　滿面黃　合角獸　合角

劍靶　翬色絛　鈎子　滴水　筒瓦　板瓦　正當溝　斜當溝　壓帶絛　平口絛

三樣吻
四樣吻

諸件　三樣吻　每隻計十一件　高九尺二寸　重五千八百觔　什料同　四樣

五樣吻

吻　每隻高八尺　重四千三百觔　什料同　五樣吻　每隻五尺三寸　尾寬八寸

六樣吻

五分　重六百觔　多戧獸　戧脊　三連磚　挂尖托泥　六樣吻　每隻三塊　通

七樣吻

高三尺三寸　重三百二十觔　多獅馬　七樣吻　每隻高二尺四寸五分　長二尺

八樣吻

七寸　寬七寸五分　重一百三十觔　多羅鍋　列角盤　魚鱗摺腰　八樣吻　每

32411

九樣吻

隻重一百二十觔　什料同　九樣吻　每隻高一尺九寸　長一尺五寸　寬四寸五

迎吻

雙羊蹄筒瓦板瓦　此九樣什料也　至迎吻於琉璃窰　迎祭於大清正陽諸門　典

分　重七十觔　名滿山紅　掛落磚　隨山半混　羅鍋半山混　羊蹄筒瓦板瓦

制蒸重　載在工部

諸日宜忌

糙尺七　尺四　尺二　方磚　出細減一寸　糙新城磚　出細減九觔十二兩　糙

停磚沙磚　出細減一觔　頭號二號三號四號十號筒羅勾頭滴水板瓦觔數有差

定礎日忌　正四廢天賊建破　拆屋用除日　蓋屋用成開日　泥屋用平成日　開

渠用開平日　砌地與動土同

石作

落坯出細

石有旱白玉　青玉　青砂　花斑　豆渣　虎皮諸類　拽運　以旱船計　打荒

做糙　做細　占斧　扁光　攋滾子　叫號　灌漿　石匠壯夫並用　捧請座子入

正位　壯夫至三百人　石匠職在做糙　謂之落坯工　出細則冲打　箍槽　打揓

細撕

鑽眼　掏眼　打眼　打邊　退頭　樺窈　起線　出線　別鏨　扁光　掏空當

細撕　灑砂子　帶磨光　對縫　灌漿　掏抵　舊石閃裂歸堆　拴架　鑲條

合角　落梓口　開旋螺紋　諸役　石以長高寬厚見方論工　檻墊石　以面闊除

柱頂定寬　堦條石　以出簷柱頂除回水定厚　硬山加堆頭金邊　連好頭石　懸

山加挑山硬山兩山條石　與堦條同　斗板石　按露明處　以臺基高　除石條厚

定寬　土襯石　按露明處以斗板厚加金邊定寬　踏垛石　以面闊除垂帶一分寬

襯金邊外皮　至燕窩裏皮定寬　象眼石　以斗板外皮燕窩裏皮定長　垂帶石　以

按臺基分級數　燕窩石　以石面闊加垂帶金邊定長　平頭土襯石　以斗板土

踏垛級數加舉定長　如意石　與燕窩同　角柱石　以簷寬三之一除壓磚板定長

以簷柱徑定寬　折半定厚　金山角柱石　以柱徑定寬　本身寬折半定厚　琵

琶角柱石　以金山角柱收二寸定寬　硬山壓磚板出廊　加堪頭退一分定長　裏

外腰線石　按山牆除前後壓磚板分位定長　內裏霎肩下平頭土襯石　按進深出

廊　除柱頭分位定長　挑簷石　以出廊加堪頭稍定長　壓磚石　收二寸定寬

埋頭角柱石　按臺基高除堦條厚定長　以堦條寬定方　分心石　以出廊定長

金柱頂見方一分半定寬　垂花門中間滾墩石　以進深收分一尺定長　門口高三

之二定高　方柱一尺加十之六定寬　門枕石　以門下檻十之七定高　本身加二

32413

折料

寸定寬　兩頭寬加下檻厚一分定長　折料　灌漿　用白灰　白礬　江米　粘補

銲藥　用黃蠟　芸香　木炭　白布　補石配藥　鉸銲藥　增石銷　石縫拘抿

白灰　桐油見方勘重長短有差　須彌座　則做圭角　奶子　唇子　摳空當　捲

須彌座

雲落持腮　臬兒　束腰　瑪瑙金剛柱子　梡花結帶　捲雲　臥蠶　水池　荷葉

溝　菱花窓　柱頂週圍　做蓮瓣　巴達馬　番草　花卉　行龍　麒麟　夔龍

八寶　搭袱子　滾墩　開壺瓶牙子　立鼓腔　搯鼓釘　鼓兒　門枕　諸役　龜

獸座三採疊落　山峯　剔撕江洋海水　綏帶　花盆座　法與須彌同　如意雲

萬字廻紋錦　四面綏帶　細撕筋紋　西番蓮　蓮子　花心　玲瓏欄杆　石榴頭

綏帶　摳空當諸役　蓮花盆座　法與須彌同　剔山村　花草宮燈出細　則如

出細

石榴頭　覆蓮頭　淨瓶頭　蕨葉頭　珠子　蓮瓣　荷葉　西番蓮　龍分氣雲陽

龍　搯鱗爪　撕藁髮腿　虎肚　火肚　鼓肚黃創剌　海水江牙　村山撕水　玲

瓏口岔分齒舌　做鬢髮眉　鑿扁　畫八卦龜青錦襯脊梁骨尾巴　獅子分頭朘身

腿牙脺　繡帶　鈴鐺　旋螺紋　滾鑿繡球　出鑿恩子　西洋踏腳　梁腿　起口

線　龍胎　鳳眼　鳳毛　做管子　新雲八寶　捧帶子　象眼　落盤子　地伏頭

古子滾胖　雲子寶瓶　楞裏禪杖　龍鳳花卉　仰覆蓮　通瓦隴溝　勞臉石做

番草捧帶子　六角　八角　石角梁做　強出頭獸　戲水獸面　橋翅柱子　前

出角　後入角　抱毦　雲頭　素線　橋面仰天　落色道　開打壺瓶牙口子　幞

頭毦子　馬蹄礤石　古老鐵耳子　水溝　千劷石做鈎頭　披水　銀錠槽　瓦楞

起線諸役　其法亦見方為科

裏角法

湖上地少屋多　遂有裏角之法　角　古之所謂袞也　東榮西榮北榮南榮　皆見

之禮及司馬相如上林賦　字不反則簷不飛　反宇法於反唇　飛簷法於飛鳥　反

宇難於楣　飛簷難於椽　楣若彩袖之卷者則反　椽若梳櫛之斜者則飛　其間增

杆重勢　不一其法皆見之斗科做法　平身科　柱頭科　角科三等　屋多則角衆

地少則角犄　於是以法裹之　縱橫廻旋　正當面　顧背面　度四面　邱中舉

雜精展　結隅利稜鋒　枛造計秒忽　至增一角多　減一角少　此裏角之法也

葉夢得判案有云　東家屋被西家蓋　子細思量無利害　此語可與裏角法參之

然薛野鶴嘗曰　住屋須三分水二分竹一分屋　顧東橋嘗曰　多栽樹少置屋

32415

中國營造學社彙刊　第二卷　第三冊

說又可爲義角者進一解也

頂

頂爲浮圖　其名本金制　一品織用銀浮圖　二三品用紅浮圖　四五品用青浮圖

之屬　今湖上亭塔頂多鎏金　次則磚頂磁頂　景德鎮秘色窰　得一硃砂窰變

價值千金　近恒以花瓶倒安於上　其法稱便

裝修作

裝修作

裝修作　司安裝門桷之事　桷以飛簷椽頭下皮　與桷扇掛空檻上皮齊　下安楣

扇　下檻掛空檻分位　上安橫披幷替椿分位　掛空一名中檻　一名上檻　替

椿一名上檻　安裝楇扇　以廊內穿插枋下皮　與掛空檻下皮齊　次稍間安裝檻

窻　上替椿橫披掛空檻　俱與明間齊　上抹頭與楇上抹頭齊　下抹頭與楇羣板

上抹頭齊　餘係風檻楊板檻墻分位　所用名物　有上檻　抱框　腰枋　摺柱

邊挺　抹頭　轉軸　栓杆　支杆　楇心　平檻　檻子　方眼　支窻　推窻　方

窻　圓光　十樣　直檻　橫披　替椿　簾架　荷葉　栓斗　銀鋌　扣架

心　螞蟻腰　及繼環　滴珠　簾櫳　揭板　羣板　諸件　單楇　連二楇有差

一二一

凡楠柏木槅扇　以用碧紗廚罩腿大框為上線　以捲珠為上混面　凹面　有闘尖

花心　玲瓏之製　槅心　有實替夾紗之分　花頭　有臥蠶　夔龍　流雲

壽字　萬字　工字　岔角　雲團　四合雲　漢連環　玉玦　如意　方勝　疊落

蝴蝶　梅花　水仙　海棠　牡丹　石榴　香草　巧葉　西番蓮　吉祥草　諸

式　工兼雕匠　水磨燙蠟匠　鑲嵌匠三作　至菱花槅心之法　三交燈球六椀菱

花　三交六椀嵌橄欖菱花　艾葉菱花　又三交滿天星六椀菱花　古者鏤菱花

又雙交四椀菱花諸式　則屬之菱花匠　實替一曰糊透　夾紗一曰夾堂

古者在牆為牖　在屋為窗　六書正義云　通籀為問　狀如方井倒垂　繪以花卉

根上葉下　反植倒披　穴中綴燈　如珠笛窊而出　謂之天窗　太山記云　從

穴中置天窗是也　今之蓬壺影　俯鑒室　均用其法　古者牖穿壁孔　兩旁植樣

以三寸為度　今則有柱有枋　中起棋盤線　劍脊線　擴線　關花牙　三灣勒

水　出色線　雙線　起雙鉤　極陰陽榫之變　有方圓圭角之式　中實槅扇　大

曰疏　小曰窗　相並曰方軒　槅心花樣　如方眼　卍字　亞字　冰裂紋　金縷

絲　金線釣蝦蟆之屬　一窗兩截　上繫梁棟間為馬釣窗　疏櫺為太師窗

門

門制　上楣下閫　左右為根　雙曰闐　單曰扇　有上中下三戶門　及州縣寺觀庶人房門之別　闔門自外正大門而入次二重　宜屈曲　步數宜單　每步四尺五寸　自屋簷滴水處起　量至立門處止

門尺

門尺有　曲尺　八字尺　二法　單扇棋盤門　大邊以門訣之吉尺寸定長　抹頭　門心板　穿帶　挿間梁　拴框餘塞板腰枋　門枕　連檻　橫栓　門簪　走馬板　引條諸件　隨之　古者外

戶

門內戶　文選註　大門為門　中門為闐　說文云　牛門曰戶　玉篇云　一屏曰戶　諸說異解同趣　門有制　戶無制　今之圓亭　皆有大門均仿古制　至園內房櫳廂介　巷廏藩溷　皆有耳門　不免間作奇巧　如圓圭　六角　八角　如意

曲尺

方勝　一封書之類　是皆古之所謂戶也　曲尺長一尺四寸四分　八字尺長八寸　每寸準曲尺一寸八分　皆謂門尺　長亦維均　八字　財　病　離　義　官卻　害　本也　曲尺十分為寸　一白　二黑　三碧　四綠　五黃　六白　七

八字尺

赤　八白　九紫　一白也　又古裝門路用九天元女尺　其長九寸有奇　匠者繩墨　三白九紫　工作大用日時尺寸　上合天星　是為壓白之法

橋樑做法

建造橋梁　有木橋做法　以寬長丈尺橋孔數目　折料計工　尺五椿木　連入土

長二丈七尺　一木一椿　二尺管木長一丈二尺　一木二根　尺六橋面　楞木長

一丈五尺　簽錠椿木　安裝管頭楞木　用八六寸扒頭釘　舫兩有差　鋪塥橋面

磚以寬長丈尺　除引條分位　橫鋪立塥　先用土墊平　折方有差　盤

磉打瓣　搭腳手　用蔴舫兩　及木匠劃砍椿尖　做出鑿鑿管頭　鋪錠面木橋板

關磚。引條　露明欄干　間柱　鐵柱　瓦匠鋪塥　日記夫油漆匠　油舊關磚

引條　安裝欄干　定間柱鐵柱　桐油　它僧　定紅舫兩　熬油　打雜　各有

差　裹頭雁翅　亦以寬長折料　計工石磉　跳板借用　不估　此木橋做法也

石橋做法　以金門由身雁翅寬高　折料計工　雁翅迎水　頂底牽長　下分水頂

底　用石陡砌　每里計長九十六丈四尺　底石下鋪錠梅花椿　安頓底石　每丈

用椿二十段　尺五木一木三椿　迎面排椿　尺四木一木二椿　砌面石　每丈油

灰二舫　裹石　每丈灌漿石灰一百舫　汁米有差　扛抬往上　每丈壯夫二名

此石橋做法也　石岸做法　與雁翅同料　若堤壩工程　築堤先牽頂寬底寬高長

丈尺用七見方　底寬以入水丈尺　除水深丈尺　折方　寬有築寬　幫寬　高有

32419

築高帮高　帮寬帮高謂之帮築　在旁帮築　謂之帮鐵　平面加高　謂之普面

水深用柴鋪墊　謂之二面防風　以備積築　柴以束計　用料以土方

數目折束　搬柴廂柴　夫工有差　取土以道路遠近折料　謂之新土　隔河取土

及湖中撈挖　用船運送　均於土方加料築壩　以面底寬長丈尺中心填土見方

壩長於水面　每丈用排樁七　梘木一　蘆芭二　縴繯一　工完銷土　屬之日

記夫

雕鑾

雕鑾匠之職　在角梁頭　博縫頭　順梁額枋箍頭　挑尖梁頭　花梁頭、角雲

雲拱番草　素線　雀替　角背　緣環　拖泥　牙子　四季花　門簪　荷葉　椇

橔　淨瓶頭　蓮瓣芙蓉垂柱頭　連楹　疙疸楹　雕做荷葉簾架橔　大小山花結

帶　麻葉梁頭　羣板滿雕夔龍鳳　博古花卉　起如意線　三伏雲　素線響雲板

菱花　梅花　眼錢　起線護炕琴腿　圈驗番草雲　槅扇搔　象鼻拴　玲瓏雲

板　簾櫳板　琵琶柱子　荷藥　壺瓶牙子　支杆荷葉　採斗板　覆蓮頭　燕尾

摺柱　並斗口各科　工用有差　水磨燙蠟乾磨諸匠　與雕鑾互用　皆屬之楠

32420

木作　凡楠木匠一百　加安裝匠十　鋸匠二十　做舊裝修　另折方以計工　燙

蠟物料　用黃蠟　剗草　白布　黑炭　桃仁　松仁　有差　此外包鑲匠　別楠

柏　紫檀　海梅　花梨　鐵梨　黃楊・木植以折見方計工　鐤匠　職在鼓心

圓珠簾　滑子　淨瓶　大垂頭　仰頭覆蓮　西番蓮頭　束腰連珠　鐤牙　粗

牙　諸役　牙子　如意　畫別諸役　雕匠

書格　水磨茜色匠　職在象牙　淨瓶　闌杆　柱子　凹面　玲瓏　夔龍

式　掛簷板上貼半圓竹式　竹式有如意雲　圓光　連環套　萬字圈　諸名　攢竹

匠職在刮黃　刮節　去青　出細　成闘　做榫窌有十三合頭　九合頭　五合頭

攢做之分　膠以縫計　錠鉸匠　職在錠箍　拉扯　大鐵葉　角梁　中鐵　寶瓶

椿釘　剜錠　枋梁　鈎搭　雙爪鈾鎖　提捎　挺鈎　鑽三四寸釘橡眼連簷

博縫　山花　過木　沿邊木　諸銅簽錠　斗科升耳　包昂嘴　門葉錠　門泡釘

門鈑　門橋　鐵葉　雨點釘　梭葉　罏鈑　雙拐角葉　雙人字葉　看葉　獸面

帶仰月　千年鈎　壽山福海　釘鈎　菱花釘　風鈴　吻鍋　簷網　剪葉　天花

釘　大小黃米條　銅鐵絲網　掛網剪碗口　以尺寸折料　以料數折工

燙蠟物料　鐤匠　水磨茜色匠　雕匠　攢竹匠　錠鉸匠

32421

琉璃影壁

琉璃轉盤鼓兒影壁　高六尺三寸五分　寬三尺六寸　用柱子二　間柱二　抹頭

二　腰栿二　夾堂餘腮板四面絛環羣板二　裏口框一　四抹轉盤大框　高三尺

五寸七分　寬二尺八寸　羣板絛環　採間柱餘腮絛環　雕凹面香草夔龍　有鑲

嵌素鑲並鑲門桶之別

夾層落堂如意瓶式　高五尺二寸　寬二尺三寸　二面貼

落金邊　中嵌夔龍圍草　屬抹頭　推門槅扇拴杆　琵琶柱子　欄干　起線雕艾

葉　淨瓶頭　連珠束腰　西番蓮柱頭四　托泥　地伏　琴頭　捎子　踢腳　隱

板　欄干心　床上筆管欄干皆備　飛罩　有落地明　連三飛罩　連十五飛罩

單飛罩諸做法　碧紗廚柱子　與影壁同　槅心用夾紗做法　皆屬之楠木作

木頂格

覆檁　今之木頂格也　夢溪筆談云　古藻井即綺井　又曰覆海　今謂之鬪八

吳人謂罳頂　蓋後至坯　前至簷　左右至兩垺　上合羣板　下橫經緯　中如方

罳　所以使屋不呈材也　木頂槫週圍有貼梁　邊抹　檔子　木釣掛　一檔六空

橫直兩頭　進深面闊有常制　上畫水草　說者謂厭火祥　莖皆倒垂殖　其華

下向反披　古謂井幹　天台野人存論云　仰臥室中觀藻井　得古井田法　謂此

銅鐵作

銅料做法　門釘　九路七路五路之分　鑾鈒獸面　每件帶仰月　千年釘　門鈸

帶鈕頭圈子　包門葉有正面鑾鈒　大嬌龍背面流雲做法　壽山福海　鈎搭釘鈎

門楅同科　楅扇有雲龍鑾鈒　雙拐角葉　雙人字葉　看葉諸式　看葉帶鈎

花鈕頭圈子　若雲頭梭葉素梭葉　則宜單用　其他菱花釘　小泡釘　殿角風鈴

琉璃吻　合角吻　琉璃獸　八樣銅瓦帽　大小黃米條　銅絲網　物料重輕

有蒙

亮鐵槅活　什件爲大二門鈸　雲頭裏葉拴環　搭鈕楅板雲頭　合扇支窓雲頭

葵花齊頭諸合扇　板門摘卸合扇　牆窓仔邊合扇　楅扇屏門檻窓鵝拐軸鵝項

碧紗廚鵝項　檻斗海窩拴斗　起邊凹面鵝項　簾架搯子　回頭鈎子　絲瓜鈎子

涎　各色挺鈎搯子　釘鈎　摺疊釘鈎　各色鈎搭　過河鈎搭

西洋鈎子　八寶環　八字雲頭葉　支窓雲頭　齊頭裏葉　有無樓子　西洋撥

圓搯子　紗帽搯子　掃黃搯子索子　大小冒釘　單雙撥涎　各色挺鈎、鶴嘴挺

鈎　壽山福海　人字面葉　大小抱柱葉子　萬字式籠　雙雲頭面葉　鈕頭鈎牌

雲頭角葉　大樣掐判門圈子　一二三寸圈子、五寸靶圈諸件　折價給工有差

油作

油漆匠　三蔴二布七灰糙油墊光油碟紅油餙做法　計十五道

糙油墊光
油碟紅油
餙

通灰　通蔴　幇布　通灰　通蔴　幇布　中灰　細灰　拔漿灰　糙油

墊光油　遍光油　十五道也　用料為桐油　線蔴　幇布　紅土　南片紅土　銀

碟香油　見方折料　次之二蔴一布七灰糙油墊光油碟紅油餙做法　又次之二蔴五

灰　一蔴四灰　三道灰　二道灰諸做法　其他各色油餙做法　如碟紅　紫碟

其他各色
油飾

廣花　諸磚色　定粉　廣花　烟子　大碟　瓜皮碟　銀碟黃丹　紅土烟子　定

粉土粉　靛球定粉磚色　柿黃　三碟　鵝黃　松花綠　金黃　米色　杏黃　香

色月白諸色　次之　油餙紅色瓦料鑽糙油二次　滿油各一次　及天大青刷膠

柿黃油餙　洋青刷膠　花梨木色　楠木色　烟子刷膠　紅土刷膠諸法　所用

用料

料為烟子　南烟子　廣靛花　定粉　大碟　三碟　彩黃　黃丹　土粉　靛球

梔子　槐子　青粉　淘丹　土子　水膠　天大青　洋青　蘇木黑礬　諸物　桐

油加白灰　白麪　土子　陀僧　黃丹　白絲　絲棉　油艌菱花加牛尾　其煎油

木柴另法有準　挑水　劈柴　燒火　捶蔴　篩碾磚灰　諸壯夫給工有差　斗科

使灰用油　及頭停打滿地面磚鑽夾生油　舊料鑿砍　另法折工　若竹蓆　葦蓆

刷柿黃　罩白及　搓清紅黑油　又粉油上洒玉石砂子　又滿糊高麗紙　搓油

燙蠟金砂各磚　窗戶紙上噴油　工料同科

畫作

畫作以墨金為主　諸色輔之　次論地仗　方心　線路　岔口　箍頭　諸花色

墨有金琢烟琢細雅五墨之用　金有大小點之用　地仗方心瀝粉　及各色花樣之

用　線路岔口箍頭貼金　及諸彩色　隨其花式所宜稱　花式以蘇式彩畫為上

蘇式有聚錦　花錦　博古　雲秋木　壽山福海　五福慶壽　福如東海　錦上添

花　百蝠流雲　年年如意　福緣善慶　福祿綿綿　群仙捧壽　花草方心　春輝

明媚　地搭錦袱　海墁天花聚會諸式　其餘則西番草　三寶珠　三退暈　石碾

玉流雲百鶴　海墁葡萄　氷裂梅　百蝶梅　夔龍宋錦　畫意錦　梁鮮花卉

流雲飛蝠　袱子嗗筆草　拉木紋　壽字圓　古色蟠虎　活盒子　爐瓶三色　歲

32425

成青　瓶靈芝　茶花圃　寶石章　黃金龍　正面龍　升降龍　圓光　六字眞言

雲鶴　寶仙　金蓮水草　天花　鮮花　龍眼　寶珠　金井玉欄杆　萬字　栀

子花　十瓣蓮花　柿子花　菱枰　寶祥花　金扇面　江洋海水諸式　惟貼金五

爪龍　則親王用之　仍不許雕刻龍首　降一等用金彩四爪龍　貝勒貝子以下

則貼各樣花草　平民不許貼金　用料　則水膠　廣膠　白礬　桐油　白鰾　土

子鰾　夏布　苧布　白絲　絲棉　山西絹　潮腦　陀僧　牛尾　香油　白煎油

貼金油　磚灰　木明　鷄蛋　松香　硼砂　酸梅　梔子　黃丹　土黃　油黃

滕黃　赭石　雄黃　石黃　黃滑石　彩黃　廣靛花　青粉　瀝青　梅花青

南梅花青　天大二青　乾大碌　石大二三碌　淨大碌　鍋巴碌　松花石碌　碌砂

紅標碌　黃標碌　川二碌　銀碌片　紅土　蘇木　胭脂　紅花　香墨　烟子

南烟子　土粉　定粉　水銀　明光漆　點生漆　生熟黑漆　西生漆　黃鱉生

漆　退光漆　籠罩漆　漆碌　連四退光漆　血漆　見方紅黃金　魚子金　紅黃

泥金　諸料物

褙作

六典中裝潢匠　今之裱作也　隔井天花　海墁天花　今之裱背頂槅也　裱做在

托夾堂　裱面層　糊頭層底　錠鈸匠壓錠　托裱紙　纙秔精　紮架子諸法　其

糊纙梁柱　裝修木壁板牆槅扇夾之　紙有棉榜　頭二三號高麗　西紙　山西絹

方白二百樂　竹料連四　清水　連四毛邊　連四抄紙　錦紙　蠟箋　吳文

官青　西青　皂青　方稿　裱料　銀箋　蠟花　富箋　氈紅　硃砂箋　小青

倭子　京文　桑皮　諸紙　所用白矾　白礬　苧布　硫磺　雨點釘　線蔴　耗

紙　包鑲　出線　鏇花　對花　壓條　工用有差　紗絹綾錦畫片　以見方折工

料　此所謂采罽織縛　裏以藻繡　文以朱綠者也　近今有組織竹箋為頂蓬者

民間物耳

　　花樹

花架　有一面夾堂之分　方罳象眼諸式　盞以圍護花樹之用　諸園皆有之　多

種薔薇月季之屬　謂之架花　架以見方計工　料用杉稿　楊柳木條　薰竹

竿　黃竹竿　荊笆　貓竹片　花竹片　椶繩　花樹價值有常　保固有限　保三

年者　千松　小馬尾松　大小剌松　羅漢松　小柏樹　青楊　垂柳　觀音柳

中國營造學社彙刊　第二卷　第三冊

山川柳、柿樹、栗樹、軟棗樹、桑樹、梧桐樹、楸樹、槐樹、紅白櫻

桃樹、接甜桃樹、蘋菓樹、檳子樹、李子樹、千葉李、沙菓子樹、莎羅樹、大

石榴樹、小白菓樹、梨子樹、紅梨花、玉梨花、錦堂梨、香水梨、珍珠花、大

山裏紅、紫丁香、白丁香、紅丁香、紅白丁香、百日紅、棣棠花、文官菓、山

桃、白碧桃、紅碧桃、波斯桃、粉碧桃、鴛鴦桃、千葉杏、大小山杏、接杏樹

大玫瑰、馬纓花、蘭枝花、白梅花、紅梅花、黃刺梅花、佛梅花、探春花

紅黃壽帶、藤花、紫荊花、明開夜合花、十姊妹、扒山虎、山葡萄、芭蕉、貼

梗海棠、碌砂海棠、垂絲海棠、龍爪槐、白玉蘭花、渡子、長春花、金銀花

沙白芍藥、楊妃芍藥、粉紅芍藥、千葉蓮芍藥、大紅芍藥、渡梨諸種、保二年

者、西府海棠、不保年者、大柏樹、大羅漢松、頭二號馬尾松、大白菓樹、小

山裏紅、小玫瑰、榛子菓、歐栗子諸種、京師以車載論、城內每一車給價二錢

出城十里內、加給一錢、十里外、每里加給二分、如人夫擡運、照人數給工

湖上樹木、多自堡城來者、無水通舟、故僅照人數給工之例

宮室釋名

匾　有龍頭素線二種　四圍邊抹　中嵌心字板　邊抹雕做三採過橋　流雲拱身

宋龍　深以三寸、爲止　謂之龍匾　素線者爲斗字匾　龍匾供奉御書　其各圓斗

字匾　則概係以亭臺齋閣之名　廳事猶殿也　漢晉爲廳　老學

菴筆記云　路寢　今之正廳　治官處之廳多廠　今謂廠廳　靈光賦云　三間兩

表　卽今廳之有四榮者　如五間則兩稍間設槅子　或飛罩　今謂明三暗五　宋

排當云　三間五架　輟耕錄云　三間兩夾皆是也　湖上廳事　署名不一　一曰

福字廳　本朝元旦朝賀、自王公以下至三品京堂官止　例得恭邀頒賜福字　各

官敬裝匾　供奉中堂　以爲奕世光寵　南巡時各工皆賞福字　如辛未　則與石

刻坐秋詩水嬉賦同賞之類　工商敬裝龍匾　恭摹於心字板上　擇園中廳事未經

署名者懸之　謂之福字廳　如皆已有名　則添造廳事　或去舊匾換福字　如冶

春詩社之秋思山房、荷蒲薰風之淸華堂之屬　皆是今之福字廳　其次有大廳

二廳　照廳　東廳　西廳　退廳　女廳　以字名如一字廳　工字廳　之字廳

丁字廳　十字廳　以木名如楠木廳　柏木廳　杪欏廳　水磨廳　以花名　如梅

花廳　荷花廳　桂花廳　牡丹廳　芍藥廳　若玉蘭以房名　藤花以榭名　各從

其類　六面庋板爲板廳　四面不安窗檻爲涼廳　四廳環合爲四面廳　貫進爲連

二廳　及連三連四連五廳　柱檁木徑取方爲方廳　無金柱亦曰方廳　四面添廊

子飛椽攢角爲蝴蝶廳　仿十一檁挑山倉房抱厦法爲抱厦廳　枸木椽脊爲捲廳

連二捲爲兩捲廳　連三捲爲三捲廳　樓上下無中柱者　謂之樓上廳　樓下廳

由後簷入拖架爲倒坐廳

正寢曰堂　堂奧爲室　古稱一房二內　即今住房　兩房一堂屋是也　今之堂屋

古謂之房　今之房古謂之內　湖上園亭皆有之　以備游人退處　廳事無中

住室有中柱　三楹居多　五楹則藏東西兩稍間于房中　謂之套房　即古密室

複室連房闥房之屬　又嚴宕爲室　潛通山亭　謂之洞房　各圍多有此室　江氏

之蓬壺影　徐氏之水竹居　最著　又今屋四週者謂之四合頭　對霤爲對照　三

面連廡謂之三間兩廂　不連廡謂之老人頭　凡此又子舍　丙舍　四柱屋　兩徘

徊　兩廂屋　其二面連廡者　謂之曲尺房

正搆皆謂閣　旁搆爲閣道　加飛椽攢角爲飛閣　露處爲飛道　露處有階爲磴道

磴道曲折紆徐者爲步頓　是皆閣之制也　湖上閣以錦鏡閣爲最　閣道以篠園

為最　飛閣　飛道　磴道　步頓　以東園為最

兩邊起土為臺　可以外望者為陽榭　今日月臺晒臺　晉塵曰　登臨恣望　縱目

披襟　臺不可少　依山倚巘　竹頂木末　方快千里之目　湖上熙春臺　為江南

樓與閣大同小異　梯式創于黃帝　今曲梯折磴　極窈窱深邃　非持火莫能登

謂之螺螄轉　京師柏林寺大悲閣　最稱詭制　湖上以平樓第三層梯效之　崇屋

欲前為榭　蓋樓臺中之斜者　卽錦泉花嶼中　藤花樹之屬

行旅宿會之所館曰亭　重屋無梯　聳檻四植　如溪亭河亭山亭石亭之屬　其式

備四方　六八角　十字脊　及方勝圓頂諸式　亭制以金鼇退食筆記九梁十八柱

為天下第一　湖上多亭　皆稱麗矚

古者蕭齊不齊曰齋　黃岡石刻東坡墨蹟一帖　有思無邪齋　晉塵曰　齋宜大雅

窗櫺朗明　庭苑清幽　門無輪蹄　徑有花鳥

浮桴在內　虛簷在外　陽馬引出　欄如束腰　謂之廊　板上甃磚謂之響廊　隨

勢曲折謂之遊廊　愈折愈曲謂之曲廊　不曲者修廊　相向者對廊　通往來者走

32431

仙樓

船房

圍屏

廊　容徘徊者步廊　入竹爲竹廊　近水爲水廊　花間偶出數尖　池北時來一角

或依懸厓　故作危檻　或跨紅板　下可通舟　遞迤於樓臺亭樹之間　而輕好

過之　廊貴有欄　廊之有欄　如美人服半背　腰爲之細　其上置板爲飛來椅

亦名美人靠　其中廣者爲軒　禁扁匾云　窻前在廊爲軒

大屋中施小屋　小屋上架小樓　謂之仙樓　江園工匠　有做小房子絕妙

古者依水爲屋　謂之船房　凡三間屋靠山開門　槪以船房名之　全椒金絜齋架

詩云　敢關竟穿蔣詡徑　入室還住張融舟　謂此

陳設作

陳設以寶座屏風爲首務　玻璃圍屏用四抹心子板　腰圍魚門洞　鑲嵌凹面口線

海棠式　雙如意　魚門洞　鑲嵌凹面口線　諸做法　通景圍屏　用縧環牙子

上陰陽疊落雕玲瓏寶仙花諸做法　畫片玻璃圍屏　用大框　梓框　壁子　梓框

二畫片　魚門洞　心子板　玻璃轉盤　方窻諸做法　三屏峯　連三須彌座

上下方舍連巴達馬　束腰線枋　中峯雁翅　四抹大框　內鑲大理石落堂板一分

替板一分　背板梓框　上下縧環　二面雕漢文夔龍搭腦立牙諸做法　挿屏門

高六尺一寸　寬三尺一寸六分　內楊擡木二　二面雕凹面漢文夔龍　柱子二

托根一　鎖腳根一　背後開檔板一　二抹大框一　蓬牙一　跕牙二　諸做法

四抹玻璃門　高五尺三寸三分　羣板一　絛環一　一面採臺雕凹面漢文夔龍　三

捧壽諸做法　頭號寶座　面闊四尺有奇　進深三尺有奇　高一尺六寸有奇

方靠背束腰　特腮方肚　蓬牙象鼻　捲珠彎腿　周圍托泥　扶手雲頭諸做法

平面腳踏　與寶座等　漢文腿　束腰托泥俱備　二號矮寶座　面闊三尺六寸

進深二尺八寸六分　高七寸　上下方舍連　巴達馬　束腰　杉口　梓口　地平

牌捐　地平牀面　包鑲皮並暖板諸做法　次之燈綵鋪墊　燈以掛計　錫燈有洋

燈三面　四面　六面　鏡捐　滿堂紅　高燈之屬　建珠燈　有山水　花卉

禽獸　人物　字畫之屬　琉璃燈　有四方　八方　冬瓜　荸薺　皮球之屬　玻

璃燈　有方架　滾子　大洋　小洋　五色　吹片之屬　其餘各色洋縐　堆花耿

絹畫各舊稿　各色紗　堆花　白雲紗　銀條紗　刮絨　堆花　紅金線　泥金

紗羅　上覆朱纓　角垂風帶者　謂之宮燈　竹架上蒙紬縐者　謂之膝褲腿　蔓

絲無影　謂之氣殺風　置鐵竹長柄懸之者　謂之鵝頸項　綵子用五色綾　札蛛

結綵

網罘罳　以爲簷飾　結綵屬之

官樂部　里中呼爲吹鼓手　是業有二　一曰鼓手　一曰蘇唱　有棚有坊　民間

冠婚諸事鼓手之價　蘇唱半之　蘇唱顏色　半伺鼓手爲喜怒　其族居城內蘇唱

街

鋪墊

鋪地用棕氈　以胡椒眼爲工　四圍用押定布竹片　上覆五色花氈　氈以黃色長

毛氍毹爲上　紫絨次之　藍白毛絨爲下　鑲嵌有縀邊縀邊布邊之分　門簾　棹

杌椅炕諸套　同例　炕有炕几　炕墊　炕枕　帽架　唾盂　搭脚　諸什物　椅

有圈椅　靠背　太師　鬼子諸式　杌有圓　方　三六八角　海棠花　及連橙春

櫈諸式

傢俱擺飾

民間廳事　置長几　上列二物　如銅磁器　及玻璃鏡　大理石揷牌　兩旁亦多

置長几　謂之靠山擺　今各圓長几　多置三物　如京式　屛間懸古人畫　小室

中用天香小几　畫案　書架　小几有方　圓　三角　六角　八角　曲尺　如意

畫案長者不過三尺　書架下檻上空　多置隔間　几上多古硯　玉尺　玉如意

海棠花諸式

古人字畫　卷子　聚頭扇　古骨朶　剔紅蔗段　蒸餅　河西　三撞　兩撞漆合

磁水盂　極盡窰色　體質豐厚　靈壁太湖諸硯山　珊瑚筆格　宋蠟箋　書籍

皆宋元精藥本　舊抄秘種　及毛抄錢抄　隔間多雜以銅磁漢玉古器　其白玉本

于闐玉河所產　于闐有烏白綠三河　所產之玉　如河之色　最勝於獅子王爲古

玉關以西地　游宦紀聞　及于闐行程記　載之甚詳　今入版圖　其玉遂爲方物

買人用生牛皮束縛　人夫馬騾　運至內地　以觔兩輕重爲換頭　蘇州玉工　則

用寶砂金剛鑽　造辦仙佛人物禽獸　爐瓶盤盂　備極博古圖諸式　其碎者

鑲嵌屏風掛屏挿牌　謂之玉活計　最貴者大白件　次者爲禮貨　最下者謂之老

兒貨　他如雉尾扇　自鳴鐘　螺鈿器　銀纍絲　銅龜鶴　日圭　嘉量　屏風韜

匣　天然木几座　大小方圓古鏡　異石奇峰　湖湘文竹　天然木柱杖　宣銅爐

大者爲官盦　皆炭色紅　胡桃紋　鷦鵡色　光彩陸離　上品香頂撞　玉如意

凡此皆陳設也

工段營造錄完

佛作內工　做法
胎骨　鋸匠　木匠　雕鑾匠
木工
脫紗匠
包紗匠

揚州畫舫錄涉及營造之紀述

八大剎佛作　媲美蘇州　而重寧寺佛作　則照內工做法　佛像鎬胎用鋸匠　砍

造坯木匠　合縫較驗下膠木匠雕鑾匠　不拘文武雕做胎形　眉眼衣紋　天衣風

帶　頭盔甲冑　護法勇士站像　攢裝胎骨法身　皆以高之尺寸　照行七坐五濯

盤三歸之　歸後以自乘　自乘後　行用十九歸除　坐用十三歸除　殭用七因　以

見方尺　魚膠剉草折料分等　增胎立骨　麤泥一次　襯泥一次　長面像衣紋一

次　挑眉眼衣摺光壓細泥又二次　細泥粘做又一次　臟膛硃砂紅油二次　黃土西

紙　砂子　麥糠　麻莖　屬之塑工　橄木　柏木　銀硃　光油　雨點釘　黃米

條　鐵絲屬之木工　文武站像　半文半武　甲冑武扮　折料增損有差　脫紗堆

塑泥子坐像　法身折料　增以秫稭油灰　脫紗　使布十五次　長面像衣紋熟漆

灰一次　墊光漆二次　水磨二次　漆灰粘做一次　臟膛硃砂紅漆二次　桐油　夏

布　魚子　磚灰　嚴生漆　籠罩漆　退光漆　漆硃　土子面屬之脫紗匠　又鎬

胎汁漿一次　長面像衣紋包紗溜縫布二次　中灰細灰各一次　墊光漆

水磨各二次　漆灰粘做一次　臟膛硃砂漆二次　折料如脫紗屬之包紗匠　麤漆

彩漆匠

颶金　增以潮腦　紅金　黃金　屬之彩漆匠　篩掃有差　又五彩裝顏　全身渾

放　水金　瀝粉　貼金　天衣　風帶　描泥金做法　廣膠　白礬　青粉　土粉

白麵　西紙　砂紙　定粉　赭石　廣花　碌砂　雄黃　川二碌　石黃　籐黃

臙脂　天大青　天二青　南梅花青　石大綠　石二綠　石三綠　紅金　黃金

裝顏匠

貼金　雞蛋　屬之裝顏匠　文扮　武扮　半文　半武　番佛　跟伴　娃娃

鬼判　難人　赤身粧　各樣肉色　短衣　腰裙　護肩　頭箍　花冠　耳瓊　鐲

釧　纓絡　人頭　數珠　開眉眼　點朱唇　鏇螺髮　哨黑髮　碌髮有差　如傘

蓋　琵琶　降魔杵　九環錫杖　流雲托　多寶瓶　寶塔鈴　救度佛母脚　蓮葉

瓣　豹尾鎗　鉞斧　牛耳刀　弓　箭　翎簑絃扣　籐牌　獸面　纓纓　賁巴瓶

鍍匠

龍女　寶珠盤　寶幡　方旗　風火輪　劍輪　尖鋒　雲頭　三楞　火燄　紅

白蘿蔔籤巴里菓　連環圈　番草　寶珠　哈搭棒　仙枕　經板　哈巴里鼓　嚓

巴里碗　雕江洋血水　骷髏棒　羽扇　背為雕鑾之職　鉢盂數珠　屬之鑾匠

龕坐

若寶座　寶床　佛座　築地　平等座　托泥　圭角　棚牙起線　雕做分

心花　番草葉　方色條　巴達馬面板　底板　托根　穿帶　竪根　替木　稜花

岔角　金剛柱　八寶淨瓶　仰覆蓮　大鵬　孔雀　羚羊　獅　象　海馬　異

獸　開眉眼唇齒牙爪　細撕鬃髮　羽翼翎毛　背光八字　托皮條線　紫草邊

雕做番草底板　攢做穿帶　開挖鏡光口槽　三寶珠　龍女　雕做面像　衣紋

天衣　風帶　草獸頭　雕做唇齒鱗甲　角鬚流雲鏡光托渠　花蓮瓣　韋馱　流

雲　背光　脚托　穿帶　布袋　床屏風　特腮　玲瓏　搭腦　墜脚　香草邊

漢床　捲珠雲　連三寶塔　佛龕　夾堂　貼板　歡門　襯平　魚門　羅

同腰藕　帶巴達馬　寶塔　三疊落　八角座子　十三天　四出軒　須彌座帶仰

覆蓮座之類　皆以松檜椴木為最　合縫　擇口　雕鑾有差　至於執事寶座

金漆油畫　則例同科　佛座　獅　狘　象　神馬　神騾　神牛　鞍鞴　鞦轡

纓絡　虎豹熊犬羊狼老鸛鷹鸚鵡諸類　金漆油畫亦同科　其彩畫廊墻　一為進

貢　奏樂　仙人　山水　樹木　橋梁　彩雲　地景　一為十王　司主　諸星

童子　揷屏　帳幔　墻垣　地景…為關帝　二十四功曹　二十四註解　北極

五祖　天師出跡　一為淡五色敦八難　菩薩　神將　仙人　進貢童子　一為

青龍　白虎　朱雀　元武　出入巡　萬聖朝禮　祖師從神等　一為番像　羅漢

32439

梅洗匠　佛龕　供桌　香圓几　供櫃　經桌

菩薩　喇嘛　從神　仙人　一爲四值功曹　一爲印子佛　背光　蓮座　一爲

龜蛇　水獸　裝草　綠色龜背錦　其花冠　耳環　袍服　執事　頭穢　補服

盔甲　靠背　屏風　均同科　惟佛像銅胎十六臂　至三十六臂　滲金　梅洗

見新　司之於梅洗匠　所用折料　爲城　烏梅　木柴　粗白布　卷四

佛龕例闊五尺九寸三分　進深一尺七寸五分　高四尺七寸　用柱四　垂柱四

泥　面枋　束腰　串帶　心子板三方　上下仰覆蓮　縧環　牙子　迎面採臺

雕西番蓮藕頭枋四　簾籠枋四　頂盤一　兩山板二　後身板一　其須彌座　托

凹面　漢文　夔龍　荷葉　淨瓶　欄杆　挖魚門洞　中雕如意香草　牙子　二

起螳螂肚　雕菊花心　欄杆柱子　雕迴文錦　歡門　虎爪　牙子　毘盧帽　三

起香草如意線　雕西洋蓮瓣　藏字　金鈴　寶杵　諸式備具　供桌亦曰龍供案

例闊六尺　進深二尺　高三尺　番草　捲珠　灣腿　香草　夔龍　縧環　螳螂

肚　菊花心　牙板　羅頭鼓牙　通起兩柱香線　如意雲頭成做　香圓几　週圍

縧環　摺柱特腿　鼓牙　蜻蜓腿　番草　捲珠　素線　雲頭成做　供櫃　長二

尺七八寸　至八尺不等　寬二尺　高二尺七寸　四面帮板　荷包牙子　或灣腿

坐床

彭牙　經桌長四尺　寬一尺一寸五分　高一尺七寸　束腰　束腰　折柱　特腮　琴眼

抽屜具備　坐床長四尺　寬二尺　高七寸　琴眼　束腰　做法　藥師壇城

藥師壇城

外面　方亭柱礎　翼飛簷　寶頂鑲嵌城門　城樑子城樓　每夜燃燈　謂之藥師

燈　供獻備　五號供托　椴木雕各色菓子荷包　靈芝　珊瑚樹　卷四

天寧寺

天寧門　城河兩岸甃石　上橫巨木　架紅欄為釣橋　橋外華表屹然　下為天寧

寺　大山門　第一層為天王殿　中供布袋羅漢像　旁置魔魅作戲弄狀　殿右設

鐘鼓樓

大畫鼓　左懸鐘　古者鐘樓用風字腳　四柱並用渾成梗木若散水　不可低　低

則掩聲不遠　宜在左邊　寺廊下作平棊盤頂　結中開樓　盤心透上　直見鐘作

六角欄干　則聲遠百里　是寺鐘晝夜撞之　有緊十八慢十八之號　寺鼓在右

即宋孚禪師聞之悟道處　鐘鼓樓旁　矗兩寶刹高數丈　剪綵為幡幢　第二層大

梵相十八應真

殿上置白石香爐蓮炬　高與殿齊　中供大佛三座　旁列梵相　或衣雲衲　倚竹

杖　橫梵書貝帙　或抱膝聳肩　狀若鬼王　或閉目枯坐萬山中　或長眉拂地

側膝跣足　或面目羸瘦　神清氣足　或著水田衣跌坐　意思蕭適　或芒鞋竹杖

傴僂如老人形　或四體毛生　儀貌間別　或軒鼻呴口　手捻數珠　坐娑羅樹

三世佛

重寧寺

下·或亢眉瞪目·或揮扇坐樣枒樹下·丰骨清峭·或鷄皮駝背·兩手有所事

如抓搔捫蝨·或被袈裟執經·宛然僧相·或合掌而坐·或被衣揮扇·或鬢而長

或陋且怪·而焚香捧經之僧隅坐焉·所謂十八應眞也·殿後供大悲千手眼菩

薩像·螺髻纓絡·足履菡萏·第三層中供阿彌陀佛·佛火炎上·如凡火狀·下陳

經案香盆·爲萬壽經壇·第四層後樓三層·樓下爲方丈·中爲僧房·上爲萬佛

樓·計佛萬有二千一百尊·佛形大小不一·小者如黍米半菽·眉目口耳螺髻

毫相·無不畢具·郡中三層樓·以蕃釐觀彌羅寶閣爲最·是樓次之·樓旁列兩

小殿·供白衣大士·文武帝君像·兩廊百數十楹·皆供諸天佛號·及道人俞普

龍像·而柳毅像至今無考焉· 卷四

重寧寺· 在天寧寺後· 本平岡秋望故址·爲郡城八景之一·或曰東嶽廟舊址

有高阜名太山者是也· 雍正間戴文李借寺後隙地搆辨儀亭·爲賓客飲射之所

榜於門曰入林· 乾隆四十八年· 於此建寺· 御賜普現莊嚴妙香花雨二扁·門外

植古楡數十株· 搆大戲臺· 山門第一層爲天王殿· 第二層三世佛殿· 佛高九尺

五寸· 下視· 後瞻若仰· 前瞻若俯· 衣紋水波· 左手矯而直· 右手舒而垂· 肘

掌皆微弓　指微張而膚合　雕以楠木　叩之有聲　鏗鏘若金石　輕如桼漆　傅以鋈金　巍然端像　旁肖十六應眞像　殿後三門　中曰普照大千　左曰香林右曰寶華　門內屋立四柱　空中如樓　上不展板　下垂四阿若重屋　供瓦窰摰類牟尼　左供阿赤爾馬儀　類普賢　右供紅勝撥帝　類觀音　四邊飾金玉沉香爲罩　芝草塗壁　菌屑藻井　上垂百花苞蔕　皆轅門橋像生肆中　所製通草花　絹蠟花　紙花之類　像散花道場　此卽天女九退相也　迤東有門　門內由廊入文昌閣　凡三層　登者可望江南諸山　過此則爲東園矣　　卷四

蓮性寺中多柏樹　門殿廊舍　皆在樹隙　故樹多穿廊拂簷　所塑神像　出蘇州名匠手　皆極盛制　而文殊普賢變相　三首六臂　每首三目　二臂合掌　餘四臂擎蓮花火輪　劍　杵　簡　槊　並日月輪火燄之屬　襯身著虎皮裙　蛇繞胸項間　努目直視　金塗錯雜　光彩陸離　制更奇麗　殿後栢樹上　巢鶴鳥無數　其下松花苔蘚　作紺碧色　加之鳥糞盈尺　游人罕經　中建臺五十三級臺上造白塔　塔身中空　供白衣大士像　其外曆級而上　加靑銅纓絡　鋈金塔

鈴　最上簇鋈金頂　寺僧牧山開山　年例于十二月二十五日　燃燈祈福　徒傳

32443

銅塔

玉寶塔

宗　精術數　乾隆甲辰重修白塔甫成　傳宗謂向來塔尖向午　由左窗第二隙中

倒入　今自右窗第二隙中側入　恐不直　遂改修　按歐陽歸田錄　記開寶寺塔

爲都料匠預浩所造　初成望之不正而勢傾　浩曰　京師地平無山　多西北風

吹之不百年當正　此則因地制宜　又非拙工可同日語也　卷十三

重寧寺三世佛殿上　仿永明寺塔式　鑄銅塔二座　設於兩楹　用紫檀木　做托

泥　圭角　方色　巴達馬　束腰　穿帶　托根　月牙座　二用銅做葫蘆寶頂

熖燄　花岔角　羚羊　獅象　西洋欄杆　淨瓶　塔門　大銅框　連做梓口月

牙　塔身龍面　挖做瓦壠　週圍蹬如意雲　吉祥寶珠　珠雲方勝　鮎魚墜角

墜纓　太極圖　寶帶　番草邊　捲珠　玲瓏　羚羊　獅象　龍女　無不備具

景福殿賦云　瓖數矩設　古之陳設　大半以雙不以單　皆廣州光孝寺建塔二

凡七層　合栢蓮花座　崇二丈有二尺　並立一屋中　修短不齊　一記一題名

後之屋中立雙塔者本此　至以一塔陳設者　則天寧寺行宮鐵塔　已入大內　今

揚州肆中　有玉寶塔一　仿報恩寺塔式　按九宮八卦三元　高九尺九寸　計九

層　合搭材　大木　雕鑾　鏇鋸瓦匠　土工　發券　地丁　錠鈒　裝修　及斗

科　各斗口　平身　柱頭角科　諸作之事　皆以玉為之　柱桁之屬　則如斫鉋

出細　榫眼則開透極管腳雌雄之製　其他起槽　起線　平鑿　剜鑿　穿

掅　穿帶　落堂　下槽　極盡詭異　拆下俱成片段　第一層白玉佛四　八方殿宇　惟

墙垣　皆刻玉佛八十有八　其餘八層　內貯金佛四尊　門外以青金石為扁額

無陳石亭文　盛雲浦賦　焦淡園乞化緣疏為憾事　此又備一塔為陳設者也 （卷四）

香海慈雲枋楔　立於外河東岸　由枋楔下水門　入荷浦　中設檔木　通水不通

舟　浦中建圓屋　屋之正面　對水門　左設板橋數折　通來薰堂　屋上有重屋

窗櫺上嵌合海雲龕三字　屋中供觀音像　坐菌茗　有機捩如轉輪藏　朱輪潛

運　圓轉如飛　聯云高座登蓮葉　慧淨晨齋就水聲 法照龕上供千手眼大士像　二

臂合掌　餘擎蓮花　火輪　劍杵　簡槃　並日月輪火燄之屬　身著裟娑

金碧錯雜　光彩陸離　聯云紫雲盛寶界 鄭愔 綵舫入花津 權德輿 背金棕亭詩前

慈雲一片海香中　謂此 卷十二

行宮在揚州有四　一在金山　一在焦山　一在天甯寺　一在高旻寺　天甯寺右

建大宮門　門前建牌樓　下甃白玉石　圍石欄杆　甬道上大宮門　二宮門　云

殿　寢殿　右宮門　戲臺　前殿垂花門　寢殿　西殿　御花園　門前左

右朝房　及茶膳房　兩邊爲護衛房　最後爲後門　通重簷寺　御賜扁二　爲大

觀堂　靜吟軒　聯六　爲膃意延山趣　春工巹物情　一、樹將暖旭輕籠牖　花

與香風並入簾　二、麗日和風春淡蕩　花香鳥語物昭蘇　三、鈞陶錦繡化工巹

松竹笙簧仙籟諧　四、成陰喬木天然爽　過雨閒花自在香　五、牕虛會爽籟

坐靜接朝嵐　六、玉井綺闌　鉛砌銀光　交踈對霤　雲石龍礎　莫可彈究

駕過後　各門皆檔木柵　遊人不敢入　　　卷四

後宮門在重簷寺旁　多隙地　平時爲蓺花人所居　南巡時諸有司居之　小門爲

進膳房　外一層爲營造局　牲口房　又一層爲官廳堆房　兵房　以居守街潑水

點更提鈴之屬　牆後通龍光寺　　　卷四

左挾門　通天寧寺西廊爲便門　右挾門　通御花園　園本天寧寺西園枝上村舊

址　起造樓閣　點綴水石　造鐵塔高丈許　仿正覺寺式　結厔塔頂　黃綠琉璃

寶珠　塔燈覆盂仰盂　諸天韋馱　四門佛像皆合　後入大內　晉樹圍入園中西

南角　其讓圍之牛　今歸杏園　卷四

御書樓在御花園中　園之正殿　名大觀堂　樓在大觀堂之旁　恭貯頒定圖書集

成全部　賜名文匯閣　並東壁流輝扁　壬子間奉旨　江浙有願讀中秘書者　如

揚州大觀堂之文匯閣　鎮江口金山之文宗閣　杭州聖因寺之文瀾閣　皆有藏書

著四庫館再繕三分　安貯兩淮　蓮裝潢線訂　文匯閣凡三層　棻櫉楹柱之間

俱繪以書卷　最下一層　中供圖書集成　書面用黃色絹　兩旁櫉　皆經部書

面用綠色絹　中一層　盡史部書　面用紅色絹　上一層　左子右集　子書面

用玉色絹　集用藕荷色絹　其書帙多者　用楠木作函貯之　其一本二本者　用

楠木版一片夾之　束之以帶　帶上有環　結之使牢　卷四

杏園大門內土阜　如京師翰林院大門內之積沙　房廡如京師八旂官房　房以三

間爲進一進一門　以設六位　處六部及百司　皆有攸處　中建廳事　周以垣墻

以待軍機　耳房張帷幔　卷四

高旻寺　大門臨河　右折大殿五楹　供三世佛　殿後左右建御碑亭　中爲金佛

殿　殿本康熙間撤內供奉金佛　遣學士高士奇內務府丁皂保　賚送寺中供奉

故建是殿　殿後天中塔七層　塔後方丈　左翼僧寮　最後花木竹石　相間成文

卷七

行宮在寺旁　初為垂花門　門內建前中後三殿　後照房　左宮門　前為茶膳房

茶膳房前　為左朝房　門內為垂花門　西配房　正殿　後照殿　右宮門　入

書房西套房　橋亭　戲臺　看戲廳　廳前為閘口亭　亭旁廊房十餘間　入歇山

樓　廳後石版房　箭廳　萬字亭　臥碑亭　歇山樓外為右朝房　前空地數十弓

乃放煙火處　郡中行宮　以塔灣為先　係康熙間舊制　今上南巡先駐是地

次日方入城　至平山堂　御製詩　有紆棹平山路句　詩注云　自高旻寺行宮

策馬度郡　至天寧行宮　易湖船　歸亦仍之　以馬便於船　且百姓得以近光

謂此　蓋丁丑以前　皆駐蹕是地　天寧寺僅一過而已　迨天寧寺增建行宮　自

為郡城八大剎之一　是寺　康熙間賜名高旻寺　并晴川遠適　禪悅凝遠　薰

陰軒三扁　及龍歸法座聽禪偈　鶴傍松烟養道心一聯　殿灑楊枝水　爐焚栢子

香一聯　碑文一首　俱載郡志　今上南巡　賜江月澂觀扁　及潮湧廣陵磬聲飛遠

梵　樹連邗水鈴語出中天一聯　敕賜關帝廟扁　氣塞宇宙扁　天中塔　雲表

天風扁　舟行至此　金山在望　御製詩　金山不速客　暫衙隱江烟　謂此

是由崇家灣抵揚　先駐天寧行宮　次駐高旻行宮　先駐高旻行宮

次駐天寧行宮　是地賜有邗江勝地　江表春暉　由瓜洲回巒

秀　大江遙應廣陵壽一聯　碧漢雲開晴堦分塔影　羃畫窗三扁　衆水廻環蜀岡

東佛堂　法雲廻蔭蓮花塔　慈照長輝貝葉經一聯　青郊雨足春陌起田歌一聯

香篆還成妙饔雲一聯　綠野農懽在　青山畫意堆一聯　西佛堂　塔鈴便是廣長舌

扁額　因是地相似　故以總名名之　詩云　盧窗正對綠波涯　羃畫窗

却似石渠披妙蹟　水容山態各臻佳　名借山莊號水齋　本避暑山莊號水齋

蓮性寺　在關帝廟旁　本名法海寺　創於元至元間　聖祖賜今名　並御製上巳

日再登金山詩一首　書唐人絕句一首　臨董其昌書絕句一首　上賜衆香淸梵扁

皆石刻建亭　供奉寺中　寺門在關帝廟右　中建三世佛殿　旁廡十餘楹　通郟

公祠　後建白塔　倣京師萬歲山塔式　塔左便門　通得樹廬　廳角便門通賀園

廳外則爲銀杏山房　趙臞翁詩序云　出天寧門近郊二里　有法海寺精舍一區

曲水當門　石梁濟渡　凡遊平山者　以此爲中道　卷十三

華祝迎恩爲八景之一　自高橋起至迎恩亭止　兩岸排列檔子　淮南北三十總商

檔子

綵樓

香棚

分工派段　恭設香亭　奏樂演戲迎鑾於此．檔子之法　後背用板墻蒲包　山墻

用花瓦　手卷山用堆砌包托　曲折層疊壽綠太湖山石　雜以樹木　如松柳梧桐

木日紅繡毯綠竹　分大中小三號　皆通景像生　工頭用綵樓　香亭三間五座

三面飛簷　上鋪各色琉璃竹瓦　龍溝鳳滴　頂中一層　用黃琉璃　綵樓用香

間用落地罩　單地罩　五屏風　插屏　戲屏　寶座　書案　天香几　迎手氅

瓜銅色竹瓦　或覆孔雀翎　或用纓毛　仰頂滿糊細畫　下鋪樓　覆以各色絨氈

墊　兩旁設綾錦纓絡香襪　案上爐瓶五事　旁用地缸栽像生萬年青　萬壽蟠桃

九熟仙桃　及佛手香櫞盆景　架上各色博古器皿書籍　次之香棚　四隅植竹

上覆錦棚　棚上垂各色像生花菓草蟲　間以幡幢傘蓋　多錦緞紗綾羽毛大呢

之屬　飾以博古銅玉　中用三層臺　二層臺　平臺三機四櫃中寶鐀鐵．每出一

幹則生數節　巨細尺度　必與根等　上綴孩童　襯衣　紅綾襖袴　絲縧緞韡

外扮文武戲文　運機而動　通景用音樂鑼鼓　有細吹音樂　吹打十番．粗吹

鑼鼓之別　排列至迎恩亭　亭中雲氣往來　或化而爲嘉禾瑞草　變而爲卿雲醴

泉

卷一

高橋迎恩橋　作法同　兩崖登石鯨獸　欄楯鏤鏤如玉　中流駕木貫鐵縴連之

過橋亭　雕簷峻宇　出沒雲霞　上可結駟　下可方舟　過此南去　有橋四　爲

小迎恩橋　小市橋　葉公橋　鞠橋　小迎恩橋鞠橋皆磚橋　小市葉公　皆石橋

皆無過橋亭　卷一

四橋烟雨　一名黃園　黃氏別墅也上賜名趣園御製詩云　多有名園綠水濱　清

游不事羽林粉　何曾日涉原成趣　恰值雲開亦覺欣　得句便前無繫戀　遇花且

止足芳芬　問予嵩處誠奚託　宜雨宜暘利種耘　黃氏兄弟　好搆名園　嘗以千

金購得秘書一卷　爲造製宮室之法　故每一造作　雖淹博之才　亦不能考其

所從出　是園接江園環翠樓　入錦鏡閣　飛簷重屋　架夾河中　閣西爲竹間水

際　下閣東爲迴環林翠　其中小山逶迤　築叢桂亭　下爲四照軒　上爲金粟庵

入漣漪閣　循小廊出爲澄碧堂　左築高樓　下開曲室　暗通光霽堂　堂右爲

面水層軒　軒後爲歌臺　軒旁築曲室　爲雲錦淙　出爲河邊方塘　上賜名半畝

塘　由竹中通樓下大門　卷十二

四橋烟雨　園之總名也四橋　虹橋　長春橋　春波橋　蓮花橋也　虹橋長春春

錦鏡閣

曲廊

平山堂塢

波三橋　皆如常制　蓮花橋　上建五亭　下支四翼　每翼三門　合正門爲十五

門　圖志爲四橋　中有玉版無虹橋　今按玉版乃長春嶺旁小橋　不在四橋之內

卷十一

間之下間　置牀三　樓梯卽在左下一間　下邊牀側　由牀入梯上閣　右亦如之

惟中一間通水　其制仿工程則例暖閣做法　其妙在中一間通水也　集韓聯云

可居兼可過　非鑄復非鎔　卷十二

錦鏡閣三間跨園中夾河　三間之中　一間置牀四　其左一間置牀三　又以左一

卷十二

尺五樓面東之第五間樓　下接藥房　先築長廊於藥田中　曲折如阡陌　廊竟小

屋七八間　營築深邃　矮垣鐵續　文磚亞次　令花氣往來　氤氳不隔　卷十五

微波峽　在兩山之間　峽東爲錦泉花嶼　峽西爲萬松疊翠　峽中河寬丈許　不

能容二舟　故畫舫至此　方舟者皆單櫂而入　入而復出　爲九曲池　山圍四匝

中凹如椀　水大未嘗溢　水小未嘗涸　今謂之平山堂塢　塢中建接鴛廳　八

柱重屋　飛檐反宇　金絲網戶　刻爲連文　邐相綴屬　以護鳥雀　方蓋圓頂

中置塗金寶瓶琉璃珠　外數鍍金　廳中供奉御製平山堂詩石刻　後設板橋　橋

外則水窮雲起矣　是園爲汪光祿孫冠賢肇十所建　卷十五

光霽堂後　曲折逶迤　方池數丈　廊舍或整或散　或斜或直　或斷或連　詭制

奇麗　樹石皆數百年物　池中苔衣　厚至二三尺　牡丹本大如桐　額曰雲錦淙

聯云　雲氣生虛壁 杜甫荷香入水亭 周瑀 卷十二

過雲錦淙　壁立千仞　廊舍斷絕　有角門　可側身入　潛通小圃　圃中多碧梧高

柳　小屋三四楹　又西小室　側轉一室　置兩屏風　屏上嵌塔石　塔石者　石上

有紋如塔　以手摸之平如鏡面　從屏風後出河邊方塘小亭　供奉御圓半畝塘石

刻　及目屬高低石　亭延曲折廊一聯　妙理靜機都遠俗　詩情畫趣總怡神一聯

瀠和水抱中和氣　平遠山如蘊藉人一聯　石刻有凌雲意四字　臨蘇軾書一卷卷十二

水雲勝槩　在長春橋西岸　亦名黃園　黃園自錦鏡閣起　至小南屏止　中界長

春橋　遂分二段　橋東爲四橋煙雨　橋西爲水雲勝槩　水雲勝槩園門在橋西

門內爲吹香草堂　堂後爲隨喜庵　庵左臨水結屋三楹　爲坐觀垂釣　接水屋十

楹爲春水廊　廊角沿土阜　從竹間至勝槩樓林亭　至此渡口　初分爲小南屏

旁築雲山韶濩之臺　黃園於是始竟　卷十二

西洋法　西洋畫　漣漪閣　西洋式

靜照軒東隅　有門狹束而入　得屋一間　可容二三人　壁間掛梅花道人山水長

幅　推之則門也　門中又得屋一間　窗外多風竹聲　中有小飛罩　罩中小棹　信

手摸之而開　入竹間閣子　一窗翠雨　着鬟而凝　中置圓几　半嵌壁中　移几而

入　虛室漸小　設竹榻　榻旁一架古書　縹緗零亂　近視之　乃西洋畫也　由畫

中入　步步幽邃　扉開月入　紙響風來　中置小座　游人可憩　旁有小書廚　開

之則門也　門中石徑逶迤　小水清淺　短墻橫絕　溪聲遙聞　似墻外當有佳境

而莫自入也　嚮導者指畫其際　有門自開　龕險之石　穿池而出　長廊架其上

額曰水竹居　墀下小池半畝　泉如濺珠　高可逾屋　溪曲引流　隨雲而去　池

旁石洞偪仄　可接樓西山翠　而游者終未之深入也　是地供奉御賜水竹居扁

及水色清依榻　竹聲涼入窗一聯　石刻臨蘇軾詩卷　並書取徑眉山四字　卷十四

漣漪閣之北廳事二　一曰澄碧　一曰光霽　平地用閣樓之制　由閣尾下靠山房

一直十六間　左右皆用窗櫺　下用文磚亞次　閣尾三級　下第一層三間　中設

疏寮隔間　由兩邊門出　第二層三間　中設方門出　第三層五間　爲澄碧堂

蓋西洋人好碧　廣州十三行有碧堂　其制皆以連房廣廈　蔽日透月爲工　是堂

六〇

32454

効其製　故名澄碧　聯云　湖光似鏡雲霞熱黃滔　松氣如秋枕簟涼何上元　由澄碧

出　第四層五間　爲光霽堂　堂面西堂下爲水馬頭　與梅嶺春深之水馬頭相對

聯云　千重碧樹鎖青苑韋莊　四面朱樓卷畫簾杜牧　是地有一木榻　雕梅花

刻趙愷光流雲二字　董其昌陳繼儒題語　御製木榻詩云　偶涉亦成趣　居然水

竹卿　因之道彭澤　從此擅維揚　目屬高低石　步延曲折廊　流雲憑木榻　喜

早晤愷光　卷十二

綠楊灣　門內建廳事　懸御扁怡性堂三字　及結念底須懷爛熳　洗心雅足契清

涼一聯　棟宇軒豁　金鋪玉鎖　前廠後陰　右靠山用文楠雕密簷　上築仙樓

河海嶼　海洋道路　對面設影燈　用玻璃鏡　取屋內所畫彩影　上開天窗盈尺

人依聲而轉　葢室之中　設自鳴鐘　屋一折則鐘一鳴　關捩與折相應　外畫山

前設欄楯　構深屋　望之如數什百千層　一旋一折　目炫足懼　惟聞鐘聲　令

陳設木榻　刻香檀　爲飛廉　花檻　瓦木階砌之類　左靠山仿效西洋人製法

令天光雲影相摩盪　兼以日月之光射之　晶耀絕倫　更點宣石　如車箱側立

由是左旋入小廊　至翠玲瓏館　小池規月　矮竹引風　屋內結花籬　悉用贛

32455

用竹材結

屋

州灘河小石子　蟄地作連環方勝式　旁設書櫃　計四　旁開櫺門　至蓬壺影

聯云　碧瓦朱甍照城郭 杜甫　穿池疊石寫蓬壺 常元旦　是地亦名西齋　本唐氏

西莊之基　後歸土人種菊　謂之唐村　村乃保障舊垻　俗曰唐家湖　江氏買唐

村　掘地得宜石數萬　石蓋古西村假山之埋沒土中者　江氏因堆成小山　搆室

於上　額曰水佩風裳　聯云　美花多映竹 杜甫　無處不生蓮 杜荀鶴　是石爲石

工仉好石所作　好石年二十有一　因點是石　得瘵瘵而死 卷十二

蒙竹軒　居蜀岡之麓　其地近水　宜於種竹　多者數十頃　少者四五畦　居人

犀用竹結屋四角　直者爲柱楣　撐者槤棟　編之爲屏　以代垣堵　皆傚高觀竹

屋　主元之竹樓之遺意　張氏於此仿其製　搆是軒　背山臨水　自成院落　盛

夏不見日光　上有烟帶其杪　下有水護其根　長廊雨後　剗筍人來　盧閣水腥

打魚船過　佳搆既適　陳設盆精　竹窗　竹檻　竹床　竹灶　竹門　竹聯

聯云竹動疏簾影 盧綸　花明綺陌春 王維　蓋是軒皆取園之惡竹爲之　於是園之

竹盆修而有致 卷十四

長春嶺在水中　架木爲玉板橋　上搆方亭　柱欄檐瓦　皆裹以竹　故又名竹橋

湖北人善製竹　棄青用黃　謂之反黃　與剔紅甃瑯諸品　同其華麗　郡中善

反黃者　惟三賢祠僧竹堂一人而已　是橋則用反黃法爲之　卷十三

延山亭在竹樹中　亭扁爲梁巘所書　左右廊舍　比屋連甍　由竹中小廊入尺五

樓　樓九間　面北五間　面東四間　以面北之第五間靠山　接面東之第一間

於是面東之間數　與面北之間數同　其寬廣不溢一黍　因名曰尺五樓　其象本

於曲尺　其制本於京師九間房做法　卷十四

廣儲倉　在梅花嶺下　雍正間葛御史建　倉房制最宏敞　十一檁挑山　面闊一

丈三尺　進深四丈五尺　簷柱高一丈二尺五寸　徑一尺　大木做法　用裏金柱

三穿　雙步　單步　五架　三架諸梁　簷枋　墊板　檁木　簷橡　下中上花

架橡　腦橡　連簷　五口　博縫板　山墻上象眼窗　廒門下檻　間抱柱　閘板

均以見方折工料　三檁氣樓　面闊九尺　進深七尺五寸　柱高二尺七寸　寬

六寸　厚五寸　用楊角木　三架梁　簷枋　脊枋　墊板　脊瓜柱　檁木　簷橡

連簷　五口　博縫板　前後風窗　兩山上下象眼窗　抱廈　面闊一丈三尺

進深七尺五寸　柱高九尺五寸　徑八寸　用抱頭梁　隨梁枋　簷枋　墊板　檁

木

簷椽　連簷　博縫板　亦均以見方折算　卷三

揚州畫舫錄涉及營造之紀述　完

工段營造錄校記　闞鐸

面	行	字	原句	正誤	理由
一	四	一四	先以畫屋樣	以原作於	依魯班經補
一	七	一	中開水池	原脫中字	同上
二	二三	一〇	夯築以把論	以原作之	依工部工程做法（下文簡稱工法）四七土作做法改
二	二四	一	充剝	剝原作剝	同上
二	二	一五	柳籬	原脫籬字	同上
二	二	一	用假素雀替	原脫素字	同上
三	一	二〇	用角背或眼象板	或原作及	依工法二一三欄垂花門大木補
三	一	三二	由鈬	原脫由字	同上
三	四三	三三	圓簷枋	簷枋原作柱	同上
三	一〇	一三	上金瓜柱	上原作土	同上
三	一三	六	樣子	子原作仔	同上

卷	頁	行	原文	勘誤	改正
四	一一	一一	草架柱子	草原作單	依工法一・二・三・九樓廳殿大木及歇山轉角大木又七欄歇山轉角大木等卷改
四	一〇	一〇	博縫望板諸件	原脱縫字	依工法五七欄轉角大木改
五	八	七六	花架脊由戧	原脱脊字	同上
五	五	一五	如斜抱頭樑	原脱頭字	依工法一四平台品字科做法改
五	一九	二四	間枋	原作門板	依工法一四中覆簷斗口做法改
五	一一	一五	海墁天花	天原作元	同上
六	一〇	一五	次之上覆簷	原脱上字	依工法上覆簷斗口做法改
六	一二	一九	草架柱子	草原作單	依工法六六欄前出廊轉角大木改
六	五	一七	諸件	件原作牛	同上
六	六	一六	其上簷單翹單昂	簷原作翹	依工法一七重簷七欄歇山轉角做法改
六	一〇	一〇	正斜三五七架樑	原脱樑字	依工法一五兩搭前接簷三欄轉角廡坐做法改
六	一八	一八	博縫板	原脱板字	依工法一五前接簷一欄轉角兩搭做法改
六	二二	三〇	老角裏角諸樑	樑原作椽	同上

頁	行	字		校	記
七	三	二二	兩山代檁頭	代原作架	依工法一七五檁轉角闌樓改
八	四	二三	及飛簷椽	椽原作全	同上
	一	二四	井口枋	枋原作板	依工法四八八木作用料改
	二	二三	飛簷	原脫簷字	同上
	七	二三	上下檻	檻原作檻	同上
	三	二五	門楣搖	搖原作壺	同上
九	一	二三	榆	原作榆	同上
	二	二七	有頭等才	才原作寸	依工法二八斗科做法改
	一	一二	頭二翹	原脫頭字	同上
	二	三四	斜蓋斗板	原脫斗字	同上
	四	二五	歷代宮室	宮室原作室宮	依圓明園內工諸作現行則例（下文簡稱圓例）物料輕重改
一〇	五	二〇	椴二十勛	二原作三	依圓明園內工諸作現行則例（下文簡稱圓例）物料輕重改
	三	二六	黃道天月二德	原脫天二兩字	依魯班經補

頁	行	誤	正	說明
一四	二九	月空天月二德	原脫二字	同上
一三	二三	九樣琉璃垂脊	垂原作曲	依揚雄甘泉賦作改
一三	二三	搜述索偶	述原作述	依工法五四搭材作改
一二	八・二三	日搯砌攔土	土原作上	依工法四三瓦作大式及圓例瓦作則例改
一四	二・八	以步架定高	步原作布	依工法四三瓦作大式改
一五	五・八	圓椽帶望板	帶原作達	依工法六七瓦作用工附砍鑿及圓例整花例改
一六	一〇・三二	花心轉頭菰頭枋	原作花心轉頭花	同上
一〇	二・四五　一二・四四	雲龍岔角	龍原作頭	同上
一四	三三	花草圓光窗	原作草花圓窗	同上
一四	二〇	入角雲	入原作八	同上
一七	一六二至	二號三號十號	原作三十二號物	同上
一	一六二	吻	吻原作背	同上
一	一四	脊獸	脊原作背	同上

頁	行・字	原文	校記	校改
一七	七・二六	爲劍靶合角	靶原作靴	依圓例琉璃瓦料重量改
一八	一〇・一四	花斑	斑原作班	依圓例石作則例改
一八	五六・八九	燕窩石	燕一作硯今仍之	同上
一九	二・四三	埋頭角柱石	角柱原作柱脚	依工法四二石此做法
一九	・一八	以堦條寬定方	原脱以字	依工法四二石作做法補
二〇	三・三〇	掏空當	掏原作掐	依圓例石作則例改
二〇	四・二五	捲雲	雲原作金	同上
二〇	五・二〇	番草	原作番草雲	同上
二〇	六・一三	開壺瓶牙子	原脱瓶字	同上
二〇	七・一三	剔撕江洋海水	江原作汪	工法作海水江牙圓例作江洋海水今擴圓例以歸一律
二〇	七・一八	綏帶		
二〇	八・一九	四面綏帶		
二〇	九・一二	綏帶	綏原作壽	依圓例石作則例改

中國營造學社校印

頁	行	條目	原作	備註
二三		剔山村	村原作林	依工法六六石作用工改
二二		覆蓮頭	覆原作伏	工法六六石作用工作伏圓例石作則例作覆今據改
二一	一〇	龍分氣雲陽龍	工法作氣雲龍陽	依工法六六石作用工改
二一	一〇至一二		龍	李氏節錄作此殆謂龍分此二種
一三	一八	滾鑿繡球	球原作珠	依工法六六石作用工改
一四	一七	鳳眼	眼原作服	同上
一	三一	券臉石做	臉原作腦脫做字	依工法六六石作用工改
二	一七	石角梁做	石上原衍花字	同上
一九至二〇	三九	強出頭獸	強出頭原作繩	同上
三	五	後入角	入原作八	同上
二	二四	落色道	道原作蓮	同上
一	三四	嶪頭鼓子	嶪原作幌	同上
四	三一	銀綻槽	槽原作橋	同上
一	三三	有闞尖	闞原作門	依工法六三裝修作用工改

頁行	正文	原文	備註
六　一三	艾葉菱花	艾原作丈	同上
二四　一〇　五	準曲尺一寸八分	準原作堆	同上
二五　二三　二四三	扛抬往上	往上原作上住	依工法六四雕鑾作用工改
二六　八　二三二	角雲	原脫雲字	同上
九　三四	椊檊	椊原作枕	同上
一〇　二一	垂柱頭	原作垂頭柱	同上
一一　二七	起如意線	線上工法有圓字　今仍之	同上
一二　九八	眼錢	原作錢眼	同上
三　二七	楅扇眼	原衍眼字	同上
一三　四三	簾欄板	原作連籠板	同上
二七　七　二八	萬字圈	圈原作團	依圓例裝修作則例改
八　一四三	出細	原作去網	同上工法亦同

頁	行	原文	改正	備註
一七	一三	成圖	圖原作開	同上工法亦同
一七	一五	職在錠摳	錠原作鐵	同上工法亦同
二〇	一五	雙爪鈾鎖	軸原作鈾	同上工法亦同
二二	三四	雙拐角葉	雙下原衍卓字	同上工法亦同
二九	二一	門鈸	鈸原作鈸	同上工法亦同
二九	一八至二一	小泡釘	原脫釘字	依工法五〇銅作用料改
三〇	四	糙油二次	原脫油二次三字	依工法五一鐵作用料改
三〇	二九	諸磚色	諸工法作結	今依原本
三一	三四	柿黃油飾	柿工法作樺	依工法五六油作用料補他處亦作柿今依原本
三二	二〇	春輝明媚	輝原作光	工法五六油作用料作樺但
三二	一七	流雲百鶴	百原作仙	依圓例畫作則例改
三三	一七	升降龍	降原作澤	同上
三三	一三	六字眞言	眞原作正	同上

頁	行	原文	校記	附記
三三	三、三四	山西絹	絹下原衍棉字	依工法六〇祿作用料删
三四	五、五	方白二百藥	百原作方	依史料旬刊成造中和樂器案改方白藥二百藥均紙名工法圓例同
	四、五	官青	官原作宮	依工法六〇及圓例祿作做
	一、一	楸樹	楸原作秋	依圓例雜項價值改
	二、一六	接甜桃樹	桃原作棗	同上
	三、三四	大山裏紅石榴樹	原脫大字	同上
	四、三一	文官菓	官原作宮	同上
	六、七	馬纓花	纓原作英	同上
	八、一一	探春花	探原作探	同上
	一七	貼梗海棠	梗原作根	同上
	一	龍爪槐	槐原作花	同上
	二一	白玉蘭花	蘭原作棠	同上
	九、二八	菠梨	梨原作利	同上

中國營造學社校印

頁	行	字	誤文	校語	改正
三六	一一	一五	歐栗子	原作歐子菓	同上
	一四	四	爲步頓	步原作頻	依本錄下文改
三八	一〇	二七	梓框	梓原作碎	依圓例陳設作則例改
	二	二七	三屛峯	峯原作風	同上
	一三	四	上下方舍	舍原作色	同上
	一二	七	鎖脚根	脚原作砌	同上
	一一	一七	羣板一	羣原作壁	同上
三九	二	一六	與寳座同	原脱寳字	同上
	三	七	特腮方肚	特原作托	同上
	五	七	上下方舍蓮	舍原作金	同上
	三	七	地平牌捎	牌原作排	同上
	六	一	地平牀面	原脱面字	同上
	七	六	包鑲皮並暖板	皮並原作中爲	同上

頁	行	字	正字	原作	校改
四〇	一一	〇至一四〇	結彩屬之	原本提行誤今移此	依圓例佛作則例改
四三	七	一八	細泥粘做又一次	粘原作沾	同上
四四	九	三三	脫紗堆塑	紗原作沙	同上
四四	七	三四	如傘蓋	傘原作華	依圓例佛作則例改
四四	九	三二	賁巴瓶	賁原作錛	圓例同今依雍和宮法器古物說明會改
四四	一〇	一三	龍女	女原作文	依圓例佛作則例改
四五	一二	一二	簪巴里菓	原脫簪字	同上
四五	一四	三三	噶巴里碗	碗原作䄂	同上
四五	一〇	一九	梭花	梭原作棱	依圓例佛作則例改
四五	九	一九	特腮	特原作托	同上
四七	一〇	一六	狐	原作叺	同上
四七	一〇	一四	老鸛鷹	原作鶴鶯	同上
四七	九	一九至一〇一〇	宜在左邊	原脫邊字	依魯班經改

32469

凡起造鐘樓用風字脚四柱並用渾成梗木宜高大相稱散水不可太低低則掩鐘
聲不響於四方更不宜在右畔合在左邊寺廊之下或有就樓盤下作佛堂上作平
棋盤頂結中開樓盤心透上直見鐘作六角欄杆則風送鐘聲遠出於百里之外

一四	廊上作平棋盤頂	上原作下	同上
二三四	結中開樓	原脫結中二字	同上附魯班經原文
五二 一一五	前殿垂花門	垂原作重	
五六 七七	兩旁設綾錦纓絡	纓原作綾	
六三 八一	盆景	盆原作盤	
五三	於是面東之間數	面原作西	
〇二	下中上花架椽	椽上原衍簷字	依工法一九倉房大木改

此外如厴之作替檻之作枕彩之作採作跊線之作縷脂之作肢於之作于又簷之

從木牆之從土壋之從瓦等字體同異一覽便知者不在此例

工段營造錄前列校記係闕君依揚州畫舫錄原本摘出校訂所編茲付手民排印又發現排字訛

誤三十餘條另作覆校記於左至斷句空格仍不免錯落之病術語名詞最難點斷惟望讀者精研

時以意求之可耳

蠖公覆校并識

工段營造錄覆校記

識語　第六面第三行第七字　以當作就

又　　第十一字　此當作以

又　　第十一行第四字　各當作如

第八面第四行第四字　攪當作橇

第八面第十二行第六十一字　才當作跴

第八面第七行第二十五字　科當作枓

第七面第八行第十字　及當作或

第九面第一行第十字　挑當作桃

第九面第三行第十五字　母應衍

第九面第三行第二十五字　運當作蓮

第九面第三行第九字　拴當作栓

第十二面第十二行第九字　拴當作栓

第十一面第七行第二十三字　棋當作旗

二

發劵做法

凡平水牆，以劵口面闊，並中高定高。

如面闊一丈五尺，中高二丈，將面闊丈尺折半，得七尺五寸，又加十分之一分，得

七寸五分，併之，得八尺二寸五分。將中高二丈內，除八尺二寸五分，得平水牆高

一丈一尺七寸五分。平水牆上，係發劵分位。

頭劵　凡發劵；以平水牆劵口面闊三三折半定分位。

如平水劵口面闊一丈五尺，以三三加之，得圍長四丈九尺五寸，折半分之，得頭劵

圍長二丈四尺七寸五分，以頭劵用甎厚尺寸歸除，得頭劵甎頭伏甎之數。

頭伏　凡頭伏；以面闊加頭劵甎二份之寬定圍長。

如面闊一丈五尺；甎寬六寸，厚三寸，加頭劵甎二份，共寬一尺二寸，併之得寬一

丈六尺二寸，以三三加之，得圍圓長五丈三尺四寸六分，折半分之，得頭伏圍長二

丈六尺七寸三分，以所用甎塊寬尺寸歸除之，即得頭伏甎之數。

二劵　凡二劵；以面闊加頭劵分位二份之寬頭伏甎二份之厚定圍長。

如面闊一丈五尺；加頭劵甎頭伏甎各二份尺寸，共得寬一尺八寸，併之得寬一丈六

尺八寸，以三三加之，得圍圓長五丈五尺四寸四分，折半分之，得二劵圍長二丈七

尺七寸二分。

二伏　凡二伏；以面闊加頭劵頭伏瓸並二劵瓸各二份寬厚之數定圍長。

如面闊一丈五尺，加頭劵頭伏並二劵瓸各二份，共寬三尺，併之，得一丈八尺，以

三三加之，得圍圓長五丈九尺四寸，折半分之，得二伏圍長二丈九尺七寸。

三劵　凡三劵；以面闊加頭劵頭伏二劵頭伏二瓸各二份寬厚之數定圍長。

如面闊一丈五尺，再加頭劵二劵頭伏二瓸各二份，共寬三尺六寸，併之，得寬一

丈八尺六寸，以三三加之，得圍圓長六丈一尺三寸八分，折半分之，得三劵圍長三

丈六寸九分。

三伏　凡三伏；以面闊加頭二三劵頭伏二伏瓸各二份寬厚之數定圍長。

如面闊一丈五尺；加頭二三劵頭二伏磚各二份，共寬四尺八寸，併之，得寬一丈九

尺八寸，以三三加之，得圍圓長六丈五尺三寸四分，折半分之，得三伏圍長三丈二

尺六寸七分。

四劵　凡四劵；以面闊加頭二三劵伏瓸各二份寬厚之數定圍長。

如面闊一丈五尺，加頭二三劵伏瓸各二份，共寬五尺四寸，併之，得寬二丈四寸，

以三三加之，得圍圓長六丈七尺三寸二分，折半分之，得四劵圍長三丈三尺六寸六

分。

四伏　凡四伏；以面闊加頭一二三四劵甌頭二三伏甌各二份寬厚之數定圍長。

如面闊一丈五尺；加頭二三四伏甌頭二三伏甌各二份，共寬六尺六寸，併之，得寬二

丈一尺六寸，以三三加之，得圍圓長七丈一尺二寸八分，折半分之，得四伏圍長三

丈五尺六寸四分。

五劵　凡五劵；以面闊加頭一二三四劵伏甌各二份寬厚之數定圍長。

如面闊一丈五尺；加頭二三四劵伏甌各二份，共寬七尺二寸，併之，得寬二丈

二寸，以三三加之，得圍圓長七丈三尺二寸六分，折半分之，得五劵圍長三丈六尺

六寸三分。

五伏　凡五伏；以面闊加頭一二三四五劵甌頭二三四伏甌各二份寬厚之數定圍長。

如面闊一丈五尺；加頭二三四五劵頭二三四伏甌各二份，共寬八尺四寸，併之，得

寬二丈三尺四寸，以三三加之，得圍圓長七丈七尺二寸二分，折半分之，得五伏圍

長三丈八尺六寸一分。

凡算發劵平水牆之高；假如面闊一丈五尺，中高二丈，將面闊折半，得七尺五寸，又

加十分之一分，得七寸五分，併之，得八尺二寸五分。將中高二丈內，除八尺二寸五

分，得平水牆高一丈一尺七寸五分。平水牆以上，俱係發券口，係圓矢。以券口面闊
尺寸，三三加之，折半定長。以所用甌塊厚尺寸歸之，得頭券數目。

按發券做法曾於第二卷二冊土作分法後刊出（凡發券平水牆之高）一條係屬鈔胥
誤列茲經校正原鈔本全文係分「平水牆」「頭券」「頭伏」「二券」「二伏」「三券」
「三伏」「四券」「四伏」「五券」「五伏」共分十二條於發券原則次第極為分明茲
將全文重登本刊以示更正且此章全屬瓦作於城門橋梁塔門無梁殿用磚發券之做法、
均有密切之關係其定圍長矢圓之算法亦可於瓦作做法所附圓徑矢闊歌訣中求之也

編者附識

橋座分法

一

32477

二

以上瓦作

隨金剛搭材盤架子　　雁翅上泊岸材盤架子　　撞券兩頭材盤架子

橋身兩邊搭平橋架子　　券子

以上搭材作

橋身刨墻　　金門裝板并順水迎水裝板下築打灰土

迎水順水裝板牙子石外築打灰土迎水順水　　兩頭如意石下築打灰土

橋兩頭鋪底磚下築打灰土　　兩邊金剛墻磚背後灰土

以上七作

石料鑿打

算鍋底券法

橋洞　中孔以十九分定之，次孔稍孔比中孔各遞減二分，金剛墻以十分定，雁翅直寬以十五分定，先定河口寬若干，再以河口寬定孔數，如定三孔，按河口寬，以一百〇三分除之，得每分若干，內用十九分因之，得中孔面闊，十七分因之。得次孔面闊，加倍，十分因之，得分水金剛墻寬，加倍，十五分因之，得每邊雁翅直寬，加倍，

如定五孔，按河口寬，一百五十三分，除之得每分若干內，用十九分因之得中孔，十

七分因之得次孔，十五分因之得梢孔，十分因之得分水金剛墻之寬四倍，十五分因之

得雁翅直寬，

如定七孔，按河口寬，一百九十九分除之，得每分若干內，用十九分因之得中孔，十

七分因之得次孔，十五分因之得再次孔，十三分因之得梢孔，十分因之得分水金剛墻

，六倍，十五分因之得雁翅直寬，

如定九孔十一孔，各按中面闊十九分，其餘面闊各減一分半，

如定十三孔十七孔，各按中面闊十九分，其餘次稍孔面闊，各遞減一分，

如定一孔，按河口尺寸，以三分分之，內一分，為金門，二分每分為雁翅直寬，

以上橋洞，或以中孔為准，次稍孔各遞減二尺，看現在形式而論，不可執一，惟稍孔

面闊，要比金剛墻稍加闊大，要比水分金剛墻裏口之寬，小者不合做法，

橋長，如三孔至十五孔，俱按稍孔兩邊金剛墻裏口至裏口長若干，加倍即是；橋上兩頭

牙子，外口直長丈尺，

如一孔按金門面闊尺寸，再加兩頭雁翅直寬尺寸，三共湊長若干，加倍即是牙子，外

皮至外皮直長尺寸，

地伏，裏口寬，按橋長四丈得寬一丈，自長四丈至九丈，每長一丈，遞加寬二尺，

自長九丈得寬二丈，自長九丈往上，每長一丈，遞加寬五寸，

以上寬窄，亦有核走道之寬窄者，應時酌定核算，

仰天，外口寬，按地伏裏口寬若干，外加地伏之寬二分，再加兩金邊二分，共湊即是外

口尺寸，

橋長九丈以內，金邊各寬四寸，

長九丈以外，金邊各寬按長一丈，遞加金邊一分，

橋洞進深，按仰天外口通寬尺寸，除每邊臬兒往裏收進尺寸，按仰天厚四扣，得每邊收

進若干，淨即是橋洞進深尺寸，

金剛墻，長按橋洞進深若干，外加兩頭鳳凰台，各按金剛墻寬，每寬一丈，外加長二尺

，分水尖每頭各長，按寬折半即是，以橋洞進深，加鳳凰台長二分，分水尖長二分，

共湊即是金剛墻通長尺寸，露明高，按寬六扣，再以河深淺酌定，埋頭深按壓步數，

裝板厚一分即是，

券洞中高，俱按橋洞金門面闊，折半得若干，再按此尺寸加一成，尺寸，提升共得即是

中高，

舉架，自如意石往上舉起，按中孔中高尺寸，相減若干，加中孔過河撞券，按券臉高折

半，二共若干，以中孔中，至稍孔中長若干，除之得每丈舉架若干，即以牙子外口，

至橋中長若干，以所得尺寸，每丈因之即得，或按橋通長折半，每丈加舉二尺二寸，

如十丈以外，每丈加舉六寸五分，

平水牆至如意石上皮高，按裝板上皮，至仰天上皮通高若干，除去平水牆高若干，又除

去舉架高若干，淨餘若干，即是平水，至如意石上皮高尺寸，

雁翅，長按直寬，用一四一四因即是斜長，高與平水牆同，八字柱中，至稍孔裏皮尺寸

，按兩邊平水牆寬一分即是·柱中至稍孔平水牆裏皮尺寸，

雁翅上泊岸，長按雁翅直長，加鳳凰台長尺寸共得為股，另將雁翅直寬，除八字柱中尺

寸，餘若干為勾，用勾股求弦法，得長：高按平水上皮，至如意石上皮高若干，除去

如意石至八字柱中垂溜尺寸，按每丈垂溜一寸，餘若干即是，

兩邊金剛牆，寬按分水金剛牆寬折半即是，

雁翅橋面，寬按八字柱中，至牙子外皮長尺寸若干，用二五因之，加翅，如長一丈，得

二尺五寸，核得寬若干，內除仰天寬一分，定二二斜計除去若干，淨餘若干，再加仰

天正寬一分，即是雁翅橋面寬，

掐當裝板，伢內長按金門面闊，有幾孔算幾孔，共湊即是長，以金剛墻長，除去分水尖

長，每路寬二尺分之、即是路數，要路數成單坐中，外分水尖裝板，按分水尖長，

用寬二尺分之；即是路數，加倍即兩頭路數，每路湊長，按每孔金門面闊，每路兩頭

各遞加本身寬一分，即是每孔之長，有幾孔算幾孔，即是每路湊長，俱寬二尺，大橋

厚二尺，小橋厚七寸，

分水尖外牙子，長按分水尖裝板，末一路湊長，兩頭頂雁翅外皮，每頭各加本身厚一分，

即是長，寬按裝板厚一分，灰土二步，共湊即是寬，厚同裝板厚，

迎水順水裝板，按雁翅直長，除分水尖長，並分水尖外，牙子厚一分，餘長尺寸以每路

二尺分之，即是路數，刃頭頂雁翅，每路遞加長，每頭各按本身寬一分，共得即是長

，其餘路數，各按第一路遞加，厚按掐當裝板厚，

迎順水外牙子，長按兩頭泊岸，寬厚同上牙子一樣，

分水金剛墻石料，外路淨長，按金剛墻至鳳凰台長，再加水分尖長，用一四斜，將斜長

尺寸加倍，伢入金剛墻尺寸，加倍即是六面外圍尺寸，內除本身寬二分，再除四拐角

尺寸，寬一分，計四分，共得前淨尺寸，即是周圍石料通長丈尺，每層應鑿打斜尖八

塊，寬按金剛墻之寬，均分路數，石料寬二尺不等，厚按寬折半，

分層數，按金剛牆高均匀，外加落繡絆厚一寸，

如分水金剛牆中，有背後石，長按金剛牆尖至尖尺寸，除外尖斜尺寸二分，淨若干卽

是長，

如二路者加倍，厚不加繡絆一寸，鑿打斜尖一路者，每頭二塊，二路者每頭一塊，

兩邊金剛牆石料，長按分水金剛牆尖，至尖尺寸，再加雁翅長尺寸二分，共得若干，內

係二拐角尺寸，按外路石寬每尺兩頭各收四寸，共收若干，再加二角尖尺寸，各按本身

寬一分，計二分，共得卽是長，每層應鑿打斜尖四塊，寬厚俱同分水金剛牆外一路，

寬，每尺收四寸，計四分，卽是裏路石外口長，再以本身寬每尺收四寸，計二分得若

如裏路，背後，以金剛牆外皮，是雁翅明長尺寸，係外路外口共得若干，內除外路石

干，除去外口，再加角尖尺寸二分，各按本身寬一分，卽是裏路淨得長，每層亦用鑿

打斜尖四塊，寬厚同分水金剛牆裏路石，

雁翅上泊岸石料，寬厚同河身泊岸

雁翅後象眼海墁，長按雁翅直長，加鳳凰台長，二共得若干，一頭除橋身雁翅外寬，按

泊岸通寬，內除本身寬，其餘尺寸以每尺，應收長二寸五分，共收長若干，再除去泊

岸石寬二分，淨卽是挨泊岸第一路長，

其第二三四路，俱照此法相增減，長寬按雁翅直寬，除泊岸大料石寬，以每路尺寸均分，其寬厚同裝板，每路應鑿斜尖一塊，

劵臉石，高按中孔面闊，自一丈一尺往下，每面闊一丈，用高一尺六寸，自一丈一尺往上，每加一尺遞高九分，長按高十分之十一分，以長核路數要成單，再以路數均有長，厚按高九扣，

內劵　劵石高按中孔面闊

如內劵用磚發劵者，劵臉石厚與高同，其餘同上

如中一塊有吸獸者，外加厚，按高三分之一分，即是外加厚，

如面闊一丈，至一丈三尺者，用高一尺五寸，如面闊一丈往下者，每尺遞減一寸，如面闊一丈三尺往上者，每尺遞加一寸，寬按高十分之六分，再與路數均勻尺寸，長按寬加倍，再以進深均勻尺寸，

劵臉內劵俱同一樣路數，

劵石算背法，按劵口法得若干，每尺收一分即是弦長，中一塊每尺收一分五釐，即是弦長，加矢高高按收背若干，加一倍半即是，

撞劵石，高按劵臉高七扣，寬按高三分之四分，應進零算，得長按平水上皮，至雁翅上

泊岸上皮高若干層，每層長按八字柱中至柱中若干，兩頭加泊岸石寬二分，共得長若干，再加泊岸上皮撞劵，有通長一層，刃頭至仰天兩頭，與仰天下皮半，通撞劵上皮至中仰天下皮高若干，分層若干，各長按弧矢求弦長若干，以上共得長若干，內除劵洞中高，加劵石高一分為弦，如除第一層，按第一層尺寸為勾，按勾弦求股法，得股長若干，除去提升一分，淨若干加倍即是，除劵石至劵石外皮尺寸，其餘層數俱照

此法，有幾孔除幾孔，所有得淨尺寸，再加倍即是二面厚長，兩邊斜尖，並挨劵口俱應鑿打，

仰天，長按橋面通長，內除八字柱中，至八字柱中長若干，其餘尺寸折半為股，將股用二五因得若干為勾，用勾股求弦法，得弦長加倍，再加八字柱中至中尺寸，共得若干，再加弧矢背長，按弧矢求背法，得外加若干，通共併得若干即是長，高按劵臉高八扣，寬按本身高三分之四分，應進零算，每邊分單塊數，內中一塊鑼鍋，長按厚三分

，外加厚以淨厚加半倍，即是外外加厚，

橋心，湊長按橋通長，除去牙子厚淨若干，再外加弧背長即是，寬按橋地伏裏口寬，如一丈八尺以內，用五分之一分得寬，如一丈八尺往上，用六分之一分得寬，厚俱按寬，如寬四尺至三尺，俱按寬十分之三分，如寬三尺以下，厚按寬十分之四分，

兩邊橋面，通長與橋心同，寬與仰天裏口若干，除去橋心寬，餘若干，用寬二尺除之得

路數，要成雙，再以路數均分寬，厚按寬折半，

雁翅橋面，各長按橋牙子外皮，至牙子外皮長，內除八字柱中，至泊岸外皮，入角至入

角淨若干，折半得若干，再除裏拐角分位，按抑天寬，每寬一尺得除二寸五分，淨即

是長

寬按牙石通長，除中寬尺寸，餘折半即是寬，每路寬厚，俱同橋面，其各路之長，以

通厚尺寸歸除，通長每尺應收若干，以每路之寬用此收尺寸，收之，即是各路收長，

如意石，長按仰天外口齊，寬二尺，厚按寬折半，

牙子石，長按仰天裏口齊，寬按地伏裏口寬，自三丈往上，寬二尺五寸，三丈往下，寬

一尺五寸，厚按寬折半，

柱子，見方按地伏裏口，寬一丈五尺以內，得見方七寸，二丈五尺以內，得見方八寸，

二丈九尺以內，得見方九寸，三丈往上，見方一尺，

柱頭，高按見方加倍，柱頭下皮至欄板上皮，高按欄板高五分之一分，柱通高按欄板

上皮至柱頭下皮高一分，柱高一分，以上三共得若干，即是高，外加下榫長三寸，

八字折柱，長同上，寬按正寬，見方三分之六分，厚按正柱，見方四分之五分，

欄板，坐橙中要單，長按柱子淨高加二成，用一二因得長，其餘按地伏長，除金邊，並柱子抱鼓均分尺寸，高按柱子見方一尺得高二尺六寸，如見方或大，或小，俱按見方，每寸加遞減高五分，

以上兩頭，並下面加陽樺，各長一寸五分，

抱鼓，長寬厚與欄板同，只一頭，並下面，各加陽樺長一寸五分，一頭做抱鼓，其抱鼓

地伏，長按仰天長，除兩頭至仰天金邊，與抱鼓至地伏頭金邊同，寬按欄板厚加倍，厚

去地伏金邊，大橋一尺，小橋五寸，

按寬折半，每邊塊數要單，內一塊羅鍋長，按厚五分，外加厚法，同仰天，

以上石作

金剛墻幷雁翅背後，高與金剛墻高同，長按金剛墻並雁翅外皮明長若干，再按石寬，每尺收四寸，共得尺寸若干，四分因之得除若干，即是磚裏口長，以裏外口共得尺寸折半，即是均折長，高內應除象眼海墁石分位方是淨磚層數，寬按橋身下截，撞券背後，長若干，除去兩頭金剛墻外皮，至外皮長若干，餘折半即是寬，

撞券背後至橋面鋪底，高按平水墻上皮，至橋面上皮中高若干，除去橋面厚即是通高，分為兩截，內下一截，自平水上皮自如意石上皮高若干，內除如意石厚，又除如意石

下撞券厚淨卽高，

長按八字柱中，至柱中長若干，再加兩頭往裏，按泊岸石寬二分卽是長，

上一截自如意石上皮，至橋面下皮高若干，按弧矢法折高若干，加如

意石下撞券厚，共得卽是高，長按橋長至如意石外皮長卽是長，各通寬按橋身寬，除

兩邊撞券石寬分位，淨卽寬，

以上共得長若干，內除橋洞分位，按弦矢折除磚若干，又除橋心石，比橋面石多厚若

干，除磚若干，卽是磚數，

其如意石下，埋頭撞券石厚一分共得若干除本，如意石厚淨卽是埋頭深，

仰天，除金邊淨寬若干，如比撞券窄，外兩邊，再加兩條窄若干，背後磚，如比撞券寬

，再除本身所佔之寬分位磚如同撞券一樣，不除不加，

象眼兩邊撞券下，係地脚上，如意石下磚，與象眼背後磚，下皮平，

如意石下背底磚，長按如意石長，兩頭各加如意石寬一分，共得卽是寬，按如意石一分

半，高按深，

雁翅上泊岸背後磚，長按泊岸長，內除泊岸石寬，每寬一尺除二寸五分，除若干卽是裏

長，外長按裏長，再除橋雁翅，按本身寬，每寬一尺除二寸五分，除若干，卽是外長

一二

、裏外均折卽是長，寬按河身泊岸背後磚齊，高與泊岸同，

以上瓦作

隨金剛塔材盤架子，長按水分金剛墻，六面得長，並二邊金剛墻連雁翅，湊長若干卽是

，寬按金門高，大，小，高，矮，或二尺，或二尺五寸，不可拘定，俱看大小形式而

論，高按金剛墻高每高三尺，搭折一次，卽得幾次，

雁翅上泊岸材盤架子，長按泊岸長共湊卽是，搭拆幾次同上，

撞劵兩頭材盤架子，長按八字柱中，至柱中若干卽是，高按平水至橋面高，分搭拆幾次

同前，

橋身兩邊搭平橋架子，長隨平水墻長，按河寬，雁翅尖至尖爲外長，兩邊金剛墻裏口，

至裏口爲裏長，以此裏外口相併，折半卽是折長，寬按刃雁翅直長若干，內除分水尖

長若干，淨若干卽是寬，搭拆幾次，與金剛墻同，

又往上隨撞劵改搭，長按八字柱中至柱中卽是長，寬按雁翅直長，如鳳凰台長，二共

卽是寬，搭拆幾次，與雁翅上泊岸同，

劵子，柱子繪梁桁條頂椿，按面闊一丈，用徑五寸，自一丈往上，每高面闊五尺，遞加

徑一寸，路數按面闊進深定，按頂椿徑四分得若干，各按進深面闊分之，得面闊幾路

，要成雙，進深路數不拘，層數按中高，除平水若干，用繪梁桁條得徑若干，分之即

是，柱子長，中二路至頂上繪梁上皮即是長，次二路各遞減一桁條一繪梁徑，共得即

是長，各路數照前，遞減徑一寸與上同，

間有川架木鋸截做者，不必核長，

頂椿，長按金剛牆高即是長，徑同上，

繪梁第一層，長按券口面闊，兩頭除去鑼鍋橔（似膁作檐）厚，餘即是長，如第二層以中高尺

寸為弦，再以繪梁桁條各一層，得高為勾，按勾弦求股法，得若干，除去提升尺寸一

分，再除鑼鍋橔厚一分，餘若干加倍即是第二層長，其餘往上各層，俱照此法算長，

桁條，長按券進深，如過一丈五尺以外者，分層兩截算，搭頭長，按徑二分，每根只

加一分即是長，徑同上，

拉扯鐵木，用架木做，每面闊進深，折平面一丈，用架木四根，鑼鍋橔每繪梁一層，

用四個，內桁條上二個各長，俱按繪梁徑二三斜即是，寬，按長減半倍，厚按寬折

半，

撐頭木長，按桁條徑二分即是長，徑同上，

根數按空當算，

橋身刨墻，長按兩邊金剛墻背後土，外皮至外皮即是長，寬按迎水、順水、牙子石、外

皮至外皮若干，加牙打之徑二分，共湊即是寬。如無牙打即不用加，深自地面上皮，

至埋頭下皮，外加丁頭深五寸，共得即是深，如係舊河，中間深自河底上皮，至埋深

下皮，再加丁頭共湊即是中間深，

兩頭泊岸分位，自河岸上皮至河埋深下皮即是深，如無丁，即不用加丁頭深，

橋身兩頭刨墻，每頭長二段內，

如意石下一段，長按如意石背底磚寬一分，又押增加如意石寬一分，共湊即是長，寬

按如意石長，再加兩頭押墻，按如意石寬二分，即是寬，

裏一段長，按牙子至牙子外皮直長若干，除去橋身墻長若干，折半即是長，外寬與如

意石下之寬同，裏寬按外寬，每長一丈，兩邊共收五尺即是寬，深按地面上皮，至地

脚下皮，即是深，其地脚灰土並石磚所佔之深，應加如意石厚一分，再加下埋頭磚高

一分，再照此尺寸，加一倍即是通深，

金門裝板並順水迎水裝板下築打灰土，步數，按牙子石高，除裝板厚淨若干，每厚五寸

，得一步，此欵只算二步，

長分三截，內一截，按金門面闊，共湊即是長，寬按金剛牆至尖長，即是寬，兩頭二

段，裏長各按金門湊面闊，外加分水金剛牆，共寬若干，共湊即是裏口長，外口長按

此長，再加雁翅直寬二分，即是外長，裏外口，共湊折半即是均折長，寬按雁翅直長

即是寬，內除分水尖長一分，再除分水尖外牙石厚一分，餘即是兩邊各淨寬尺寸，

迎水順水裝板牙子石外築打灰土迎水順水，迎水寬，按雁翅直長若干尺寸一分即是，順

水寬，按迎水土寬加倍即是，長俱合河口之寬窄算，以上灰土不過二步，

兩邊金剛牆磚背後灰土，步數，按金剛牆高，每厚五寸，得一步，每邊每步分二段，內

裏一段，寬按雁翅直寬，再加雁翅尾，按石磚湊寬一四斜之尺寸半分，共湊即是通寬

，內除外皮石磚湊寬若干，除去、淨即是寬，裏長，按金剛牆外皮，明長尺寸，內除

石磚得寬尺寸，每尺兩共除八寸，淨若干即是裏長，外長按裏長，再加本身二分，共

湊即是外長，外一段，寬隨泊岸背後土外皮齊，按河身舊泊岸石磚共寬，用一四斜尺寸半分，淨

背後土寬一分，共湊若干，內除雁翅尾，按金剛牆石磚共寬，一四斜尺寸半分，再

即是寬，長按金剛牆，並雁翅直長二分，即是長，

橋兩頭鋪底磚下築打灰土，自金剛牆上皮，至鋪底下皮高若干，每高五寸，得灰土一步

，每頭分為二段內

裏一段，寬按雁翅泊岸磚寬一分，共即是寬，亦係土後口，與河身泊岸七後口齊，裏

長按橋身寬，外加兩頭雁翅長，按泊岸石寬，每寬一尺，兩頭共加五寸，共湊即是裏

長，外長按至河深泊岸土後口齊，通寬每寬一尺，兩頭共加五寸，再加橋身寬，共湊

即是外長，此欵無押墻，灰土步數俱按前高，

外一段長按橋身至牙子外皮通長，除去橋身下截背後磚長，裏一段土寬，餘若干折半

即是，寬與前兩頭刨墻同，裏外之長，與前橋兩頭，刨墻同，其灰土步數，按如意石

厚一分，再加下埋頭深若干，共湊若干，即灰土分位，每步用五寸分之，即得步數，

兩頭如意石下築打灰土，長寬尺寸，俱同前刨墻尺寸，灰土步數，與橋外一段步數同，

下地丁：

分水金剛墻，並裝板土下，長寬隨板形勢算，

牙子石外下牙丁，按牙子石長，以一丁一空算，

兩邊金剛墻增下，長按金剛墻長，二雁翅長，共湊若干即是，寬按石寬，磚寬，二共寬

若干，加二成，為金邊，共湊即是寬，以上兩頭，按河身泊岸，再算河身，泊岸尺

寸，

以上土作

石料鑿打，再自撞劵往上，各層撞劵之長，係勾股求弦法得長，如通撞劵下口通長，四

丈自通撞劵往上，至仰天下皮矢高五尺，如五層每層高一尺，將通長四丈爲弦，往上

高五尺爲矢，用弦矢求通徑法，得通徑八丈五尺，折半得四丈二尺五寸爲勾股之弦，

再以半徑除去今矢高五尺，淨三丈七尺五寸，

如問第二層，下口之長，即將第一層撞劵本身之高一尺，並入前淨尺寸內，共湊係三

丈八尺五寸爲勾，以通徑折半爲弦，用勾弦求股法，得股長一丈八尺，加倍得三丈六

尺，即第二層下口之長，如往上每問一層，下口之長，即勾內再加層厚，相併，用勾

弦求股法，得數加倍即是，餘仿此，

兩頭挨撞劵，鑿打，係平弧矢，以一頭上口，較下口收長若干爲半弦，即將此加倍得

若干爲正弦，用求弧矢法，折之得若干，折半，再以寬乘之，即是一頭撞劵，鑿打見

方尺寸，

再雁翅七泊岸石料，撞劵鑿打斜尖，按本身寬，每尺應斜尖長，二寸五分，如寬二尺

，得斜尖長五寸，係象眼形折半核，折寬二寸五分，以寬厚乘之，即是劵鑿打見方尺

寸，

雁翅上象眼海墁石，每路一頭，礄撞劵鑿打，亦按本身寬每尺斜尖應長二寸五分，同

前，一頭外路，除泊岸斜寬，以泊岸直寬，歸除外路泊岸斜長，每尺應得若干，即以

泊岸石正寬，以前所得每尺斜長若干，尺寸因之即是，應除外路石料寬尺寸，鑿打斜

尖，以泊岸直寬，歸除直長，每尺得直長若干，以前每尺應得直長若干

，因之即是斜尖長，折半即是折長，再以寬厚折之，即是鑿打見方尺寸，

其弧矢求通徑法，按弦長折半，自乘，再用矢寬弧矢即弦矢也除之，再加矢寬尺寸即是，

算鍋底劵法，先要得弦徑，外皮長，按劵口，連劵石中高若干，用十四分除之，得每分

若干，核二分，即頭一層，劵矢倍寬每分做十分之一分，即得一邊矢寬，再往上，每

加一層劵，核高二分，矢背寬，做一百分之三分，得若干，加前十分之一分，共若干

，連前頭層矢背寬，共得若干，因之即得矢寬，遞加至核高十八分，俱照此法，自

十九分往上，每得中高十四分之二分，做一百分遞加二分，得矢寬若干，加倍用通面

闊，連劵石徑若干，除兩頭矢寬餘若干，即為弦徑，外皮尺寸，每層俱按下口弦徑核

算，

假如劵口連劵石，中高一丈四尺，用十四分除之，得每分一尺，核二分，即二尺，係

頭層每分一尺，得矢寬一寸，頭層矢背二尺，得一邊矢寬二寸，除矢餘弦即二層下長

，又往上二層矢背寬二尺，即十四分之二分，將二尺，做一百分之三分，得六分，即

每一尺，遞加六分，並前每尺得一寸，共每尺加一寸六分，連前矢背二尺，共矢背四

尺，用一六因之，得矢背六寸四分，加倍得兩矢寬，一尺二寸八分，用通徑，除去兩

頭矢寬，餘若干，即爲三層下弦徑，再往上第三層，矢背寬二尺，照前遞加法，每尺

六分，加前一寸六分，共得二寸二分，並前一二層矢背寬四尺，共六尺，用每尺二寸

二分因之，

凡橋座雁翅，並上押面，斜長若干爲弦，直長爲股，[或爲勾，]用通勾歸除，通

股每勾一尺，得股若干，即是押面，上下口斜尖寬，[若踏跺垂帶，即是下馬蹄長，]如求上口直斜，寬

以通股歸除，通弦長，核每股一尺，得弦長若干爲實，用押面本身寬爲法因之，得上

口直斜寬，[如踏跺垂帶，即是上口斜厚，]

假如勾三尺，股四尺，如本身寬一尺，得弦長五尺，如本身寬一尺，得上下口，斜寬一尺六寸六分六

厘，[若垂帶，即上口斜厚也，]上口直斜寬，一尺二寸五分，[若垂帶，口斜厚，]

如迎順水搯當裝板，並橋兩頭橫鋪海墁石，每路加長，兩頭各按每勾一尺，得股長若

干，加之即是，

如整一四一四斜之勢，即按每路石寬若干，每路兩頭，各遞加本身寬一分即是，

得一尺三寸二分，加倍二尺六寸四分，用通徑若干，除去兩頭矢寬，餘即各弦徑若干

琉璃瓦料做法

目錄

尺寸

高按大門柱高並台基露明高共湊高若干，再以通高十分之八分，即是影壁至簽柱高之十一分

長按大門面闊，如一間，長按面闊十分之十七分，如大門三間者，長按通面闊十分

如單影壁不隨大門者，高按本身長十分之六分即是，厚按高十分之三分

須彌座　高按至簽柱，高十分之三分即是內

土襯一層　寬按高加倍　金邊按本身高三分之一　得六分

圭角一層　寬按高　金邊按本身高四分之一分　得九分

下線枋一層、　得五分　寬同混　金邊按本身高十分之一分

下肩澀一層　得六分　寬同冰盤澀　金邊按本身高十分之六分

下梟兒一層　得六分　寬同冰盤澀　金邊按本身高十分之八分

下鷄子混一層　得四分　寬按高四分　金邊按本身高十分之八分

束腰一層　得十三分　寬按高折半　金邊按本身高四分之一分

上鷄子混一層　得四分　寬按高四分

上梟兒一層　得六分　寬同冰盤澀

上冰盤澀一層　得六分　寬按高三分之七分

上線枋一層　得五分　寬同混

以上各高，按須彌座通高用七十分除之，每分若干，俱長一尺三寸

束腰內，如用花束腰者，按束腰通長以三分之一卽是，束腰四面四角用金剛間柱者

，高同束腰，見方，按本身高十分之八分

上身　方礵科四件即柱頂　見方按柱子加倍，高二寸五分，方柱子四根，見方按上身

至簷柱高若干，以十三分之一分卽是，長按見方加倍算，自礵科上皮，至替樁下皮

，淨高若干，用長若干除之，得若干件，如柱子代立線枋，再均核長，每根內有柱

檻磚即下檻　高與礅科同，寬同替椿，件數按四面礅科裏皮長若干，用長一尺三寸

除之，即得

替椿即上檻　高按檻磚高十分之八分，寬按高二分之七分，件數按四面柱子裏皮長

若干，用長一尺三寸除之，即得件數若干

額枋在替椿上　高按柱子見方七分之九分，厚按高三分之一分，件數按四面柱子裏

皮尺寸，用長一尺三寸除之即得，每頭每角，安礅色耳子二件

扇面　每面用一板　高按檻磚上皮，至替椿下皮，高若干，用四分之三分為中斜高，

正寬按中斜高，用一四歸除即得，厚按正寬四十分之三分，塊數折見方尺每一尺六

寸得一塊，花頭件數，按扇面塊數，十分之六分

岔角　每面四角安四塊　斜長按扇面正寬四分之三分，中寬按本長十分之八分，厚與

扇面同，塊數按折見方尺每一尺二寸得一塊，花頭每用一件

拔簷五層　內下線一層出一寸，混磚一層出一寸五分，爐口一層出一寸，梟兒一層出

二寸，上線一層出五分，共出六寸

以上各按影壁通長，並各層應出尺寸，用每件長一尺三寸除之，各得若干件，俱

寬七寸厚二寸五分

頭停脊瓦料　隨瓦料樣數，按頭停尺寸核算

半混博縫下隨山用

滿山紅即山尖　每山用一件

博縫按兩坡尺寸並樣數算

樣數自高九尺以下用九樣，自高九尺以上，每高三尺應大一樣

琉璃花門

如安斗科歇山做者須彌應安

方碌科四件　挨門口用

圓碌科四件　四角用

檻磚一層即下檻與碌科平

方柱子四根

圓柱子四根

　方圓柱子，自碌科上皮至平板枋下皮，高若干，以十三分之一分除之，卽是見方，每根有花柱頭一件

替樁一層即上檻

花小額枋一層即掛落分位　高按柱子見方一分半，厚按高十分之四分，每角隨帶花

耳子二件

以上各件與影壁同

花由額墊板一層　高按小額枋高十分之四分，寬按本身高加倍，件數，長俱與小額

枋同

花大額枋一層　高按柱子見方六分之十分，厚同小額枋件數亦同，每角隨帶花耳子

二件

以上件數俱在柱子裏口算

花平板枋一層　高按柱子見方十分之四分，寬按本身高二分半，件數按通面闊及進

深每角每面，除本身寬一分，淨得若干，用一尺二寸除之，每角用十字平板枋頭一

件，十字見方，按寬二分，高寬同上

斗科昂　厚按柱子見方十分之二分，如通身安柱子者，大昂厚按柱子見方六分之一

分，高按蹚數連斗底至耍頭上皮算

如斗口重昂者，每攢計三件，蹚數拽架，高寬與大木法同，按面闊進深用昂厚十分

除之，要空當作中，四角安角科四攢，後尾長按科中往外出若干，以六分之八分，

即是後尾尺寸，前代正心桁抹枋

角科 每角用一攢，每攢件數與平身科同

花墊拱板 長按科中除昂厚一分半，高按二跐並斗底，厚一寸，件數同斗科攢數同

黃色押肩即蓋斗板 長與蓋斗板同，寬按外拽架通寬，厚按本身寬五分之一分，件數

同拱板

綠色機枋 高按昂厚二分，寬按本身高四分，長按科中尺寸，件數同斗科攢數，四

角機枋頭四件，十字見方，按角科中往外加機拽架，加交角，俱同大木做法

黃虛錯角即寶瓶 高按桁條徑機枋高各一分即是

挑簷桁，件數按通面闊及進深加拽架加交角俱與大木分法同，四角用交角桁條頭同

機枋頭四件餘若干用一尺三寸除之，厚按昂厚三分，寬按機枋寬八分之九分

起翹八件，即襯頭木，長寬厚俱同大木分法

板椽即長代望板 長按挑簷桁中至斗科中若干，用二分之六分

簷椽飛簷椽，每二根爲一板，寬按椽徑二分，空當二分，即椽徑四分，高按椽徑二

分半，椽徑按挑簷桁徑，厚折半，高按椽徑二分半

斜椽 每角用二板 長寬高同前

角梁四根 係代梓角梁 長按板椽長加倍，高各按椽徑二分半，厚按椽徑二分

頭停脊瓦料 按頭停面闊進深，並舉架核算，用七樣至九樣止

房座

正脊

調大脊 長按兩山博縫外皮至外皮若干，內除勾頭長一分，卽淨長，高連當溝通高，按正吻高折半

正當溝 一層二面用，每面按正脊通長，用當溝尺寸除之，得數成單

押帶條 一層二面用，每面數，同正當溝

相連羣色條 按正脊通長，內除吻座長二分淨，用相連羣色條之長除之得件

此欵係大房瓨四樣以上瓦料，自黃道以下，有相連羣色條一屑，其五樣六樣瓦料，只用二面羣色條

羣色條二面用 每面按通脊長，內除吻座二份淨，用羣色條之長除之得件數，加倍，卽二面數

此欵大房瓨五樣至七樣瓦料者，用在通脊之下，如門樓影壁瓨七樣至九樣瓦料者

，通脊下亦用押帶條一層，不用羣色條

黃道並赤腳通脊　按通脊長，內除吻長八扣尺寸二分淨用黃道之長除之，得件成單

此歇係大房窠四樣以上瓦料者用此，如用五樣以下瓦料者，只用通脊，吻通長按

高八分之六分

通脊　按正脊通長，內除吻長八扣尺寸二分淨，用通脊之長除之得件成單

此歇係大房窠五樣以下瓦料者用之，如牆頂，只用三連磚

正吻通脊兩頭共用二隻，高按柱高，每高一丈，得吻高四尺餘遞推　如有斗科從要

頭下皮起算，隨吻座二套，背獸二件，劍靶二件

垂脊

垂脊　如隨歇山房，長按扶脊木中至正心簷桁外皮，上除脊厚連斜半分，按扣脊筒

瓦口寬折半，並步舉架加斜分位，餘卽淨長

如隨硬山挑山房，長按每披苫背並連簷寬一分，上除脊厚連簷斜半分卽是下皮長，

其上皮應加後斜靠正脊尺寸，如脊裏七舉，卽按本身高十分之七分加之用

正當溝　歇山挑山硬山房，俱按排山滴水之數用，內如挑山房硬山房，照排山滴水

之數，每山除去列角滴水四件，餘數卽是

平口條　如歇山房外用正當溝裏用平口條，按脊長加倍，除去排山當溝尺寸，餘用平口條之長除之，得件，如挑山硬山房，即照外皮常溝之數

押帶二面用　按脊下長用押帶條之長除之，得數加倍即是

垂脊　如歇山房，按脊上皮長，除去獸長七扣尺寸一分，走獸仙人各長一分，餘用垂脊之長除之，得件，除獸長尺寸，各按獸高一分，除走獸仙人尺寸，按筒瓦長一分，餘用垂脊

如挑山硬山房，按脊上皮長，除去獸長七扣尺寸一分，走獸仙人各長一分，餘用垂脊之長除之，得件，除獸長尺寸，各按獸高一分，除走獸仙人尺寸，按筒瓦長一分，餘用

如歇山大房，用七樣以上瓦料者，方用垂脊

如門樓牆頂，用七樣瓦料，只用三連磚，不用垂脊

如挑山硬山大房，用八九樣瓦料者，獸後用垂脊，獸前用三連磚

如門樓影壁，用八九樣瓦料者，獸後用連磚，獸前用小連磚，獸前用連磚之數，按走獸仙人之數，得長若干，除去擋頭一件，餘用連磚之長，除之得件

垂脊　每垂獸一道，用一隻，長同高，隨獸座一件

走獸　如隨歇山房者，或蹲九，或蹲七，或蹲五，俱按規制用

如隨挑山硬山房用者，按每柱高二尺，得蹲一件，成單

仙人　每垂脊一道，用一件，下用方眼勾頭一件

攛頭㩉頭　每垂脊一道，用一件

托泥當溝　隨歇山房，每垂脊一道，用一件

扣脊筒瓦　如隨歇山房，按垂脊之上皮，除去垂獸七扣尺寸一分，餘用筒瓦之長除之，得數

如隨挑山硬山房，按脊之上長，除去獸長七扣尺寸一分，餘用筒瓦尺寸，除之得數

戧脊一名岔脊

戧脊　按歇山平出簷若干，收山若干，除博縫厚，再加排山勾頭長半分，共長若干用一四一四加斜得若干，再用一空五六加舉斜，再加出翹，按椽徑三分，再加後斜，按斜筒瓦口寬半分，共湊卽通長，高按垂脊高九扣

斜當溝　按四面滴水之數，除去列角滴水八件，掛尖代正當溝四件，再除托泥當溝四件，再除正當溝之數若干件，餘若干，以四分分之，卽是戧脊下每道一面斜當溝之數

押帶條　按脊長除去㩉頭長一分，餘用押帶條之長，除之卽得每面件數，加倍卽是

戧脊獸後用　算法同前列角硬山房法

連磚獸後用　算法同前

鐵獸　每道用一隻　高按垂脊高九扣，長同高，外隨帶獸座一件

扣脊筒瓦　算法同前

走獸　算法同前

仙人　每道用一件　下隨帶方眼勾頭一件

擺頭　每道用一件

搁頭　每道用一件

博脊

博脊歇山房山花外皮用　長按通進深，除去前後淨收山尺寸，按滿收山除去博縫厚

一分淨若干，照此二分再除鐵脊厚，按筒瓦口寬一四斜一分，餘即是博脊

掛尖　長高按金桁徑一分

正當溝　一面用　按脊通長，內除兩頭掛尖二件分位按斜當溝長二分淨用當溝之長除

之即得件成單

押帶條　一面用　件數同正當溝

承重博脊連磚　按博脊通長，除掛尖分位尺寸，得用承奉博脊連磚之長，除之得件

成單

此歇係大房寅五樣以上瓦料用之，如大房寅六樣以下瓦料者，用博脊連磚

博脊瓦　件數同連磚

掛尖　每博脊一道用二件，上面代博脊瓦，下代正當溝

重簷博脊

重簷博脊　長按面闊進深，每面加角金柱頭徑二分，即外皮角至角尺寸，高隨各樣瓦料樣數，自七樣瓦料高一尺為比例，每大一樣加高四寸

正當溝一面用　按博通脊長，用正當溝之長除之得數，四面俱成單

押帶條一面用　件數同正當溝

羣色條一面用　按脊通長用羣色條之長除之得數，如大房寅四樣以上瓦料，方用此，如用五樣以下瓦料者，只用押帶條上坐博脊，不用羣色條

博脊　按脊通長，除去合角吻長八扣尺寸，八件餘用博脊之長除之得數，四面俱要成單

蹚脚瓦，即扣脊筒瓦，按脊通長，除去合角吻通長八分，餘用筒瓦之長，除之得數，四面俱要成單

滿面黃　路數按金柱徑一分，除去筒瓦口寬一分，餘用見方除之，即得路數，外路

按蹬腳瓦之長，用見方除之，裏路按柱子皮尺寸，再加椀口，按本身寬一分，通長

用見方除之，如裏路只容半路，即按半路算，如只用一路分位，件數即同外一路算

合角吻　每角用二隻，四角共用八隻，各按長十分之七分，每隻隨劍靶一件，無吻

座，無背獸

重簷下簷角脊

重簷下簷角脊　長按平出簷並一步架共若干，除去金柱頭徑一分，餘若干，用一四

一四斜，再用一空五六舉，再加出翹按椽徑三分，共得即長

斜當溝　按面闊進深，加出簷，外每面每角再加椽徑三分，得角至角尺寸若干，用

正當溝尺寸除之，即得每面件數，四面共得若干，內除去四面正當溝若干件，四角

共除去列角滴水八件，其餘即是斜當溝之數，以四分分之，即是每道二面的件數，

角脊上附屬各樣瓦料，如壓帶條，博脊，連磚，鈸脊，扣脊筒瓦，鈸獸，走獸，仙

人，攪頭，搵頭，以上九款俱同前鈸脊算法

窊瓦及夾隴

排山勾滴　兩山每山滴水之數，按垂脊之下正當溝之數，即是勾頭之數，加一件即

一三一

是，板瓦自四樣以上，每滴一件，隨板瓦二件，自五樣以下，每滴水一件，隨板瓦

一件

如挑山硬山房兩山，每山滴水之數，按垂脊下之正當溝，加前後列角滴水四件卽是

，勾頭之數，照滴水之數，減一件卽板瓦，照正當溝之數卽是

頭停前後坡正隴底瓦　隴數，按正當溝之數卽是，蓋瓦加一隴，筒瓦件數，按苫背

並連簷寬，共若干，用筒瓦之長除之，得件，內每坡有勾頭一件，板瓦勾

頭之數，每件隨板瓦二件半，內每坡有滴水一件，如挑山硬山房算法同此，其板瓦

亦有按押七露三算

兩厦當正隴底瓦　隴數按正當溝之數，加掛尖當溝件數，共湊卽是，蓋瓦隴數，按

底瓦每山加一隴卽是，筒瓦件數，按苫背并連簷寬，共湊長若干，同筒瓦之長除之

，得件，內每隴有勾頭一件，板瓦用前後坡算法

四角斜隴底瓦隴數，按斜當溝件數，加托泥當溝件數，每面每角加滴水二件，共

得卽是，蓋瓦，按底瓦隴數，每角除二隴卽是，蓋瓦折隴，按滿隴之數，每角除去

二隴，係單勾頭一件，其餘隴數折半，每隴筒瓦之數，按厦當之數，加一件算，再

加邊隴筒瓦一件，共得卽是，每折隴得數每隴勾頭二件，四角加勾頭四件，底瓦折

壟，按滿壟之數，每角除去二壟，係單滴水一件，其餘壟數折半，每壟板瓦之數，按厚當筒瓦之數核算即是，每折壟湊數，每壟滴水二件

重簷之下簷　四面正壟底瓦，按正當溝件數即是，蓋瓦，每面按底瓦加一壟即是，筒瓦件數，按苫背並連簷寬共得長若干內除去博脊分位按金柱徑半分，餘若干，用筒瓦之長除之，得件，內有勾頭一件，板瓦按筒瓦之數，並溝頭每件，隨板瓦二件

半內有滴水一件

四角斜壟　底瓦，按斜當溝若干，每角加滴水二件即是，蓋瓦，蓋瓦壟數，按底瓦壟數，每角除二壟即是，筒瓦板瓦折壟，俱同前，蓋瓦件數，按正壟筒瓦件數減一件，餘遞加邊壟筒瓦一件，共得即是，每壟得數，每壟勾頭二件，四角外加勾頭四件，底瓦，每壟按正壟筒瓦件數核算，即是，每壟滴水二件

廡殿頭停　兩山底瓦，每山只正壟一壟，蓋瓦，每山只正壟二壟，其餘應用底蓋瓦壟數，並各件數目，俱照前列角重簷下簷四角算法

硬山堎頭稍子用琉璃

下線磚一層　按本身厚出五分之二分

半混一層　出五分之三分

鋮脊要

成單，內兩頭有博縫頭二件，梓角梁上每根用琉璃套獸一件，遮朽瓦一件，此歇隨

博縫一層，通長按苫背並連簷尺寸，除本身寬一分，餘用本身之長除之，得件，要

埂頭長出簷一分，除本身寬一分，淨得長若干，用半混之長除之

用半混一層，長按苫背除連簷得淨長，再除博縫高一分，加埂頭寬一分加頭長，連

琉璃博縫

以上件數按埂頭長寬，除本身寬，用各長分之，即得件數

鋮簷一件

上線一層　出五分之一分

梟兒一層　出五分之四分

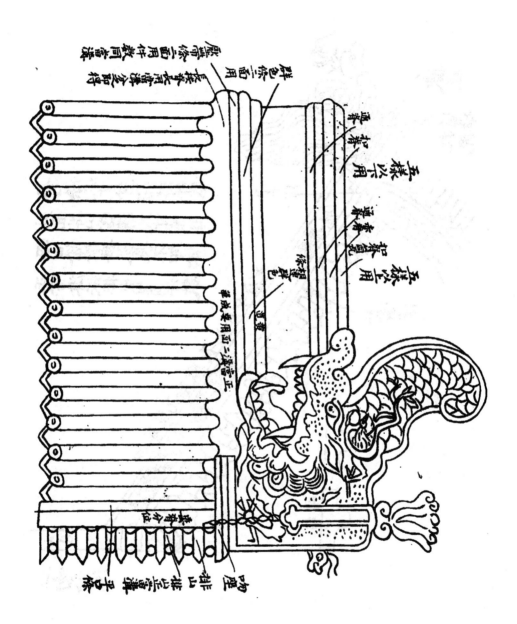

32513

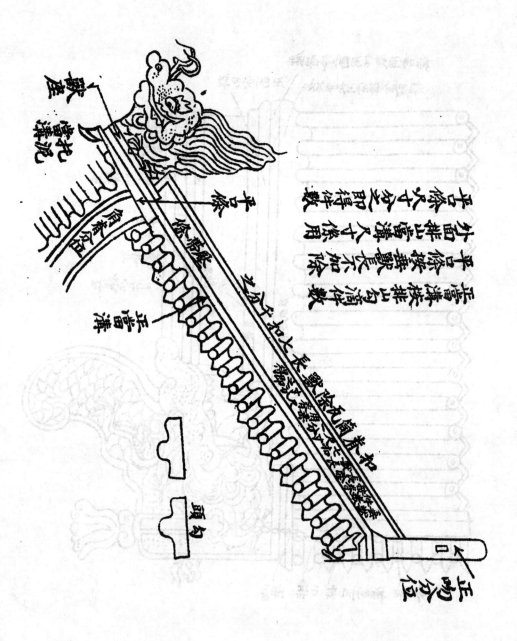

戧兽博脊瓦

平条

博脊博头

正博脊

正吻位

头勾

正吻位

正当博脊搭接搭接排山滴水加博脊瓦之分寸和之长数吻等瓦当瓦分寸博脊博头搭接搭接排山外口当条尺寸排山博滴水观瓦分之尺寸长勾滴水即尺寸不加条数待用博除

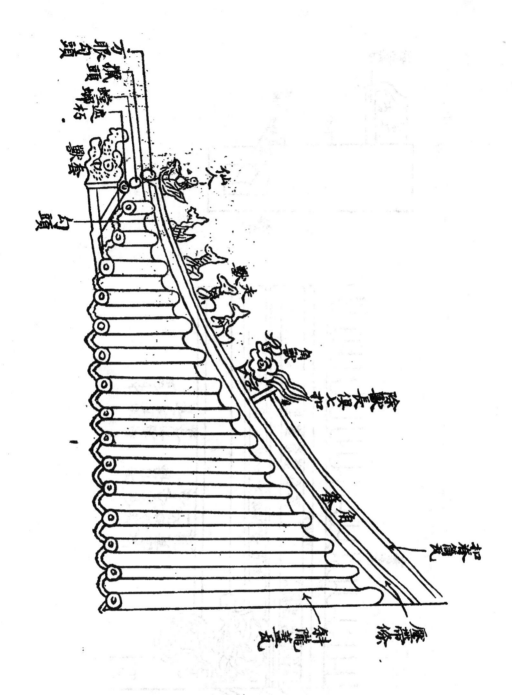

方眼勾頭椽檐

套獸

勾頭

仙人

騎龍仙人

走獸

套獸

羅鍋正脊

勾頭瓦

斜當龍瓦

斜檐

廈檐

護檐瓦

用四樣法上行斜當滴水件其于攏正檐

歸列角行斜當滴水件正檐數

之即用得數得斜檐兩旁杞泥當攏

用角泥當一面斜當滴水件天斜水件

斜當滴水件正當斜檐四面滴水件

數件

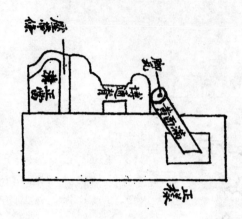

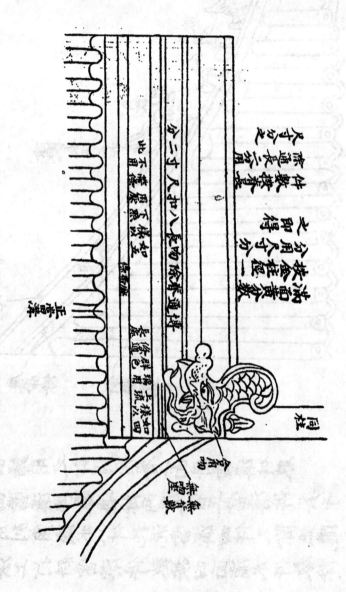

同柱

正样

每件数勾搂滿面
尺寸通長按得尺径分
勾之即用金色黄分
勾二寸入人長两俗着通得
此不糟用下條全
係群隔三様知
修群陽玉様知用琉珫
長通色用

32516

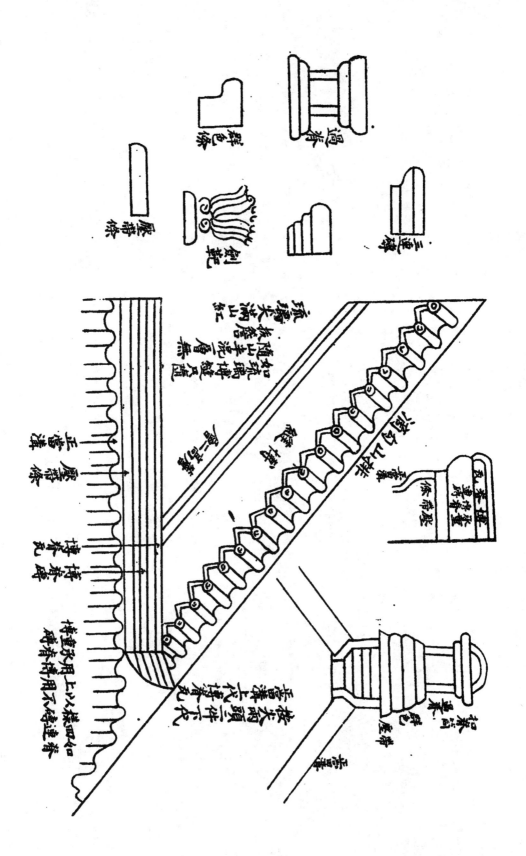

32517

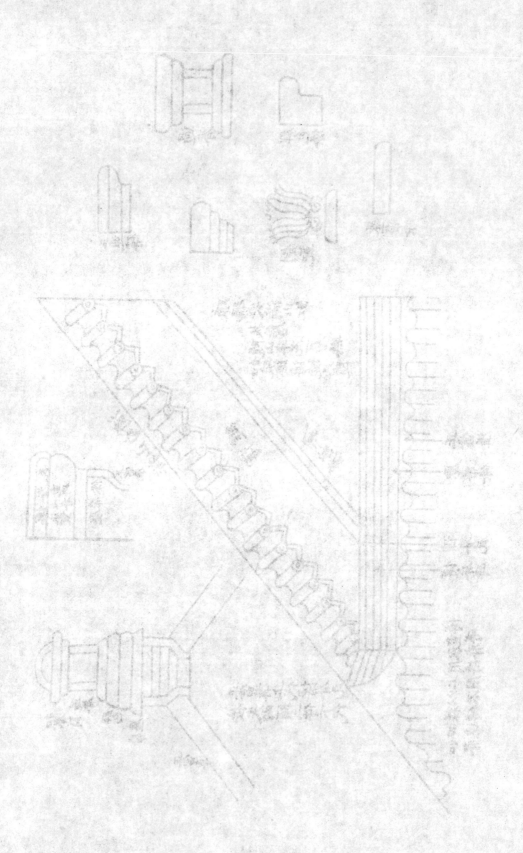

（甲）琉璃瓦料正式名件分類表

名件 ＼ 樣數尺寸	二樣	三樣	四樣	五樣	六樣	七樣	八樣	九樣	備考
吻	高一丈〇五寸（計十三塊）	高九尺二寸（計十一塊）	高八尺	高四尺六寸	高四尺六寸	高三尺四寸	高二尺二寸	高二尺二寸	即正脊吻
劍靶	高三尺二寸五分	高二尺七寸	高二尺四寸	高一尺六寸	高一尺五寸	高九寸五分	高六寸五分	高六寸五分	
背獸	寬六寸五分	見方六寸	見方五寸五分	見方五寸	見方四寸五分	見方四寸	見方二寸五分	見方二寸五分	
吻座	寬一尺五寸五分 長一尺四寸五分	長一尺二寸	長一尺二寸	長一尺〇五分	長九寸五分	長八寸五分	長六寸		
獸頭	高二尺二寸	高一尺九寸	高一尺八寸	高一尺五寸	高一尺二寸	高一尺	高六寸	高六寸	
蓮座	長三尺七寸	長二尺八寸	長二尺七寸	長二尺二寸	長二尺一寸	長一尺三寸	長九寸		
仙人	高一尺五寸五分	高一尺三寸五分	高一尺〇五分	高九寸	高七寸	高六寸	高四寸		
走獸	高一尺三寸五分	高一尺二寸	高一尺〇五分	高九寸	高六寸	高五寸五分	高三寸五分		
赤脚通脊	長二尺四寸 高一尺九寸五分	長一尺九寸五分 高一尺九寸五分 通脊	長二尺四寸 高一尺二寸五分 通脊	長二尺二寸 高一尺二寸	長二尺二寸 高八寸五分	長二尺二寸 高五寸五分	長一尺五寸 高五寸五分		以上通脊
黃道	高五寸五分 長二尺四寸	高五寸五分 長二尺四寸	高五寸五分 長二尺四寸						色應作深
大連色	高六寸五分 長二尺六寸	高四寸五分 長二尺四寸							
垂脊	高一尺六寸五分 長二尺	高一尺五寸 長一尺八寸	高八寸五分 長一尺八寸	高六寸五分 長一尺五寸	高五寸五分 長一尺四寸				

營造算例　琉璃瓦料正式名件分類表

一

擱頭	檔扒頭	大連磚	套獸	吻下當溝	博通脊	滿面黃	合角吻	合角劍靶	暈色條	勾頭	滴水	筒瓦	板瓦
長一尺五寸五分口寬八寸五分	長一尺五寸五分寬八寸五分高三寸五分	寬一尺三寸	見方九寸五分	長一尺五寸	高八寸長二尺五寸	厚一寸五分	高三尺四寸	高九寸五分	長一尺三寸	長一尺三寸五分口寬六寸五分	長一尺三寸五分口寬一尺	長一尺二寸五分口寬六寸	長一尺三寸五分口寬一尺一寸
長一尺五寸五分口寬四寸五分	長一尺三寸高三寸五分	長一尺三寸高一尺四寸五分	見方七寸五分	寬一尺〇五分	長二尺二寸高八寸五分	見方一寸五分寬一寸	高二尺八寸	高九寸五分	以下俱長一尺三寸	長一尺二寸五分口寬六寸	長一尺口寬一尺	長一尺一寸口寬六寸	長一尺三寸五分口寬一尺二寸五分
長一尺五寸五分寬四寸五分高二寸五分	長一尺四寸高二寸五分	長一尺三寸高一尺四寸五分	見方七寸	寬一尺〇五分	長二尺二寸高七寸五分		高二尺八寸	高七寸五分		長一尺二寸五分口寬五寸	長一尺二寸五分口寬九寸五分	長一尺一寸口寬五寸五分	長一尺〇五分口寬九寸二寸五分
以下俱同上	以下俱同上		見方六寸五分							長一尺一寸	長一尺〇五分口寬七寸五分	長一尺口寬五寸	長一尺八寸一寸五分口寬一尺
										長一尺口寬四寸五分	長一尺口寬七寸	長九寸五分口寬四寸五分	長一尺七寸〇五分口寬七寸
										長九寸口寬四寸	長一尺口寬六寸五分	長九寸口寬四寸	長九寸口寬七寸
										長九寸口寬三寸五分	長九寸口寬六寸	長八寸五分口寬三寸五分	長九寸六寸五分口寬六寸五分
				滿面綠同				色應作澁					口寬九寸六寸

名件	尺寸	備註
正當溝	長一尺二寸／長一尺〇五分／長一尺／長九寸／長八寸／長七寸／長六寸五分／長六寸	
斜當溝	長一尺七寸五分／長一尺六寸／長一尺三寸五分／長一尺二寸／長一尺／長九寸／長九寸	押帶一　作壓當
押帶條	長一尺一寸／長一尺／長一尺／長九寸／長七寸五分／長七寸／長六寸五分／長六寸	
平口條	長一尺一寸／長一尺／長一尺／長九寸／長七寸五分／長七寸／長六寸五分／長六寸	
博縫磚	高四寸五分　長一尺三寸	
博脊瓦	寬七寸五分　長一尺三寸／長一尺三寸	
三連磚	長一尺三寸／長一尺三寸	
托泥當溝	長一尺一寸	
博縫	寬一尺　長一尺八寸／寬一尺　長一尺四寸／長一尺三寸	
隨山半混	寬六寸　長一尺／寬六寸　長一尺	
埠頭磚	寬八寸　長一尺二寸	
戧簷磚	寬一尺　長一尺八寸	
三色磚	長一尺三寸／長六寸	一色應　作涯　色應
承奉連磚	高四寸五分　長一尺三寸／高四寸五分　長一尺三寸	色應　奉應　作重

簷子磚	連磚	滿山紅	花枋	元混條	寶頂	金磚	抓頭磚
長一尺三寸 寬八寸 厚二寸六分					見方一尺三寸	長一尺七寸三分 厚一尺五寸	長一尺七寸三分 寬一尺三寸 厚一尺五寸
長一尺二寸 寬八寸 厚二寸六分	長九寸						
長一尺二寸 寬八寸 厚二寸六分	長九寸	長一尺八寸	寬一尺 長一尺六寸	長九寸			
		長一尺八寸		長八寸五分	長六寸		
				元應作圓	頂亦作圓 作珠		

（乙）琉璃瓦料無定例名件表

據工部則例物料價值第三卷琉璃瓦料尺寸大小輕重不一謂之無定例

物料價值所刊名件	校正	物料價值所刊名件	校正	物料價值所刊名件	校正	物料價值所刊名件	校正
御覽人	即拽纜人	博連磚		博通脊		掛尖	
博脊		吻壓當勾		托泥當勾		列角擻搁	
扣脊高背筒瓦		博連帶瓦		三色磚		扣脊筒瓦帶垂脊	奉應作重
垂脊連磚		列角盤		羅鍋垂脊		羅鍋承奉垂連脊	奉應作重
羅鍋三連垂脊		羅鍋披水		羅鍋半混		博縫	
扇面		岔角		門檔花		門檔草	
草岔角		花頭		方圓柱子		方圓磙科	科應作斗
坎磚	坎應作檻	方圓桂頭		長耳子		方耳子	
替	庄應作椿	花方	方應作枋	線方	方應作枋	墊板	
素方	方應作枋	平板方頭	方應作枋	平板方	方應作枋	斗科	科應作栱

角科 科應作枓	至公板 至公應作墊栱	板椽	盧錯角 即寶瓶	楅扇	花素圭角頭 圭角應作龜脚	花連瓣	方圓盆花	花枳樑頭	荷葉墩	三面護枋	連簷
壓屑 屑應作梢或作欂	花素行條 行應作桁	斜椽	大花素鵝方 鵞方應作額	方圓圓門 圓門應作羡門俗作券門	花線磚	花連瓣頭	花楅柱 楅柱一作間柱	花瓜柱	花欈頭	平面掛落護枋	倒砌石磚
機方 方應作枋	花素行條頭 行應作桁	角椽	滿山紅	土襯	方圓花吞口	花素束腰	花脊瓜柱	花斗金柱	一斗帶升花枳方 方應作枋	雷公柱	倒砌石礫科 科應作斗
機方頭 枋方應作	素方圓柱頭	起毅 毅應作欽	羣板 羣應作裙	花素圭角 圭角應作龜門	花線磚頭	花結帶	花楅樑	一斗二升	花雀替	四面起線套護枋	大方圓獨根椽

出角杚子磚（杚一作兀）	圓素花圓混	圓素線磚	圓花束腰	垂柱花托	龍線臥八字	龍線磚	圓印葉磚	壇面中磚	打墚磚（打廳作踏）	大面垞	大散裝斗科
入角杚子磚（杚一作兀）	花素戧簷	圓素連瓣	圓當勾	圓花圭角（脚圭角廳作龜）	龜紋錦	龍線磚頭	圓印葉立八字	大壇面磚	打墚墻磚（打廳作踏）	大地伏（伏廳作杴）	閘檔磚
燈籠磚	幡經字磚（幡廳作梵）	圓素束腰	圓素圭角（脚圭角廳作龜）	方圓花線磚	花線立八字	龍線磚桩子	圓印葉臥八字	壇面條磚	壇角磚	欄板	緊角角科（科廳作斗）
塔門番草磚	杚子磚（杚一作兀）	圓素花雞子混	圓素壓帶	方圓花連磚	花線臥八字	龍線立八字	龜紋磚	古面龜紋錦（古廳作凸俗作鼓）	桍枯（待攷）	斜欄板	漫角角科（斗科廳作）

寶塔	塔門雲草磚	燈籠出角磚	圓通脊	花墻磚	花墻出角磚	無扇瓦	方圓壓面磚	昆羅帽磚頭 羅應作盧	金磚	爐科 爐斗應作櫨斗	半混
塔門腰帶珠磚	隨塔花圓連機 機應作瓣	燈籠入角磚	蒙頭脊	走龍通脊	花墻入角磚	圓線磚	臺堦線磚	花素冰盤色 色應作澀	扒頭	爐科頭 斗科應作櫨	半混頭
塔門幡經字 幡應作梵	塔券線磚	燈文錦	寶兒通脊	花墻扒頭磚	無扇瓦頭	圓花圭角中 圭角應作龜腳	臺堦角磚	蓋樑瓦	扒頭合角	梟兒	持頭磚 持一作墀
燈籠扒頭	燈籠磚頭	楞方磚	寶兒垂脊	花墻磚頭	無扇瓦中	圓素圭角	皮羅帽磚 皮羅應作毗盧	蓋樑瓦擻頭	花寶瓶	梟兒頭	披水頭

四

隨山半混	小連磚	承奉博連磚 奉應作重	隨欄板柱子	三雲磚	窰鼎磚 (窰鼎一作寶頂)	楄挺磚	龍	海馬	斗牛	乂子獸	蓮花座
隨散裝斗科大小斗兒	三蓮磚	三空四柱牌樓	花素頂座	墜山	地面磚	花板磚	鳳	狻猊	行拾	象鼻套獸	香草磚
承奉連磚 奉應作重	滿面綠	龍供器	水溝頭	鵲替斗科 (鵲替斗科應作雀替斗栱)	週圍古面幡經字 (古應作梵 應作凸幡)	八角柱子	獅子	壓魚 (壓應作牙)	抱頭獅子	雲礎	頂子
大連磚	三博連磚	如意獨板磚	沿子磚	柱頭斗科 (科應作栱)	線磚	尖色 (色應作澀)	天馬	獬豸	合角吻	荷葉	火焰頂

朝天吼	垂脊倒吞獸面	登角筒瓦	扭頭勾子	吻下滴水	半正半斜滴水	旗杆頂	羅鍋平口
象鼻吻	羅鍋筒瓦	螳螂勾子（登角一作蹬脚）	半正半斜勾子	割角勾子	正斜飛簷板瓦	琵琶當勾	羅鍋壓帶
龍扇面	折腰板瓦	吻下勾子	喬麥稜勾子	鏡面滴水	花色板瓦	過水當勾	油瓶嘴
龍岔角	扣脊筒瓦	鏡面勾子	十字勾子（喬麥稜當作喬麥穗）	攢角滴水	羊蹄瓦	羅鍋當勾	行子瓦（他本一作竹子瓦）

六

園冶識語

園冶三卷　明計成著　成　吳江人　字無否　明崇禎間　爲江西布政武進吳又

予元築園於晉陵　又爲汪中翰 士衡 築園於鑾江　因著一書　初名園牧　姑熟曹

元甫見之　改名園冶　有崇禎甲戌阮大鋮序　辛未自序　乙亥鄭元勳題詞　有

清三百年來　除李笠翁閑情偶寄　有一語道及外　未見著錄　日本大村西崖東

洋美術史　謂劉炤刻奪天工　卽指此書　旋於彼土　得一鈔本　因卷首題奪天

工三字　遂呼爲奪天工　園冶之名遂隱　又聞日本內閣文庫　有明刻原本　正

訪求間　北平圖書館　得一明刻本　而缺其第三卷　阮序末有皖城劉炤刻五字

意劉爲圓海里人　依阮爲活　全書或劉手刻　而在南京或安慶出版　或劉止

刻圓海自書序文　皆未可知

無否自序　少以繪名　最喜關仝荊浩筆意　圓海序亦有所爲詩畫甚如其人之語

詠懷堂詩乙集有閱無否詩之標題　可知無否　幷非俗工　其掇山由繪事而來

葢畫家以筆墨爲邱壑　掇山以土石爲皴擦　慮寶雖殊　理致則一　彼雲林南

園笠翁雪濤諸氏　一拳一勺　化平面爲立體　殆所謂知行合一者　無否由繪而

園，水石之外，旁及土木，更能發揮理趣，著爲章式，至於今日，畫本園林皆不可見，而碩果僅存之園冶，猶得供吾人之三復，豈非幸事。吳中夙盛文史，其長於書畫藝術，名滿天下，傳食諸侯者，代有其人，如朱勔父子張漣子孫，且世守其業。而顧阿瑛沈萬三之流，餘韻流風，至今扇被。無否生長其間，生平行誼雖不能詳，就其自爲序跋，與阮序鄭題觀之，蓋亦傳食朱門，自食其力，繪事之外，致力營建，片山斗室，斤斤自喜，欲爲通藝之儒林識字之匠氏，故能詩能畫，獨於造園，具有心得，不甘淪沒，著成此書，後之覽者，亦可想見其爲人。

無否造園之見於自序阮序者，晉陵吳氏之外，有欒江汪氏，考之阮氏詠懷棠詩乙集，有宴汪中翰士衡園亭五律四首注一，及計無否理石彙閱其詩五古一首注二，於園中風物，略得梗概。阮序有欒江地近，偶問一艇於悟園柳淀間寓信宿云云，集中有欒江舟中及從采石泛舟眞州逡集悟園二詩。明史稱大鋮名挂逆案，終莊烈帝世，廢斥十七年，流寇偏隘，避居南京云云。其爲園冶作序，在崇禎七年甲戌，正是家居懷寧之日，欒江在懷寧近傍，證以無否自序，謂欒江西築

與所搆並驂南北江之語亦合　曹元甫爲阮同年　而交甚密　集中有詩七八首

曹爲姑熟人　即太平府　與懷寧接壤　阮因元甫而識無否　故知無否蹤跡

亦多在安慶太平之間　又無否選石　注意於盤駮人工裝載之費　以就近取材

爲務　其列舉產石之區　多在蘇皖境內　亦足爲無否行跡所在之證

注一　阮大鋮詠懷堂詩乙集宴汪中翰士衡園亭　大隱辭金馬　多君撰薛蘿

聖遊寳漠野　倒景燭滄波　盧澹煙雲靜　居閒涕笑和　輕霞射水文　巖深虹彩駐　高咏出

層阿　桃源竟何處　將以入青雲　衆雨傳花氣　神工開絕島　哲匠理清音　一

淀靜芷香紛　詎遣漁舸至　靈奇使世聞

起青山癭　彌生隱者心　墨池延鵠浴　風篠洩猨啌　幽意憑誰取　看余鳴素

琴　縮地美東南　壺天事盡簪　水燈行罽月　魚沫或蒸嵐　自冠通人旨

慵敎尚子譜　祇應佩芳荃　容與尚江潭

注二　又計無否理石彙閱其詩、無否東南秀　其人即幽石　一起江山癭　獨

瓶煙霞格　縮地自瀛壺　移情就寒碧　精衞服麈呼　祖龍邁賴策　有時理清

咏　秋蘭吐芳澤　靜意瑩心神　逸響越疇昔　露坐蟲聲間　與君共閒夕　弄

中國營造學社校印

攀復衡艎　悠然林月白

三代苑囿　專爲帝王游獵之地　風物多取天然　而人工之設施蓋鮮　降及秦漢

阿房未央　宮館複道　與作日繁　詞賦所述　可見一斑　人力所施　窮極侈

麗　雕飾既盛　野致逾稀　然構石爲山之技術　亦隨時代而孶進　如梁孝王作

曜華之宮　築兔園　有百靈山　山有膚寸石　落猿巖　栖龍岫　雁池　皆構石

而成　此外則宮觀相連　奇果異樹　瑰禽怪獸畢備　王日與宮人賓客　弋釣其

中　至魏文帝築芳林園　捕禽獸以充其中　北周改名華林　仍有馬射　猶不失

游獵之本旨　故園中設備　與士大夫所構不同　庾信一賦　與長楊羽獵　異曲

同工　當時園制　固不難於推定

孔子一蕢爲山　雖是罕譬　然人工築山　爲士大夫應有之知識　亦足證明　漢

袁廣漢北邙山下之園　有激流水注於中　構石爲山　高十餘丈之造作　魏張倫

造景陽山　其中重巖複嶺　深谿洞壑　高林巨樹　懸葛垂蘿　崎嶇石路　澗道

盤紆　又茹皓採掘北邙及南山佳石　徙竹汝潁　羅薛其間　經構樓館　列於上

下　樹草栽木　頗有野致　其以人巧代天工　而注重石構　及引泉蒔花　實足

開後世造園之先路　晉人如石崇之河陽別業　即金谷澗別廬　柏木幾於萬株

江水周於舍下　有觀閣池沼　多養魚鳥　遺蹟至唐　猶形歌詠　六朝人如庾信

之小園　山爲賁覆　池有堂坳　敧側八九丈　縱橫數十步　榆柳兩三行　梨桃

百餘樹　雖屬文人筆端　而當日肥遯窮居之背景　及其作風躍躍紙上　唐人

如宋之問藍田別墅　王維輞川別業　皆有竹洲花塢之勝　而白居易草堂記　記

其在匡廬所作草堂　略云　三間兩柱　二室四牖　廣袤豐殺　一稱心力　……木

斵而已不加丹　墻圬而已不加白　礎階用石　冪窗用紙　竹簾紵幃　率稱是爲

……前有平地　輪廣十丈　中有平臺　半平地　臺南有方池　倍平臺　環池多

山竹野卉　池中生白蓮白魚　又南抵石澗　夾澗有古松老杉　……松下多灌叢……

下鋪白石爲出入道　……堂北步據層崖　積石嵌空　……又有飛泉植茗　就以烹煇

……堂東有瀑布　水懸三尺　……堂西倚北崖右趾　以剖竹架空　引崖上泉脈

分綫懸自檐注砌　……予自幼迨若　白屋若朱門　凡所止　雖一日二日　輒覆簀

土爲臺　聚泉石爲山　環斗水爲池　其喜山水病癖如此　又有代林園贈蒼及家

園西園南園自題小園諸詩　凡所以利用天然　施以人巧　歷歷如繪　唐代士大

夫之習尚　及造園之風趣　可以想像而得　李德裕築平泉莊　卉木臺榭　若造仙府　虛榭前引　泉水縈洄　亦是山水樹石　合組而成　尤以借景因材　爲唯一要義　世人但知宜和艮嶽　成於朱勔之花石綱　儒者引爲詬病　不知唐懿宗於苑中取石造山　并取終南草木植之　山禽野獸　縱其往來　復造屋室如庶民　議者謂與艮嶽事絕相類　其實帝王厭倦宮禁　取則齊民　亦廊廟山林交戰之結果　魏文隋煬之顯著　姑置勿論　而唐懿宗之事　亦已開風氣於數百年前　故艮嶽雖爲集矢叢謗之的　而流風餘韻　猶隨趙宋而南渡　如俞子清之用吳興山匠　杭城陸某之疊山　卽朱勔子孫　猶世修其職，不墜家風　皆未受艮嶽何等影響　可知造園之需要　并不以人而廢業

計氏此書　既以園冶命名　蓋已自別於住宅營建以外　故於間架制度　亦不拘定　務取隨宜　不泥常套　但屋宇裝折等篇　於南方中人之家　營屋常識　亦無不賅備　蓋第宅或未能免俗　園林則務求精雅　至於結構布置　式樣雖殊　原理則一　而鋪地掇山　則屬專門技術　非普通匠家所可措手　故風雅好事者有志造園　若使熟讀魯班經匠家鏡　而胸無點墨之徒　鹵莽從事　又幾何而

不刀山劍樹　爐燭花瓶邪

明季山人　如李卓吾陳眉公高深甫屠緯眞輩　裝點山林　附庸風雅　其於疏泉

立石　必有佳構　然文筆膚闊　語焉不詳　況剿襲成風　轉相標榜　故於文獻

殆無足觀　計氏目擊此弊　一掃而空之　出其心得　以事實上之理論　作有

系統之圖釋　雖喜以駢儷行文　未免爲時代性所拘束　然以圖樣作全書之骨

且有條不紊　極不易得　故詫爲國能　詡爲開闢　誠非虛譽

掇山一篇　爲此書結晶　內中如園山廳山樓山閣山書房山內室山諸條　確爲南

中小品　不但爲北地所稀　卽揚州亦不多見　固爲主者器局所限　亦當時地方

背景　及社會財力之象徵　故此書尤於民間營造爲近　簡則易從　初不必有大

規模之計畫　方能實施其工作也　至選石篇內　如崑山石靈壁石宣石英石等

皆几案上陳列之品　以之闌入掇山　似於界說　不甚明晰　吳晉讀掇如叠　與

南宋之陸叠山　仍屬同類

園冶爲式二百三十有二　而無一式及於掇山　李明仲營造法式　但於泥土作料

例．　著錄壘石山及泥假山壁隱假山盆山之法　亦無圖式　其流爲渠圖樣　則係

石作　固與掇山有間　蓋營造之事　法式並重　掇山有法無式　初非蓋關　掇

山理石　因地制宜　固不可執定鏡以求西子也　計氏不必泥於李書之義例　而

識解則無二致

掇山篇中　有極應注意者　即等分平衡法　世說新語　稱淩雲臺　樓觀精巧

先稱平衆木輕重　然後造構　乃無錙銖相負　向來匠氏　以為美談　此重學自

然之理　掇山何獨不然　計氏悟徹　誠為獨到　故於理懸巖理洞等節　再三致

意　而開卷即斤斤於椿木　此種識解　已與世界學者沆瀣一氣

峭壁山　謂以粉壁為紙　以石為繪　收之圓窗　宛然鏡遊云云　此即楊惠之塑

壁之法　笠翁一家言　於此法之發揮　更有進步

門窗墻垣鋪地諸篇　力矯流俗　於匠人所謂巧製　所謂常套　去之惟恐不速

可以想見爾時不學無術　俗惡施工　令人齒冷之狀況　尤於廢瓦破磚　務歸利

用　固是省費　亦能砭俗　其運用意匠　具見良工心苦

裝折亦係吳語　蘇州人至今用之　即指可以裝配折疊　而互相移動之門窗等類

而言　折亦書作摺　即工部工程做法所謂內簷裝修　其固定附麗於屋材者　不

在此例 園冶所列 以屏門仰塵厭槅鼠窗及欄杆爲科目 而以門窗之全部 別

列一篇 專指不能移動 而爲前篇之反證 此爲裝折二字之定義 及其界說

篇中所列各式 於變化根原 繁簡次第 信手拈來 悉合幾何原理 其中柳條

之若干式 即欄子式 爲宋元以來民家之定法 日本全國 至今不能出其範圍

欄杆百樣 層出不窮 學者舉一反三 必有左右逢源之樂 蓋種種變化 不

蹋規矩 於回文卍字 一概屏去 並不取篆字製欄杆 力矯國人好以文字作花

樣之通病 計氏自信理畫之勻 聯絡之美 可謂深得幾何學三昧 爾時利瑪竇

湯若望之徒 以西來醫學 力謀東漸 上海徐光啟 身立崇禎之朝 以譯幾何

原本著稱 計氏同時同地 心通其意 發擄於文樣 影響於營建 或亦有所受

之也

園冶專重式樣 作者隱然以法式自居 但吾人在三百年後之今日 欲於裝折鋪

地諸科 求索實物之印證 殊非易易 惟明人傳奇繡像 如西廂記荊釵記等

不下百種 而金瓶梅尤爲巨製 其中所繪園林背景 牕欄裝折及陳設 制作精

雅 具有典型 明本之外 清代又有著色之圖 如同治間恭邸門客鍾丹巖所繪

者　雖係晚出　或不免變本加屬　而粉本傳流　必有所自出　試取園冶圖樣

一為印證　來歷分明　若合符節　（內中間有凵字式　即計氏所不取者）蓋此

類繡像　大都出自蘇州界畫專家之手　雖不必全取徑於園冶　而千變萬化　總

不能脫其範圍　至清代紅樓夢大觀園圖　則由金瓶梅圖推演而出　與全書來源

如出一轍　特以當時誤指紅樓夢背景　係在北京　故圖中頗有北派色彩　又

乾隆南巡　取來圖樣如師子林安瀾園等　在北方仿造者　有時亦失南方作意

然大致規模　釐然可考　執園冶以判斷之　固是一絕好參考品也　中華民國二

十年九月合肥闞鐸

一〇

Current Regulations for Building and Furnishing Chinese Imperial Palaces, 1727-1750

Carroll B. Malone, Miami University

(From Journal of The American Oriental Society)

An old manuscript on the above subject was bought in Peking in 1910 by Dr. Berthold Laufer and presented by him to the Library of Congress. There it is classified under Orientalia, Chinese, B. 182.25. It is bound in Chinese fashion in 40 small volumes, these being grouped into 4 *t'ao*, (covers), ten volumes to each *t'ao*. The volumes average about 75 pages each.

The title written in Chinese on the cover of the first *t'ao* means "Fixed Regulations for making the large timbers of the Yüan Ming Yüan," the Yüan Ming Yüan being the country palace of the Manchu emperors near Peking. This title, evidently taken from the first page of the first volume, does not represent the contents of more than 10 volumes of the 40, namely, volumes 1–4 and 26–31. A title written in pencil on the outside of the first *t'ao*, possibly by Dr. Laufer's own hand, is the name given by him to the set and means simply "Regulations for the Yüan Ming Yüan." This comes a good deal nearer to fitting the actual contents It is only after a study of each of the volumes in the set—for there is no preface, no table or contents, and no index—that I venture to call these 40 volumes by the title, "Current regulations for building and furnishing Chinese imperial palaces, 1727–1750." A study of the contents and nature of these volumes as given below will, I believe, show that this title is justified, for many other kinds of building supplies, large and small timber, stone, brick, tiles, paper, metals, and many kinds of work on all these materials by various craftsmen, skilled and unskilled laborers are dealt with; and regulations not only for the Ming Yüan, but also for other palaces, as those at Jehol, Wan Shou Shan, and Hsiang Shan, and temples in side and outside of these palace grounds, as the Yung Ho Kung, the Lama Temple in Peking, are here recorded.

In some places the rules of "the government board" are quoted, without naming which board. It would seem likely that the Kung Pu, the Board of Works, is meant. But the building operations here provided for seem to be those which would come within the scope of the Nei Wu Fu, the Imperial Household Department, and it is likely that this set of books was the current record of various regulations set down from time to time as occasion required without any attempt at codification.

Altogether 10 dates have been found in the 40 volumes. These are the dates of certain regulations, or of the settlement of certain accounts. The earliest date is that of the schedule of prices of the year 1725, the second year of Yung Cheng's reign, but this schedule is merely referred to by date and number, is not quoted here. The earliest schedule actually given is that of Yung Cheng 4, 1727. The latest date given is Ch'ien Lung 12, that is, 1747. But the Wan Shou Shan and the imperial garden there are referred to by names which they were not given officially until 1750 or 1751, when that garden was opened to celebrate the 60th birthday of the Emperor's mother. Hence we may take the years 1727 to 1750 as the period covered by this record. Some of the schedules given may be younger or older than these dates.

The manuscript in its present form shows the effects of age. The outer covers are made of thick pasteboard and covered with a rich satin brocade of a pattern of plum blossoms on a background of broken ice. These covers are badly worn and falling to pieces, only held together by red tape, such as is used in United States Government offices.

The paper of the manuscript is itself brown with age, especially so near the tops and bottoms of the pages where it was not protected by the covers. These original pages were smaller than the new whiter sheets which have been placed inside them to strengthen them, when the valumes were rebound long ago. The present *t'ao* were made to fit the rebound volumes and their condition shows that the rebinding was no recent affair. Each volume is covered with good yellow paper and tied with silk. The number of the volume is written on the edge of the inside of the back cover of each volume in Chinese figures, probably at the time of rebinding.

The fact that volume 8, dealing with furniture–making, begins without heading or introduction, and does not seem to follow logically at the end of volume 7, suggests the possibility that these numbers may be at fault, and this may explain other illogical arrangements in the set. I myself found volumes 31-40 in the second *t'ao* and volumes 11-20 in the fourth *t'ao*. I placed them in their correct covers.

I think that there is no doubt that the manuscript is genuine. Neither externally nor internally does it bear any marks of a forgery, and at the price which Dr. Laufer paid for it in Peking, it would not be worth while for a clever forger to waste his time on a work of this sort.

The handwriting of the manuscript is delightfully clear. It seems to have been done by good scribes, not by a single hand but by several, probably at different times during the period named. A few evident errors occur, as on the first page the word "inch" for the word meaning 10 feet, which I have corrected in translation.

My own chief difficulty in reading it lay in its technical vocabulary, the language of stone masons, carpenters, woodcarvers, carters, temple decorators, layers of roof tiles and many craftsmen. Some of the characters were written in an abbreviated form not found in Goodrich's, nor Giles's Dictionaries. Some Chinese students helped me with some of these difficulties, but in some cases even they did not understand the technical language.

It the explanations of the contents which follow I have used quotation marks for direct translations, putting may own remarks in parentheses in such cases. The word translated "foot" is the Chinese foot, by treaty 14.1 English inches; but often some other length, even 9/10 of an inch shorter may be intended. Several foot rules are in use in Peking. The Chinese measure of weight is the catty, equal to 1L/3 English pounds, and divided into 16 Chinese ounces, called taels. Prices quoted are in taels, marked T, and in decimals of the tael. The tael, being just the

32543

value of the silver, continually varies in relation to gold money, but we can say that it is often worth about U. S. $ 70.

A description of the contents of these "Regulations" volume by volume, and some extracts from them to illustrate the technical and detailed character of the work may be of interest.

Volume 1, p. 1 begins with the subject : "Yüan Ming Yüan Regulations for work on the large timbers.' It is a list of timbers of various dimensions and the amount of carpenter work required to shape each one. To quote : "Eaves pillars ; length from 12,5 ft. to 10 5 ft, diameter, 1 to 1.1 ft, each pillar one carpenter's time for 1½ days. Length from 10.5 ft. to 8.5 ft, diameter, .9 ft., each pillar one carpenter's time for one day. Length from 10.5 ft. to 8.5 ft., diameter .8 ft. to .7 ft, each two pillars, one carpenter's time for 1½ days."

Other dimensions follow these and different types of pillars with special names and dimensions for each type. Some are "golden pillars" "square pillars", "tower golden pillars", etc., some being 17 ft. tall. Lists of timbers and boards of many sizes and shapes for various parts of buildings, for bridges, for sluice, gates, for flag poles, with directions for measuring them, and the amount of carpenters' time required for each, continue on through volumes 1, 2, and 3 and into volume 4. Not all of these are large timbers.

In volume fou we hear about bamboo for fences, rattan for chairs, and the amounts of glue allowed for bookcases of various sizes. The wood carvers appear on the scene, woodturners. makers of inlaid furniture, and other furniture, with the amounts of yellow wax, polishing-grass, charcoal for melting the wax, and cloth. to be allowed for each foot of surface to be polished.

"For finishing southern cypress-wood, camphor wood and inlaid furniture with water and hot wax, use for every sqare foot .075 oz. of polishing grass, .5 oz. of yellow wax, and for each catty of yellow wax use ten catties of charcoal, and for every fifty feet of surface use one foot of white cloth." Vol. 4. p. 24.

Volume 5. begins the regulations for stone work inside the Yüan

Ming Yüan, including plain stone dressing and sculpture in several kinds of marble and stone. "*Han pai yü* (a white marble, dolomite) and *ch'ing pai yü* (a grayish marble) finished roughly 6 sq. ft., a stone cutter's time for one day; finished smoothly, 10 sq. ft., a stone cutters' time for 2 days." The time allowed for carving stone dragons, heads, scales, faces, body, teeth, claws, horns, and whiskers, roughly done, per sq. ft., a stone carver's time for 2½ days; carefully done, 3½ days. Dragon's head with hole bored for water spout, each one, a stone-cutter's time for 3¼ days. Stone *Ch'i lin* (mythological quadruped) and lions, fine work, 7 days per sq. ft. Vol. 5, pp. 12–14.

Regulations for brick masonry begin in volume 6, p. 37. Regulations for glazed tiles, used chiefly on roofs, begin on p. 10 of volume 7. Volumes 8 and 9 deal with furniture again. Volumes 11 to 15 regulate the painting on wood work and pictures painted on the beams. We are told the amounts of oil and pigments of the various, colors, and the areas to be painted by a painter in a day, for different kinds of painting. Papering walls and windows and doors and mounting pictures are the subjects of volume 17. In a list of prices of misceelaneous articles in volume 18 we have an interesting price-list of different kinds of wood used at the palace.

Kind of wood	Weight in catties per cu. ft.	Price per catty	Price per cu. ft.
Tzu t'an (best red wood)........................	70	T 22	(T 15.40)
Hua li (a cheaper red wood)................	59	.18	(11.62)
Nan nu Machilus nanmu. socalled 'cedar')...	28	.08	(1.84)
Elm (this and following woods except yellow poplar not bought by weight)...	—	—	.64
Camphor wood...................................	—	—	.625
Locust..	—	—	.64
Yellow poplar....................................	56	.20	1.12

Southern cypress..	—	—	**1.20**
Northern cypress...	—	—	.64
Tuan (lime or poplar).................................	—	—	.20
Shan (deal, pine or fir).............................	—	—	.541

One surprising thing about the above list is that elm and locust, which are produced locally in the region of Peking, cost more than camphor-wood, which is transported from Formosa and perhaps elsewhere in the south.

After this list come the government board prices for wood, which are a little higher than those just quoted and a price list for marble and stone, and the cost of transporting these, as though this were a part of the government board's regulations. (It is not always clear just where one list leaves off and another begins.

An example of the technical language used is found in the prices quoted for marble and stone where the phrase ts'al yün, 採運, meaning literally "pick transportation", which at first one would construe to mean "transportation included", is found. The phrase is not given in the dictionaries, but I infer from an examination of the cost of the stone in, comparison with the cost of transportation of stone that the prices quoted do not include transportation, as the example below will show. The phrase "one bridle", by which the animals per cart are counted, would seem to indicate one mule, except that the price paid, T 2.30 per "bridle" per day, is so large that it would seem that two animals pulling tandem might be intended. It would require someone acquainted with the technical language of contractors of carters to explain these terms with certainty.

To quote some examples, volume 18, pp. 9-20: "Large pieces of *ch'ing pai shih,* (gray marble), 10 to 25 cu. ft., at T 2.70 per 10 cu. ft. Pieces from 50 to 39 cu. ft., at T 4.50 per 10 cu. ft."

The rate runs up for larger pieces to 400-500 cu. ft. at T 14.00 per 10 cu. ft.

In the regulations for transportation the first item is "Large pieces of *ch'ing pai shih,* containing 27 cu. ft., to be loaded on one mule cart with one "bridle". For pieces containing more than 30 cu. ft. add a half mule "bridle" for each cart, making 1½ mule "bridles, to go for 8 days. For more than 40 cu. ft. add one mule bridle for each cart, making two bridles, to go 8 days." For the larger pieces the number of animals and the number of days both increase. probably because the larger pieces had to move more slowly. The largest size given is for pieces containing 500 cu. ft. or more, 49 bridles to go for 31 days.

Thus calculating the cost of a piece containing 45 cu. ft., we find that it would cost at T 4.50 for 10 cu. ft., T 20.25. But the cost of transportation for 8 days, the minimum time given, for two "bridles", the correct number for pieces of this size, would amount to T 36.80. Hence we can be be sure that the cost of the marble does not include the cost of the transportation, which is much larger.

In this same volume we are told of the measurement of gravel from the Hsiang Shan gravel pits and its transportation, rules for finishing beautifully marked stone with hot wax, varnish regulations for the Yang Hsin Tien (Nourish Heart Hall) and the rules for carving the dragons for the spirit shrine in the An Yu Kung. the ancestral hall in the Yüan Ming Yüan, dated 5th day of the 11th moon of the 7th year of Ch'ien Lung, 1742, "Regulations for the Yueh Lan (perhaps an ornamental fence) behind the Ch'iung Hua Lou (Hortensia Tower) in the Fang Hu Sheng Ching" in the Yüan Ming Yüan, and other rules for various kinds of metal work.

Volume 19 continues the metal work. On pages 3-4 we get the exchange rate for gold and silver. "Each oz. of gold changes for 13 oz. of silver." After discussing silver and iron, pewter and bamboo, the rules for making straw mats for use in building roofs and for awnings are given as of the 25th day of the 3d moon of the 4th year, probably the fourth year of Ch'ien Lung, 1740, and these are followed by the new regulations for matting awnings of the 12th year of Ch'ien Lung, 1747.

Volume 20 mentions four dates, 1740, for the price list for paper, drawing silk, and other supplies for the T'ien Yü K'ung Ming (Heaven's vault, empty and bright, the name of a group of buildings) at the Fang Hu Sheng Ching; the price list of bamboo and paper for the fourth year of Yung Cheng, 1727; the increase of prices in the third year of Ch'ien Lung for bricks and tile, with the provision that the rule of the second year of Yung Cheng, 1724, should apply to items not covered in this new rule. But the rule of 1724 is not given. It seems a bit strange that the reduction of 30% in the price list for glazed tile and transportation, in the first year of Ch'ien Lung's reign, 1736, is not mentioned until Volume 34, while this later increase in prices, 1738, is mentioned in Volume 20. In this volume the prices and time required for hauling supplies to the North Gate at the Wan Shou Shan, though not called by that name at the time, and to the Fu Yuan Gate, a short distance east of the Great Gate of the Palace at the Yüan Ming Yüan, are given. These are followed by a number of price lists for miscellaneous articles and time for various building operations which extend through the rest of volume 20, and volumes 21, 22, and 23.

Volume 24 gives rules for making sacrificial vessels and ornaments for temple use. In both this and the next volume there are references to the new building–operations at the Hsiang Shan Park, in the Emperor's garden, and at the Yung An Monastery. Volume 25 also records the rules for the foundry for casting the bronze pavilion at the Wan Shou Shan, giving the amounts of coal, charcoal, crucibles, earth and rope to be used in proportion to each 100 catties of bronze used. Similar rules for the foundry for incense burners at the Yung Ho Kung, the Lama temple in Peking, are listed.

The next five volumes, 26–31, are taken up with a graduated list of prices for wood of various sizes. Pine is taken as the basis for these calculations, which run from timbers 3 ft. in diameter and 60 ft. long (although it is not certain that there were any that large) to cost T 1334.94 apiece, down to posts ⅓ ft. in diameter by 5 ft. long at T .13 each, and even to smaller stuff at T 1.20 per cart-load. At the end of volume 31 is found the schedule for additional prices by weight and volume to be added to the pine prices for the more valuable woods. These prices are mostly the same as those given above, but with the addition of same at T 1.20 per cu. ft., and three other woods.

The earlier part of volume 32 is concerned with stone, marble brick, and their transportation. But on p. 39 a brighter subject begins, the beautiful glazed tile which shines on the roofs of Chinese palaces. It is interesting to notice that the big conventionalized "fish" that curls its tail up on the topmost corners of the main roof–beam costs more than ten times as much in glazed tile as it does in the ordinary baked clay tile. This roof ornament in size No. 3, in the plain tile, is from 2.8 ft to 2 ft. high, and costs T. 80. In the glazed yellow or green tile, 9th style, it is 2.2 ft. high and costs T 8.586. With each kind of glazed tile ornament goes a certain amount of lead, evidently to solder it into position. The larger tiles were so valuable that they must be transported carefully on men's shoulders by carrying-poles, and the smaller pieces had to be wrapped in straw and brought by cart. This we learn in volume 34. We find, too, that from Peking to the factory was a journey of 220 li or 4½ days. This I understand to mean the round trip. The porters were to be paid T .15 per day and each cart was to cost T 1.413.

Now the town from which the glazed tile is commonly reported to come is Liu Li Ch'ü, a town at the mouth of the Hun River Canyon, a little less than 50 li from Peking and about the same distance from the Yüan Min Yüan. It is possible that in Ch'ien Lung's time the glazed tile came from some other place, or that the allowance for time and distance was very generous.

It is in volume 34 that we read of the reduction by 30% of the prices paid for glazed tile, for wrapping and transportation, and that the amount of lead was reduced by 2/10 for the large pieces and by 1/10 for the small ones. The subsequent increase of prices two years later has been mentioned in connection with the contents of volume 20.

The latter part of volume 34 and volume 35 contain various lists of prices for lime, wood, bamboo, hemp, metals, polishing materials, hardware of many varieties, painters' colors and other materials, and curtains. In volume 36 under the rules for brassmaking we find recipes for

32549

giving the product the appearance of age.' We have also pewter work and the wire screening put under the eaves to keep the birds out.

Volumes 37, 38, 39 and 40 contain regulations for making and ornamenting objects of temple furniture, prayer wheels at Yung Ho Kung, images, shrines, altars a hall of the 500 Lohans in a building the shape of the character for "field", 田 perhaps the one in the Pi Yün Ssu ("Green Cloud Temple") or the one that was formerly at the Wan Shou Shan. There was a building of this shape in the Yüan Ming Yüan, but its shape was significant of the cultivated fields by which it was surrounded and there is no reason to think that it was used for a temple of the 500 Lohans.

The regulations governieg the painting of palace and temple interiors which begin in volume 39 are continued in volume 40 with the regulations for the Pu Ning Ssu, a temple at Jehol, and concluded with the "Regulations approved by the Empreor for background of flowers, fruit and forest–trees in the Ta Hsiung Pao Tien (Rich Hall of the Great Hero) behind the Hill of Imperial Longevity." This list gives the cost per square foot for painting various kinds of landscape. Surfaces representing ordinary foliage cost T 1.96 per square foot, including both colors and workmen's wages; while the best sorts of evergreen foliage cost T 2.2404 per square foot. This work is in oils, the work of artisans; for the best artists in China work only in water–colors.

Forty-four times, in all, the names of particular places or offices are mentioned. Nine of these I cannot identify. Of the 33 which I can identify, thirteen name the Yüan Ming Yüan, and seven others name places in, or adjacent to it. I should estimate also that well over half of the material of the 40 volumes is concerned with the regulations for the building and furnishing of the Yüan Ming Yüan. There are four references to the Wan Snau Shan and to places close to it. Similarly the Hsiang Shan counts three references and the Yung Ho Kung (the Lama temple in Peking) three. Jehol has two, to a palace and temple, and the Ching Shan (Coal Hill in Peking) one, this name being simply used to identify a certain kind of article, as certain other references simply identify price-lists or types of construction.

Scattered through the various price lists there are some articles which are designated as "Western ocean" hooks, or walls, or dials, and more than one reference to a "Weater Ocean pagoda top (or dagoba top)." This is the term used for European, and the very scarcity of such articles shows that European influences were slight on the common affairs of everyday lite. The list might have been quite different later in the reign of Ce'ien Lung, when he had a whole set of Europan palaces built within his palace walls.

If the Yüan Ming Yüan were still standing intact, this manuscript in the hands of an expert contractor would furnish the basis for a fair approximation of the original cost of the buildings there. But now that the palace lies in ruins the estimat could not be at all accurate. The lists here do not give us the total cost of a single building, but only price lists for certain size and the time a carpenter must spend to shape them, but we do not know how many timbers of each kind there were, nor even the carpenters' wages. We are told the price of many sizes and qualities of roof tiles, and many special shapes, but we do not know how many of each sort were used, nor even which buildings had glazed tile roofs.

The facts which are given here are of less value to one interested in the discovery of definite historical events than they might be to the student of architecture, or of interior decoration and furnishings, or to the economist who is looking for the prices of building-supplies, cart-hire and many of the staples of life in China two centuries age.

LETTRE DU PERE ATTIRET.

Peintre au Service de l'empereur de la Chine, à M. D'ASSAUT.

Voyage de Macao et de Canton à Pékin—Description des palais et jardins de l'empereur.—Effects du bref du Pape contre les cérémonies Chinoises.

À Pékin, le 1er Novembre 1743.

Monsieur,

La paix de Notre-Seigneur

C'est avec un plaisir infini que j'ai reçu vos deux lettres, la première du 17 octobre 1742 et la seconde du 2 novembre suivant. Nos missionnaires, à qui j'ai communiqué le détail intéressant qu'elles renferment sur les principaux événemens de l'Europe, se joignent à moi pour vous en faire de très-sincères remercîmens ; j'ai outre cela des actions de grâces à vous rendre pour la boîte qui m'a été remise de votre part, remplie d'ouvrages en paille, en grains et en fleurs. Ne faites plus, je vous prie, de ces sortes de dépenses ; la Chine à cet égard, et surtout pour les fleurs, est bien au-dessus de l'Europe.

Je viens ensuite à vos plaintes. Vous trouvez, Monsieur, mes lettres trop rares ; mais autant que je puis m'en souvenir, je vous ai écrit tous les ans depuis mon départ de Macao. Ce n'est donc pas ma faute si tous les ans vous n'avez pas reçu de mes nouvelles. Dans un trajet si long, est-il surprenant que des lettres s'égarent ? D'ici à Canton, où sont les vaisseaux europeens, c'est-à-dire dans espace de sept cents lieues, il arrive plus d'une fois chaque année que les lettres se perdent. La poste dans la Chine n'est que pour l'empereur et pour les grands officiers ; le public n'y aucun droit. Ce n'est qu'en cachette et par intérêt que le postillon se charge des lettres particulières. Il faut d'avance lui payer le port, et s'il se trouve trop chargé, il les brûle ou il les jette sans risque d'être recherché.

2

Mes lettres, en second lieu, vous paroissent trop courtes, et vous ne voulez pas que je vous renvoie, comme je fais, aux livres qui parlent des moeurs et des coutumes de la Chine. Mais suis-je en état le vous rien dire qui soit aussi clair et aussi bien exprimé ? Je suis nouvellement arrivé ; à peine sais-je un peu bégayer le Chinois. S'il ne s'agissoit que de peinture, je me flatterois de vous en parler avec quelque connoissance ; mais si, pour vous complaire, je me hasarde à répondre à tout, me risqué-je pas de me tromper ? Je vois bien cependant que, quoi qu'il en coûte, il faut vous contenter. Je vais donc l'entreprendre. Je suivrai par ordre les questions que contiennent vos dernières lettres, et j'y répondrai de mon mieux, simplement et avec la franchise que vous me connoissez.

Je vous parlerai d'abord de mon voyage de Macao ici, car c'est l'objet de votre première question. Nous y sommes venus appelés par l'empereur, ou plutôt avec sa premission. On nous donna un officier pour nous conduire ; on nous fit accroire qu'on nous défrayeroit ; mais on ne le fit qu'en paroles, et, à peu de chose près, nous vinmes à nos dépens. La moitié du voyage se fait dans des barques. On y mange, on y couche, et qu'il y a de singulier, c'est que les honnêtes gens n'osent ni descendre à terre ni se mettre aux fenêtres de la barque, pour voir le pays par où l'on passe. Le reste du voyage se fait dans une espèce de cage, qu'on veut bien appeler litière. On y est enfermé pendant toute la journée ; le soir le litière entre dans l'auberge, et encore quelle auberge : de façon qu'on arrive à Pékin sans avoir rien vu, et la curiosité n'est pas plus satisfaite que si on avoit toujours été enfermé dans une chambre.

D'ailleurs, tout le pays qu'on trouve sur cette route est un assez mauvais pays, et quoique le voyage soit de six ou sept cents lieues, on n'y rencontre rien qui mérite attention, et l'on ne voit ni monuments, ni édifices, si ce n'est quelques miao ou temples d'idoles, qui sont des bâtimens de bois à rez-de-chaussée, dont tout le prix et toute la beauté consistent en quelques mauvaises peintures et quelques vernis fort grossiers. En vérité, quand on a vu ce que l'Italie et la France ont de monumens et d'édifices, on n'a plus que de l'indifférence et du mépris pour tout ce que l'on voit ailleurs.

Il faut cependant en excepter le palais de l'empereur à Pékin, et ses Maisons de plaisance ; car tout y est grand et véritablement beau, soit pour le dessin, soit pour l'exécution, et d'autant plus frappé, que nulle part rien de semblable ne s'est offert à mes yeux.

J'entreprendrois volontiers de vous en faire une description qui put vous en donner une idée juste ; mais la chose seroit trop difficile, parce qu'il n'y a rien dans tout cela qui ait du rapport à notre manière de bâtir et à toute notre architecture. L'œil seul en peut saisir la véritable idée ; aussi, si jamais j'ai le temps, je ne manquerai pas d'en envoyer en Europe quelques morceaux bien dessinés.

Le palais est au moins de la grandeur de Dijon (je vous nomme cette ville, parce que vous la connoissez). Il consiste en général dans une grand quantité de corps de logis détachés les uns des autres, mais dans une belle symétrie, et séparés par de vastes cours, par des jardins et des parterres. La façade de tous ces corps de logis est brillante par la dorure, le vernis et les peintures. L'intérieur est garni et meublé de tont ce que la Chine, les Indes et l'Europe ont de plus beau et de plus précieux.

Pour les maisons de plaisance, elles sont charmantes. Elles consistent dans un vaste terrain, où l'on a élevé à la main de petites montagnes hautes depuis vingt jusqu'à cinquante à soixante pieds, ce qui forme une infinité de petits vallons. Des canaux d'une eau claire arrosent le fond de ces vallons, et vont se rejoindre en plusieurs endroits pour former des étangs et des mers. On parcourt ces canaux, ces étangs, sur de belles et magnifiques barques ; j'en ai vu une de treize toises de longueur et de quartre de largeur, sur laquelle étoit une superbe maison. Dans chacun de ces vallons, sur le bord des eaux, sont des bâtimens parfaitement assortis de plusieurs corps de logis, de cours, de galeries ouvertes et fermées, de jardins, de parterres, de cascades, etc., ce qui fait un assemblage dont le coup d'œil est admirable.

On sort d'un vallon, non par de belles allées droites comme en Europe, mais par des zigzags, par des circuits, qui sont eux-mêmes ornés de petits pavillons, de petites grottes, et au sortir desquels on retrouve un second vallon tout différent du premier, soit pour la forme du terrain, soit pour la structure des bâtimens.

Toutes les montagnes et les collines sont couvertes d'arbres, surtout à fleurs, qui sont ici très-communs. C'est un vrai paradis terrestre, Les canaux ne sont point, comme chez nous, bordés de pierres de taille tirées au cordeau, mais tout rustiquement, avec des morceaux de roche, dont les uns avancent, les autres reculent, et qui sont posés avec tant d'art, qu'on diroit que c'est l'ouvrage de la nature. Tantôt le canal est étroit ; ici il serpente, là il fait des coudes, comme si réellement il étoit poussé par les collines et par les rochers. Les bords sont semés de fleurs qui sortent des rocailles, et qui paroissent y être l'ouvrage de la nature ; chaque saison a les siennes.

Outre les canaux, il y a partout des chemins, ou plutôt des sentiers qui sont pavés de petits cailloux, et qui conduisent d'un vallon à l'autre. Ces sentiers vont aussi en serpentant ; tantôt ils sont sur les bords des canaux, tantôt ils s'en éloignent.

Arrivé dans un vallon, on aperçoit les bâtimens. Toute la façade est en colonnes et en fenêtres ; la charpente dorée, peinte, vernissées ; les murailles de brique grise taillée, bien polie ; les toits sont couverts de tuile vernissées, rouges, jaunes, bleues, vertes, violettes, qui par leur mélange et leur arrange- ment font une agréable variété de compartimens et de dessins. Ces bâtimens n'ont presque tous qu'un rez-de-chaussée. Ils sont élevés de terre de deux, quatre, six ou huit pieds. Quelques-uns ont un étage. On y monte, non par des degrés de pierres façonnés avec art, mais par des rochers qui semblent être de degrés fait par la nature. Rien ne ressemble tant à ces palais fabuleux de fées qu'on suppose au milieu d'un désert, élevés sur un roc dont l'avenue est raboteuse et vu en serpentant.

Les appartemens intérieurs répondent parfaitement à la magnificence du dehors. Outre qu'ils sont très-bien distribués, les meubles et les ornemens y sont d'un goût exquis et d'un très-grand prix. On trouve dans les cours et dans les passages des vases de marbre, de porcelaine, de cuivre, pleins de fleurs. Au-devant de quelques-unes de ces maisons, au lieu de statues immodestes, on a placé sur des pieds taux de marbre, des figures en bronze ou en cuivre, d'animaux symboliques, et des urnes pour brûler des parfums.

Chaque vallon, comme je l'ai déjà dit, a sa maison de plaisance ; petite eu égard à l'étendue de tout l'enclos, mais en elle-même assez considérable pour loger le plus grand de nos seigneurs d'Europe avec toute sa suite. Plusieurs de ces maisons sont bâties de bois de cèdre, qu'on amène à grands frais de cinq cents lieuse d'ici. Mais combien croiriez vous qu'il y a ces palais dans les différens vallons de ce vaste enclos? Il y en a plus de deux cents, sans compter autant de maisons pour les eunuques, car ce sont eux qui ont la garde de chaque palais, et leur logement est toujours à côté, à quelques toises de distance ; logement assez simple, et qui pour cette raison est toujours caché par quelque bout de mur ou par les montagmes.

Les canaux sont coupés par des ponts de distance en distance, pour rendre la communication d'un lieu à l'autre plus aisée. Ces ponts sont ordinairement de briques, de pierre de taille, quelques-uns de bois ; et tous ass z élevés pour laisser passer librement les barques

Ils ont pour garde-fous des balustrades de marbre blanc travaillées avec art et scuptées en bas-reliefs; du reste ils sont toujours différens entre eux pour la construction. N'allez pas vous persuader que ces ponts aillent en droiture ; point du tout, ils vont en tournant et en serpentant, de sorte que tel pont pourroit n'avoir que trente à quarante pieds s'il étoit en droite ligne, qui, par les contours qu'on lui fait faire, se trouve en avoir cent ou deux cents. On en voit qui, soit au milieu, soit à l'extrémité, ont de petits pavillons de repos, portés sur quatre, huit ou seize colonnes. Ces pavillons sont pour l'ordinaire sur ceux des ponts d'où le coup d'œil est le plus beau ? d'autres ont aux deux bouts des arcs de triomphe de bois ou de marbre blanc, d'une très jolie structure, mais infiniment éloignée de toutes nos idées européennes.

J'ai dit plus haut que les canaux vont se rendre et se décharger dans des bassins, dans des mers. Il y a en effet un de ces bassins qui a près d'une demi-lieue de diamètre en tout sens, et à qui on a donné le nom de mer. C'est un des plus beaux endroits de cette maison de plaisance. Autour de ce bassin, il y a sur les bords, de distance en distance, de grands corps de logis, séparés entre eux par des canaux et par ces montagnes factices dont j'ai déjà parlé.

Mais ce qui est un vrai bijou, c'est une île ou rocher qui, au milieu de cette mer, s'élève, d'une manière raboteuse et sauvage, à une toise ou environ au-dessus de la surface de l'eau. Sur ce rocher est bâti un petit palais, où cependant l'on compte plus de cent chambres ou salons. Il a quatre faces, et il est d'une beauté et d'un goût que je ne saurois vous exprimer. La vue en est admirable. De là on voit tous les palais qui, par intervalle, sont sur les bords de ce bassin ; toutes les montagnes qui s'y terminent ; tous les canaux qui y aboutissent pour y porter ou pour en recevoir les eaux ; tous les ponts qui sont sur l'extrémité ou à l'embouchure des canaux ; tous les pavillons ou arcs de triomphe qui ornent ces ponts ; tous les bosquets qui séparent ou couvrent tous les palais, pour empêcher que ceux qui sont du même côté ne puissent avoir vue les uns sur les autres.

Les bords de ce charmant bassin sont variés à l'infini ; aucun endroit ne ressemble à l'autre ; ici ce sont des quais de pierre de taille où aboutissent des galeries, des allées et des chemins ; là ce sont des quais de rocaille construits en espèce de degrés avec tout l'art imaginable ; ou bien ce sont de belles terrasses, et de chaque côté un degré pour monter aux bâtimens qu'elles supportent ; et au delà de ces terrasses il s'en élève d'autres avec d'autres corps de logis en amphithéâtre ; ailleurs c'est un bois d'arbres à fleurs qui se présente à vous ; un peu plus loin vous trouvez un bosquet d'arbres sauvages, et qui ne croissent que sur les montagnes les plus désertes. Il y a des arbres de haute futaie et de bâtisse, des arbres étrangers, des arbres à fruits.

On trouve aussi sur les bords de ce même bassin quantité de cages et de pavillons, moitié dans l'eau et moitié sur terre, pour toute sorte d'oiseaux aquatiques, comme sur terre on rencontre de temps en temps de petites ménageries et de petits pars pour la chasse. On estime surtout une espèce de poissons dorés dont en effet la plus grande partie est d'une couleur aussi brillante que l'or, quoiqu'il s'en trouve assez grand nombre d'argentés, de bleus, de rouges, de verts, de violets, de noirs, de gris, de gris de lin, et de toutes ces couleurs mêlées ensemble. il y en a plusieurs reservoirs dans tout le jardin, mais le plus considerable est celui-ci c'est un grand espace entouré d'un treillis fort fin de fil de cuivre pour empêcher les poissons de se répandre dans tout le bassin. Enfin, pour vous faire mieux sentir toute la beauté de seul endroit, je voudroit pouvoir vous y transporter lorsque ce bassin est couvert de barques dorées, vernies, tantôt pour la promenade, tantôt pour la pêche, tantôt pour le combat, la joute et autres jeux ; mais surtout une belle nuit, lorsqu'on y tire des feux d'artifice, et qu'on illumine tous les palais, toutes les barques et presque tous les arbres ; car en illuminations, en feux d'artifice, les Chinois nous laissent bien derrière eux ; et le peu que j'en ai vu surpasse infiniment tout ce que j'avois vu dans ce genre en Italie et en France.

L'endroit où loge ordinairement l'empereur et où logent aussi, toutes ses femmes, l'impératrice, les Koucy-fey, les Pins, les Koueigin, les Tchangtstai, les femmes de chambre, les eunuques, est un assemblage prodigieux de bâtimens, de cours, de jardins, etc. ; en un mot, c'est une ville qui a au moins l'étendue de nôtre petite ville de Dole ; les autres palais ne sont guère que pour la promenade, pour le dîner et le souper.

Ce logement ordinaire de l'empereur est immédiatement après les portes d'entrée, les premières salles, les salles d'audience, les cours et leurs jardins ; il forme une île,[1] il est entouré de tous les côtés par un large et profond canal ; on pourroit l'appeler un sérail. C'est dans les appartemens qui le composent qu'on voit tout ce qu'on peut imaginer de plus beau en fait de meubles d'ornemens, de peintures (j'entend dans le goût chinois), de bois précieux, de vernis du Japon et de la Chine, de vases antiques de porcelaine, de soieries, d'étoffes d'or et d'argent. On a réuni là tout ce que l'art et le bon goût peuvent ajouter aux richesses de la nature.

De ce logement de l'empereur, le chemin conduit presque tout droit à une petite ville, bâtie au milieu de tout l'enclos. Son étendue est d'un quart de lieue en tout sens. Elle a ses quatre portes aux quatre points cardinaux ; ses tours, ses murailles, ses parapets, ses créneaux. Elle a ses rues, ses places, ses temples, ses halles, ses marchés, ses boutiques, ses tribunaux, ses palais, son port ; enfin, tout ce qui se trouve en grand dans la capitale de l'empire s'y trouve en petit.

Vous ne manquerez pas de demander à quel usage est destinée cette ville où tout doit être, pour ainsi dire, étranglé, et delà fort médicore : est ce afin que l'empereur puisse s'y mettre en sûreté en cas de malheur, de révolte ou de révolutions ? Elle peut avoir cet usage, et cette vue a pu entrer dans le dessein de celui qui l'a fait construire ; mais son principal motif a été de se procurer le plaisir de voir en raccourci tout le fracas d'une grande ville, toutes les fois qu'il le souhaiteroit.

Car un empereur chinois est trop esclave de sa grandeur pour se montrer au public quand il ne voit rien ; les maisons, les boutiques, tout est fermé.

---

1. Ce sont les titres des femmes, plus ou moins grands selon qu'elles sont plus ou moins en faveur. Le nom de l'impératrice est Hoang-heou ; celui de l'impératrice-mère est Tày-heou.

Partout on tend des toiles pour empêcher qu'il ne soit aperçu. Plusieurs heures même avant qu'il passe, il n'est permis à personne de se trouver sur son chemin, et cela sous peine d'être maltraité par les gardes. Quand il marche hors des villes, dans la campagne, deux haies de cavaliers s'avancent fort au loin de chaque côté, autant pour écarter ce qui s'y trouve d'hommes, que pour la sûreté de la personne du prince. Obligés ainsi de vivre dans cette espèce de solitude, les empereurs chinois ont de tout temps tâché de se dédommager et de suppléer les uns d'une façon, les autres d'une autre, aux divertissemens publics que leur grandeur les empêche de prendre.

Cette ville donc, sous le règne de l'empereur régnant comme sous celui de son père, qui l'a fait bâtir, est destinée à faire représenter par les eunuques, plusieurs fois l'année, tout le commerce, tous les marchés, tous les arts, tous les métiers, tout le fracas, toutes les allées, les venues et même les friponneries des grandes villes. Aux jours marqués, chaque eunuque prend l'habit de l'état et de la profession qui lui sont assignés; l'un est un marchand, l'autre un artisan; celui-ci un soldat, celui-là un officier. On donne à l'un une brouette à pousser, à l'autre des paniers à porter; enfin chacun a le distinctif de sa profession. Les vaisseaux arrivent au port, les boutiques s'ouvrent; on étale les marchandises; un quartier est pour la soie, un autre est pour la toile; une rue pour les porcelaines, une pour les vernis; tout est distribué. Chez celui-ci on trouve des meubles, chez celui-là des habits, des ornemens pour les femmes; chez un autre des livres pour les curieux et les savans. Il y a des cabarets pour le thé et pour le vin; des auberges pour les gens de tout état. Des colporteurs vous présentent des fruits de toute espèce, des rafraîchissemens en tout genre. Des merciers vous tirent par la manche, et vous harcellent pour vous faire prendre de leurs marchandises. Là, tout est permis. On y distingue à peine l'empereur du dernier de ses sujets. Chacun annonce ce qu'il porte. On s'y querelle, on s'y bat, c'est le vrai fracas des halles. Les archers arrêtent les querelleurs; on les conduit aux juges, dans leur tribunal. La dispute s'examine et se juge ; on condamne à la bastonnade ; on fait exécuter l'arrêt, et quelquefois un jeu se change, pour le plaisir de l'empereur, en quelque chose de trop réel pour le patient.

Les filous ne sont pas oubliés dans cette fête. Ce noble emploi est confié à un bon nombre d'eunuques des plus alertes, qui s'en acquittent à merveille. S'ils se laissent prendre sur le fait, ils en ont la honte, on les condamne ou du moins on fait semblant de les condamner à être marqués, bâtonnée ou exilés, selon la gravité du cas ou la qualité du vol. S'ils filoutent adroitement, les rieurs sont pour eux ils ont des applaudissemens, et le pauvre marchand est débouté de ses plaintes ; cependant tout se retrouve, la foire étant finie.

Cette foire ne se fait, comme je l'ai déjà dit, que pour le plaisir de l'empereur, de l'impératrice et des autres femmes. Il est rare qu'on y admette quelques princes ou quelques grands ; et s'ils y sont admis, ce n'est que quand les femmes se sont retirées. Les marchandises qu'on y étale et qu'on y vend appartiennent, pour la plus grande partie, aux marchands de Pékin, qui les confient aux eunuques pour les vendre réellement : ainsi tous les marchés ne sont pas feints et simulés. L'empereur achète toujours beaucoup, et vous ne devez pas douter qu'on ne lui vende le plus cher que l'on peut. Les femmes achètent de leur côté, et les eunuques aussi. Tout ce commerce, s'il n'y avoit rien de réel, manqueroit de cet intérêt piquant qui rend le fracas plus vif et le plaisir plus solide.

Au commerce succède quelquefois le labourage; il y a dans ce même clos un quartier qui y est destiné. On y voit des champs, des prés, des maisons, des chaumines de laboureurs ; tout s'y trouve : les boeufs, les charrues, les autres instrumens. On y sème du blé, du riz, des légumes, toutes sortes de grains : on moissonne, on cueille les fruits ; enfin l'on y fait tout ce qui se fait à la campagne; et dans tout on imite, d'aussi près qu'on peut, la simplicité rustique et toutes les manières de la vie champêtre.

Vous avez lu sans doute qu'à la Chine il y a une fête fameuse appelée la fête des Lanternes ; c'est le quinzième de la première lune qu'elle se célèbre: il n'y a point de si misérable Chinois qui ce jour-là, n'allume quelque lanterne. On en fait et on en vend de toutes sortes de figures, de grandeurs et de prix. Ce jour-là toute la Chine est illuminée, mais nulle part l'illumination n'est si belle que chez l'empereur et surtout dans la maison dont je vous fais a description. Il n'y a point de chambre, de salle, de galerie où il n'y ait plusieurs lanternes suspendues au plancher. Il y en a sur tous les canaux, sur tous les bassins, en façon de petites barques que les eaux amènent et ramènent. Il y en a sur les montagnes, sur les ponts et presque à tous les arbres. Elles sont toutes d'un ouvrage fin, délicat ; en figures de poissons, d'oiseux, d'animaux, de vases, de fruits, de fleurs, de barques, et de toute grosseur. Il y en a de soie, de corne, de verre, de nacre et de toutes matières. Il y en a de peintes, de brodées, de tout prix. J'en ai vu qui n'avaient pas été faites pour mille écus. Je ne finirois pas si je voulois vous en marquer toutes les formes, les matières et les ornemens. C'est en cela, et dans la grande variété que les Chinois donnent à leurs bâtimens, que j'admire la fécondité de leur esprit ; je serois tenté de croire que nous sommes pauvres et stériles en comparaison.

Aussi leurs yeux, accoutumés à leur architeture, ne goûtent pas beaucoup notre manière de bâtir. Voulez-vous savoir ce qu'ils en disent lorsque' on leur en parle, ou qu'ils voient des estampes qui représentent nos bâtimens ? Ces grands corps de logis, ces haut pavillons les épouvantent ; ils regardent nos rues comme des chemins creusés dans d'affreuses montagnes, et nos maisons comme des rochers à perte de vue, percés de trous, ainsi que les habitations d'ours et d'autres bêtes féroces. Nos étages surtout, accumulés les uns sur les autres, leur paroissent insupportables ; ils ne comprenent pas comment on peut risquer de se casser le cou cent fois le jour en montant nos degrés pour se rendre à un quatrième ou cinquième étage. "Il faut, disoit l'empereur Cang-hi, en voyant les plans de nos maisons européennes, il faut que l'Europe soit un pays bien petit et bien misérable, puisqu'il n'y a pas assez de terrain pour étendre les villes, et qu'on est obligé d'y habiter en l'air": pour nous, nous concluons un peu différemment, et avec raison.

Cependent je vous avouerai que, sans prétendre décider de la préférence, a manière de bâtir de ce pays-ci me plaît beaucoup: mes yeux et mon goût, depuis que je suis à la Chine, sont devenus un peu chinois. Entre nous, l'hôtel de madame la duchesse, vis-à-vis les Tuileries, ne vous paroît-il pas très-beau ? Il est pourtant presque à la chinoise, et ce n'est qu'un rez-de-chaussée. Chaque pays a son goût et ses usages. Il faut convenir de la beauté de notre architecture, rien n'est si grand ni si majestueux. Nos maisons sont commodes, on ne peut pas dire le contraire. Chez nous on veut l'uniformité partout et la symétrie. On veut qu'il n'y ait rien de déparaillée déplacé; qu'un morceau réponde exactement à celui qui lui fait face ou qui lui est opposé: on aime aussi à la Chine cette symétrie, ce bel ordre, ce bel arrangement. Le palais de Pékin, dont je vous ai parlé au commencement de cette lettre, est dans ce goût. Les palais des princes et des seigneurs, les tribunaux, les maisons des particuliers un peu riches suivent aussi cette loi.

Mais dans les maisons de plaisance on veut que presque partout il règne un beau désordre, une anti-symétrie. Tout roule sur ce principe: "C'est une campagne rustique et naturelle qu'on veut représenter; une solitude, non pas un palais bien ordonné dans toutes les règles de la symétrie et du rapport": aussi n'ai-je vu aucuns de ces petits palais placés à une assez grande distance les uns des autres dans l'enclos de la maison de plaisance de l'empereur, qui aient entre eux aucune ressemblance. On diroit que chacun est fait sur les idées et le modèle de quelques pays étrangers; que tout est posé au hasard et après coup; qu'un morceau n'a pas été pour l'autre. Quand on en entend parler, on s'imagine que cela est ridicule, que cela doit faire un coup d'oeil désagréable:

mais, quand on y est, on pense différemment, on admire l'art avec lequel cette irrégularité est conduite. Tout est de bon goût, et si bien ménagé, que ce n'est pas d'une seule vue qu'on en aperçoit toute la beauté, il faut examiner pièce à pièce; il y a de quoi s'amuser longtemps, et de quoi satisfaire toute sa curiosité.

Au reste, ces petits palais ne sont pas, si je puis m'exprimer ainsi, de simples vide-bouteilles. J'en ai vu bâtir un l'année dernière dans ce même enclos, qui coûta à un prince, cousin germain de l'empereur, soixante ouanes, sans parler des ornemens et des ameublemens intérieurs qui n'étoient pas sur son compte.

Encore un mot de l'admirable variété qui régne dans ces maisons de plaisance : elle se trouve non-seulement dans la position, la vue, l'arrangement, la distribution, la grandeur, l'élévation, le nombre des corps de logis, en une mot dans le total, mais encore dans les parties différentes dont ce tout est composé. Il me falloit venir ici pour voir des portes, des fenêtres de tonte façon et de toute figure; de rondes, d'ovales, de carrées et de tous les polygones ; en forme d'éventail, de fleurs, de vases, d'oiseaux, d'animaux, de poissons, enfin de toutes les formes, régulières et irrégulières.

Je crois que ce n'est qu'on peut voir des galeries telles que je vais vous les dépeindre. Elles servent à joindre des corps de logis assez éloignés les une des autres. Quelquefois du côté intérieur elles sont en pilastres, et au dehors elles sont percées de fenêtres différant entre elles pour figure. Quelquefois elles sont toutes en pilastres, comme celles qui vont d'un palais à un de ces pavillons ouverts de toutes parts qui sont destinés à prendre le frais. Ce qu'il y a de singulier, c'est que ces galeries ne vont guère en droite ligne. Elles font cent détours, tantôt derrière un bosquet, tantôt derrière un rocher, quelquefois autour d'un petit bassin ; rien n'est si agréable. Il y a en tout cela un air champêtre qui enchante et qui enlève.

32565

14

Vous ne manquerez, sur tout ce que je viens de vous dire, de conclure, et avec raison, que cette maison de plaisance a dû coûter des sommes immenses: il n'y a en effet qu'un prince maître d'un État aussi vaste que celui de la Chine, qui puisse faire une semblable dépense, et venir à bout, en si peu de temps, d'une si prodigieuse entreprise, car la maison est l'ouvrage de vingt ans seulement : ce n'est que le père de l'empereur qui l'a commencée, et celui ci ne fait que l'augmenter et l'embellir.

Mais il n'y a rien cela qui doive vous étonner ni vous rendre la chose incroyable. Outre que les bâtimens sont presque tous des rez de-chaussée, on multiplie les ouvriers à l'infini. Tout est fait lorsque'on porte les matériaux sur le lieu. Il n'y a qu'à poser, et après quelques mois de travail la moitié de l'ouvrage est finie. On diroit que c'est un de ces palais fabuleux qui se forment tout d'un coup par enchantement dans un beau vallon, ou sur la croupe d'une montage. Au reste, cette maison le plaisance s'appelle. YUEN MING YUEN, c'est-à dire le jardin, des jardins, ou le jardin par excellence. Ce n'est pas la seule qu'ait l'empereur. Il en a trois autres dans le même goût, mais plus petites et moins belles. Dans l'un de ces trois palais, qui est celui que batit son aïeul Cang-hi, loge l'empératrice-mère avec toute sa cour : il s'appelle Tchang-Tchun-Yuen, c'est-à-dire le jardin de l'éternel printemps. Ceux des princes, des grands seigueurs, sont en raccourci ce que ceux de l'empereur sont en grand.

Peut-être lirez-vous, à quoi sert une si longue description ? Il eût mieux valu lever les plans de cette magnifique maison et me les envoyer. Je réponds, monsieur, qu'il faudroit pour cela que je fusse au moins trois ans à n'avoir autre chose à faire, au lieu que je n'ai pas un moment à moi, et que je suis obligé de prendre sur mon sommeil pour vous écrire. D'ailleurs, il faudroit encore qu'il me fût d'y entrer toutes les fois que je le souhaiterois et d'y rester autant de temps qu'il seroit nécessaire. Bien m'en prend de savoir un peu peindre, sans cela je serois comme bien d'autres Européens qui sont ici depuis vingt et trente ans et qui n'y ont pas encore mis les pieds.

Il n'y a ici qu'un homme, c'est l'empereur. Tous les plaisirs sont faits pour lui seul. Cette superbe maison de plaisance n'est guère vue que de ses femmes et de ses eunuques ; il est rare que dans ses palais et ses jardins il introduise. De tous les Européens qui sont ici, il n'y a que les peintres et les horlogers, qui nécessairement, et par leurs emplois, aient accès partout. L'endroit où nous peignons ordinairement est un de ces petits palais dont je vous ai parlé. C'est là que l'empereur nous vient voir travailler presque tous les jours de sorte qu'il n'y a pas moyen de s'absenter ; mais nous n'allons pas plus loin, à moins que ce qu'il y a à peindre ne sont de nature à ne pouvoir être transporté ; car alors on nous introduit, mais avec une bonne escorte d'eunuques. Il faut marcher à la hate et sans bruit, sur le bout de ses pieds, comme si on alloit faire un mouvais coup. C'est par là que j'ai vu et parcouru tout ce beau jardin, et que je suis entre dans tous les appartements. Le séjour que l'emperaur y fait est de dix mois chaque années. On n'y est éloigné de Pékin qu'autant que Versailles l'est de Paris. Le jour nous sommes dans le jardin, et nous y dinons aux frais de l'empereur: pour la nuit nous avons dans une assez grande ville ou bourgade, proche du palais, une maison que nous y avons achetée. Quand l'empereur revient à la ville, nous y revenons aussi, et alors nous sommes pendant le jour dans l'intérieur du palais, et le soir nous nous rendons à notre église.

Voilà, monsieur, un de ces points qu'on ne trouve pas dans les livres, et pour lesquels vous avez eu quelque raison de ne pas vouloir que je vous renovyasse. Il ne me reste plus qu'à vous satisfaire sur les autres articles. Vous voulez donc savoir de quelle manière j'ai été reçu de l'empereur; comment il en use avec moi ; ce que je peins ; comment on est ici logé, nourri ; comment les missonnaires sont traité ; s'ils prêchent librement ; s'il est permis aux Chinois de professer la religion chrétienne ; ce que c'est que le nouveau bref du saint-siége sur les cérémonies chinoises : voilà bien de l'ouvrage que vous me donnez. Je ne sais si j'aurai le loisir d'en tant faire. Je suis tenté de composer avec vous, et d'en laisser la moitié pour l'année prochaine. Commençons toujours, et nous irons jusqu'où nous pourrons aller.

J'ai été reçu de l'empereur de la Chine aussi bien qu'un étranger puisse l'être d'un prince qui se croit le seul souverain du monde, qui est élevé à n'être sensible à rien, qui croit un homme, surtout un étranger, trop heureux de pouvoir être à son service et travailler pour lui. Car être admis à la présence de l'empereur, pouvoir souvent le voir et lui parler n'est pour un Chinois la suprême récompense et le souverain bonheur. Ils achèteroient bien cher cette grâce, s'ils pouvoient l'acheter. Jugez donc si on ne me croit pas bien récompensé de le voir tous les jours. C'est à peu près toute la paye que j'ai pour mes travaux ; si vous en exceptez quelques petits présents en soie, ou autre chose de peu de prix, et qui viennent encore rarement ; aussi n'est-ce pas ce qui m'a amené à la Chine, ni ce qui m'y retient. Etre à la chaîne d'un soleil à l'autre ; avoir à peine les dimanches et les fêtes pour prier Dieu ; ne peindre presque rien de son goût et de son génie ; avoir mille autre embarras qu'il seroit trop long de vous expliquer ; tout cela me feroit bien vite reprendre le chemin de d'Europe, si je ne croyois mon pinceau utile pour le bien de la rendre l'empereur favorable aux missionnaires qui la prêchent, et si je ne voyois le paradis au bout de mes peines et de mes travaux. C'est là l'unique attrait qui me retient ici, aussi bien que tous les autres Européens qui sont au service de l'empereur.

Quand à la peinture, hors le portrait du frère de l'empereur, de sa femme, de quelques autres princes et princesses du sang, de quelques favoris et autres seigneurs, je n'ai rien peint dans le goût européen. Il m'a fallu oublier, pour ainsi dire, tout ce que j'avois appris, et me faire une nouvelle manière pour me conformer au goût de la nation : de sorte que je n'ai été occupé les trois quarts du temps qu'à peindre, ou en huile sur des glaces, ou à l'eau sur la soie, des arbres, des fruits, des oiseaux, des poissons, des animaux de toute espèce ; rarement de la figure. Les portraits de l'empereur et des impératrices avoient été peints, avant mon arrivé, par un de nos frères, nommé Castiglions, peintre italian et très-habile, avec qui je suis tous les jours.

Tout ce que nous peignons est ordonné par l'empereur. Nous faisons d'abord les dessins ; il les voit, les fait changer, réformer comme bon lui semble. Que la correction soit bien ou mal, il en faut passer par là sans oser rien dire. Ici l'empereur sait tout, ou du moins la flatterie le lui dit fort haut, et peut-être le croit-il : toujours agit-il comme s'il en étoit persuadé.

Nous sommes assez bien logés pour des religieux ; nos maisons sont propres, commodes, sans qu'il y ait rien contre la bienséance de notre état. En ce point nous n'avons pas lieu de regretter l'Europe. Nos nourriture est assez bonne : excepté le vin, on a à peu près ici tout ce qui se trouve en Europe. Les Chinois boivent du vin fait de riz, mais désagréable au goût et nuisible à la santé ; nous y suppléons par le thé sans sucre, qui est toute notre boisson.

L'article de la religion demanderoit une autre plume que la mienne. Sous l'aieul de l'empereur, notre sainte religion se prêchoit publiquement et librement dans tout l'empire : il y avoit dans toutes les provinces un très-grand nombre de missionnaires de tout ordre et de tont pays. Chacun avoit son district, son église. On prêchoit publiquement, et il étoit permis à tous les Chinois d'embrasser la religion.

Après la mort de ce prince, son fils chassa des provinces tous les missionnaires, confisqua leurs églises, et ne laissa que les Européens de la capitale, comme gens utiles à l'État par les mathématiques, les scienses et les arts. L'empereur régnant a laissé les chose sur le même pied, sans qu'il ait été possible d'obtenir encore rien de mieux.

Plusieurs des missionnaires chassés sont rentrés secrètement dans les provinces ; de nouveaux venus les ont suivis en assez grand nombre. Ils s'y

tiennent cachés le mieux qu'ils peuvent, cultivent les chrétientés et font tout
le bien qui est en leur pouvoir, prenant des mesures pour n'être pas découverts et ne faisant guère leurs fonctions que la nuit.

Comme dans la capitale nous sommes avoués, nos missionnaires y
exercent leur ministère librement. Nous avons ici trois églises, une aux
jésuites français, et deux aux jésuites portugais, italiens, allemande, etc.

Ces églises sont bâties à l'européenne, belles, grandes, bien ornées, bien
peintes, et telles feraient honneur aux plus grandes villes d'Europe. Il y a
dans Pékin un très-grand nombre de chrétiens qui viennent en toute liberté
aux églises. On va dans la ville dire la sainte messe, et administer de temps
en temps les sacremens aux femmes, à qui selon les lois du pays, il n'est pas
permis de sortir de la maison et de se rendre aux églises où se trouvent les
hommes. On laisse dans la capitale cette liberté au missionnaire, parce que
l'empereur sait bien qu'il n'y a que le motif de la religion qui nous amène,
et que si l'on venoit à fermer nos églises et à interdire aux missionnaires la
liberté de prêcher et de faire leurs fonctions, nous quitterions bientôt la
Chine ; et c'est ce qu'il ne veut pas. Ceux de nos Pères qui sont dans les
provinces n'y sont pas tellement cachés, qu'on ne pût les découvrir si on
vouloit ; mais les mandarins ferment les yeux, parce qu'ils savent sur quel
pied nous sommes à Pékin. Que si par malheur nous en étions renvoyés, les
missionnaires des provinces seroient bientôt découverts et renvoyés à leur
tour. Notre figure est trop différente de la chinoise pour pouvoir être longtemps inconnus.

Enfin, monsieur, nous voici au dernier article. Vous voulez que je vous
parle du nouveau bref du saint Père contre les cérémonies chinoises. Comment vous satisfaire ? Sans étude et sans science, je serois téméraire d'entrer
là-dessus dans aucun détail. Tout ce que je puis vous dire, c'est que ce bref
ne décourage nullement les missionnaires. En obéissant au Saint-Siége, ils
feront d'ailleurs tout ce qui est en leur pouvoir, persuadés que Dieu ne leur

en demande pas davantage. Ne donnez donc aucune créance aux discours, aux libelles de quelques-personnes mal intentionnees. Je suis fait jésuite très-tard ; ainsi ce ne sont pas les préjugés de l'éducation qui me conduisent : mais j'examine, je réfléchis, et je vois que tout ce qu'il y a ici de jésuites son habiles, soit pour les sciences de l'Europe, soit pour les connoissance de la Chine ; que ce sont des hommes d'une grande vertu. Ils sont sans doute bien plus instruits que moi sur le compte de ceux qui ne travaillent qu'à les décrier : cependant ils se taisent sur ce sujet, et ils feroient un grand scrupule d'en parler ; je ne les ai jamais ouis s'expliquer à cet égard qu'avec la dernière réserve. La charité, parmi eux, vu de pair avec l'obéissance au saint-siège ; et cette obéissance est totale et parfaite. Le saint Père a parlé, cela suffit. Il n'y a pas un mot à dire ; on ne se permet pas même un geste ; il faut se taire et obéir. C'est ce que je leur ai souvent entendu dire, et récemment encore à l'occasion du nouveau bref.

Quand à ce qui regarde le progrés que fait ici la religion, je vous ai déjà dit que nous y avons trois églises et vingt-deux jésuites, dix Français dans notre maison françoise, et douze dans les deux autres maisons, qui sont Portugais, Italios et Allemands. De ces vingt-deux jésuites, il y en a sept occupés comme moi au service de l'empereur. Les autres sont prêtres, et par conséquent missionnaires. Ils cultivent non seulement la chrétienté qui est à la ville de Pékin, mais encore celles qui sont jusqu'à trente et quarante lieues à la ronde, où ils vont de temps en temps faire des excursions apostoliques.

Outre ces jésuites européens, il y a encore ici cinq jésuites chinois, prêtres, pour aller dans les lieux et dans les maisons où un Furopeens ne pourroit pas aller sans risque et avec bienséance. Il y a, outre cela, dans différentes provinces de cet empire trente à quarante missionnaires jésuites ou autres. Notre maison françoise baptise régulièrement chaque année près de cinq à six cents adultes, tant dans la ville que dans la province, et dans la Tartarie au delà de la grande muraille. Le nombre des petits enfans de parens

infidèles monte ordinairement jusqu'à douze ou treize cents. Nos Pères portugais, qui sont en plus grand nombre que les François, baptisent un plus grand
nombre d'idolaires : aussi comptent ils dans cette seule province et la
Tartarie, vingt cinq à trente mille chrétiens, au lieu que dans notre mission
françoise on n'en compte guère qu'en-viron cinq mille.

Je suis très-souvent témoin de la piété avec laquelle les chrétiens,
s'approchent des sacremens qu'ils fréquentent le plus souvent qu'il leur
est possible. Leur modestie et leur respect dans l'église me charment toutes
les fois que j'y fais attention. Il ne sera, comme je crois, hors de
propos de vous faire part d'un effet singulier de la grâce du saint baptême
conféré, il y a quelques mois, à une jeune princesse de la famille du Souneu
dont il est parlé dans différens recueils des Lettres édifiantes, à l'occasion
des persécutions qu'elle a eu à soutenir de la part du dernier empereur.

Un des princes chrétiens de cette illustre famille vint à notre église, dans
le mois de juillet de cette année, dire à un de nos Pères qu'il apprenoit dans le
moment qu'une de ses nièces, qui depuis quelques mois avoit témoigné quelque
envie de se faire chrétienne, étoit à l'extrémité. Comme ce père ne pouvoit lui-
même aller dans cette maison d'infidèles, il donna au zélé prince une fiole plei
ne d'eau, dans la crainte qu'il n'en pût trouver aussi promptement que le cas
pressant l'exigéroit, à cause du trouble et de la confusion où étoit la maison de
la malade. Ce prince, très instruit de la religion, s'en va avec empressement
trouver la jeune princesse, qui n'avoit plus l'usage de la parole ; il voit l'extrémité où elle étoit réduite ; il avertit les parens infidèles du dessin qu'il a de la
baptiser ; et ceux-ci n'ayant fait aucune opposition, il fait à la malade les in-
terrogations accoutumées en pareil cas ; il l'avertit de lui serrer la main pour
signe qu'elle entend ce qu'il lui propose ; et cette marque lui avait été donnée,
il avertit la malade qu'il va lui verser de l'eau sur la tête pour la régénérer en
Jesus-Christ! Cette jeune princesse s'agenouille alors du mieux qu'elle peut
pour recevoir cette grâce ; elle répand des larmes pour témoigner
son regret et sa joie, et le prince, plein de foi, la baptise,

à peine eut elle reçu ce sacrement, qu'elle s'endormit d'un paisible sommeil. Ses parens, quoique infidèles, avertis de son baptême, furent tranquilles sur son sort et ne douterent nullement que Dieu ne lui rendit la santé. Au bout de quelques heures de sommeil elle s'éveilla et jeta un grand soupir. Depuis plusieurs jours elle ne pouvoit prendre aucune nourriture ; on lui donna à manger, et elle avala sans peine : elle se rendormit ensuite, et après s'être éveillée, elle s'écria qu'elle étoit guérie ; et effectivement elle jouit aujourd'hui d'une parfaite santé.

Je ne vous dis rien de la perte qu'a faite la mission des pères d'Entrecolles et Parennin : l'un et l'autre sont morts dans une grande réputation de sainteté, et sont regrettés, non-seulement des missionnaires qui les connoissient plus intimement, mais encore de tous les chrétiens de cette mission. Je ne doute pas que vous n'ayez déjà vu le détail des vertus et des travaux des deux hommes apostoliques.

Je crois qu'il est temps, monsieur, pour vous et pour moi, de finir cette lettre qui m'a conduit plus loin que je ne croyois d'abord. Je voudrois de tout mon coeur pouvoir, par quelque chose de plus considérable, vous témoigner ma parfaite estime. Il ne me reste qu'à vous offrir mes prières auprès du Seigneur. Je vous demande aussi quelques parts dans les vôtres, et suis très-respecteusement, etc.

_____

N. d. R. — Le texte ci-dessus reproduit est destiné à remplacer le même texte non corrigé et introduit par erreur dans le numéro précédent

32573

本社紀事

一、十九年度中國營造學社事業進展實況報告 附英文

（甲）本社所辦事項

（1）譯印歐美關於研究中國營造之論著

中國營造，自古視爲絕學，考工記以降，專著寥寥，數千年間，不絕如縷，自李明仲營造法式刊行以來，海外學者，爭相誦習，旁徵博引，著爲專書，乃至版本之流傳，注釋之同異，一字一句，殆無忽略，其用心之精，致力之勤，眞令吾人不能望其肩背，且有足爲吾人導師，而發吾人所未發者，固不止於相觀而射，執柯伐柯也，吾人平日，深信中邦絕藝，必能漸被歐西，試一披覽，此種論著，當信斯言之不謬，此不獨令吾曹張目，經此一番之闡揚，尤足令埋頭故紙之外人，自詡爲得一知己，從此精益求精，愈加奮勉，深造有得，馴致高深，合全世界學者之心思材力，以研究中國營造，其進步必更可觀，蓋種族雖殊，學術則一，大同眞諦，可見一班矣，本社使命，重在昌明，而文字不同，溝通爲急，年來於英於美於法於德，凡最近之論著，有關於中國營造者，無不多方蒐集，次第譯述，與原文同時刊布，以餉國人，此類譯材，極不易於物色，固爲財力所

32575

二

限，尤以達雅爲難，漢文雖有根柢，闕乏專門知識及與趣者，仍難從事修飾潤色，更非博學多通不可，至日本方面之學者，研究亦殊精進，但以同文之故，似較易於歐西，茲就歐文之已經譯印者，列目如次

（一）英葉慈博士，營造法式之評論，瞿祖豫譯（本社彙刊第一册）

A Chinese Treatise on Architecture

By W. Perceval Yetts

[Reprinted from the Bulletin of the School of Oriental Studies, London Institution, Vol: IV. Port III, 1927]

（二）英葉慈博士，以永樂大典本營造法式，花草圖式，與訪宋重刊本互校之評論譯倫敦學院東方學藝研究院，週刊卷五第四章八五六八〇頁，瞿祖豫譯，（本社彙刊第二册，）

a Note on tha "ying tsao of ship"

By w. perceval yetts

[Reprented from the Bulletin of the school of Oriental Studies London Institution, Vol, V, Part IV 1930]

（3）英葉慈博士論中國建築，譯白利登雜誌，（一九二七年三月號）Writing on chinese

architectuse 瞿祖豫譯，（本社彙刊第一册）

By W. Percaval yette

[Repriuted from The Turliugtor magazine mach, 1927]

（4）建築中國式宮殿之則例，　譯美國亞東社會月刊，（一七二七至一七五〇年）　瞿祖

豫譯，（本社彙刊第二册，）

Current Regulations for Building and

Furnishing Chinese Imperial Palaces, 1929-1750

By Carroll B. malone, miami university

Notes on Chinese Roof-tiles

（5）英葉慈博士，著中國屋瓦考，瞿祖豫譯，（翻譯中）

By W. Perseval yetts

[Repinted from the Transactions of the Oriental

Ceramic society : 1927-29]

（6）美福開森博士，著中國屋瓦考書後，　瞿祖豫譯，（譯成待印）

Chinese Roof Tiles: Notes on Chinese Roof-tiles, by Lr: W, Perseval yetts, Repristed from the Tsansoctions of The Oriental Ceranic society; 1927-8.

By Iohnc, Feiguson

（7）美愛廸京著中國建築，瞿祖豫譯，（譯成待印）

chinese Architecture By Exkins

以上英文

（8）評宋李明仲營造法式，　譯越南遠東學院叢刊第〇卷第〇冊第二二三頁至二六四頁，唐在復譯，（譯成待印）

Critique Sur Che-yin Song Li-ming-tchong yingtsao fa che" Edition Photolithographique de ia methode D' architecture de li ming-Tchong des Song".8 facicuies, 1920.-Par.

m. P. Demieville. Bulletin de i' ecole d'exlrême-orient a Tbanoi, vol, fase, P, 213-264

以上法文

（9）隋代及唐初之塔，栢世曼著，　劉式訓譯，（譯成待印）

Pagoden Iea Sui-ung früben Tangzeir

Bon Csuft Boerfchmann.

（譯成待印）

以上德文

（2）英倫研究李書之趨勢

營造法式，仿宋重刊以來，風行國內外，早為學者間唯一之先導，特以中外文字之不同，往往不免於隔閡，本社職志，重在溝通，故於歐美學者研究李書之論著，每為迻譯，以貢獻於國人，最近有 C.H. Brewitt-Taylor 藏有法式圖樣之引用於永樂大典匠字卷者，又經葉慈氏將大典本與仿宋重刊本，細為勘校，著論發表，本社已於第二期彙刊譯載，近得英人錫寇克介紹本社彙刊，謂為最新之藝術刊物，凡曾購有李書者，不可不人手一編云。

（3）編訂中之營造辭彙

營造辭彙之編訂，為本社主要工作，年來徵集資料，於訓詁名物，已具端倪，自上年九月起，組織辭彙，商訂會議，准每星期二六日，晚七時至九時舉行，先就辭源中已有之名詞，擇其與營造有關係者，提出會議，逐字討論，並按辭源編次法以筆畫之多少為次，其有注釋不足，或不合用者，公同協議，為之修正，嗣因所擇名詞，易涉廣泛，乃就其編次，按字增加，如一字部之一明兩暗，一順一丁，上字部之上梯盤，上子澀，上花架等，均係辭源所無，而營造辭彙中，萬不可少者，為之撰說繪圖，逐語詮釋，至今年二月，又因每星期會議兩次，進行太遲，乃改爲每星期三次，於一三五之晚，八時至十時舉行，並嚴訂規約，於下次開會以前，務將上次會場所議決之工作，如查書補圖等事，一一補齊，以免耗費時間，旋又議決，採取材料，專就工部工程做法，逐條研究，以臻嚴格，並將日本已出版之工業大辭書，工業字解，建築語彙，英利建築用語等書之凡例，提出研究，編成比較表，以供商榷，庶俾社員曉然於編撰辭彙應經之程序，及應取之態度，冀與世界學者，不積隔閡，但同志太少，速效爲難，每次會議，多則十餘語，少則三數語，其有疑難，往往有一語不能決定者，惟有鍥而不舍，循序漸進而已，至參預此項會議者，有闞鐸，荒木淸三，劉南策，宋麟徵，陳大松，而朱先生亦多親自列席

（4）建議購存宮苑陵墓之模型圖樣

十九年五月，因樣子雷舊存之宮殿苑囿陵墓各項模型圖樣，四出求售，有流出國外及零星散佚之虞，乃建議於貴會，設法籌欵，旋由北平圖書館購存，先行著手整理，將來供本社之研究，雷氏在光緒初年，承修惠陵，尙有雷廷芳啓芳二人，列入獎案，又雷思起與修正陽門閣樓，亦見奏案，此次第一批出售圖型者，爲雷獻春，住西直門西觀音寺，卽爲雷氏嫡支，又有別支雷耀亭，名文元，住西城水車胡同，父名獻祥，字雲生，伊伯父獻祿，字福生，叔父獻禎，字震生，現均窮困，同年冬間，又以耀亭所藏模型一宗

出售，計三部分，一為南海勤政殿，二為頤和園戲臺，三為地安門，皆光緒年間之物，

燙樣亦與前次式樣不同，足證前次所售，時代較古，又經介紹仍歸北平圖書館購存，又

故宮文獻館，藏有模型甚多，查係圓明園慎德堂等處之燙樣，但破壞不堪，急待整理，

而慎德堂圖樣，又在中海圖書館，當經函商文獻館，設法與中海圖書館，協商參照原圖

，加以整理，現正在進行中

（5）圓明園遺物與文獻之展覽

圓明園建築之偉麗，在歷史上，自有不可磨滅之價值，而自營造立場上觀之，尤有研究

之必要，本社近年工作，專注意於北京宮殿，而圓明園工程，又與內庭小異，一則為

朝法物，一則專備宸遊，猶風詩之有正變，畫派之有南北也，本社網羅散失，於遺物及

文獻兩方面，致力有年，上年與北平圖書館，購求樣子雷之圖型，整理之結果，得屬於

圓明園部分者計圖式二千八百餘件，模型十八具，又故宮文獻館，存有慎德堂模型殘品

甚多，尚待修理，復迭次派人就現在廢址，採取斷磚碎石，記明地點，約有二百餘事，

而最為中外人注意者，為諧奇趣西洋樓水法圖二十頁，此圖係乾隆銅版，現在已發見者

，北平故宮，及遼寧熱河兩行宮所藏，與北平舊家所藏原印本，與席倫氏北京皇宮考，

日本世界美術全集所載，今昔對照之圖榭脗合，再與最近殘破狀況相較，更覺不堪寓目

七

，本年三月二十一日，李明仲八百二十一週忌，特與北平圖書館聯合在中山公園水榭，開會展覽，旋以學界要求延長一日，計兩日之參觀者，達萬人以上，至陳列出品，曾經先期函告中外收藏家考古家徵集，嗣承各方面援助，應徵者頗有多品，業經刊列略目，刷印分贈，並向達氏特撰趣旨之述明，及大事年表，與上年在大公報文學副刊發表之「圓明園罹刧七十年紀念述聞」一同時印行，聞大連奉天方面之外人，尚有關於圓明園之文獻，擬再設法徵集，以供繼續之研究。

（6）琉璃瓦料之研究

琉璃瓦料，爲建築重要用材，尤爲宮殿所專用，北平自金元以來，爲歷代之首都，以琉璃瓦料表現特色，已有數百年之歷史，實物具在，世界注目，近年新式建築，亦多採用琉璃瓦料，爲各種匠作之聚，如大木斗科內外簷裝修，以及雕鏤土石，考工未精，窳劣濫惡，不獨有害於營建，且於北平物產中華工藝之前途，影響滋巨，自營造立塲言之，琉璃瓦料，爲各種匠作之聚，如大木斗科內外簷裝修，以及雕鏤土石，幾無不備，而地質工藝，與理化諸學之應用，更不待言，近以搜畨所得，各種做法，綜合研究，於影壁花門牌樓房座等計算宽瓦之法，觕有端倪，而於成做瓦料之坯質粬藥，圖式模型，尚不能爲整個的研究，乃先從訪求匠師採集實物着手，本年二月，成立琉璃瓦料研究會，與各會員迭次討論，並組織調查團，前赴宛平縣門頭溝，琉璃渠村舊琉璃官窯，實地踏查，向窯主兼廠商趙雪訪氏借來現品數百餘件，在中山公園，與其他窯廠出品同時陳列，並與在平徵集所得各種現品，比較研究，雖與工部工程做法，九卿物料價值，內庭圓明園內工工程做法，及其他傳本所載之品名樣數無定列等項名件，所關尚多，但初步工作，已具崖略，由此進行，稍有途徑。

（7）營造四千年大事表之繼續編輯

前期於營造四千年大事表之採輯，業經報告，本期繼續工作，一方面仍從事於採輯，一方面先將已得資料，加以整比，計有史以後，自唐虞以迄近代，凡屬於營造內之興作毀壞兩門，按原定分類，得左列之結果，有已經剔除者，不在此內，一面搜集追加資料，隨是增補。

第一冊唐堯至秦，
第二冊兩漢，
第三冊三國，
第四冊晉，東晉 附後趙，
第五冊南北朝，
第六冊隋，
第七冊唐，
第八冊五代，
第九冊宋太祖至神宗，
第十冊宋哲宗至宋末，
第十一冊遼金，
第十二冊元，

一〇

第十四册明洪武下，

第十六册明正統，

第十八册明天順，

第二十册明弘治，

第二十二册明嘉靖，

第二十四册明萬歷，

第二十六册明崇禎，

第二十八册清雍正乾隆，

第三十册近時

（8）哲匠錄原稿之增輯

哲匠錄正在編集中，比之上年各門，已多增加，並增出製墨一門，約數百人，而刻竹一門，重別改編，亦增加至數十人

（9）園冶原本之發見，與參考品之蒐集

明計成氏園冶一書，本社前已出日本覓得鈔本，正在整理，近聞日本內閣文庫，藏有明刊印本，已設法託人影印，又聞內藤湖南博士，曾以此書重刻，在某叢書中，亦已託人

第十三册明洪武上，

第十五册明建文永樂洪熙宣德，

第十七册明景泰，

第十九册明成化，

第二十一册明正德，

第二十三册明隆慶，

第二十五册明天啟，

第二十七册清順治康熙，

第二十九册清嘉慶道光咸豐同治光緒宣統，

覓取，現在北平圖書館，已發見明刊原本，但少第三卷一冊，此本院大鋮序末葉，有皖

城劉炤刻之欵，可爲圓海親書付刊之證，一俟諸本徵齊，卽可板行，此書未見著錄，惟

一見於李笠翁一家言中間情偶寄之居處部，將來擬與一家言，及揚州畫舫錄中之營造工

段錄，一同另印成通行本，以供一般學子匠家，人手一編之用

（10）搜輯禮經宮室考據家專著之略目

昔宋李如圭儀禮釋宮自序，而云讀禮經時，若不先明宮室之制度，卽無以驗升降上下之

節奏，及其儀容，考亭亦有不知席地而坐，不能讀鄉黨之語，營造蓋刊之輯，固爲考古

家謀參考之便利，而溝通儒匠，亦有取徑之必要，故李書看詳，導源於訓詁，已具有辭

彙之雛形，況禮經宮室，考據專家之論著，向稱稀有，其散見或單行蒐輯，亦較他種著

述爲難，本年度中採集之工作，已由目錄，進而至於圖書，刊本鈔本之已入藏者，計百

四十餘種，今記其略目如左

屬於禮經宮室者，有焦循羣經宮室圖 卷二　洪頤煊禮經宮室問答 卷二　任啟運宮室考 卷二　金

鄭廟寢宮室制度考 卷一　黃以周宮室通故 卷二　邵晉涵爾雅正義釋宮 卷五　程瑤田釋宮小記 卷一

院經問儀禮釋宮何人爲精確 卷一　戴震考工記圖 卷二　程瑤田考工創物小記 卷一　江永儀禮

釋宮增注 卷一　李如圭儀禮釋宮 卷一　林希逸鬳齋考工記解 卷二　杜牧注考工記　鄒漢勛殿

三二

屬於明堂者，有毛奇齡明堂問　卷一　黃以周釋明堂　卷一　阮元明堂論　卷一　徐養

原明堂說　卷一　明堂議　孫星衍明堂考　卷一　金鶚明堂考　卷一　邵漢勛明堂考　汪中明堂通釋

卷一　黃以周明堂通故　卷一、熊羅宿明堂圖說　卷一　惠棟明堂大道錄　卷八　俞樾考工記世室重屋

明堂考　卷一　徐養原世室重屋說　許宗彥世室考　卷一　徐養原五室說　朱大韶明堂無五室說

屬於學校者有　辟雍太學說　卷一　孔廣森辟雍四學解　卷一　辟雍解　許宗彥三雍考　卷一

周立學古義考　卷一　金鶚學制考　卷一　箋註車制考　卷一　黃以周車制通故　卷二　毛宗凍考工記考

屬於輪輿者，有阮元車制圖解　卷一　鄭珍輪輿私義　卷二　鄭知同輪輿圖　江永車輪考

辨　卷八　朱駿聲釋車　卷一　江永車馬考　江永綏圖　江永輈輈

江永車轄考　江永車馬考　江永綏考

（11）燕京故城建置沿革之考據

北平沿革之考據（近年如天咫偶聞，已成專著），然外人研究之方法，注重於實地踏查，

不專重在文獻，日本那波利貞文學士，有遼金南京燕京故城疆域考一書，全以實地踏查

爲依據，而華人奉寬氏，亦有燕京故城考之作，載在燕京學報第五期，兩考同時出現，

彼此皆未得見，社員闞鐸一面將那波氏之作，譯成漢文，一面將奉寬氏之作，及簽註那

波氏作之意見，致函那波氏，爲之介紹，且請答復，因那波氏在病中，尚未正式回答，

一俟復到，即當彙總披露，那波氏對於討究北平都市之建置沿革，擬分爲六段，（二）春秋戰國燕之都薊，（二）五胡前燕國之都薊城，及與唐幽州鎮城之關係，並唐幽州鎮城，（三）遼南京燕京及金主亮，天德三年擴張後金中都大興府城，（五）元大都燕京，（六）明永樂之北京，及清北京，此次所譯，係第三期研究，在高瀨博士還曆紀念支那學論叢內發表，此外又有「薊城疆域考」，乃第一二期之研究，已於小川博士還曆紀念支那學論叢發表，尚未譯出

（12）日本伊東博士之講演

日本伊東忠太博士，爲研究東方建築之泰斗，與本社宗旨相同，氣求聲應，上年帶同工學專家田邊泰，飯田須賀斯，松本吉雄等，來平，訪晤朱先生，面談營造學社，一切進行事宜，交換意見，携同周覽故宮全部，復與在平名流學者相見，即席演講「支那建築之研究」，經錢稻孫君，譯以華語，（演講見本社彙刊第一期）博士於北京故宮曩年親自測繪，此次重來，與本社講求研究營造之方法，應分遺物文獻兩種，中日學者互爲援助，並允向日本各考古專家，及學術團體，代爲介紹，實行合作，以期發揚東方文化

乙、社外委託辦理事項

（1）勘驗報告紫禁城南面角樓城臺修理工程

紫禁城南面，東西兩角樓，前經福開森先生，勸募美國柯洛齊將軍，及其夫人，倡捐工欵之半額，一面由朱先生發起向在平華方紳商及有關繫機關，認捐半額，當經會同故宮博物院，歷史博物館，古物陳列所，及有關繫方面人員，組織修理城樓委員會，議決由古物陳列所，勘估興修，完工以後，開會議決，委託本社選派專家勘驗報告，嗣經本社技師實地查驗，並取具木廠分類清單，報告到社，當卽函復委員會，並附加修復建築遺物意見，已由古物陳列所，將前項意見書，轉呈內政部，以爲修復工程之參考

（2）審定新建北平圖書館彩畫圖案

北平圖書館建築新館，將次竣工，而本社成立，該館建築委員會，函聘朱先生爲顧問，委託審查新館內部及外部，彩畫圖案，並遺派匠師，來社繪製實樣，此項工作，於洋灰建築上，施金傅彩，用油用膠，頗費研究，且因金價奇漲，受物力上之限制，配置文樣，力避繁縟，其全部已成之結構，中西錯綜；廣狹不中程式者，祇可別出新案，姑爲補苴而已

（3）德人穆麟德氏遺書之整理

民國三年，朱先生曾購德人穆麟德氏遺書二十二箱，約計數百餘種，當時因無適當之圖書館，可以公開研究，遂暫寄古物陳列所，上年十月，經北平圖書館員之協助，在所開

箱檢查，移存北平圖書館暫庋，並經圖書館長袁守和先生，調查穆氏尚有未亡人，曾經通訊往復，寄來所撰穆氏傳記及其書目，現正在查對中，穆氏曾充李文忠公文案，天津德國領事，浙海關稅務司，生平於東方語文，最有研究，故所藏書籍，亦以此類爲多，此項書籍細目，現在整理中

（4）預備在太平洋會議發表北平建築之論文

上年陳衡哲先生，發起徵集各專家論著，在太平洋會議發表，請朱先生撰一論文，以北平爲主體，朝代爲背景，就各地屬於建築美術之史實，爲之舉證，標題爲「從燕京之沿革觀察中國建築之進化」，漢文約兩萬言，由社員闞兌之君筆述，葉公綽君節譯英文，雖爲篇幅所限，刪存無多，而爲撰此文所蒐集之參考材料，殊不爲少，此亦本年度中一重要之工作

二、本社二十年度之變更組織及預算

致文化基金會函稿敬啟者，本社自十九年一月創立以來，對於繼續研究營造學一切工作，均照原定計畫，努力進行，當時原擬分設文獻法式兩股，物色專門人材，分工合作，現經聘定梁思成君，充法式主任，而以原有編纂闞鐸君，改充文獻主任，並將其他職員，酌量改組，啓鈴年來因各方謠諑，及籌度北平繁榮之故，環境紛擾，重以衰病，往往

不能專心研究，自顧歉然，茲以專任得人，分股辦事，仍由啟鈐負責督促指導，以貫澈最初之目的，至經費一節，既經改組，本年度之預算案，自不能不量予變更，內中如辦公經常費，及職員薪水兩項，擬就貴會本年度補助金範圍之內，按月儘數支配，作為甲種預算，其事業所需，如旅行調查費，出版費，照相費，繙譯及臨時鈔繕費，雇用匠作費，購置專用品費，約共九千餘元，內中四千餘元，有上年度結餘之欸，本係開辦費及常年所節存，可以流用，下餘不敷約五千元，即由啟鈐另行籌補，此項費用，均作為臨時費，列入乙種預算，本社事業複雜，需欸浩繁，從前個人創業，及同人集合，所費本已不資，即十八年提議原案，本係五年，前三年每年萬八千元，後二年尚須增加，旋經貴會議決，削減為萬五千元，暫定三年，又值金價騰貴，迥出意外，而學術上之要求，日甚一日，即如調查旅行照相及雇用匠作翻譯外籍等類工作，連年為經濟人材所限，多未實行，近來中外社會，貴望日奢，且有主張將本社擴大，公開為永久機關學術團體者，然個人籌措，力有所窮，貴會補助，限於定數，惟有一方致力於研究，一方竭盡吾人之智能，共謀社務之進展，期與貴會熱心扶助原則，不相剌謬，此次改組，利用節存之餘貲，增加分工之能率，雖屬過程，亦研究進行中應有之步驟，此後仍希。格外援助，匡其不逮，無任企幸，茲送上二十年度改正預算案，即希查照備案為荷，此致

附改正預算案（略）

三、建議請撥英庚欵利息設研究所及編製圖籍 附英文

英國退還庚欵之利息，現經中央政治會議議決，及解決中英庚欵換文規定，用以補助文化教育，本年五月，經本社致函管理中英庚欵董事會，請予分期撥欵，設立建築學研究所，及編製營造圖籍，旋接復函，准俟將來收到利息時，參照支配標準原則，再行討論，嗣又來函，准先提付下次大會討論等語，茲將往復公函，附載於左

（甲）本社致英庚款董事會函

逕啓者，我國歷代營造之學，在歷史上美術上，皆有歷刼不磨之價值，以屢經變亂，文物淪胥，傳述無人，精英盡失，又向來學者多鄙視斯道，於一切原理原則，及應用方法，不能利用學術，爲之推進，即昔人專門著述及僅存遺製亦罕學者爲之釐折整理，遂致斯學晦而不彰，迄於近年，東西各國學者，以吾國建築，爲世界建築學派之一大系，極力精研，圖書迭出，而國內之沉寂如故，遇有建築，除乞靈歐式外，間欲參用國有之式，主其事者，輒莫知所從，惟恃鈔襲外人所擬吾國之圖樣，以充藍本，此實爲一國之恥，同人等深懼更歷歲時，圖籍散亡，遺構傾毀，工師失傳，斯學益無由尋討，不揣棉薄，除由啓鈐等仿覓宋李明仲營造法式，精刊卽行，並加詮釋外，復搜集明清大工之圖繪

册籍，及工師秘本等等，以為研究之資，復以同人散處各方，不能無機關以為鈐轄，因于民國十八年春，由 桂莘 在津埠發起組織本社，羅致技術專家，及歷史學者，以完成中國營造學之研究為主旨，所有關於我國古今土木彩繪彫塑染織髹漆鑄冶塼埴，一切考工之事。凡實質的藝術，與全部文化有關者，均在敝社研究範圍之內，嗣經中華文化教育基金董事會議決，給予補助費，每年壹萬伍千元，暫以三年為限，逐將會所，移設北平，二年以來，中外學者，紛紛加入研究，敝社因時勢之要求，社會之引重，逐由私人講習，進而為學術團體，惟中華文化教育基金董事會之補助，年限既短，數目又微，以敝社研究範圍之廣，計畫之鉅，此欵實不敷過甚，敝社雖不以此自餒，然阨於經濟狀況，使我國建築學僅具之基礎，不能得滿足之進展，實同人所深切疚心，現計吾國建築學上，所亟需要之事有二

一、設建築學研究所

學術研究，非有科學之組織，專門之計畫不可，敝社現為造就高深之建築學專門人材起見，擬籌辦建築學研究所，專收各大學畢業生，於建築學卓有心得者，或與之有同等資格者，使之為深切之研究，務令其研究所得，能有所貢獻于斯學，並補助凡百建設之進行，庶以後一切要工，不必借材異域，而我國建築程式，亦得以發揚

光大，不致因潮流之關係，而論於廢隳或減色，惟此項計畫，規模既大，所費自不

能不隨之增多，約計開辦設備諸費，以十年計，約共需用銀三十萬元，當為極少之

數，其臨時需要，尚不在內。

二、編製營造圖籍

晚近以來，兵戈不戢，遺物摧毀，匠師篤老，薪火不傳，繼是以往，恐不逮數年，

闕失殆盡，同人為是悚懼，故敝社主要工作，即以增輯圖史，廣徵文獻，以科學方

法，整理古籍為事，舉凡古人宮室制度之散見于經史百家者，及宋遼金元明之遺物

，塔寺宮殿，暨清代壇廟，宮室，苑囿，寺觀，城垣，廨舍，倉庫等，以及其他古

人界畫粉本，實寫真形，金石拓本，紀載圖誌等，凡營造所用，不論古今器物，即

一甍一椽之微，均擬為之考求其則例法式，並就其間架結構，為撰圖樣以作一精確

之藍本，俾傳於世，即以考查研究，製圖撰說，程功已鉅，而況綜合古今營造史上

各項材料，更為之排比搜繹，歸納研究，俾各成專書，則其事之繁重，更非累年不

為切，約計此項計畫上，所需用搜採資料研究著作，以及事務各費，以十年計，亦

約需洋三十萬元正。

上列兩項計畫，共需銀六十萬元正，尚係樽節計度，勢難再少，敝社同人，以此項計畫

，關係於我國文化前途之發展者綦鉅，不敢不以此自勉，現在規模粗具，聲譽漸敷，所徵集之研究資料，亦復不尠，若止而不進，實為可惜，惟經費一項，實無從出，查此次英國退還庚款協定，有關于協助教育文化事業之規定，素仰

貴董事會同人，熱心文化事業，用特提出請求書，敬懇

貴董事會議決，于所收利息內照撥，並將此項計畫所需用之銀六十萬元，自本年起，分為十年撥給，如是則每年補助費，平均不過六萬元，（惟建築學研究所開辦時，所需建築設備開辦各費，均須在第一二年內撥清，此為一種事實上之需要，當然不在此例，）數既不多，而鄙社因以得從容盡力於文化事業之發展，豈惟敝社之幸，抑亦

貴董事會所造於吾國文化事業之惟一功烈也，相應函達，即希查照辦理示覆為荷，此上

朱啓鈐　華南圭　葉公超　周詒春　瞿兌之　盧樹森　陳　垣　關　鐸　劉敦楨

袁同禮　梁思成　關祖章　林行規　林徽音　彭濟羣　馬　衡　陳　植　汪　申

（乙）管理中英庚款董事會第一次來函

逕啓者，前准貴社函請分期撥欵，用為設立建築學研究所，及編製營造圖籍等由，經於本會第三次董事會　提出討論，因英國退還庚款，按照中央政治會議議決，及解決中英庚欵換文規定，係將庚款全部，借作鐵道及其他生產事業之用，即由借用機關，撥付利

息，用以補助文化教育，目前欵項，尚未過付，利息更無從計算，所有各教育文化機關

請欵補助各案，經本會議決，俟將來收到利息時，參照支配標準原則，再行討論，准函

前由，相應函復查照爲荷，此致

（丙）管理中英庚欵董事會第二次來函

遞啟者，案准貴社函請分期撥欵六十萬元，藉以設立建築學研究所及編製營造圖籍等由

，准此，查關於文化教育事業之補助事項，迭據各處請求，前經鄙會第二次大會議決，

待本會將利息支配標準，詳細規定後，再行核辦，等語，記錄在案，貴社請欵協助一節

，姑先提付下次大會討論可也，相應函復，即希查照爲荷，此致

To the Board of Trustees.
for the Administration of
the British Boxer Indemnity Refund,
Nanking.

Sirs :—

In my capacity as the president of the Society for Research in Chinese Architecture, may I take the liberty to draw your attention to the origin and activities of our Society and to appeal to you for a grant from the Indemnity Fund which the British Government has so generously returned to China for the cultural and economic development of this country.

At the moment, architects in this country are employing the principles and applications on architecture developed in foreign countries. When circumstances demand the adoption of the Chinese style of architecture, people often wonder what to do ; and it is not infrequent that drawing made by foreigners on buildings resembling Chinese in style are used as a basis. It is certainly regrettable that such should be the case.

Apprehending that as time goes on, books and articles on architecture may get scattered and become lost, buildings may suffer destruction, rules and practices used in this profession may become corrupted, and that it may become still more difficult to develope the line, we have reprinted and published, as a begining, a book on Construction Methods entitled "Yin Tsao Fah Shih" (營造法式) written by Li Chieh (李誡) of the Sung Dynasty, the most authoritative manual we have yet found.

The book is annotated by us and has already proved to be of great value to students interested in architecture. We have also secured a number of original drawings, books, and manuscripts of those who handled important construction work in the Ming and Tsing Dynasties.

As those who were interested in this development are scattered all over this country, it was felt that an organization devoted to this subject should be founded, and, accordingly, in the spring of 1929, this Society was organized in Tientsin. A number of architects and historians were enrolled into its membership for the purpose of researching into Chinees

32597

architecture. Painting, sculpture, engraving, casting, and other subjects connected with architecture and building construction are all included within the scope of our research. Later, in the winter of the same year, we were granted a sum of $15,000 a year for a period of three years by the China Educational Foundation Fund Commission. The headquarters of our Society was moved to Peiping and a great number of members, both Chinese and foreign, were further enrolled.

As time went on, we have gained more popularity and confidence as work has incaeased proportionally. However, the sum granted by the China Educational Foundation Fund Commission is so limited and it bovers so short a period that it is far from being sufficient to carry out the work we hope to achieve. Though our ardour is in no wise dampened by the financial difficulties, we certainaly would deplore that the development of architectural studies of this country be in any way retarded to any extent owing to lack of financial support — a sentiment in which are sure, you would concur.

I. Establishment of an Institute of Architectural Research.

To undertake any specific study, it is essential that a special organization to supervise the progross of the study should be created, and a definite plan that prearranges various phases of the work should be outlined. To cultivate and train architects of the highest order, we are proposing to establish as institute that devotes its attention to researches in architecture. College graduates from courses in architecture, or others having extensive experience along this line will be admitted to the Insttute to undertake further studies on the subject. We are certain that results from such research work will be of great assistance to various building construction work that are now underway or are being planned to be carried out. Moreover, this will mean that hereafter architects in this country will be competent to undertake responsible work on any important constructional probjects without appealing to the assistance of foreign architects. Chinese architectural styles and forms will thus be revived and thus be developed.

Judging from its scope, this proposal will call for at least a sum of $300,000 for its equipment and expenses during the first ten years, not including any expenses providing for contingencies.

II. Compilation of Books and Papers
on Architecture.

During the last few decades, the unceasing national turmoils have annihilated many historical buildings. Again, with the passing away of master hands in construction works, it is true also that few are able to succeed them. In the course of few years to come, existing works, master hands, records, and books may all be lost to posterity. We deem it as a principal part of our work to search for books and papers on architecture and to compile and arrange them systematically.

The descriptions of ancient housing that have appeared in literature and history, such as pagodas, temples, palaces and other construction works of the Sung, Liao, King, Yuan. Ming, and Tsing dynasties; and all other architectural works as now found in existing paintings, drawings, pictures, engravings, and so forth are now either damaged or partially ruined.

So long as it is of architectural value, any detail may deserve our devotion and thorough examination. Its design and construction are all to be carefully incorporated in drawings with descriptions in the hope that they may be of value to students. This calls for an enormous amount of labour, as it covers every kind of material that may have been used in building construction ancient or modern. A sum of another $300,000 will be required for the first ten years.

As stated above, for architectural researches and compilation of books and papers on architecture, a total sum of at least $600,000 will be required. Since both of these studies are closely related to the cultural development of this country, we feel that it is the duty of this Society to take up these works. We have already made a start on both studies, and a considerable amount of materials has been collected for further research. It will certainly be very regrettable, should we be obliged to stop at this point simply on account of shortage of funds. The remission of

32599

Boxer Funds to this country granted by the British Government provides that part of the fund should be allocated for enterprises concerning cultural development of this country, and we are certain that you, gentlemen are all anxious to see further progress in these efforts. We appeal therefore to you and ask your consideration, and hope that, in the interest of furthering Chinese architectural research work, the sum of $600,000 shall be divided in ten equal yearly installments, averaging $60,000 a year.

We would also point out that inasmuch as the construction and equipment for the Institute of Architectural Research call for funds during the first and second years, we trust that you will agree to a departure from the average and permit a certain amount of elasticity for drawing a larger amount for meeting these preliminary expenses.

Respectfully submitted

THE SOCIETY FOR RESEARCH IN
CHINESE ARCHITECTURE
Chu Chi—chien
President.

Enclosure: an abridged
list of our members.

An Abridged List of Members of the Society for
Research in Chinese Architecture.

Y. T. Tsur	Chen Yuan
Yuen Tung-li	Ling Shing-kwei
Ma Heng	Hwa Nan-kwei
Chu Tui-chi	Kan To
Liang Su-cheng	Lin Hwei-yin
Chen Che	George Yeh
Lu Shu-seng	Liu Tun-chen
Kuan Tsu-chang	Peng Tsi-chun
Wang Shen	

To the Board of Trustees of the China Foundation
    for the Promotion of Education & Culture,
Peiping.

Sirs :

We have the honor to submit herewith a summarized report of the activities of this Society during the year 1930–31. For the sake of convenience the report is divided into two parts, (I) Activities of the Society ; and (II) Work Entrusted to the Society.

I. ACTIVITIES OF THE SOCIETY

(1) *Translation and Publicatoin of foreign Treatises on Chinese Architecture.* Architecture as a science engaged little attention of Chinese scholars since the appearance of KAO KUNG CHI. But with the recent reprinting of the YING TSAO FA SHIH, a monumental work on architecture by Li Ming-Chung, a revival of interest became immediately noticeable in China and abroad. The Society feels that scholarly studies on Chinese architecture by western scholars should be made available as far as possible in Chinese translations, and for this reason, the Society has translated and published in its Bulletin three articles by Dr. Perceval Yetts on Chinese architecture, one article by Mr. Malone on regulations for building and furnishing Chiness palaces, also Dr. Yetts' article on Chinese roof–ties and Dr. Ferguson's note relating to this article. The Society has translated Edkins' study of Chinese architecture, Demieville's scholarly review of YING TSAO FA SHIH, and Boerschmann's article on Sui and early T'ang pagodas, all of which will shortly appear in the Bulletin of the Society.

(2) *Compilation of a Dictionary of Chinese Architectural Terms.* The compilation of a dictionary of Chnese architectural terms has been the main work of the Society. In September, 1930, a special committee was organized to take charge of this difficult task. Since then the Committee has been working steadily, going over the Ch'ing Dynasty Official Regulations for Architectural Work for terms to be included in the dic-

tionary. The TZ'U YUAN of the Commercial Press and several Japanese dictionaries on architecture and engineering are used for reference.

(3) *Study of Palace Models*. In May, 1930, the Society recommended to the China Foundation the purchase of a large collection of models and plans of the imperial palaces, which were later purchased by the National Library of Peiping. The models have been arranged for study by the Society. This year, the Department of Historical Records of the Palace Museum discovered a collection of models of palaces in the Old Summer Palace, or Yuan Ming Yuan. These models are in very poor condition, but fortunately the plans are in the National Library. The Society is arranging with the two institutions to cooperate in restoring the models.

(4) *Yuan Ming Yuan Exhibition*. The grandeur and magnificence of the Old Summer Palace, Yuan Ming Yuan, made it the favorite subject of several studies. From the architectural point of view, the value of the Old Summer palace, is supreme, but its complete destruction leaves us with little material besides pictures and literary works, with which to prosecute scientific studies. So for the past years, the Society has been devoting most of its attention to a study of the palaces in the Forbidden City, but with the purchase of the models and plans of the Yuan Ming Yuan by the National Library and the discovery of a group of models in the palace Museum, it was decided to begin immediately a study of the Yuan Ming Yuan. Over 200 broken tiles, bricks etc. were collected from the deserted grounds. On March 21, 1931, on the occasion of the 821 death anniversary of Li Ming–Chung, an exhibition of remnant objects from Yuan Ming Yuan, and literary and pictorial works about the palace was held in the chung Shan park under the joint auspices of the Society and National Library. So great was the interest that the Society was obliged to extend the exhibition for one day. Over 10,000 attended the exhibition. The Society is now collecting more material on the Old Summer palace.

(5) *Study of Glazed Terra Cotta*. Glazed terra cotta form an important building material of the palaces, as yellow glazed tiles have long been the distintive feature of the imperial buildings. Several large structures

32602

built in recent years have also used glazed tiles. The society feels that much may be done to imorove the quality of glazed terra cotts. It has been studying for a long time the use of glazed tiles and panels etc. from the architectural point of view, and, lately, a Comittee on Glazed Terra Cotta was formed in February, 1931, to study the methods of manufacture. The old imperial kilns were visited and a lot of valuable material has been callected. It is expected that the research of the Committee will yield important results.

(6) *Chronology of Important Building Construction during the last Forty Centuries.* The compilation of the Chronology was reported last year. During this year, besides collecting new material, the old material has been classified and arranged. All important eras of building construcion, as well as destruction, are being recorded.

(7) *Collected Biographies of Master Craftsmen.* Vork is continuing on this project. A new class, the ink makers, has been added, which involves the writing of biographies of several hundred additional masters. The volume on bamboo carving has been revised.

(8) *Discovery of the Original Edition of Yuan Yeh.* The Society has now in preparation for publication an important collection of Chinese works on landscape gardening. It is editing a recently discovered work YUAN YEH (Landscape gardening), by Chi Ch'eng of the Ming dynasty, which it is hoped to publish together with two other rare works on the same subject.

(9) *Research on Arrangement of palaces asset forth in Li Ching.* The Society has progressed in its research into the building and arrangement of palaces as set forth in the BOOK OF RITES. After compilation of a bibliography. It is now collecting the books and MSS. listed. Over 140 titles have been got together. This study should later on prove to be prove of great service to archeologists, besides bridging the gulf between craftsmanship and scholarship.

(10) *Study of the Ancient City of Peiping.* The history of the city of Peiping has been the subject of much study by various authors, some relying largely on literary sources, some on actual surveys of the remains.

The Society has prepared an annotated collection of recent stulies, which will soon be published.

(11) *Cooperation of Dr. Ito.* Dr. Ito, veteran Japanese scholar of Oriental Architecture, has been cooperating with the Society in its research. Dr. Ito visited Peiping again this year and discussed with the Society the methods of research, and promised to arrange for wider cooperation with Japanese archeologists and institutions that are interested in Chinese architecture.

II. WORK ENTRUSTED TO THE SOCIETY.

(1) *Report on the Work of Restoraeion of the South-east and South-west Corner Towers of the Forbidden Citg.* After the corner towers on the south wall of the Forbidden city were restored, the Society was requested to make a report, which it did after a careful study. The Society took the opportunity to append to the report its views on the proper restoration of old buildings. The report is now on file at the Ministry of the Interior.

(2) *Paintings on the New National Library Building.* Mr. Chu Chi Chien, the president of the Society, was invited by the Building Committee of the National Library of peiping to be its advisor, and was entrusted with the choice of designs for the interior and exterior decorations. The Society devoted much of its time to this work. In the choice of designs, over-ornamentation was avoided.

(3) *Mollendorf Library.* Mr. Chu Chi Chien, purchased in 1914 the library of the late P. G. von Moellendorf. The library has been placed on deposit at the National Library and a catalogue is in preparation.

(4) *Preparation of an Essay on Chinese Architecture.* The Society has prepared an essay in English on the evolution of Chinese architecture, with particular reference to peiping, for presentation at the 4th Biennial Conference of the Institute of pacific Relations. The original was written in Chinese by Mr. Ch'u Tai Chih and rendered into English by Prof. Yeh Kung-Ch'ao, to whom the Society is greatly indebted.

Respectfully submitted.

本社職員題名

前冊要目

BULLETIN
OF THE
SOCIETY FOR RESEARCH IN
CHINESE ARCHITECTURE

Vol. 2   November 1931.   No. 3

營 造 TABLE OF CONTENTS

Published by the Society at

7 Pao Chu Tze Hutung, East of Wai Chiao Pu Chieh.

Peiping, China.